Umdruck zur Vorlesung

Fluidtechnik – Systeme und Komponenten

Univ.-Prof. Dr.-Ing. Katharina Schmitz

1. Auflage 2022

Institut für fluidtechnische Antriebe und Systeme
Campus-Boulevard 30, D-52074 Aachen

Bibliografische Information der Deutschen Nationalbibliothek
Die Deutsche Nationalbibliothek verzeichnet diese Publikation in der Deutschen Nationalbibliografie; detaillierte bibliografische Daten sind im Internet über http://dnb.d-nb.de abrufbar.

Titelfoto: ifas

Printed in Germany.

ISBN 978-3-8440-8801-4
ISSN 1437-8434

Shaker Verlag GmbH • Am Langen Graben 15a • 52353 Düren
Telefon: 02421 / 99 0 11 - 0 • Telefax: 02421 / 99 0 11 - 9
Internet: www.shaker.de • E-Mail: info@shaker.de

Inhalt

Formelzeichen und Abkürzungen

Abk.	Bezeichnung	Einheit
a	Beschleunigung	$m\,s^{-2}$
a	Hebelarm	mm
A	Erster Arbeitsanschluss	$-$
A	Fläche, Kolbenfläche, Strömungsquerschnitt	cm^2
A_0	Durchströmte Fläche der Blende	m^2
A_i	Wärmeabgebende Durchströmte Fläche	m^2
A_K	Kolbenfläche	m^2
b	Anteil der Druckverluste	$-$
b	Hebelarm	mm
b	Viskositäts-Druck-Verhalten	bar^{-1}
b	Zahnbreite, Spaltbreite, Flügelbreite	mm
b	Kritisches Druckverhältnis (Pneumatik)	$-$
B	Wärmeabgabevermögen	$J\,s^{-1}\,K^{-1}$
B	Zweiter Arbeitsanschluss	$-$
c	Druckausbreitungsgeschwindigkeit, Schallgeschwindigkeit	$m\,s^{-1}$
c, c_F	Federkonstante	$N\,m^{-1}$
c_{Fl}	Steifigkeit des Fluids	$N\,m - 1$
c_i	Spezifische Wärme der Masse m_i	$J\,kg^{-1}\,K^{-1}$
c_P	Spezifische Wärmekapazität	$J\,kg^{-1}\,K^{-1}$
C	Wärmespeichervermögen	$J\,K^{-1}$
C	Kapazität	$m^3\,bar^{-1}$
C	Pneumatischer Leitwert	$-$
C_H	hydr. Kapazität, Speicherkapazität	$dm^3 bar^{-1}$
D, d	Durchmesser	mm
D	Dämpfung	$-$
D_H	hydraulischer Durchmesser	mm
D_K	Lochkreisdurchmesser der Kolbentrommel, Kolbendurchmesser, Kopfkreisdurchmesser	mm
D_F	Fußkreisdurchmesser	mm
e_{ex}	Massenspezifische Exergie	$J\,kg^{-1}$
E	Exzentrizität	mm
E	Entlastungsgrad	$-$
E	Äußere Energie	J
E_R	E-Modul des Rohrwerkstoffes	bar
f	Frequenz	s^{-1}; Hz
F	Kraft	N
F_a	Beschleunigungskraft	N
F_A	Auftriebskraft	N
F_{ax}	Axiale äußere Reaktionskraft auf den Ventilschieber	N
F_F	Federkraft	N
F_N	Normalkraft	N

F_p	Druckkraft auf den Ventilschieber	N
F_R	Reibkraft	N
F_{RC}	Reibkraft der Coulomb'schen Reibung	N
F_{RN}	Reibkraft der Newton'schen Reibung	N
F_{Str}	Strömungskraft auf den Ventilschieber	N
F_{th}	theoretische Kraft	N
F_W	Widerstandskraft der Strömung	N
G	Leitwert des laminaren Spaltwiderstandes Dämpferkolben	N
G	Erdbeschleunigung	$m\,s^{-2}$
G	Gewichtskraft	N
h	Hubweg	mm
h	Spezifische Enthalpie	$J\,kg^{-1}$
H, h	Spalthöhe	mm
h_0	Spalthöhe am Maximum des Dichtkontaktdrucks	mm
h_{aus}	Schmierfilmhöhe beim Ausfahren der Kolbenstange	mm
h_{ein}	Schmierfilmhöhe beim Einfahren der Kolbenstange	mm
h_I	Höhe am Wendepunkt	mm
I	Massenträgheitsmoment	$kg\,m^2$
I	Spulenstrom der Elektromagneten	A
k	Wandrauheit	mm
K	Kompressionsmodul	bar
K_0	Ausgangskompressionsmodul	bar
K_{Fl}	Kompressionsmodul der Flüssigkeit	bar
K_G	Ersatzkompressionsmodul	bar
$K'_{Öl}$	Ersatzkompressionsmodul	bar
m	Masse	Kg
$\dot{m}$	Massenstrom	$kg\,s^{-1}$
m_{Fl}	Masse des Fluids	kg
m_K	Masse des Kolbens,	kg
M	Drehmoment	Nm
M_{eff}	Effektives Drehmoment	Nm
M_{th}	Theoretisches Drehmoment	Nm
M_{verl}	Verlustdrehmoment	Nm
n	Drehzahl	s^{-1}
n	Polytropenexponent	$-$
N_x	Partikelanzahl > x µm	$-$
NZ	Neutralisationszahl	$-$
p	Druck	$N\,m^{-2}$; bar
Δp	Differenzdruck	bar
p_0	atmosphärischer Druck, Bezugsdruck, Vorfülldruck	bar
p_0	Gesamtdruck	bar
p_0	Systemversorgungsdruck	bar
p_A	Druck im Arbeitsanschluss A	bar
p_{abs}	Absolutdruck	bar

p_B	Druck im Arbeitsanschluss B	bar
p_{DBV}	Einstelldruck eines Druckventils	bar
p_{fl}	Fluiddruck	bar
p_L	Lastdruck	bar
p_m	mittlerer Druck	bar
p_R	Druck im Rücklauf	bar
p_{rel}	Relativdruck	bar
P_S	max. zulässiger Druck nach Druckgeräterichtlinie	bar
p_{Soll}	Solldruck	bar
p_{St}	Steuerdruck	bar
p_U	Umgebungsdruck / Atmosphärischer Druck	bar
p_v	Vorspanndruck	bar
P	Druckanschluss	$-$
P_{Eck}	Eckleistung der Pumpe	W
P	Leistung	W
Q	Volumenstrom	$m^3 s^{-1}$; $l\ min^{-1}$
Q	Wärme	J
ΔQ	Volumenstromschwankung	$l\ min^{-1}$
Q_{DBV}	Volumenstrom über das DBV	$l\ min^{-1}$
Q_{eff}	Effektiver Volumenstrom	$l\ min^{-1}$
Q_K	Kompressionsvolumenstrom	$l\ min^{-1}$
Q_L	Lastvolumenstrom	$l\ min^{-1}$
Q_P	Pumpenvolumenstrom	$l\ min^{-1}$
Q_{th}	Theoretischer Volumenstrom	$l\ min^{-1}$
Q_V	Volumenstrom des Verbrauchers, Verlustvolumenstrom	$l\ min^{-1}$
r	Radius	mm
Δr	Halbes Passungspiel zwischen Kolben und Bohrung	mm
R	Widerstand	Ω
R	Gaskonstante	$N\ m\ kg^{-1} K^{-1}$
R_H	hydraulischer Widerstand	$bar\ min\ d^{-3}$
Re	Reynolds-Zahl	$-$
s	Hub	mm
t	Zeit	s
t_{DW}	Zeit des Druckwechsel	s
t_{krit}	Kritische Schließzeit	s
t_{schl}	Schließzeit	s
Δt	Verweilzeit	min
ΔT	Umwälzdauer	min
T	Tankanschluss	$-$
T	Temperatur	K
U	Umfang	mm
U	Spannung	V
U	Innere Energie	J
v	Strömungsgeschwindigkeit	$m\ s^{-1}$

v_1	Eintrittsgeschwindigkeit	$m\,s^{-1}$
v_2	Austrittsgeschwindigkeit	$m\,s^{-1}$
v_n	Normalgeschwindigkeit	$m\,s^{-1}$
v_{Stange}	Geschwindigkeit der Kolbenstange	$m\,s^{-1}$
V	Volumen	m^3
V_0	Ausgangsvolumen	m^3
V_1	Fördervolumen	cm^3/U
V_2	Schluckvolumen	cm^3/U
ΔV	Volumenänderung, Entnahmemenge, Nutzvolumen	cm^3
V_{Fl}	Flüssigkeitsvolumen	cm^3
$V_{Fl,0}$	Ausgangsvolumen der Flüssigkeit	cm^3
V_G	gelöstes Gasvolumen beim Bezugsdruck	cm^3
V_K	Volumen von einem Verdrängerraum	cm^3
V_L	Luftvolumen	cm^3
$V_{L,0}$	Ausgangsvolumen der Luft	cm^3
V_m	mittleres Gasvolumen	cm^3
V_{tot}	Totvolumen	cm^3
VI	Viskositätsindex	–
V_T	Viskositäts-Temperatur-Verhalten	–
W	Arbeit	$Nm;\ J$
W_{12}	Voumenänderungsarbeit	$Nm;\ J$
W_A	Nutzarbeit	$Nm;\ J$
W_K	Kompressionsarbeit	$Nm;\ J$
x	Koordinate	m
x	Kolbenposition, Schieberposition	mm
X	Steuerölanschluss 1	–
y	Ventilschieberweg, Koordinate	mm
Y	Steuerölanschluss 2 / Druckentlastung zum Tank	–
y_0	Ventilschieberüberdeckung	mm
z	Anzahl der Zähne/ Flügel/ Kolben	–
z	Höhe, Koordinate	m
Z_A	Abschlusswiderstand	$bar\ min\ dm^{-3}$
Z_E	Eingangswiderstand	$bar\ min\ dm^{-3}$
Z_L	Leitungsimpedanz	$bar\ min\ dm^{-3}$
α	Winkel, Pumpenschwenkwinkel	°
α_D	Durchflussbeiwert	–
α_K	Kontraktionskoeffizient	–
α_V	Bunsen-Koeffizient	–
β	Filterkenngröße	–
β	Kompressibilitäts-Koeffizient	–
β	Durchmesserverhältnis	–
β	Winkel	°
β	Druckstoßfaktor	–
γ	thermischer Ausdehnungskoeffizient	K^{-1}

δ	Ungleichförmigkeitsgrad	$-$
δQ	Volumenstrompulsationsgrad	$-$
ε	Luftgehalt	$-$
ε	Abscheidegrad	$-$
$\varepsilon_A, \varepsilon_2$	Ausströmwinkel aus der Ventilkammer	$°$
$\varepsilon_E, \varepsilon_1$	Einströmwinkel in die Ventilkammer	$°$
η	dynamische Viskosität	$Pa\ s$
η	Wirkungsgrad	$-$
η_0	dynamische Viskosität bei Atmosphärendruck	$Pa\ s$
η_{ges}	Gesamtwirkungsgrad	$-$
η_{hm}	hydraulisch-mechanischer Wirkungsgrad	$-$
η_{vol}	volumetrischer Wirkungsgrad	$-$
θ	Temperatur	$K, °C$
θ_A	Umgebungstemperatur	$K, °C$
θ_E	Endtemperatur	$K, °C$
$\Delta\theta$	Temperaturänderung	$K, °C$
κ	Isentropenexponent	$-$
λ	Wellenlänge	m
λ	Widerstandszahl für gerade Rohre	$-$
μ	Reibungskoeffizient	$-$
v	Kinematische Viskosität	$-$
ξ	Widerstandszahl für Komponenten	$-$
ρ	Dichte	$kg\ m^{-3}$
ρ_{Fl}	Dichte Fluid	$kg\ m^{-3}$
ρ_L	Dichte Luft	$kg\ m^{-3}$
τ	Schubspannung	Pa
τ	Zeitkonstante	s
φ	Drehwinkel [°]	$°$
φ_{ein}	Vorkompressionswinkel	$°$
φ_{Niere}	Drehwinkelbereich Niere	$°$
φ_{NF}	Nichtförderwinkel	$°$
ψ	Ausflussfunktion	$-$
ω	Winkelgeschwindigkeit	$rad\ s^{-1}$
ω_0	Eigenkreisfrequenz	$rad\ s^{-1}$

0 Präambel

Dieses Buch basiert auf den Vorlesungsumdrucken von Prof. Wolfgang Backé (Grundlagen der Ölhydraulik, Auflagen von 1972 – 1994) und Prof. Hubertus Murrenhoff (Grundlagen der Fluidtechnik, Teil 1 Hydraulik & Teil 2 Pneumatik, Auflagen von 1997 – 2018) und stellt eine vollständig überarbeitete Neuauflage dar.

Das vorliegende Buch beschränkt sich auf eine Einführung in das Gebiet der hydrostatischen Leistungsübertragung, welche im alltäglichen Sprachgebrauch häufig als „Hydraulik“ – Leistungsübertragung durch Flüssigkeiten bzw. „Pneumatik“ – Leistungsübertragung durch Luft bezeichnet wird. Basis bilden die Arbeiten von Prof. W. Backé (Institutsleiter IHP 1968 – 1994) und Prof. H. Murrenhoff (Institutsleiter IFAS 1994 – 2018) an der RWTH Aachen [1.1, 1.2].

Ausgehend von den hydromechanischen Grundlagen werden die Grundlagen hydraulischer Systeme hergeleitet und aufgezeigt, wie mit hydraulischen Systemen Leistungen übertragen und Arbeitsaufgaben verrichtet werden können. Im Detail geht es anschließend um die wesentlichen Konstruktionselemente hydraulischer Systeme (Druckflüssigkeiten, Pumpen/Motoren, Ventile und weiterer Komponenten). Schließlich wird aufgezeigt, wie die einzelnen Komponenten zu funktionsfähigen Systemen zusammengeschaltet werden können. Die Potentiale und Herausforderungen digitalisierter fluidtechnischer Systeme u.a. im Kontext von Industrie 4.0 schlagen die Brücke zum abschließenden Kapitel, der Betrachtung pneumatischer Systeme, inklusive ihrer Vor- und Nachteile und Herausforderungen gegenüber der Hydraulik.

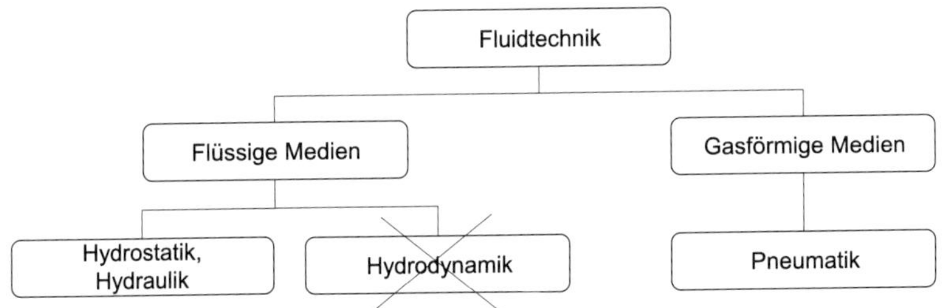

Bild 1.1-1: Definition des Sachgebietes

1 Einleitung

neu bearbeitet von Amos Merkel, M.Sc.

Die Hydraulik behandelt die Energieübertragung durch Fluide. Primäres Ziel ist die Energieübertragung zur Verrichtung von Arbeit. Zusätzlich kann eine Übertragung von Signalen durch die unter Druck stehende Flüssigkeit erfolgen. Als Druckübertragungsmedien werden in der Regel Öle auf der Basis von Mineralölen und natürlichen oder synthetischen Estern eingesetzt. Andere Medien werden für besondere Anforderungen wie Schwerentflammbarkeit, Einsatz in Wassergefährdungsgebieten oder den Betrieb von Bremsen eingesetzt. Dabei kann es sich um synthetische Sonderflüssigkeiten oder auch klares Wasser handeln. Das Gebiet der Hydraulik wird in die beiden Gebiete Hydrostatik und Hydrodynamik unterteilt.

In der Hydrostatik wird die Energie mit Hilfe des statischen Druckes übertragen. Hydrostatische Maschinen arbeiten durchweg mit hohen Drücken und niedrigen Strömungsgeschwindigkeiten. Demgegenüber wird bei hydrodynamischen Kraftübertragungen die kinetische Energie der strömenden Flüssigkeit genutzt. Dabei treten hohe Strömungsgeschwindigkeiten bei niedrigen Drücken auf. Mit den Turboarbeitsmaschinen ist ein eigenes Fachgebiet definiert.

1.1 Historische Entwicklung

Schon seit Jahrtausenden versteht es die Menschheit, die Lageenergie von Flüssigkeiten zu nutzen. Die ersten Wasserräder sind nachweislich etwa um 200 v. Chr. entstanden. Sie haben sich bei Wassermühlen bis in unsere Zeit erhalten und finden in ihrer technischen Weiterentwicklung als Wasserturbinen in Kraftwerken ihre Verwendung. Vor der Erfindung der Dampfmaschine waren die Wind- und Wasserenergien sowie die Muskelkraft die einzigen für mechanische Arbeit nutzbaren Energiequellen.

Um 1600 erfand Johannes Kepler die Zahnradpumpe. Diese Erfindung hatte aber zunächst noch keine Auswirkungen. Für die Entwicklung der Hydrostatik waren die Arbeiten Pascals von entscheidender Bedeutung. Im Jahre 1663 erläuterte er das Prinzip der hydraulischen Presse. Die industrielle Anwendung erfolgte erst durch Joseph Bramah (1749 – 1814) in London. 1795 fertigte er eine hydraulische Presse mit Wasser als Druckflüssigkeit für die Erzeugung großer Kräfte. Die Abdichtung zwischen Kolben und Zylinder übernahmen Dichtungsringe.

Bild 1.1-1: Hydraulischer Felsbohrer beim Bau des Arlbergtunnels 1880

Nach der Erfindung der Dampfmaschine durch James Watt (1736 – 1819) machte man sich in England die Hydrostatik in Form von Druckwassernetzen zur Energieübertragung technisch zunutze. Das Druckwasser wurde durch dampfmaschinengetriebene Pumpen erzeugt und die Arbeitsmaschinen (z. B. Mühlen) durch Kolbenmaschinen angetrieben.

In der zweiten Hälfte des 19. Jahrhunderts entwickelte W. G. Armstrong (1810 – 1900) in England viele Bauteile der Hydraulik und hydrostatische Maschinen, die vorwiegend im Schiffsbau für Ankerwinden und Ladebäume verwendet wurden. Es gab auch erste Anwendungen in der Bautechnik, wie in **Bild 1.1-1** illustriert ist. Viele Steuerelemente aus dieser Zeit sind unseren heutigen Ventilen sehr ähnlich.

Zu dieser Zeit entstanden auch zentrale Drucknetze in den europäischen Großstädten. So versorgte das Londoner Hydrauliknetz zur Zeit seiner größten Ausdehnung, 1939 vor dem Ausbruch des zweiten Weltkriegs, ca. 8000 hydraulische Anlagen mit Energie. Die Leitungslänge der Hauptleitungen betrug ca. 300 km und es wurden 7,5 Millionen Kubikmeter Druckwasser pro Jahr mit einem Druck von 55 bar gefördert. Reste dieses Leitungsnetzes waren bis in die

70er Jahre in Betrieb und versorgten z. B. Aufzüge in Londoner U-Bahn-Stationen mit hydraulischer Energie.

Mit der Entwicklung elektrischer Antriebe verlor am Anfang des 20. Jahrhunderts die Hydraulik ihre diesbezügliche technische Bedeutung, da die Elektrotechnik eine wesentlich einfachere Energieübertragung ermöglichte.

Neue Impulse erhielt die Hydraulik im Jahre 1905 durch Janney, der erstmalig Öl als Druckübertragungsmedium verwendete. Janney konstruierte ein hydrostatisches Getriebe in Axialkolbenbauart. Im Jahre 1910 wurden hydrostatische Turbinenregler für Wasserkraftmaschinen verwendet. Der Einsatz von ölhydraulischen Radialkolbenmaschinen erfolgte 1910 durch Hele-Shaw. Die Entwicklung der Axialkolbenmaschinen begann 1930 durch Hans Thoma. Harry Vickers entwickelte 1936 ein vorgesteuertes Druckventil, Jean Mercier baute 1950 erstmalig in größerem Umfange hydropneumatische Druckspeicher. 1958 erschienen am MIT in den USA die Arbeiten von Blackburn, Lee und Shearer, die die Entwicklung der Servohydraulik einleiteten haben [1.3].

Die durch hohe Wachstumsraten gekennzeichnete Entwicklung der Hydraulik setzte 1950 ein und führte 1959 zur Bildung einer selbständigen "Fachgemeinschaft Ölhydraulik und Pneumatik" (heute Fachgemeinschaft Fluidtechnik) im Verein Deutscher Maschinen- und Anlagenbauer e.V. (VDMA).

Die Hydrauliksysteme bis in die 60er Jahre waren meist von Verbrennungskraftmaschinen angetrieben. So wurden große Zentralsysteme geprägt, bei denen eine große Pumpe viele Aktoren versorgt. Am Institut für Hydraulik in Pneumatik (IHP) an der RWTH Aachen durch Prof. Wolfgang Backé wurden zu dieser Zeit wegweisende Entwicklungen in der Hydraulik vorangetrieben. In der weiteren Entwicklung wurden Verbrenner durch E-Motoren ersetzt, die Zentralisierung der Systeme blieb jedoch zunächst erhalten. Eine fortschreitende Entwicklung elektrischer Motoren und Umrichter macht zunehmend auch den dezentralen Einsatz wirtschaftlich. Hierbei werden verteilte Aktoren von jeweils eigenen, lokalen Motor-Pumpen Einheiten versorgt. Die resultierenden dezentralen Hydrauliksysteme sind kompakt, erfordern weniger Fachwissen in der Anwendung und Wartung und benötigen erheblich weniger Öl. Typischerweise werden dabei die traditionellen Ventilsteuerungen durch erheblich effizientere Verdrängersteuerungen ersetzt, was Rekuperation ermöglicht. Die resultierenden elektro-hydrostatischen Antriebe (EHA) haben bereits breite Anwendung in der stationären Hydraulik, wie in Pressen oder Werkzeugmaschinen gefunden. In der Flughydraulik erfolgten erste Experimente 1997 an einem F-18 Kampfflugzeug, in der zivilen Luftfahrt werden sie seit 2004 in dem Airbus A380 serienmäßig eingesetzt. Für die Elektrifizierung von Baumaschinen befinden sich EHAs aktuell in Prototypen verschiedener Forschungseinrichtungen und Hersteller in Erprobung.

Eine weitere prägende Entwicklung für die Fluidtechnik ist die fortschreitende Entwicklung der Ansteuer- und Signalelektronik, sowie der Digitalisierung. Moderne Hydraulik enthält hochintegrierte fluid-mechatronische Systeme, die Signalübertragung entwickelt sich zunehmend weg von klassischen Analogsignalen zu modernen Bussystemen, und Digitalisierungskonzepte wie die Industrie 4.0, Interoperabilität, und digitale Repräsentationen finden sich zunehmend im Einsatz.

Wichtige aktuelle Entwicklungstrends sind die Steigerung der Nachhaltigkeit fluidtechnischer Systeme in Hinblick auf Energieeffizienz, Ressourceneffizienz und Unschädlichkeit der verwendeten Materialien. Besonders in Bezug auf die Energieeffizienz ist die Elektrifizierung und damit einhergehend die Dezentralisierung hydraulischer Systeme ein innovationstreibender Faktor. Nicht zuletzt ist auch die Digitalisierung ein aktuelles Entwicklungsfeld, das die Fluidtechnik zunehmend vernetzter, interoperabler und anwendungsfreundlicher macht.

1.2 Grundlegender Aufbau hydraulischer Systeme

Bild 1.2-1 zeigt am Beispiel eines Baggers den prinzipiellen Aufbau eines klassischen hydraulischen Systems, das aus einem generatorischen Teil (Umformung von mechanischer in hydraulische Energie durch Pumpen), einem konduktiven Teil (Verteilung und Bereithaltung der hydraulischen Energie durch Ventile, Leitungen und Zubehör (Speicher, Filter, Wärmetauscher)) sowie einem motorischen Teil (Umformung von hydraulischer in mechanische Energie durch Motoren) besteht. Motoren mit linearer Bewegung werden als Zylinder bezeichnet.

Erkennbar ist eine stark modulare Aufteilung des Systems in funktionale Blöcke. Die Schnittstellen zwischen den einzelnen Komponenten sind dabei standardisiert. Dabei handelt es sich unter anderem um Rohr-, Schlauch- und Flanschverschraubungen, Ventilanschlussplatten sowie elektrische Schnittstellen. Diese Modularisierung erlaubt es mit einer limitierten Anzahl an Standardkomponenten auch unterschiedlicher Hersteller sehr diverse und komplexe hydraulische Maschinen mit nahezu unbegrenzter Variantenvielfalt zu entwickeln.

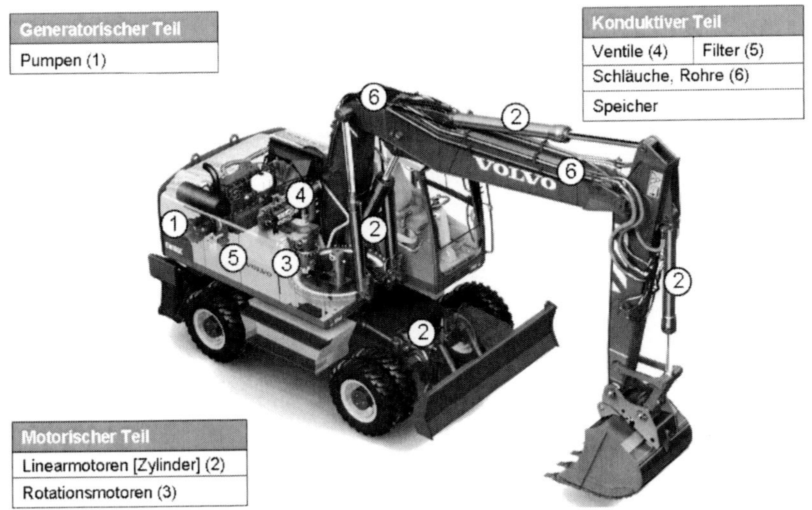

Bild 1.2-1: Prinzipieller Aufbau eines hydraulischen Systems am Beispiel eines Baggers (Volvo)

1.3 Vor- und Nachteile hydraulischer Antriebe

Wie jedes bewährte technische System weist auch die Hydraulik spezifische Vor- sowie Nachteile auf.

Die Hydraulik erlaubt es Maschinen mit sehr hoher Leistungsdichte zu entwickeln. Das bedeutet, dass bei gleicher Leistung eine hydraulische Maschine typischerweise kleiner, leichter und kompakter als beispielsweise eine elektrische Maschine gleicher Funktion ist. Damit einher geht die Erreichbarkeit sehr hoher Dynamiken.

Vorteilhaft bei hydraulischen Antriebseinheiten ist, dass die Wärmeabfuhr unmittelbar durch die Druckflüssigkeit erfolgt, welche für die Leistungsübertragung im Antrieb genutzt wird. Die Wärme kann außerhalb des Antriebs in Wärmetauschern (Kühlern) abgeführt werden. Hierdurch wird erst die kleine Bauweise der Hydraulikelemente bei großer Leistungsdichte möglich. Insbesondere bei Maschinen mit mehreren Antrieben kann die Kühlung effizient an einem Ort erfolgen.

Durch den Einbau einfacher Druckbegrenzungsventile, Sicherheitsventile oder einer Nullhubregelung der Pumpe ist eine einfache Überlastungssicherung gegeben. Auch in komplizierten Hydraulikanlagen ist eine einfache Überwachung und Kontrolle der wirksamen Kräfte und Momente durch Ablesen eingebauter Manometer sowie eine einfache Überprüfung der Anlage möglich.

Ein bequemer Aufbau von Steuerungen und Antrieben wird durch aufflanschbare Bauelemente, die nach dem Baukastensystem konstruiert sind, möglich. Die Bauelemente werden auf Platten oder Blöcken aufgeflanscht, in denen die entsprechenden Anschlüsse liegen. Der Hydraulikzylinder stellt das einfachste Bauelement zur Erzeugung großer Kräfte in Linearantrieben dar und kann sowohl in kleinen als auch in sehr großen Dimensionen einfach und kostengünstig hergestellt werden.

Hydraulische Antriebe weisen selbstverständlich auch einige Nachteile auf. So sind prinzipbedingte Verluste durch Flüssigkeitsreibung und Leckage nicht vollständig vermeidbar. Insbesondere kann eine ungünstige Systemauslegung vergleichsweise schnell zu erheblichen Verlusten führen. Flüssigkeitsreibung führt in Rohren, Schläuchen, Krümmern sowie bei allen Querschnittsänderungen zu strömungsgeschwindigkeits- und viskositätsabhängigen Verlusten.

Leckageverluste sind insbesondere an sich relativ zueinander bewegten Teilen in hydraulischen Pumpen und Motoren nicht vollständig vermeidbar. Um die Leckageverluste niedrig zu halten, müssen die entsprechenden Bauelemente (z. B. Steuerschieber von Ventilen, Kolben von Pumpen und Motoren sowie die betreffenden Gehäusebohrungen) mit hoher Fertigungsgenauigkeit hergestellt werden, um die Spalte und somit die Verluste auf ein akzeptables Niveau zu bringen.

Die Schmutzempfindlichkeit eines hydraulischen Systems ist von der Art der eingesetzten Bauelemente und von der Höhe des Betriebsdrucks abhängig. Da besonders in der Hochdruckhydraulik sehr enge Spaltdichtungen vorkommen, ist hier eine intensive Filterung der Druckflüssigkeit erforderlich. Die hohe Kraftdichte in der Hydraulik kann bei nicht ausreichender Filterung zu relativ schnellem Verschleiß von Bauelementen mit Dicht- und Gleitfugen führen. Der Auswahl der Reibpaarungen kommt daher große Bedeutung zu. Eine Änderung der Betriebstemperatur bewirkt eine Viskositätsänderung der Druckflüssigkeit. Dadurch werden Änderungen der Leckageverluste, Volumenströme und Drehzahlen hervorgerufen. Ein Ausregeln der dadurch entstehenden Effekte ist jedoch möglich und gängige Praxis.

Eine unter Druck stehende Ölsäule ist aufgrund der Kompressibilität etwa 140-mal weicher als eine gleiche Stahlsäule. Die Kompressibilität der Druckflüssigkeit wird außerdem in starkem Maße durch im Kreislauf vorhandene Luft erhöht. Diese hat ihren Ursprung in mangelnder Entlüftung, Ansaugung aus der Umgebung oder Ausscheidung aus der Druckflüssigkeit (Kavitation). Durch das Vorhandensein von Luft im Hydrauliksystem ergibt sich eine verringerte Steifigkeit des Systems, das sich z. B. in ruckweisem Arbeiten äußert.

Leckageverluste und Kompressibilität bedingen, dass der hydrostatische Antrieb z. B. von rotierenden oder oszillierenden Motoren nicht völlig formschlüssig ist. Daher ergibt sich beim Synchronisieren zweier oder mehrerer Antriebe mit unterschiedlichen Belastungen die Aufgabe, den Gleichlauf durch den Einsatz von Gleichlaufsteuerungen und -regelungen zu erzwingen.

Bei den bisher überwiegend verwendeten Druckflüssigkeiten auf Mineralölbasis besteht Feuergefahr. Dies gilt besonders für die Flughydraulik, wenn z. B. Ölnebel mit heißen Triebwerksteilen in Berührung kommen. Auch bei Druckgussmaschinen und im Bergbau können infolge von Undichtigkeiten und Leitungsbruch Brände entstehen. In brandgefährdeten Umgebungen werden daher vielfach schwerentflammbare Druckflüssigkeiten oder Wasser als Druckmedium verwendet. Die Gefährdung der Umwelt durch Hydraulikflüssigkeiten hat zur Entwicklung biologisch schnell abbaubarer

Druckübertragungsmedien geführt, die vermehrt in der Mobilhydraulik zum Einsatz kommen.

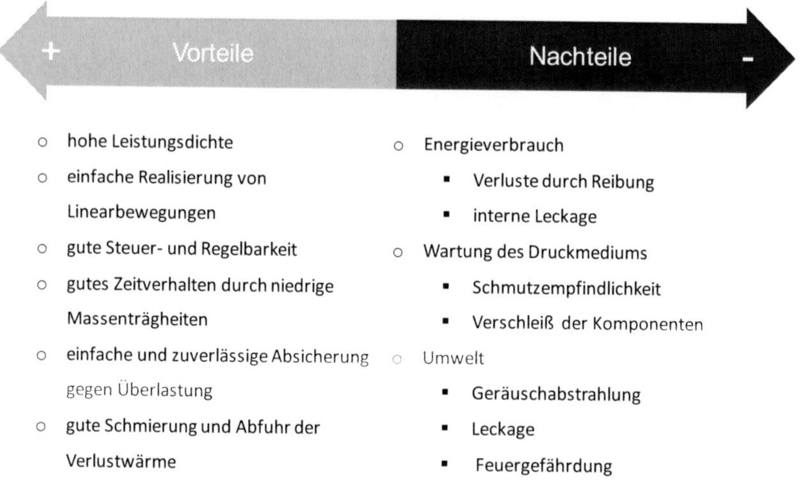

Bild 1.3-1: Vor- und Nachteile hydraulischer Antriebe und Systeme

In **Bild 1.3-1** sind die aufgezählten Vor- und Nachteile gegenübergestellt. Die aufgezählten Nachteile lassen sich in den meisten Fällen durch entsprechende konstruktive und werkstofftechnische Maßnahmen kompensieren.

1.4 Einsatzbereiche hydraulischer Antriebe und Systeme

Die Anwendungsmöglichkeiten der Hydraulik sind auch heute noch nicht erschöpft. Der Umsatz an Komponenten und Systemen der Fluidtechnik in der Bundesrepublik betrug im Jahr 2017 laut VDMA ca. 7,5 Mrd. € bei einer Exportquote von etwa 56 %, **Bild 1.4-1**. Die Fluidtechnik ist eine expandierende Branche. Ihr Wachstum ist seit Jahrzehnten beachtlich und lediglich von den bekannten Konjunkturzyklen beeinflusst. In jüngster Zeit wird diese Entwicklung überproportional von der Mobilhydraulik und durch die Automatisierungstechnik mithilfe der pneumatischen Antriebe geprägt.

Die moderne Hydraulik gliedert sich im Wesentlichen in drei Bereiche: Stationär-, Mobil- und Flughydraulik. Jeder dieser Bereiche stellt spezielle, teilweise widersprüchliche Anforderungen an die Komponenten sowie die Systemauslegung und den Systemaufbau.

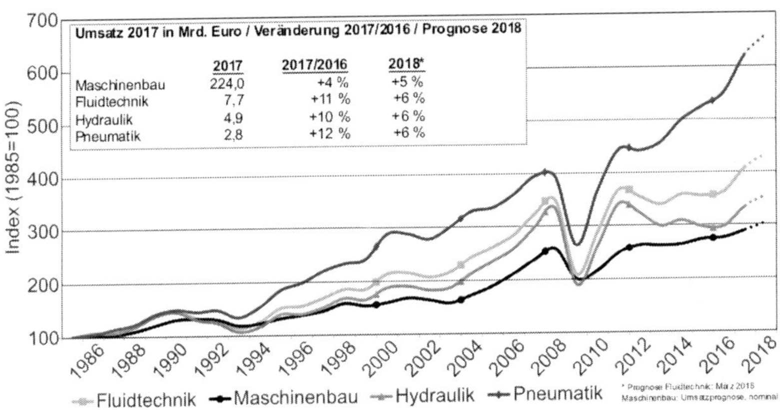

Bild 1.4-1: Umsatzentwicklung in der Fluidtechnik (Quelle: VDMA)

Die **Stationärhydraulik** umfasst alle ortsfesten Maschinen. Typische Anwendungsbeispiele für diesen Bereich sind Werkzeugmaschinen, Spritzgießmaschinen, Pressen, Prüfmaschinen, Sondermaschinen (Schaustellergeschäfte) und Flugsimulatoren. Stationäre hydraulische Systeme werden vorwiegend aus aufschraubbaren Einzelelemente mit genormten Anschlussmaßen zum Anflanschen auf Montageplatten und Blöcke aufgebaut. Die Signaleingabe erfolgt elektrisch (überwiegend Feldbusbasiert) über die Anlagensteuerung. Die Stationärhydraulik stellt zurzeit den größten Anwendungsbereich dar. Anwendungen im Bereich Werkzeugmaschinen sind Tiefzieh-, Räum-, Bohr-, Fräs-, Stanz- und Nibbelmaschinen sowie Pressen und Vorschubantriebe in Bereichen, in denen der Bauraum minimiert werden muss, wie z. B. bei Mehrspindeldrehautomaten. Die Hydraulik wird hier in der Peripherie (Spannen, Klemmen, Sicherheitstechnik, Lagerungen etc.) und zur Kühlung – oft unter Hochdruck – im Bearbeitungsprozess eingesetzt.

Pressen stellen an die Belastbarkeit von Pumpen und Zylindern hohe Anforderungen. Es treten hohe Drücke und schnelle Druckwechsel auf, d. h. in einer sehr kurzen Zeitspanne muss von dem Arbeitszylinder eine große Kraft aufgebracht werden. **Bild 1.4-2** zeigt eine Presse des Herstellers Schuler, welche bis zu 11.000 kN Presskraft aufbringen kann.

Bild 1.4-2: **Servopresse in Zugankerbauweise (Schuler)**

Die **Mobilhydraulik** umfasst alle nicht ortsfesten Maschinen, welche sich somit frei bewegen und meist ihre Energiequelle mitführen. Aufgrund der Beschränkungen hinsichtlich Bauraum auf der Maschine sowie mitführbarer Tonnage, wird die Zusammenfassung bestimmter Bauelemente zu Hydraulikblöcken bevorzugt. Ferner wird ein relativ einfacher, kompakter und robuster Aufbau der Bauelemente und Steuerungen angestrebt. Die Betätigung erfolgt oft noch von Hand direkt, oder indirekt über Joysticks. Als Beispiel sei hier der Ladekran eines LKWs genannt, dessen Bedienung am Kran selbst sowie an einem tragbaren Bedienpult erfolgen kann.

Bei Kraftfahrzeugen werden besondere Anforderungen hinsichtlich der zulässigen Temperaturschwankung (Sommer/Winter) gestellt. Die Hydraulik findet hier u. a. Anwendung bei Steueraufgaben und Komfortfunktionen wie Fahrwerksfederung, Blockierschutzsystemen der Bremsen (ABS), Fahrwerkstabilisierung (ESC), der Servolenkung, der Cabrio-Verdecköffnung und dem automatischen Getriebe [1.4]. Im Bereich Verbrennungsmotoren dient sie der Hochdruckerzeugung für die Kraftstoffeinspritzung (Diesel, Benzin).

In Bau- und Landmaschinen sowie Schiffen und Kranen ist eine einfache, zuverlässige und robuste Bauweise erforderlich, sowie eine weitgehende Unempfindlichkeit gegen Witterungseinflüsse. Fahrantrieb, Lenkung, Federung und die Arbeitsbewegungen von Raupen, Baggern und Radladern werden heute fast ausschließlich hydraulisch ausgeführt. Weitere Anwendungen in der Mobilhydraulik finden sich z. B. bei Tunnelbohrmaschinen und Betonpumpen.

In der Robotik findet die Hydraulik ebenso Anwendung. Als vorteilhaft erweist sich die besonders einfache Möglichkeit der hydraulischen Leistungsverzweigung zusammen mit der hohen Leistungsdichte und den guten Dämpfungseigenschaften hydraulischer Antriebe.

Bild 1.4-3: Humanoider Roboter Atlas (Boston Dynamics)

Beispielhaft hierfür ist in **Bild 1.4-3** der humanoide Roboter Atlas der Firma Boston Dynamics gezeigt. Dieser verfügt über 28 Freiheitsgrade welche hydraulisch geregelt werden. Als Antrieb dient lediglich eine von einem Elektromotor angetriebene zentrale Pumpe, die alle Aktoren versorgt. Die Leitungen sind mittels additiver Fertigungstechnik bereits in die Struktur integriert, woraus ein einzigartiges Leistungsgewicht resultiert.

Die **Flughydraulik** erfordert Sondergeräte mit niedrigem Leistungsgewicht, hoher Druckfestigkeit und großen Durchflüssen. Ferner werden hochdynamische Servoventile zur stetigen Volumenstromdosierung in Abhängigkeit von einem elektrischen Signal sehr niedriger Leistung verwendet. Moderne Flugzeuge nutzen auch frequenzgesteuerte Elektromotoren mit Konstantpumpe zur Volumenstromdosierung. Der verstärkte Einsatz der Hydraulik in Flugzeugen begann nach dem zweiten Weltkrieg, als Innovationen aus der Raketentechnik für die militärische und zivile Luftfahrt genutzt wurden.

Die bevorzugten Anwendungsgebiete der Hydraulik bei Flugzeugen sind primäre und sekundäre Flugsteuerungen und die Betätigung der Fahrwerke. Es werden hier immer größere hydraulische Leistungen installiert. Waren es bei der Boeing 707 erst ca. 150 kW, so sind heute in einer Boeing 747 420 kW, im Airbus A330 300 kW und im Airbus A380 bereits 550 kW installiert. In der Flughydraulik werden ein niedriges Leistungsgewicht, gutes Zeitverhalten und hohe Betriebssicherheit gefordert.

Bild 1.4-4: Zentrale Antriebseinheit der A380 vom Liebherr

Eine Antriebseinheit für das Hochauftriebssystem des A380 ist in **Bild 1.4-4** gezeigt. Die Anforderungen an die Hydraulik in Raketen sind denen bei Flugzeugen ähnlich, wobei die Betriebslebensdauern nur kurz sind. Die Auslegung der Geräte ist mit von den extremen Beschleunigungen von mehrfacher Erdbeschleunigung geprägt. Außerdem sind extreme Temperaturunterschiede zu berücksichtigen.

1.5 Vergleich verschiedener Antriebstechnologien

Im Folgenden werden die mechanische, elektrische und hydraulische Form der Kraft- und Energieübertragung einem allgemeinen Vergleich unterzogen. **Tabelle 1.5-1** zeigt den Vergleich dieser Übertragungsarten hinsichtlich verschiedener Beurteilungskriterien.

Hydraulische Antriebe verfügen generell über eine gute Steuer- und Regelbarkeit. Die zu steuernden bzw. zu regelnden hydraulischen Größen sind hier der Volumenstrom und Druck [1.5], welche sich durch die entsprechende Bauelemente gezielt beeinflussen lassen. Daher eignet sich die Hydraulik besonders gut für alle Anwendungen, bei denen neben hohen Kräften oder Momenten eine gute Dynamik gefordert wird. Beispiele hierfür sind Antriebe umformender Werkzeugmaschinen, fahrende Arbeitsmaschinen und Prüfmaschinen.

Tabelle 1.5-1: Vergleich hinsichtlich der Kraft- und Energieübertragung

Beurteilungskriterien \ Übertragungsart	mechanisch	hydraulisch	elektrisch
Kraftdichte	+	o	−
Übertragbarkeit über mittlere Entfernungen	−	o	+
Steuerbarkeit	−	o	o
Wirkungsgrad	o	−	−
Flexibilität im Aufbau, Angebot von Bauteilen	− (teuer)	o (teuer)	+ (günstig)

Durch den einfachen Aufbau elektrohydraulischer Antriebe in NC-Maschinen gehört die Automatisierung von Arbeitsabläufen heute zum Stand der Technik. Die Ansteuerung erfolgt über speicherprogrammierbare Steuerungen, die per Feldbus mit den Geräten kommunizieren, und kann weg- oder geschwindigkeitsgesteuert (z. B. bei Vorschubbewegungen), druck- bzw. kraftgesteuert (z. B. bei Pressen) oder durch eine Kombination dieser Ansteuerungen (z. B. beim Tieflochbohren oder im Spritzgießprozess) erfolgen.

Die gute Steuer- und Regelbarkeit ermöglicht den Aufbau sowohl starrer Antriebe (Konstant-Strom-Quelle), z. B. für Gleichlauf-Funktionen, als auch nachgiebiger Antriebe (Konstant-Druck-Quelle), z. B. für Sägen. Die Hydraulik bietet in dieser Beziehung die gleichen Möglichkeiten wie die Elektrotechnik, bei der zwischen Nebenschluss- und Hauptschlussverhalten (Reihenschlussverhalten) unterschieden wird.

Eine Energieübertragung über mittlere Entfernung ist ohne Weiteres möglich. Sie erfolgt über Rohre oder Schläuche auf feststehende bzw. bewegliche Maschinenteile. Dabei macht sich der komplexe Leitungswiderstand bemerkbar. Analog zur Elektrotechnik setzt sich der Widerstand der hydraulischen

Leitung aus einem ohmschen, einem kapazitiven und einem induktiven Anteil zusammen.

Eine herausragende Eigenschaft hydraulischer Antriebe ist ihre hohe Leistungsdichte. Bereits ohne umfangreiche konstruktive Anstrengungen lassen sich mit einfachen Konstruktionen kompakte und außerordentlich starke Antriebe umsetzen. Insbesondere lineare Aktoren lassen sich mit anderen Antriebstechnologien nur schwer in der Bandbreite realisieren, welche die Hydraulik zulässt.

Besonders in den vergangenen Dekaden galten hydraulischen Antriebe bereits mit schlichten Designs in Punkto Leistungsdichte als unerreichbar für andere Antriebstechnologien. Während diese Ansicht vor zwei Jahrzehnte durchaus ohne große Vorbehalten als gültig angesehen werden konnte, muss gegenwärtig eine deutlich differenziertere Position eingenommen werden. So hat die elektrische Antriebstechnik in den letzten Jahren durch neue Designs und Materialen deutliche Leistungszuwächse erzielen können. Da die Bandbreite an verfügbaren Antrieben mittlerweile sehr umfangreich ist, können keine Pauschalaussagen bezüglich des Vergleichs hydraulischer und elektrischer Antriebe getätigt werden. Anhand der folgenden Beispiele soll hier ein Eindruck vermittelt werden, in welchem Umfang Antriebe heute zur Verfügung stehen.

Aufgabe der Antriebstechnik allgemein ist es, Leistung mechanisch an einen Ort in gewünschtem Umfang sowie meist auch in einem angestrebten Verhältnis von Drehmoment und Drehzahl bereitzustellen. Für eine klassische industrielle Aufgabe mit einer geforderten Leistung von 200 kW sind in **Bild 1.5-1** (nicht gleich skaliert) als potentielle Lösung eine Asynchronmotoren von Siemens sowie ein Konstantmotor von Rexroth gezeigt. **Tabelle 1.5-2** gibt einen Überblick über eine Auswahl an Parametern beider Antriebe. Die Leistungsabgabe ist hier auf einen Betriebspunkt von 1500 min^{-1} bezogen, welche die Nenndrehzahl des Asynchronmotors ist. In diesem Szenario ist das Leistungsgewicht des Hydraulikmotors um knapp eine Zehnerpotenz größer als des Elektromotors, das Trägheitsmoment um Faktor 50 und der Bauraum um Faktor 30 geringer.

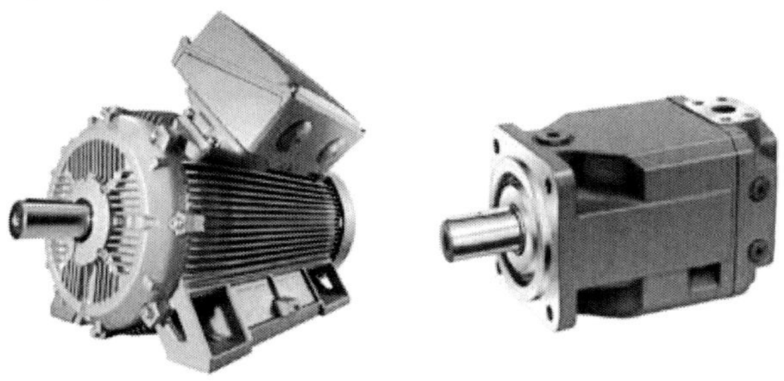

Bild 1.5-1: SIMOTICS SD VSD10 (links) („www.siemens.com/presse“) Axialkolbenmotor A4FM (rechts) (Bosch Rexroth AG)

Tabelle 1.5-2: Gegenüberstellung Parameter beider Motoren

	Siemens - SIMOTICS SD VSD10 – 200 kW	Rexroth - A4FM 250 ccm³
$P\ [kW]$	200	219
$n\ [min-1]$	1500	1500
$T\ [Nm]$	1273	1391 ($\Delta p = 350\ bar$)
$m\ [kg]$	1140	120
Leistungsgw. $[kg/kW]$	5,7	0,55
Bauraum $[m^3]$	0,785	0,023

Der obige Vergleich zeigt, dass sich in vielen industriellen Anwendungen mit hydraulischen Antreiben wesentlich höhere Leistungsgewichte realisieren lassen. Diese Beobachtung kann jedoch nicht pauschalisiert werden. So hat beispielsweise Siemens im Jahr 2015 mit dem SP260D (siehe **Bild 1.6-2**) einen Elektromotor als Hauptantrieb für Kleinflugzeuge vorgestellt, welcher ein Leistungsgewicht von 0,2 kg/kW aufweist. Hydraulische Antriebe mit vergleichbarem Leistungsgewicht gibt es bereits seit geraumer Zeit. Doch zeigt sich hier, dass sich die deutlichen Unterschiede im Leistungsgewicht in den letzten Jahren, wenn auch im Bereich von Sonderanwendungen, welche für den breiten industriellen Einsatz noch nicht voll entwickelt sein mögen, deutlich verringert haben. Als Vergleich soll hier noch der im Luftfahrtbereich eingesetzte hydraulische Motor PV3 von Eaton Vickers genannt werden, welcher mit einem Leistungsgewicht von bis 0,1 kg/kW erhältlich ist.

Bild 1.6-2: Siemens SP200D Elektromotor („www.siemens.com/presse“)

Zusammenfassend lässt sich also sagen, dass am Ort der Bereitstellung der mechanischen Energie mit hydraulischen Antrieben häufig ein kompakterer Aufbau mit geringerem Aufwand realisierbar ist. Die hydraulische Antriebstechnik erweist sich hier insbesondere dann als vorteilhaft, wenn viele Motoren von einer einzigen Pumpe angetrieben werden. Jede Pumpe erfordert einen Antrieb, welcher heute fast ausschließlich mittels Elektro- oder Verbrennungsmotor realisiert ist. Der Aufbau dieser kann dann an einem Ort erfolgen, wo Bauraum umfangreich verfügbar ist. Diese Kombination aus Leistungsgewicht und einfacher realisierbarer Leistungsverzweigen ist somit immer noch ein Hauptargument für den Einsatz von hydraulischen Antrieben.

1.6 Literatur zu Kapitel 1

1.1	Backé, W.	Grundlagen der Ölhydraulik; Umdruck zur Vorlesung an der RWTH Aachen, 10. Auflage 1994
1.2	Murrenhoff, H.	Grundlagen der Fluidtechnik; Umdruck zur Vorlesung an der RWTH Aachen, 8. Auflage 2016
1.3	Blackburn, F. J.; et al	Fluid Power Control, Krauskopf-Verlag, Wiesbaden 1962
1.4	Murrenhoff, H.; Eckstein, L.	Fluidtechnik für mobile Anwendungen, Umdruck zur Vorlesung an der RWTH Aachen, Shaker Verlag, Herzogenrath, 2011
1.5	Murrenhoff, H.	Servohydraulik – geregelte hydraulische Antriebe, Umdruck zur Vorlesung an der RWTH Aachen, 3. Auflage 2008, ISBN 3-8322-7067-4

2 Grundlagen der Hydraulik

neu bearbeitet von Zita Tappeiner, M.Sc.

2.1 Hydrostatik

Mit den Gesetzen der Hydrostatik wird das Verhalten idealer, das heißt verlustfreier, Kreisläufe erfasst. Bei allen Bauelementen der Hydrostatik treten aber Verluste in irgendeiner Form auf. In manchen Fällen, wie z. B. bei Geräten, die nach dem Drosselprinzip arbeiten, sind die auftretenden Verluste sogar Voraussetzung für die Funktionsfähigkeit.

Für die Gleichungen der Hydrostatik wird eine ideale Flüssigkeit angenommen, die **masselos**, **reibungsfrei** und **inkompressibel** ist. Eine masselose Flüssigkeit kann keine kinetische Energie aufnehmen; zum Transport der Flüssigkeit ist keine Arbeit erforderlich. Reibungsfreiheit bedeutet, dass die Flüssigkeit keine Zähigkeit besitzt. Inkompressible Flüssigkeiten verändern ihr Volumen bei Druckänderungen nicht.

In den vorliegenden Berechnungsgrundlagen wird zunächst eine ideale Flüssigkeit als Druckübertragungsmedium vorausgesetzt. Die Auswirkungen der Flüssigkeitsmasse, der Viskosität und der Kompressibilität auf das Systemverhalten werden in den aufeinander aufbauenden Abschnitten untersucht.

Die Grundlage der Hydrostatik ist das **Gesetz von Pascal:**

Die Wirkung einer Kraft auf eine ruhende Flüssigkeit pflanzt sich nach allen Richtungen innerhalb der Flüssigkeit fort. Die Größe des Druckes in der Flüssigkeit ist gleich der Belastungskraft, bezogen auf ihre Wirkfläche. Der Druck wirkt immer senkrecht auf die Begrenzungsflächen des Behälters.

Für den Druck p sind die in **Tabelle 2.1-1** dargestellten Maßeinheiten üblich. In Deutschland werden Drücke normalerweise in bar angegeben. Eine Umrechnungstabelle befindet sich im Anhang.

Tabelle 2.1-1: Gebräuchliche Maßeinheiten für den Druck

1 Pa (Pascal)	1 N/m²
1 bar	10^5 N/m²
1 psi (pound per square inch)	0,06895 bar
1 kp/cm²	0,981 bar

2.1.1 Translatorische Bewegungen

Bild 2.1-1 zeigt das Prinzip der hydrostatischen Presse. Es gilt folgende Beziehung:

$$p = \frac{F_1}{A_1} = \frac{F_2}{A_2} \tag{2.1-1}$$

Bei einer Bewegung des Kolbens 1 um den Weg x_1 wird ein Volumen V_1 verdrängt und Kolben 2 verschiebt sich um den Weg x_2, wobei er das Volumen V_2 freigibt.

$$V_1 = x_1 \cdot A_1 \qquad V_2 = x_2 \cdot A_2 \tag{2.1-2}$$

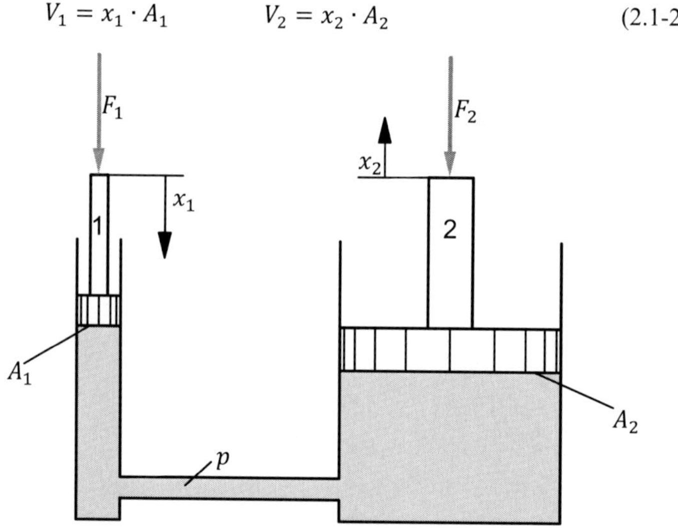

Bild 2.1-1: Prinzip der hydrostatischen Presse

Unter der Voraussetzung, dass eine ideale Flüssigkeit vorliegt und keine Leckageverluste im System auftreten, ist das freigegebene Volumen V_2 gleich dem verdrängten Volumen V_1. Aus $V_1 = V_2$ und $x_1 \cdot A_1 = x_2 \cdot A_2$ ergibt sich

$$\frac{x_1}{x_2} = \frac{A_2}{A_1} \tag{2.1-3}$$

und daraus das **Kontinuitätsgesetz** der Hydrostatik

$$\dot{x}_1 \cdot A_1 = \dot{x}_2 \cdot A_2 = Q\,. \tag{2.1-4}$$

Der Volumenstrom Q hat üblicherweise die Maßeinheit

$$1\frac{l}{min} = \frac{1}{60.000}\frac{m^3}{s}\,.$$

Die am Kolben geleistete Arbeit W ist gleich dem Produkt aus Kraft F und Weg x. Für die genannten Voraussetzungen und für Reibungsfreiheit am Kolben gilt:

$$W = F_1 \cdot x_1 = F_2 \cdot x_2 \tag{2.1-5}$$

$$\frac{x_1}{x_2} = \frac{F_2}{F_1} \tag{2.1-6}$$

Gleichung (2.1-6) wird als **hydraulisches Hebelgesetz** bezeichnet. Aus den Gleichungen (2.1-3) und (2.1-6) ergibt sich das Kraftverhältnis der hydrostatischen Presse zu

$$\frac{F_2}{F_1} = \frac{A_2}{A_1}\,. \tag{2.1-7}$$

Die Leistung P ist als Arbeit pro Zeit definiert. Für den Ausdruck der Leistung P wird die Arbeit W unter Annahme einer konstanten Kraft nach der Zeit abgeleitet und ergibt

$$P = \frac{\mathrm{d}W}{\mathrm{d}t} = F \cdot \dot{x}\,. \tag{2.1-8}$$

Mit p, dem hydraulischen Druck, der Gleichung $F = A \cdot p$ und $\dot{x} = Q/A$ folgt für die Leistung

$$P = p \cdot Q\,. \tag{2.1-9}$$

In der Hydraulik gilt mit den oft verwendeten Einheiten **bar** für den Druck und **l/min** für den Volumenstrom die Größengleichung

$$P[kW] = \frac{p[bar] \cdot Q\left[\frac{l}{min}\right]}{600}. \qquad (2.1\text{-}10)$$

2.1.2 Rotatorische Bewegungen

Analog zur Herleitung der Beziehungen für Weg, Arbeit und Leistung bei der geradlinigen Kolbenbewegung, können bei der rotatorischen Bewegung die Gleichungen für Drehzahl, Drehmoment und Leistung bestimmt werden. Die prinzipielle Darstellung einer rotierenden Verdrängermaschine zeigt **Bild 2.1-2**. Die dargestellte Maschine besteht aus einem ringförmigen Zylinder, in dem sich der Kolben mit der Kolbenfläche A bewegt. Der Kolben ist über einen Hebelarm der Länge $d/2$ mit der An- bzw. Abtriebswelle verbunden. Verdrängermaschinen können grundsätzlich sowohl als Pumpe als auch als Motor funktionieren.

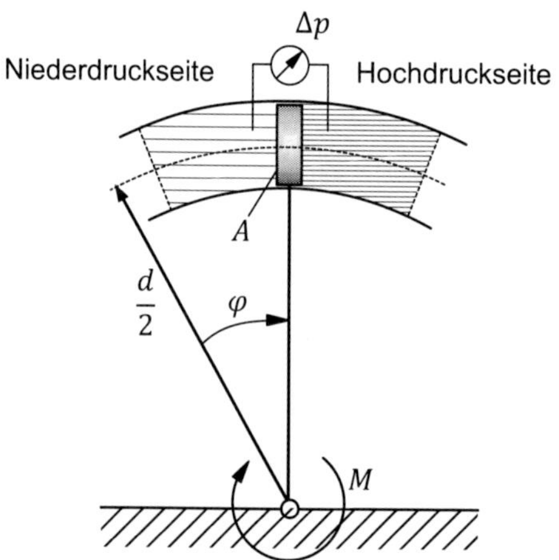

Bild 2.1-2: Modell einer Verdrängermaschine; Hoch- und Niederdruckseite sind für eine Pumpe dargestellt

Unter der Annahme, dass keine elastischen Glieder vorhanden sind und keine Verluste auftreten, fördert die Verdrängereinheit als Pumpe (Index 1) bei einer Umdrehung ihrer Antriebswelle ein **Fördervolumen** von

$$V_1 = A \cdot \frac{d}{2} \cdot 2\pi = A \cdot d \cdot \pi\ . \qquad (2.1\text{-}11)$$

Sie erzeugt bei n_1 Umdrehungen pro Zeiteinheit einen Volumenstrom

$$Q_1 = V_1 \cdot n_1 \,. \tag{2.1-12}$$

Ein Motor (Index 2) schluckt entsprechend bei einer Umdrehung ein **Schluckvolumen** von

$$V_2 = A \cdot d \cdot \pi \tag{2.1-13}$$

und erzeugt bei n_2 Umdrehungen pro Zeiteinheit einen Volumenstrom

$$Q_2 = V_2 \cdot n_2 \,. \tag{2.1-14}$$

Ist an der Pumpe eine Druckdifferenz Δp vorhanden, so ergibt sich nach Bild 2.1-2 für das an der Pumpenwelle erforderliche Drehmoment M_1

$$M_1 = A \cdot \Delta p \cdot \frac{d}{2} \,. \tag{2.1-15}$$

Eine Pumpe erzeugt selber nur einen Volumenstrom, der Druck kommt erst durch den Widerstand, der dem abfließenden Volumenstrom entgegengesetzt wird, zustande.

Mit A aus Gleichung (2.1-11) eingesetzt in Gleichung (2.1-15) ergibt sich für die Pumpe

$$M_1 = \frac{V_1}{\pi \cdot d} \cdot \Delta p \cdot \frac{d}{2} = \frac{V_1}{2\pi} \cdot \Delta p \,. \tag{2.1-16}$$

Analog hierzu gilt für das vom Motor abgegebene Drehmoment

$$M_2 = \frac{V_2}{2\pi} \cdot \Delta p \,. \tag{2.1-17}$$

Für den Betrieb als Motor sind in der Maschine in Bild 2.1-2 die Hoch- und Niederdruckseite zu vertauschen. In **Bild 2.1-3** ist symbolisch ein hydrostatisches Getriebe dargestellt. Es besteht aus einer Pumpe (Index 1), einem Motor (Index 2), Verbindungsleitungen und einem Tank.

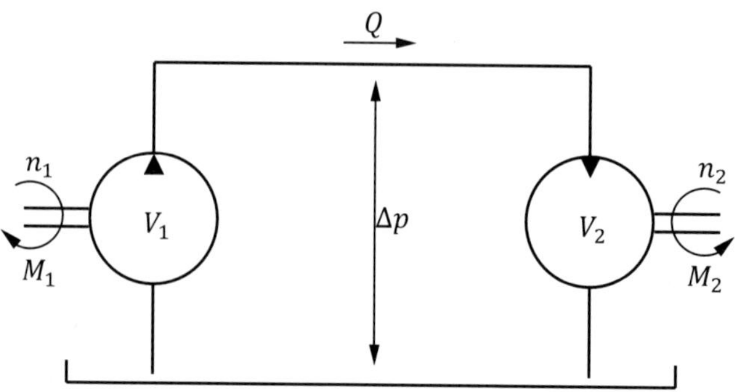

Bild 2.1-3: Symbolische Darstellung eines idealen hydrostatischen Getriebes

Da an Pumpe und Motor bei verlustlosem Betrieb die gleiche Druckdifferenz Δp anliegt, ergibt sich die Momentenübersetzung zwischen Pumpe und Motor zu

$$\frac{M_2}{M_1} = \frac{V_2}{V_1}. \tag{2.1-18}$$

Bei verlustlosem Betrieb ist auch die von der Pumpe abgegebene hydraulische Leistung gleich der mechanischen Antriebsleistung der Pumpe:

$$P_1 = M_1 \cdot \omega_1 . \tag{2.1-19}$$

Werden die Beziehungen für das Drehmoment, Gleichung (2.1-16), und Winkelgeschwindigkeit $\omega_1 = 2 \cdot \pi \cdot n_1$ in Gleichung (2.1-19) eingesetzt, so ergibt sich

$$P_1 = \frac{V_1}{2\pi} \cdot \Delta p \cdot 2 \cdot \pi \cdot n_1 \tag{2.1-20}$$

und mit Gleichung (2.1-12) folgt

$$P_1 = Q_1 \cdot \Delta p . \tag{2.1-21}$$

Da der Motor den gesamten Pumpenvolumenstrom aufnimmt, gilt

$$Q_1 = Q_2 \tag{2.1-22}$$

$$V_1 \cdot n_1 = V_2 \cdot n_2 . \tag{2.1-23}$$

Daraus ergibt sich das Drehzahlverhältnis des hydrostatischen Getriebes bei verlustlosem Betrieb zu

$$\frac{n_2}{n_1} = \frac{V_1}{V_2}. \tag{2.1-24}$$

Gleichung (2.1-21) entspricht Gleichung (2.1-9), wenn $\Delta p = p$ ist, also auf der Niederdruckseite der Pumpe der Druck Null anliegt. Für die vom Motor abgegebene Leistung folgt bei verlustfreiem Betrieb analog zu Gleichung (2.1-21)

$$P_2 = Q_2 \cdot \Delta p \,. \tag{2.1-25}$$

Der Wirkungsgrad des idealen hydrostatischen Getriebes ist per Definition

$$\eta = \frac{P_2}{P_1} = 1 \,. \tag{2.1-26}$$

2.2 Hydrodynamik

Während die Hydrostatik die Gleichgewichtszustände der idealen Flüssigkeit beschreibt, können mit den Beziehungen der Hydrodynamik die in der Hydraulik auftretenden Verlustarten erklärt werden. Auch können damit Erscheinungen in Ventilen und Pumpen analysiert werden, die bei hohen Strömungsgeschwindigkeiten auftreten.

Bei der Untersuchung interessiert die Frage, wie sich die Strömung zeitlich in einem gegebenen Volumen ändert. Dazu werden Gleichungen abgeleitet, welche die Strömung durch ein Kontrollvolumen beschreiben.

2.2.1 Kontinuitätsgleichung

Unter der Voraussetzung, dass die betrachtete Strömung quellen- und senkenfrei ist, gilt das **Gesetz von der Erhaltung der Masse**:

Die in ein bestimmtes Volumen einströmende Masse minus der ausströmenden Masse ist gleich der sich im Volumen ansammelnden Masse.

Die mathematische Beschreibung ist die allgemeine Kontinuitätsgleichung:

$$\int_A \rho \cdot v_n \, dA + \frac{d}{d_t}\int_V \rho dV \tag{2.2-1}$$

Das Integral der Normalgeschwindigkeit v_{n}, d. h. der Geschwindigkeit senkrecht zu A, über die Oberfläche A eines Kontrollvolumens V und die zeitliche Änderung des Integrals der Masse in diesem Kontrollvolumen V summieren sich zu Null.

Als Beispiel sei eine stationäre Strömung durch eine Rohrleitung ohne Speicher wie in **Bild 2.2-1** betrachtet.

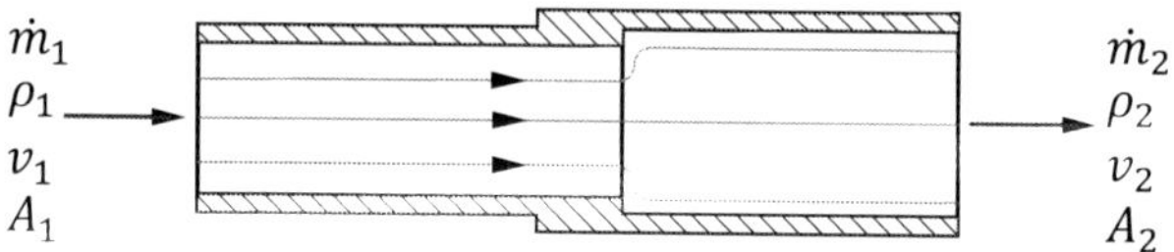

Bild 2.2-1: Stationäre Strömung durch eine Rohrleitung

Hier ist die einströmende Masse

$$\dot{m}_1 = \rho_1 \cdot Q_1 = v_1 \cdot A_1 \cdot \rho \tag{2.2-2}$$

gleich der ausströmenden Masse

$$\dot{m}_2 = \rho_2 \cdot Q_2 = v_2 \cdot A_2 \cdot \rho \, . \tag{2.2-3}$$

Wenn die Dichte der Massenströme gleich ist, gilt

$$v_1 \cdot \mathrm{A}_1 = v_2 \cdot \mathrm{A}_2 \, . \tag{2.2-4}$$

Dies führt wiederum zum Kontinuitätsgesetz der Hydrostatik (siehe auch Gleichung (2.1-4)).

2.2.2 Impulserhaltungsgleichung

Der Impuls $\vec{I}$ eines Systems ist gleich dem Produkt aus seiner Masse und seiner Geschwindigkeit $\vec{v}$. Er ist ein zur Geschwindigkeit gleichgerichteter Vektor. Der **Impulssatz** lautet:

Die zeitliche Änderung des Impulses eines Systems ist gleich der Summe der wirksamen äußeren Kräfte.

In Gleichungsform lautet der Impulssatz:

$$\sum \vec{F}_a = \frac{d}{dt}\vec{I} \tag{2.2-5}$$

In der Hydraulik wird häufig der Begriff der Strömungskraft $\vec{F}_{Str}$ verwendet. Darunter ist die negative Summe der äußeren Kräfte zu verstehen.

$$\vec{F}_{Str} = -\sum \vec{F}_a \tag{2.2-6}$$

Die Strömungskraft ist also die Kraft, welche eine Strömung auf ihre Umgebung ausübt, während die äußeren Kräfte über die Wandungen und freien Oberflächen auf das Fluid wirken. Um die Strömungskraft zu berechnen, ist es erforderlich, die zeitliche Änderung des Impulses des Systems durch Größen zu beschreiben, die an bestimmten Orten und Zeiten in der Strömung messbar sind. Wird Gleichung (2.2-5) entsprechend umgeformt, folgt diese Beziehung:

$$\sum \vec{F}_a = \int_V \frac{\partial}{\partial t}(\rho \cdot \vec{v})dV + \int_A (\rho \cdot \vec{v}) \cdot v_n dA \tag{2.2-7}$$

Die Summe der äußeren Kräfte ist gleich der Summe aus **instationärem** und **stationärem Anteil** der Strömungskräfte. In Gleichung (2.2-7) ist V ein abgegrenztes Volumen, v die Geschwindigkeit, ρ die Dichte und v_n die senkrecht auf der durchströmten Fläche stehende Geschwindigkeitskomponente.

2.2.3 Energieerhaltungsgleichung

Voraussetzung für die folgende Betrachtung ist die Annahme einer eindimensionalen, reibungsfreien, inkompressiblen Flüssigkeitsströmung. Bei der Betrachtung eines Teilchens des Stromfadens in **Bild 2.2-2**, müssen die aus Druck-, Schwere- und Trägheitseinflüssen resultierenden Kräfte, die auf dieses Teilchen in Strömungsrichtung wirken, im Gleichgewicht sein. Die an dem Stromfadenteilchen wirkenden Kräfte sind im folgenden näher beschrieben.

Mit dem Druckgradienten $\partial p/\partial l$ beträgt die resultierende **Druckkraft**

$$-p \cdot dA + \left[p + \frac{\partial p}{\partial l} \cdot dl\right] dA = \frac{\partial p}{\partial l} \cdot dl \cdot dA \tag{2.2-8}$$

Die **Schwerkraft** G auf das Stromfadenteilchen hängt von der in seinem Volumen eingeschlossenen Masse $m = \rho \cdot dA \cdot dl$ und vom Winkel $cos\beta = \partial z/\partial l$ gegenüber der Vertikalen ab und ist

$$G = \rho \cdot dA \cdot dl \cdot g \cdot \frac{\partial z}{\partial l} \tag{2.2-9}$$

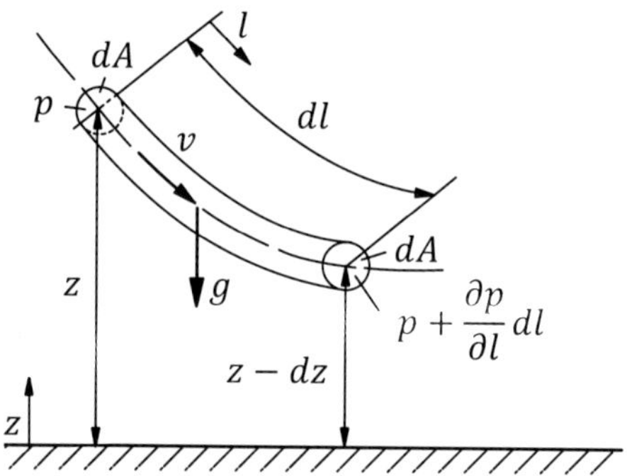

Bild 2.2-2: Stromfaden

Die **Trägheitskraft** hängt von der Änderung der Geschwindigkeit ab. Diese kann sich in Abhängigkeit von Ort und Zeit ändern. Mit dem stationären Anteil $\partial v/\partial l \cdot dl$ und dem instationären Anteil $\partial v/\partial t \cdot dt$ sind beide Einflüsse in der **totalen Geschwindigkeitsänderung** enthalten:

$$dv = \frac{\partial v}{\partial l} \cdot dl + \frac{\partial v}{\partial t} \cdot dt \tag{2.2-10}$$

Die **substantielle Ableitung** der Geschwindigkeit lautet:

$$\frac{dv}{dt} = v \cdot \frac{\partial v}{\partial l} + \frac{\partial v}{\partial t} \tag{2.2-11}$$

Der erste (stationäre) Anteil wird auch **konvektive Beschleunigung** genannt. Dieser Term stellt den Beschleunigungsanteil dar, der dadurch zustande kommt, dass Stromlinienteilchen mit einer bestimmten Geschwindigkeit an Orte mit anderer Geschwindigkeit kommen. Der zweite (instationäre) Term stellt den Anteil der Beschleunigung dar, der durch zeitliche Änderung des Strömungszustandes an dem betrachteten Ort entsteht, die sogenannte **lokale Beschleunigung.**

Die Beschleunigungskraft $F = d(m \cdot v)/dt$ errechnet sich dann bei konstanter Masse m und mit

$$v \cdot \frac{\partial v}{\partial l} = \frac{\partial}{\partial l}\left(\frac{v^2}{2}\right)$$

zu:

$$F = m \cdot \frac{dv}{dt} = \rho \cdot dA \cdot dl \cdot \left[\frac{\partial}{\partial l}\left(\frac{v^2}{2}\right) + \frac{\partial v}{\partial t}\right] \quad (2.2\text{-}12)$$

Die Summe aller an dem Stromfadenteilchen angreifenden Kräfte muss Null sein, d. h. ein Gleichgewicht bilden:

$$\rho \cdot dA \cdot dl \cdot \left[\frac{\partial}{\partial l}\left(\frac{v^2}{2}\right) + \frac{\partial v}{\partial t}\right] + dA \cdot dl \cdot \frac{\partial p}{\partial l}$$
$$+\rho \cdot dA \cdot dl \cdot g \cdot \frac{\partial z}{\partial l} = 0 \quad (2.2\text{-}13)$$

Wird diese Gleichung durch $(\rho \cdot dA \cdot dl)$ dividiert und auf stationäre Vorgänge beschränkt, also $\partial v/\partial t = 0$, so ergibt sich die **Eulersche Gleichung** für stationäre Strömungen:

$$\frac{1}{\rho} \cdot \frac{\partial p}{\partial l} + g \cdot \frac{\partial z}{\partial l} + \frac{\partial}{\partial l}\left(\frac{v^2}{2}\right) = 0 \quad (2.2\text{-}14)$$

Unter der Voraussetzung, dass die Dichte ρ konstant ist und Verluste vernachlässigbar sind, so kann die Eulersche Gleichung entlang der Stromlinie über dl integriert werden, und es ergibt sich die **Bernoullische Gleichung** für inkompressible Medien zu:

$$p + \rho \cdot g \cdot z + \frac{\rho \cdot v^2}{2} = konstant \quad (2.2\text{-}15)$$

mit dem statischen Druck p, dem Druck der Lage $\rho \cdot g \cdot z$ und dem Staudruck oder Geschwindigkeitsdruck $\rho \cdot v^2/2$.

Diese Gleichung kennzeichnet die Konstanz der Energie pro Volumeneinheit. Sie setzt sich zusammen aus Druckenergie, potentieller Energie und kinetischer Energie.

2.2.4 Reynolds-Zahl

Wenn eine reale Flüssigkeit stationär an einer Wandung entlangfließt, so haftet die an die Wand angrenzende Schicht infolge von Adhäsionskräften an dieser. Es bildet sich ein Geschwindigkeitsgradient senkrecht zur Strömungsrichtung in der Flüssigkeit.

Bei laminarer Strömung (lat.: *lamina* = Schicht) folgen alle Strömungsteilchen stetigen Bahnen, den Stromlinien. Der laminare Strömungszustand ist aber nur bis zu einer bestimmten Geschwindigkeit möglich. Bei höheren Geschwindigkeiten gewinnen die Massenkräfte gegenüber den Reibungskräften an Bedeutung, sodass die Teilchen nicht mehr den Stromlinien folgen. Es bilden sich Querbewegungen und Wirbel aus. Durch diese Störbewegungen wird der Hauptströmung Energie entzogen. Diese Instabilität des laminaren Zustandes wird als **Turbulenz** oder turbulente Strömung bezeichnet.

Das Verhältnis zwischen Trägheitskräften $\rho \cdot \dot{x}^2$ und Zähigkeitskräften $\eta \cdot \dot{x}/l$ ist eine kennzeichnende Größe für die Strömungsform und ist in der Reynolds-Zahl Re zusammengefasst:

$$Re = \frac{\rho \cdot \dot{x}^2}{\eta \cdot \frac{\dot{x}}{l}} = \frac{\rho \cdot \dot{x} \cdot l}{\eta} = \frac{\dot{x} \cdot D_{\mathrm{H}}}{\nu} \tag{2.2-16}$$

Die Reynolds-Zahl ist eine dimensionslose Kennzahl. Dabei ist η die dynamische Viskosität der Flüssigkeit und ν die kinematische Viskosität. Die Viskositäten sind über die Dichte der Flüssigkeit ρ miteinander gekoppelt ($\eta = \nu \cdot \rho$), siehe Kapitel 3.3.1. Die Abmessung l ist die charakteristische Länge. Im Zusammenhang mit Strömungswiderständen ist diese als **hydraulischer Durchmesser** $\boldsymbol{D_H}$ festgelegt worden. D_H hängt vom Verhältnis Fläche/Umfang des Strömungsquerschnitts ab und ist definiert als

$$D_H = \frac{4 \cdot A}{U} \tag{2.2-17}$$

mit der Fläche des Strömungsquerschnittes A und dem benetzten Umfang U. Für einen kreisförmigen Querschnitt ist also D_H gleich dem Durchmesser d des Kreises:

$$D_H = \frac{4 \cdot \pi \cdot \frac{d^2}{4}}{\pi \cdot d} = d$$

Für einen engen Spalt gilt bei kleiner Höhe h gegenüber der Breite b

$$D_H = \frac{4 \cdot b \cdot h}{2 \cdot (b + h)} \approx 2 \cdot h \qquad (2.2\text{-}18)$$

Der Übergang von laminarer zu **turbulenter Strömung** erfolgt im glatten Rohr etwa bei $Re = 2300$. Bei anderen Strömungswiderständen wird dieser Wechsel schon bei kleineren Reynolds-Zahlen bis hinunter zu etwa $Re = 200$ beobachtet. Als endgültige Geschwindigkeitsverteilung stellt sich dann das Profil der turbulenten Strömung ein. Turbulente Strömung erfordert eine andere Berechnung als laminare Strömung. Darauf wird im Folgenden näher eingegangen.

2.3 Verlustbehaftete Strömungen

Hydraulische Widerstände sind einerseits unerwünschte Energieverluste, wie beispielsweise der Druckverlust in einer langen Rohrleitung. Andererseits sind sie oft für die Funktion erforderlich, so zum Begrenzen der Leckageverluste oder für die Steuerungsfunktion von Regelventilen.

2.3.1 Laminare verlustbehaftete Strömung

Die Berechnung des Druckabfalls in Rohrleitungen unterscheidet sich für laminare und turbulente Strömungen. Für die Berechnungen in diesem Kapitel wird zunächst ein laminarer Strömungszustand angenommen.

Widerstand von Rohrleitungen

Die Geschwindigkeitsverteilung in einem kreisrunden Rohr, glatten Wänden und laminarer Strömung kann über die Betrachtung eines kleinen Fluidteilchens in dem Rohr hergeleitet werden. Das Modell ist in **Bild 2.3-1** dargestellt.

Damit sich das dargestellte zylinderförmige Teilchen mit Radius y in der zähen Flüssigkeit bewegt, muss eine Kraft an ihm angreifen, die sich aus der Druckdifferenz $p_1 - p_2$ an den kreisförmigen Kopfflächen ergibt. Mit dieser

Druckkraft wird die Reibkraft an der Mantelfläche, die aus der Zähigkeit der Flüssigkeit, der Schubspannung τ, resultiert, überwunden.

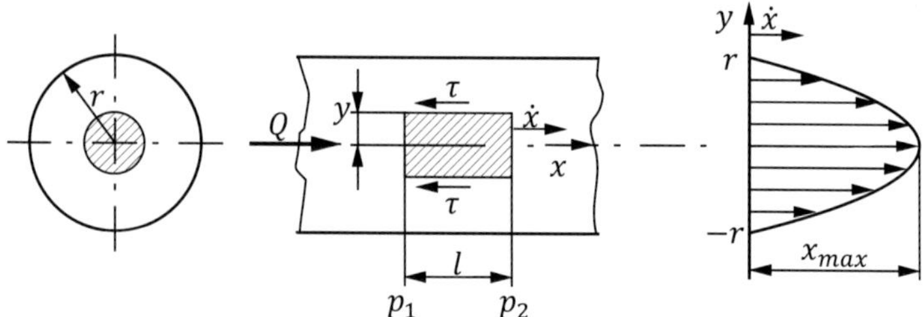

Bild 2.3-1: Laminare Strömung in einem glatten Rohr

Im Gleichgewichtsfall heben sich die Kräfte auf, und das Teilchen bewegt sich gleichförmig im Rohr. Dann ist die Reibkraft gleich der Druckkraft.

$$2 \cdot \pi \cdot y \cdot l \cdot \tau = (p_1 - p_2) \cdot \pi \cdot y^2 \tag{2.3-1}$$

Durch Einsetzen von $\tau = \eta \cdot \frac{dx}{dy}$ (siehe Kapitel 3.3.1) folgt diese Beziehung:

$$-\frac{d\dot{x}}{dy} = \frac{(p_1 - p_2) \cdot y}{2 \cdot \eta \cdot l} \tag{2.3-2}$$

Das negative Vorzeichen ist dadurch bedingt, dass sich hier der Koordinatenursprung in Rohrmitte befindet. Durch Integration über den Rohrquerschnitt und Einsetzen der Randbedingungen ergibt sich die Geschwindigkeitsverteilung

$$-\int_{\dot{x}}^{0} d\dot{x} = \frac{p_1 - p_2}{2 \cdot \eta \cdot l} \cdot \int_{y}^{r} y dy$$

$$\dot{x} = \frac{p_1 - p_2}{4 \cdot \eta \cdot l} \cdot (r^2 - y^2) \tag{2.3-3}$$

mit parabelförmigem Profil wie in **Bild 2.3-1** rechts angedeutet. Die maximale Geschwindigkeit tritt in Rohrmitte bei $y = 0$ auf:

$$\dot{x}_{max} = \frac{p_1 - p_2}{4 \cdot \eta \cdot l} \cdot r^2 \tag{2.3-4}$$

Durch Aufaddieren der Produkte aus den Geschwindigkeiten und den zugehörigen ringförmigen Flächenteilchen $\mathrm{d}A = 2\pi \cdot y\mathrm{d}y$ ergeben den Volumenstrom

$$Q = \int_0^r \dot{x} \cdot 2\pi \cdot y \, dy$$

Die Gleichung nach **Hagen-Poiseuille** lautet damit:

$$Q = \frac{\pi \cdot r^4}{8 \cdot \eta \cdot l} \cdot (p_1 - p_2) \tag{2.3-5}$$

Wenn Flüssigkeit aus einem größeren Behälter in ein Rohr einströmt, ist die Geschindigkeit zunächst annähernd über den ganzen Querschnitt gleich, wie in **Bild 2.3-2** anhand der Propfenströmung dargestellt ist. Erst nach Durchlaufen einer sogenannten **Anlaufstrecke,** wenn die kinetische Energie in Wandnähe durch Reibung abgebaut ist, bildet sich das parabelförmige Geschwindigkeitsprofil aus. Dementsprechend darf auch erst nach der Anlaufstrecke mit laminarer Strömung gerechnet werden. Die Länge der Anlaufstrecke l_{An} ist vom Rohrdurchmesser d, der Reynolds-Zahl Re und der Oberflächenbeschaffenheit des Rohres abhängig. Ein in der Literatur häufig genannter Wert beträgt:

$$l_{An} \approx d \cdot 0{,}058 \cdot Re \tag{2.3-6}$$

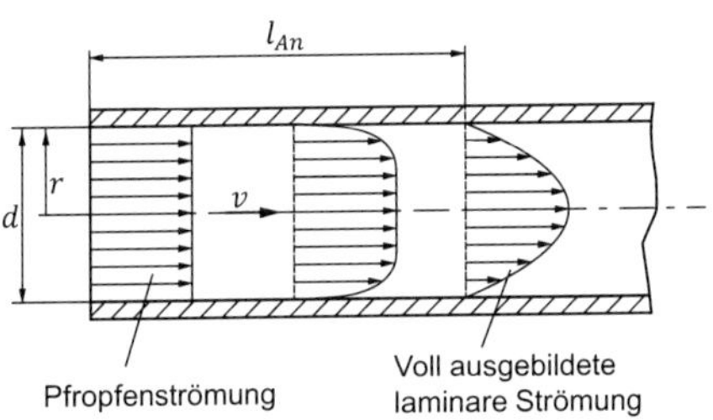

Bild 2.3-2: Ausbildung der laminaren Strömungsform, l_{An} = Anlaufstrecke

Widerstand von Spalten

In gleicher Weise wie für eine Rohrströmung in Gleichung (2.3-1) wird auch die Beziehung für den Volumenstrom durch einen Spalt entwickelt.

Voraussetzung für die Anwendung dieser vereinfachten Formel ist, dass die Breite des Spaltes sehr groß ist im Verhältnis zu seiner Höhe und die Länge mindestens 100-mal so groß ist wie die Höhe. Das Modell ist in **Bild 2.3-3** dargestellt. Für die Geschwindigkeitsverteilung gilt

$$\dot{x} = \frac{p_1 - p_2}{8 \cdot \eta \cdot l} \cdot (h^2 - 4 \cdot y^2) \tag{2.3-7}$$

und die maximale Geschwindigkeit in Spaltmitte ist

$$\dot{x}_{max} = \frac{p_1 - p_2}{8 \cdot \eta \cdot l} \cdot h^2 \tag{2.3-8}$$

Für den Volumenstrom gilt

$$Q = 2 \cdot \int_0^{\frac{h}{2}} \dot{x} \cdot b\, dy = \frac{b \cdot h^3}{12 \cdot \eta \cdot l} \cdot (p_1 - p_2) \tag{2.3-9}$$

Die Spalthöhe geht also mit der **dritten Potenz** in den Volumenstrom ein. Daraus ergibt sich in der Hydraulik die Forderung nach möglichst kleinen Spalthöhen, um die Leckagen gering zu halten.

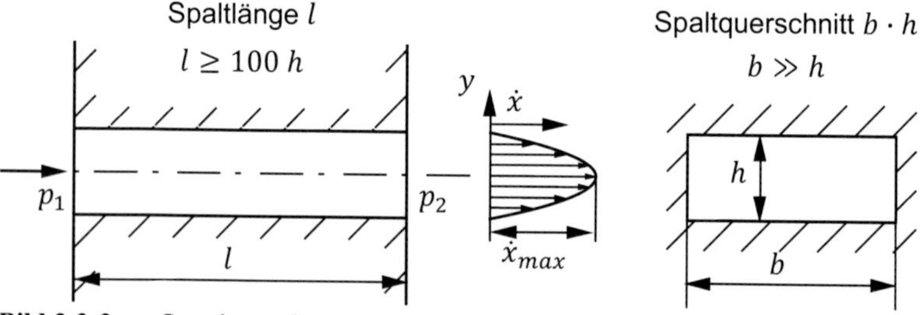

Bild 2.3-3: Laminare Strömung durch einen Spalt

Der hydraulische Widerstand $R_H = \Delta p/Q$ eines Rechteckspalts ist demnach:

$$R_H = \frac{12 \cdot \eta \cdot l}{b \cdot h^3} \tag{2.3-10}$$

Ringförmige Spalte treten zwischen Kolben und Zylinderbohrung auf, z. B. in Kolbenpumpen und in Schieberventilen. Frei bewegliche Kolben tendieren dazu, in der Bohrung eine exzentrische Position einzunehmen, wie in **Bild 2.3-4** gezeigt ist. Für diesen Fall gilt die nachfolgende Gleichung für den Volumenstrom

$$Q = \frac{d \cdot \pi \cdot \Delta r^3}{12 \cdot \eta \cdot l} \cdot \left[1 + 1{,}5 \cdot \left(\frac{e}{\Delta r}\right)^2\right] \cdot (p_1 - p_2) \tag{2.3-11}$$

wobei Δr das halbe Passungsspiel zwischen Kolben und Bohrung ist.

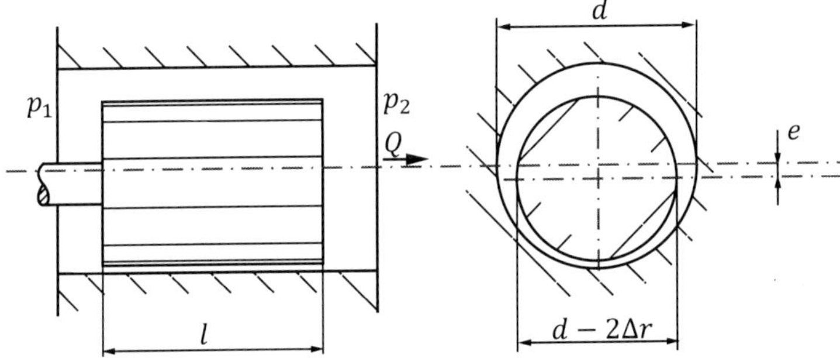

Bild 2.3-4: Volumenstrom durch einen exzentrischen Dichtspalt

Der Strömungswiderstand im Spalt wird auch zum Aufbau hydrostatischer Gleitlager genutzt. Hier wird in einer Lagertasche wie in **Bild 2.3-5** durch Zufuhr eines möglichst konstanten Flüssigkeitsstroms Druck erzeugt.

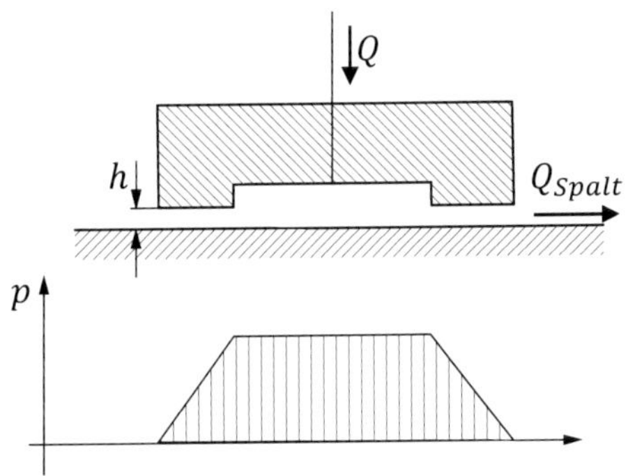

Bild 2.3-5: Hydrostatisches Lager

In dem Spalt am Rand des Lagers wird der Druck kontinuierlich bis auf den Umgebungsdruck abgebaut, sodass sich das im Bild unten angedeutete Druckfeld einstellt. Die Tragkraft der Lagertasche entspricht dann dem Produkt aus Lagerfläche und Druck, wobei die Randfläche anteilig entsprechend dem

Druckprofil mitträgt. Der Druck ist abhängig von der Größe des Volumenstroms Q und von der Spalthöhe h, sodass bei sinkendem Abstand die Lagerkraft steigt und sich ein neues Gleichgewicht einstellt. Steht statt eines konstanten Volumenstroms nur ein konstanter Versorgungsdruck zur Verfügung, so muss der zugeführte Volumenstrom durch einen Vorwiderstand stabilisiert werden. Hydrostatische Lager haben sehr geringe Reibungswiderstände und bieten gute Genauigkeit und hohe Steifigkeit. Sie werden z. B. eingesetzt als Führung in Werkzeugmaschinen, wobei viele Taschen mit jeweils eigenem Vorwiderstand nebeneinander angeordnet werden. Einzelheiten zur Berechnung sind u. a. in DIN 31655 gegeben.

Eine Variante des hydrostatischen Lagers ist die hydrostatische Entlastung. Hier ist die durch das Druckfeld erzeugte Kraft immer kleiner als die Last auf dem Lager. Das Verhältnis von Druckkraft zu Last ist der Entlastungsgrad.

$$E = \frac{\text{Druckkraft}}{\text{Last}} \leq 1 \tag{2.3-12}$$

Die hydrostatische Entlastung hält immer den Kontakt zur Unterlage, sodass die Leckage gering ist. Sie reduziert aber Reibung und Verschleiß gegenüber einer reinen Gleitlagerung. Eine verbreitete Anwendung ist die Lagerung der Kolbenschuhe in Axial- und Radialkolbenpumpen, siehe Unterkapitel 4.2.1.

2.3.2 Turbulente verlustbehaftete Strömungen

Widerstand von Blenden

Die Bernoullische Gleichung (2.2-15) wird überall dort eingesetzt, wo der Viskositätseinfluss vernachlässigt werden kann. Mit ihrer Hilfe lassen sich wichtige Abhängigkeiten ableiten, beispielsweise das **Durchflussgesetz durch Blenden. Bild 2.3-6** zeigt die stationäre Strömung durch eine Blende.

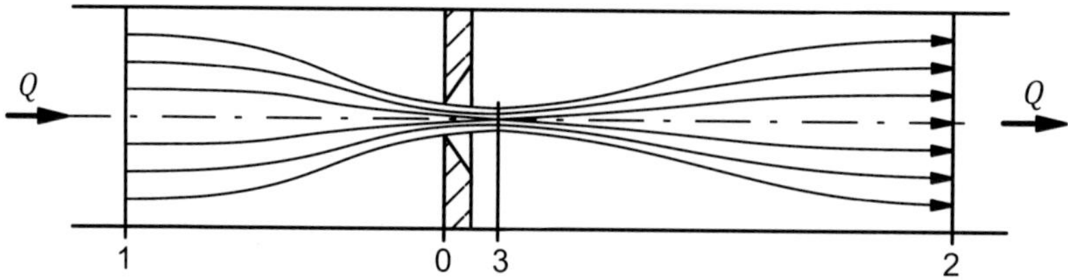

Bild 2.3-6: Stationäre Strömung durch eine Blende

Es ist zu beachten, dass sich der Strahl hinter der Blende weiter zusammenschnürt und an der Stelle 3 den engsten Querschnitt besitzt.

Unter der Voraussetzung, dass der Querschnitt $A_3 \ll A_1$ und damit auch die Geschwindigkeit der Flüssigkeit an der Stelle 1 sehr klein gegenüber der an der Stelle 3 ist, also $v_1 \ll v_3$ gilt, vereinfacht sich die Bernoullische Gleichung an den Stellen 1 und 3 wie folgt:

$$p_1 = p_3 + \frac{\rho \cdot v_3^2}{2} \tag{2.3-13}$$

Damit lässt sich die mittlere Geschwindigkeit im engsten Querschnitt zu

$$v_3 = \sqrt{\frac{2 \cdot \Delta p^*}{\rho}} \tag{2.3-14}$$

mit $\Delta p^* = p_1 - p_3$ angegeben. Aus dem Produkt von mittlerer Geschwindigkeit v_3 und Fläche A_3 folgt der Volumenstrom

$$Q = A_3 \cdot \sqrt{\frac{2 \cdot \Delta p^*}{\rho}} = \alpha_\text{K} \cdot A_0 \cdot \sqrt{\frac{2 \cdot \Delta p^*}{\rho}} \tag{2.3-15}$$

Dabei beschreibt der **Kontraktionskoeffizient $\boldsymbol{\alpha_K}$** die Strahlkontraktion hinter der Blende gemäß

$$A_3 = \alpha_K \cdot A_0 \tag{2.3-16}$$

Er wird experimentell ermittelt und liegt je nach Geometrie der Durchtrittsöffnung zwischen 0,6 und 1,0. Für scharfe Kanten beträgt der Wert 0,60 bis 0,64.

In der Realität zeigt sich jedoch, dass die hergeleitete Beziehung so nicht viel praktischen Nutzen bringt, da an dem Strömungswiderstand auch Reibungsverluste auftreten. Wenn der Druck hinter der Blende in Bild 2.3-6 an einer Stelle 2 gemessen wird, wo die strömende Flüssigkeit den Rohrquerschnitt wieder voll ausfüllt, so ist festzustellen, dass die an der Stelle 3 in Geschwindigkeitsenergie umgewandelte Druckenergie nicht vollständig zurückgewonnen werden kann. Sinnvoller ist es daher, diese Reibungsverluste gleich mit zu berücksichtigen und den Volumenstrom durch Querschnittsverengungen mit

$$Q = \alpha_D \cdot A_0 \cdot \sqrt{\frac{2 \cdot \Delta p}{\rho}} \tag{2.3-17}$$

und dem **Durchflusskoeffizienten α_D** anzugeben, wobei als Druckdifferenz der einfach messbare Wert eingesetzt wird.

$$\Delta p = p_1 - p_2$$

Mit dem Durchflusskoeffizienten α_D werden alle Verluste erfasst, die beim Durchströmen des Widerstandes auftreten. Diese Verluste sind durch die Reibung bedingt und treten in der Energiebilanz als Erwärmung der Flüssigkeit wieder auf.

Für die Hydraulik ist der Durchflusskoeffizient durch scharfkantige Steueröffnungen von besonderer Wichtigkeit. Die Werte der Durchflusskoeffizienten α_D bei Steuerschiebern nach **Bild 2.3-7** schwanken zwischen 0,6 und 0,8, abhängig von der Reynolds-Zahl Re, der Form der Steuerkante, die scharfkantig oder abgerundet sein kann, und von der Durchströmungsrichtung.

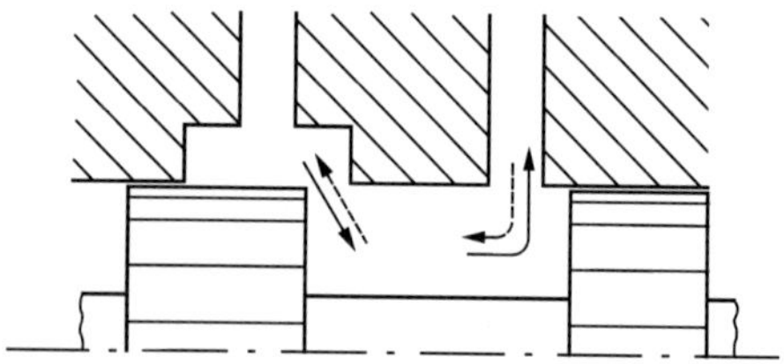

Bild 2.3-7: Steuerschieber

In **Bild 2.3-8** ist zu erkennen, dass der Blendenkoeffizient α_D einer scharfkantigen Blende von der Strömungsform abhängt.

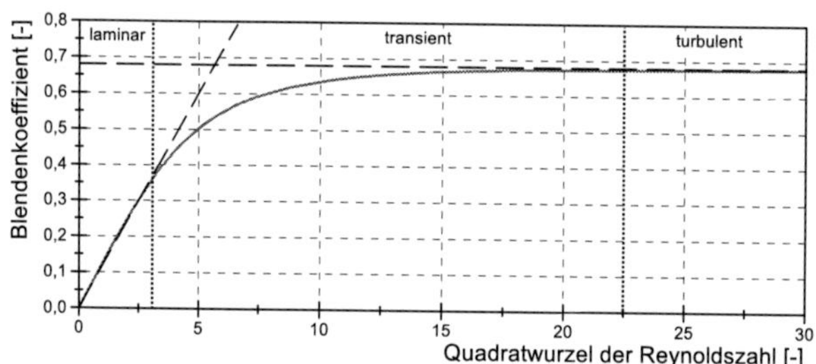

Bild 2.3-8: Blendenkoeffizient als Funktion der Reynoldszahl [2.13]

Im Bereich laminarer Strömung ist der Blendenkoeffizient linear von der Wurzel der Reynoldszahl abhängig. Im turbulenten Bereich ist der Blendenkoeffizient konstant. Da sich die Strömung in einem hydraulischen System zumeist im turbulenten Gebiet befindet, wird im Allgemeinem von einem konstanten Blendenkoeffizienten ausgegangen [2.13]. Latour [2.8] hat diesen Effekt für scharfkantige Ventile auch mathematisch beschrieben.

Druckverlust bei Querschnittserweiterung

Die systematische Berechnung von Druckverlusten bei geometrisch einfachen Querschnittsveränderungen wurde bei der Erläuterung des Impulssatzes näher beschrieben. Zu solchen einfachen Geometrien zählen die sprunghaften Querschnittserweiterungen und Querschnittsverengung. Im Folgenden werden die Druckverluste für diese Geometrien mit Hilfe des Impulssatzes und der Kontinuitätsgleichung hergeleitet.

Bild 2.3-9 zeigt schematisch eine plötzliche Querschnittserweiterung.

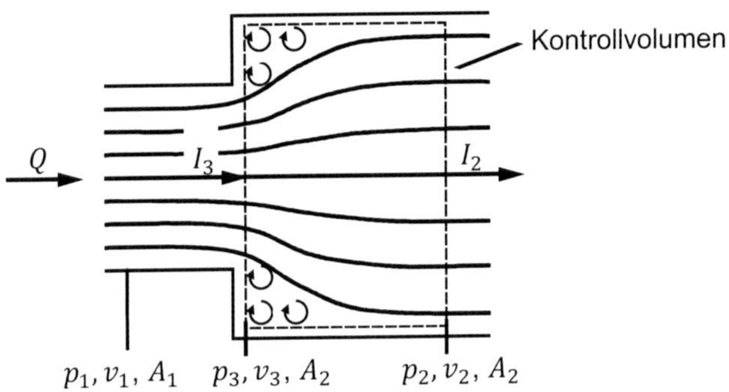

Bild 2.3-9: Druckverluste bei Querschnittserweiterung

Wird der Impulssatz auf das Kontrollvolumen angewendet, ergibt sich:

$$p_3 \cdot A_2 - p_2 \cdot A_2 = \rho \cdot Q_2 \cdot v_2 - \rho \cdot Q_3 \cdot v_3$$

Aufgrund der Freistrahl-Gesetze ist $p_3 = p_1$ sowie $v_3 = v_1$ damit:

$$A_2 \cdot (p_2 - p_1) = \rho \cdot Q_3 \cdot v_1 - \rho \cdot Q_2 \cdot v_2$$

Die Kontinuitätsbedingung lautet

$$\rho \cdot Q_1 = \rho \cdot Q_3 = \rho \cdot Q_2 = \rho \cdot A_2 \cdot v_2$$

Durch Einsetzen ergibt sich:

$$A_2 \cdot (p_2 - p_1) = \rho \cdot A_2 \cdot v_2 \cdot (v_1 - v_2)$$

$$p_2 - p_1 = \rho \cdot v_2 \cdot (v_1 - v_2) = \Delta p_{mV} \qquad (2.3\text{-}18)$$

Δp_{mV} ist die Druckdifferenz unter Berücksichtigung der Verluste an einer unstetigen Querschnittserweiterung. Bei allmählichem Übergang von $\dot{x}_1$ auf $\dot{x}_2$ würde sich für den verlustfreien Übergang nach Bernoulli ergeben

$$p_2^* - p_1 = \frac{\rho}{2} \cdot ({v_1}^2 - {v_2}^2) = \Delta p_{oV} \qquad (2.3\text{-}19)$$

wobei Δp_{oV} die Druckdifferenz ohne Berücksichtigung der Verluste ist.

Die Differenz der beiden Gleichungen stellt den sogenannten Stoßverlust durch Verwirbelung dar:

$$\Delta p_{SV} = \Delta p_{oV} - \Delta p_{mV} = \frac{\rho}{2} \cdot (v_1 - v_2 - 2 \cdot v_1 \cdot v_2 + 2 \cdot v_2^2)$$

$$\Delta p_{SV} = \frac{\rho}{2} \cdot (v_1 - v_2)^2 \qquad (2.3\text{-}20)$$

Der Widerstandsbeiwert ξ wurde in Gleichung (2.3-34) definiert und beträgt hier:

$$\xi = \frac{\Delta p_{SV}}{\frac{\rho}{2} \cdot {v_2}^2} = \left(\frac{v_1}{v_2} - 1\right)^2 = \left(\frac{A_2}{A_1} - 1\right)^2 \qquad (2.3\text{-}21)$$

Druckverlust bei Querschnittsverengung

Für eine plötzliche **Querschnittsverengung** wie in **Bild 2.3-10** wird der Impulssatz wieder auf das Kontrollvolumen angewendet. Dabei muss die Strahlkontraktion an der Stelle 1 berücksichtigt werden.

$$p_2 \cdot A_2 - p_1 \cdot A_1 = \rho \cdot Q_1 \cdot v_1 - \rho \cdot Q_2 \cdot v_2$$

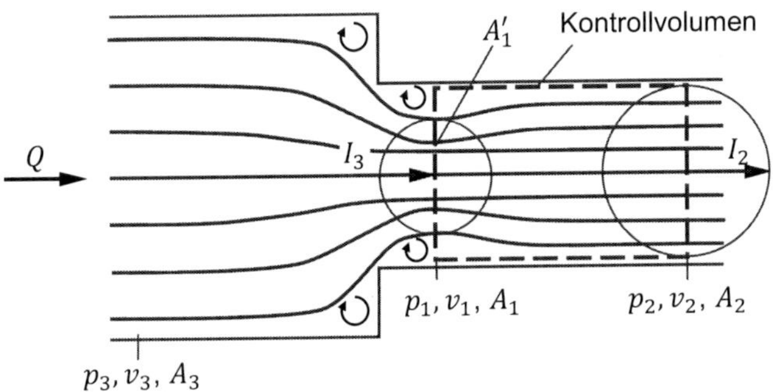

Bild 2.3-10: Druckverluste bei Querschnittsverengung

Die Kontinuitätsbedingung liefert

$$\rho \cdot Q_1 = \rho \cdot Q_2 = \rho \cdot A_2 \cdot v_2$$

Mit $A_1 = A_2$ ergibt sich durch Einsetzen

$$A_2 \cdot (p_2 - p_1) = \rho \cdot A_2 \cdot v_2 \cdot (v_1 - v_2)$$

$$p_2 - p_1 = \rho \cdot v_2 \cdot (v_1 - v_2) = \Delta p_{mV} \quad (2.3\text{-}22)$$

wobei Δp_{mV} wieder die Druckdifferenz unter Berücksichtigung der Verluste ist. Bei allmählichem Übergang von A_3 auf A_2 ergibt sich dagegen nach Bernoulli ohne Verluste (siehe vorhergehendes Beispiel):

$$p_2^* - p_1 = \frac{\rho}{2} \cdot ({v_1}^2 - {v_2}^2) = \Delta p_{oV} \quad (2.3\text{-}23)$$

Der Druckverlust ist also

$$\Delta p_V = \Delta p_{oV} - \Delta p_{mV} = \frac{\rho}{2} \cdot (v_1 - v_2)^2 \quad (2.3\text{-}24)$$

Mit dem Kontraktionskoeffizienten α_K nach Gleichung (2.3-16) folgt $\alpha_K = \frac{v_2}{v_1}$ und:

$$\Delta p_V = \frac{\rho}{2} \cdot {v_2}^2 \cdot \left(\frac{1}{\alpha_K} - 1\right)^2 \quad (2.3\text{-}25)$$

Der Widerstandsbeiwert ξ ergibt sich nach (2.3-34) zu:

$$\xi = \frac{\Delta p_V}{\frac{\rho}{2} \cdot v_2{}^2} = \left(\frac{1}{\alpha_K} - 1\right)^2 \qquad (2.3\text{-}26)$$

2.3.3 Hydraulische Leitungssysteme

Designrichtlinien

Zur druckfesten, leckagefreien Verbindung von hydraulischen Bauelementen stehen Rohre und Schläuche mit genormten Anschlüssen, genormte Anschlussplatten und individuell gefertigte Blöcke zur Verfügung. Für alle Verbindungsmöglichkeiten gilt, dass beim Zusammenbau auf größte Sauberkeit zu achten ist. Späne, Grate, Schweißperlen und Zunder können später zu Funktionsstörungen, Verschleiß und infolge dessen zu Ausfällen der Anlage führen. Vor der Inbetriebnahme ist die Anlage turbulent zu spülen [2.2, 2.16].

Rohr- und Schlauchleitungen

Die Auslegung von Rohr- und Schlauchleitungen erfolgt üblicherweise nach stationären Kriterien: Dem maximal auftretenden Druck in der Leitung und dem durchfließenden Volumenstrom. Der Volumenstrom bestimmt den Innendurchmesser eines Rohres, der Druck die Wandstärke. Die Wahl eines möglichst großen Innendurchmessers führt zu kleinen Strömungsgeschwindigkeiten, so dass eine laminare Strömungsform vorliegt. Somit treten nur geringe Druckverluste in der Leitung auf. In der Praxis haben sich dafür die in **Tabelle 2.3-1** dargestellten Strömungsgeschwindigkeiten bewährt.

Tabelle 2.3-1: Anzustrebende Strömungsgeschwindigkeiten von Rohr- und Schlauchleitungen

Druckbereich	Strömungsgeschwindigkeit
< 50 bar	< 4 m/s
50 .. 100 bar	4 .. 5 m/s
100 .. 200 bar	5 .. 6 m/s
> 200 bar	6 .. 7 m/s

Der erforderliche Rohr- oder Schlauchquerschnitt A ergibt sich aus dem Volumenstrom Q und der Strömungsgeschwindigkeit v zu

$$A = \frac{Q}{v} \tag{2.3-27}$$

Rohre sind in der Hydraulik starre Verbindungen. Verschiedene genormte Rohrsorten finden Anwendung, siehe beispielsweise für nahtlose Präzisionsstahlrohre DIN EN 10305-4 und geschweißte Rohre DIN EN 10305-6. Rohre lassen sich mit einfachen, handbetätigten Vorrichtungen bis zu einem Durchmesser von ca. 25 mm kalt biegen. Für größere Durchmesser und komplexe Geometrien kommen Rohrbiegemaschinen zum Einsatz. Nach dem Schweißen oder Warmbiegen größerer Durchmesser muss der schwer lösbare Abbrand im Rohr durch besondere Maßnahmen wie z. B. Beizen entfernt werden.

Schlauchleitungen werden aus verschiedenen Gründen in Hydraulikanlagen eingesetzt. Sie finden Verwendung als Verbindung zwischen relativ zueinander bewegten Anschlussstellen, bei wechselweisem Anschluss verschiedener Teile, zur Minderung von stoßartigen Druckänderungen und zur Vermeidung der Übertragung von mechanischen Schwingungen. Schläuche gemäß DIN 24950 und DIN EN 853 bis DIN EN 857 bestehen im Allgemeinen innen und außen aus elastischen Materialien, die zur Erhöhung der Festigkeit der Schlauchwandung eine eingebettete Geflechteinlage aufweisen. Die Schläuche werden nach Belastbarkeit herstellerspezifisch in Saug-, Niederdruck-, Mitteldruck-, Hochdruck- und Höchstdruckschläuche eingeteilt.

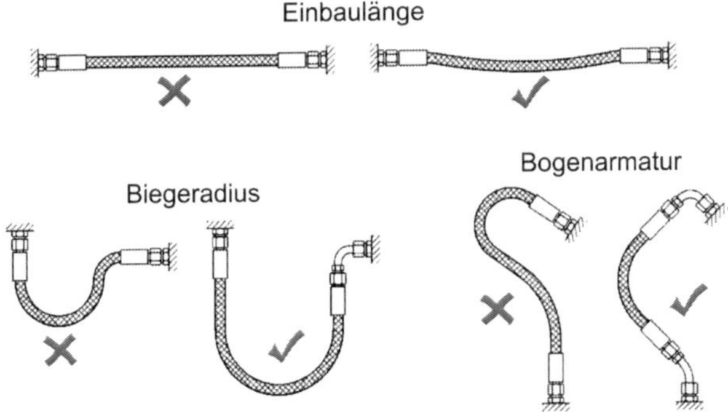

Bild 2.3-11: Einbaulage von Schlauchleitungen nach DIN 20066

Bild 2.3-11 zeigt die wichtigsten zu beachtenden Regeln bei der Montage von Schlauchleitungen. So sind beispielsweise ausreichende Schlauchlängen und Biegeradien einzuhalten. Anstelle scharfer Schlauchbögen sind zudem Bogenarmaturen vorzuziehen.

Schläuche besitzen aufgrund ihrer Elastizität eine Speicherwirkung. Die Volumenaufnahme des Schlauches (**Bild 2.3-12**) erfolgt primär durch die radiale Aufdehnung und weniger aufgrund einer Längenänderung.

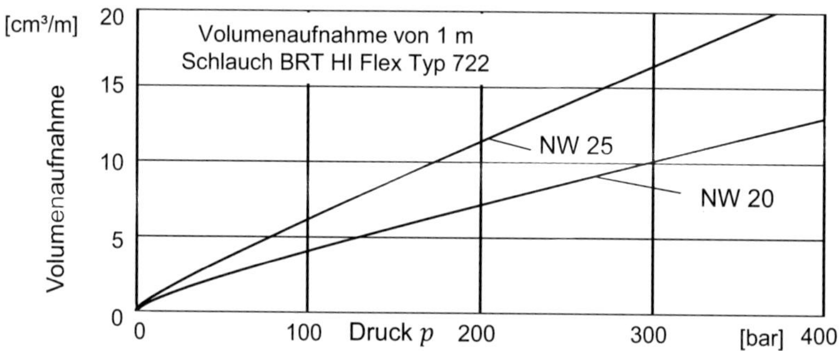

Bild 2.3-12: Volumenspeicherung von Schläuchen

Infolge dieser Dehnbarkeit sind Schläuche in der Lage, Schwingungen und Druckspitzen abzubauen. Für diese Aufgabe werden oft auch spezielle Dehnschläuche eingesetzt, die z. B. Druck- und Volumenstrompulsationen einer Pumpe reduzieren. Nachteilig wirkt sich die Volumenaufnahme allerdings bei geregelten Antrieben aus, da die Elastizität die Eigenfrequenz des Antriebes erniedrigt.

Anschlussarmaturen

Die gebräuchlichsten Armaturen zum Anschluss von Rohren und Schläuchen an die Komponenten sind Schneidring-, Bördel- und Schweißkegelverschraubungen nach DIN 2353, DIN 3859, DIN 3861, DIN EN 1333 und DIN EN ISO 8434. Basierend auf dem zulässigen Betriebsdruck werden Verschraubungen in die Reihen sehr leicht (LL), leicht (L) und schwer (S) unterteilt. **Bild 2.3-13** zeigt auf der linken Seite die konventionelle Form der **Schneidringverschraubung**. Dabei übernimmt der Schneidring sowohl die Halte- als auch die Dichtfunktion. Rechts daneben ist eine Verschraubung mit einem Schweißanschluss sowie einem elastomeren Dichtelement dargestellt. Diese wird häufig bei extremer Schwingungsbeanspruchung der Rohrleitung eingesetzt. Die Anschlussmaße der Schweißkegelverschraubung sind die gleichen wie bei der Schneidringverschraubung.

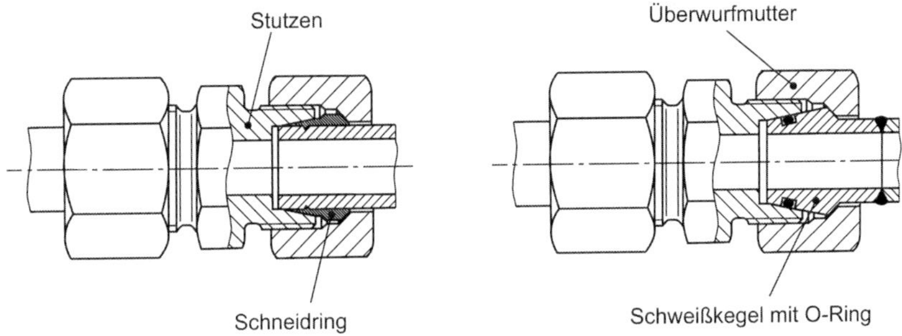

Bild 2.3-13: Metallische Rohrverschraubungen (links: Schneidring, rechts: Schweißkegelverschraubung) nach DIN EN ISO 8434

Bis zu einem Rohraußendurchmesser von 38 mm (Reihe S) bzw. 42 mm (Reihe L) werden heute überwiegend die genannten Verschraubungssysteme verwendet. Für größere Rohraußendurchmesser und dort, wo kurze Rohrstücke nur radial zur Rohrachse montiert werden können, sind **Flanschverbindungen** wie die SAE Flanschverbindung DIN ISO 6162 für Innendurchmesser von 13 mm bis 127 mm gebräuchlich.

Für den bauteilseitigen Anschluss kommen Einschraubzapfen DIN 3852 versehen mit zölligem Rohrgewinde oder metrischem Feingewinde sowie Gerade-, Winkel-, T- und L-Einschraubverschraubungen DIN 2353 in Frage. Die Abdichtung geschieht mit einem Kupferring (Form A), einer Dichtkante (Form B), einem Dichtkegel (Form C) oder einem elastomeren Dichtring (Form E). Verschraubungen mit metallischer Dichtung können nur in begrenztem Umfang gelöst und erneut wieder abgedichtet werden.

Druckverlustberechnung

Die Kenntnis der Druckverluste ist wichtig für die Auslegung von Rohrleitungen, besonders, wenn große Leistungen über größere Entfernungen übertragen werden sollen. Sie wirken sich direkt auf den Systemwirkungsgrad aus. Ein Paradebeispiel für die Wichtigkeit der Betrachtung der Druckverluste ist der Pipelinebau. Hier kann die Wahl eines größeren Rohrdurchmessers weniger Pumpstationen erforderlich machen. Ein größerer Rohrdurchmesser kann also unter dem Strich eine günstigere Lösung ermöglichen.

Druckverluste werden getrennt für gerade Rohrleitungen und für Abzweigungen, Krümmer, Verschraubungen und Ventile aller Art berechnet.

Durch die Erweiterung der **Bernoullische Gleichung** unter Berücksichtigung der auftretenden Verluste, ergibt sich für eine Anordnung wie in **Bild 2.3-14** die folgende Gleichung mit beiden Widerstandsbeiwerten λ ("Lambda") für gerade Rohre und ξ ("Xi") für Formstücke und Komponenten:

$$\left(p_1 + \frac{\rho}{2} \cdot v_1^2 + \rho \cdot g \cdot z_1\right) - \left(p_2 + \frac{\rho}{2} \cdot v_2^2 + \rho \cdot g \cdot z_2\right) =$$

$$\sum_i \lambda_i \cdot \frac{l_i}{d_i} \cdot \frac{\rho}{2} \cdot v_i^2 + \sum_i \xi_i \cdot \frac{\rho}{2} \cdot v_i^2 \qquad (2.3\text{-}28)$$

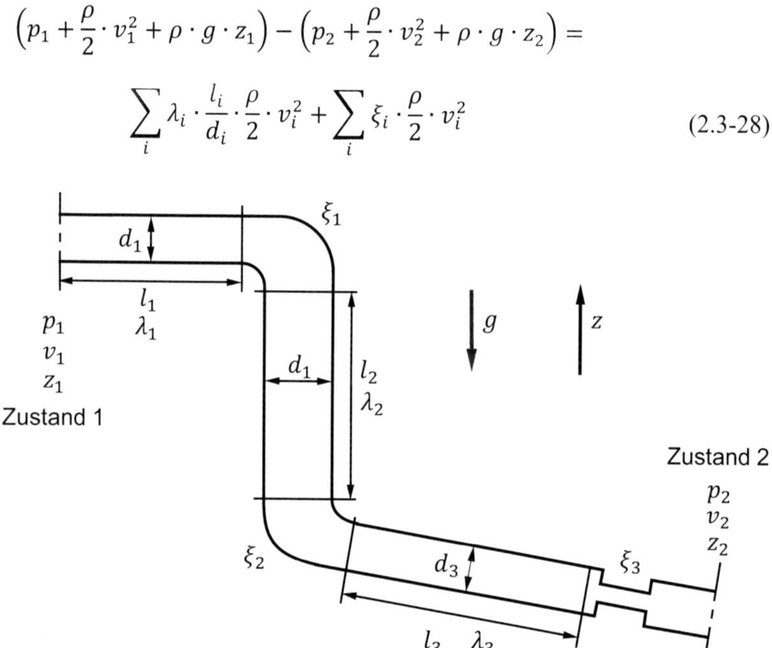

Bild 2.3-14: Druckverluste in einer Rohrleitungssystem

Hierin sind v die Strömungsgeschwindigkeit und z die statische oder geodätische Höhe. Die Differenz der Energieinhalte eines Volumens an der Stelle 1 minus der an der Stelle 2 ist gleich der Summe der Druckverluste in Rohrleitungen, Krümmern und Drosselstellen. Bei den in der Hydraulik üblichen Reynolds-Zahlen können folgende Richtwerte [2.3] für den Widerstandsbeiwert ξ angesetzt werden:

90°-Krümmer	0,14
Gerade Rohrverschraubungen	0,5
Winkel-Verschraubung	1,0
Ventile, Hähne usw.	3 bis 6

Rohrleitungen – Widerstandszahl λ

Die hydraulischen Widerstände R_{H} oder Durchflusskoeffizienten α_{D} werden hierzu in eine Form gebracht, mit der die Bernoulli-Gleichung (2.2-15) in die Gleichung nach **Blasius** umgewandelt werden kann. Für gerade Rohre gilt

$$\Delta p_R = \sum \lambda \cdot \frac{l}{d} \cdot \frac{\rho}{2} \cdot v^2 \qquad (2.3\text{-}29)$$

Die Rohrreibungsverluste Δp_{R} werden für einzelne Rohrabschnitte berechnet und aufsummiert. Die charakteristische **Widerstandszahl λ** ist eine Funktion der Reynolds-Zahl und unabhängig von den Rohrabmessungen. Wird die Widerstandszahl λ über der Reynolds-Zahl Re im doppel-logarithmischen System aufgetragen, so ergibt sich der in **Bild 2.3-15** dargestellte Zusammenhang.

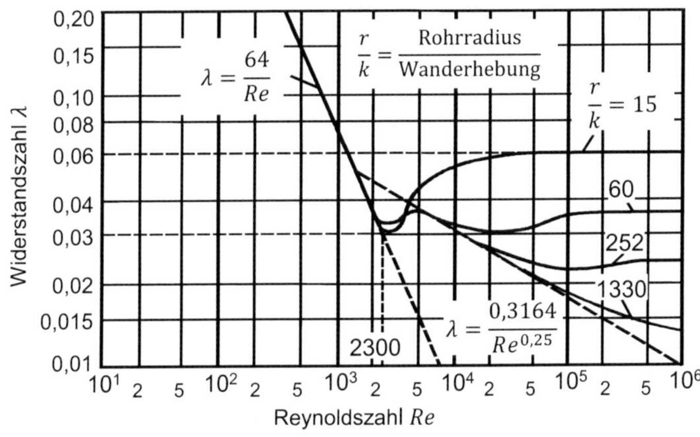

Bild 2.3-15: Abhängigkeit der Widerstandszahl von der Reynolds-Zahl für glatte und raue Rohre

Die Widerstandszahl λ für $Re < 2300$ (laminare Rohrströmung) kann wie folgt bestimmt werden. Aus dem Hagen-Poiseuille'schen Gesetz (2.3-5) folgt

$$\Delta p = \frac{8 \cdot \eta \cdot l}{r^2} \cdot v \tag{2.3-30}$$

Wird diese Beziehung mit dem Ausdruck für den Druckverlust nach Blasius Δp_R (2.3-29) gleichgesetzt, so ergibt sich:

$$\frac{8 \cdot \eta \cdot l}{r^2} \cdot v = \lambda \cdot \frac{l}{d} \cdot \frac{\rho}{2} \cdot v^2$$

$$\lambda = \frac{64}{v \cdot \frac{d}{\nu}} \tag{2.3-31}$$

und damit die Widerstandszahl λ für laminare Strömung. Diese kann auch wie folgt dargestellt werden:

$$\lambda = \frac{64}{Re} \tag{2.3-32}$$

Für turbulente Strömung bis $Re = 80.000$ und ein glattes Rohr gilt dagegen

$$\lambda = \frac{0{,}3164}{Re^{0{,}25}} \tag{2.3-33}$$

Bei turbulenter Strömung hat die Rauigkeit der Rohrwand Einfluss auf die Widerstandszahl λ. Je kleiner das Verhältnis von

$$\frac{\text{Rohrradius}}{\text{Wanderhebung}} = \frac{r}{k}$$

ist, d. h. je größer die Rauigkeit der Rohrwand bei gegebenem Rohrradius ist, desto größer ist auch λ bei jeweils konstanter Reynolds-Zahl, wie in **Bild 2.3-15** zu sehen ist.

Formstücke - Widerstandsbeiwert ξ

Die Druckverluste in Formstücken, z. B. Abzweigungen, Krümmungen, Verschraubungen und Ventilen werden mit Δp_F bezeichnet. Sie lassen sich nach der Beziehung

$$\Delta p_F = \sum \xi \cdot \frac{\rho}{2} \cdot v^2 \tag{2.3-34}$$

bestimmen. Der **Beiwert ξ** muss für die jeweilige Anordnung experimentell bestimmt werden. Er ist, wie auch die Widerstandszahl λ, nicht konstant, sondern hängt ebenfalls von der Reynolds-Zahl ab. Allerdings wird schon bei wesentlich geringeren Werten von Re als in geraden Rohren Turbulenz erreicht. Der Umschlag von laminarer in turbulente Strömung erfolgt nach Schlayer [2.12] bei Kerben, Schlitzen und Spalten, die zur Drosselung des Flüssigkeitsstromes dienen, bei $Re = 200$ bis 400.

In **Bild 2.3-16** sind für verschiedene Querschnittsverengungen die Kontraktionskoeffizienten und Widerstandsbeiwerte angegeben. Die Tabelle gilt für ein Flächenverhältnis $A_0/A_1 > 10$. Der Druckverlust aufgrund der Querschnittsverengung ist zu vernachlässigen, sofern die Übergangsstelle gut abgerundet und glatt ist.

Form der Querschnittsverengung	α_K	ξ
A_0 A_1	0,5	1
A_0 A_1	0,61 ... 0,65	0,4 ... 0,3
A_0 A_1	0,99	0

Bild 2.3-16: Widerstandsbeiwerte bei Querschnittsverengungen

Der Widerstandsbeiwert ξ und der Durchflusskoeffizient α_D lassen sich nicht direkt ineinander überführen, da beim Ansatz der Druckverluste über ξ die statischen Druckänderungen durch Geschwindigkeitsänderung gesondert erfasst werden, während mit α_D die gesamte Druckdifferenz erfasst wird.

2.4 Struktur hydraulischer Systeme

Bei der Konzeptionierung eines hydraulischen Systems gilt es, sowohl die Steuerung oder Regelung der Verbraucherbewegungen als auch das Prinzip zur Bereitstellung der hydraulischen Leistung zu betrachten.

2.4.1 Allgemeine Struktur hydraulischer Systeme

Hydraulische Systeme lassen sich in drei Teile untergliedern, einen generatorischen Teil, einen konduktiven Teil und einen motorischen Teil, siehe **Bild 2.4-1**. Im generatorischen Teil wird hydraulische Leistung zur Verfügung gestellt. Hier findet die Energieumwandlung von der Mechanik in die Hydraulik über hydraulische Pumpen statt. Im konduktiven Teil wird die hydraulische Leistung geleitet, gesteuert und zu verschiedenen Verbrauchern verteilt. Im motorischen Teil folgt dann die Umwandlung der hydraulischen Leistung in eine Arbeitsbewegung über hydraulische Motoren.

Die Steuerung der hydraulischen Leistung kann in allen drei Teilen erfolgen. Wird die Leistung bereits im generatorischen Teil an der Pumpe gesteuert, spricht man von Primärsteuerung. Hierbei wird die Förderleistung der Pumpe durch Veränderung des Fördervolumens oder durch veränderung der Drehzahl variiert. Im Schaltplan wird dies durch einen Pfeil durch die Komponente deutlich gemacht. Wird die Leistung erst im motorischen Teil gesteuert, spricht man von Sekundärsteuerung. Dies kann durch Variation des Schluckvolumens eines hydraulischen Rotationsmotors erfolgen. Findet die Leistungssteuerung bzw. Leistungsbeschränkung im konduktiven Teil statt, spricht man von konduktiver Steuerung oder auch Widerstandssteuerung. Hierbei werden meistens Ventile zur Steuerung und Begrenzung der Leistung eingesetzt.

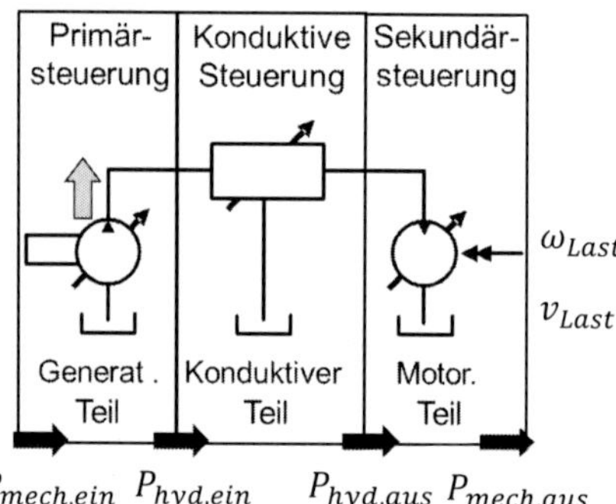

Bild 2.4-1: Struktur hydraulischer Systeme

Prinzipiell sind hydraulische Systeme in der Lage, Energie zurückzugewinnen. Dann arbeitet der motorische Teil als generatorischer Teil und stellt die zurückgewonnene Energie dem System wieder zur Verfügung. Unterschieden wird dabei, ob die Energie direkt wieder im System genutzt wird (Regeneration) oder ob die Energie zunächst zwischengespeichert wird und erst später verwendet wird (Rekuperation), siehe auch Kapitel 8.6 [2.15].

Ein Verständnis warum unterschiedliche Systemarchitekturen benötigt werden und eine Aussage über die generelle Möglichkeit zur Energierückgewinnung lässt sich durch Analyse der Lastzustände eines hydraulischen Zylinders ermitteln, siehe **Bild 2.4-2**.

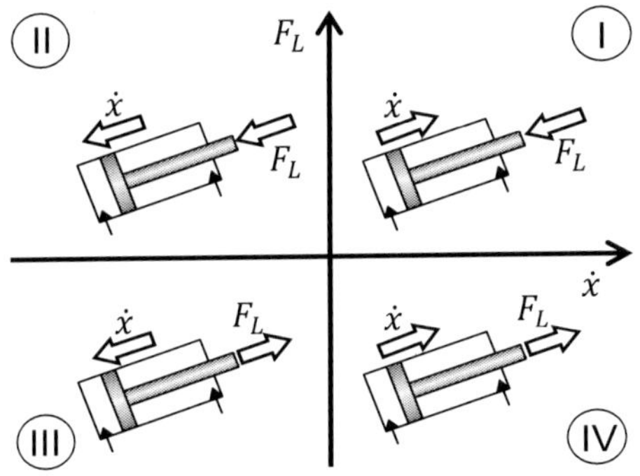

Bild 2.4-2: Lastzustände eines hydraulischen Linearantriebs

Der Lastfall eines jeden Antriebs lässt sich in vier Zustände unterteilen. Für jede Bewegungsrichtung kann die äußere Last F_L jeweils in oder gegen die Richtung der Bewegung $\dot{x}$ wirken. Dadurch entstehen zum einen drückende oder passive Lasten als auch ziehende oder aktive Lasten. Passive Lasten (Quadranten I und III) erfordern positive Antriebsleistungen, z. B. zum Heben einer Last. Bei aktiven Lasten (Quadranten II und IV) ist die äußere angreifende Last in Richtung der gewünschten Bewegung orientiert und unterstützt daher die Bewegung, z. B. beim Senken einer Last. Durch diesen negativen Leistungsfluss kann Energie aus der Anwendung zurückgewonnen werden.

Eine vergleichbare Darstellung wie in Bild 2.4-2 ist auch für Rotationsantriebe möglich, wobei die relevanten Größen dabei das anliegende Lastmoment und die Winkelgeschwindigkeit sind. In Abhängigkeit der Anwendung befindet sich ein hydraulischer Antrieb innerhalb eines Lastzyklus in einem oder mehreren dieser Quadranten. Ein hydrostatischer Fahrantrieb ist beispielsweise durch einen Betrieb in allen vier Quadranten gekennzeichnet. Vor- und Rückwärstfahren erfordert eine Bewegung in beide Richtungen, wobei in der

Regel das Beschleunigen eine passive Last sowie das Bremsen des Fahrzeugs eine aktive Last darstellt.

2.4.2 Systematik hydraulischer Steuerungsarten

Die im vorigen Kapitel eingeführte allgemeine Struktur lässt sich für einen Großteil hydraulischer Systeme in eine Systematik von vier Kategorien einordnen, vgl. **Bild 2.4-3**.

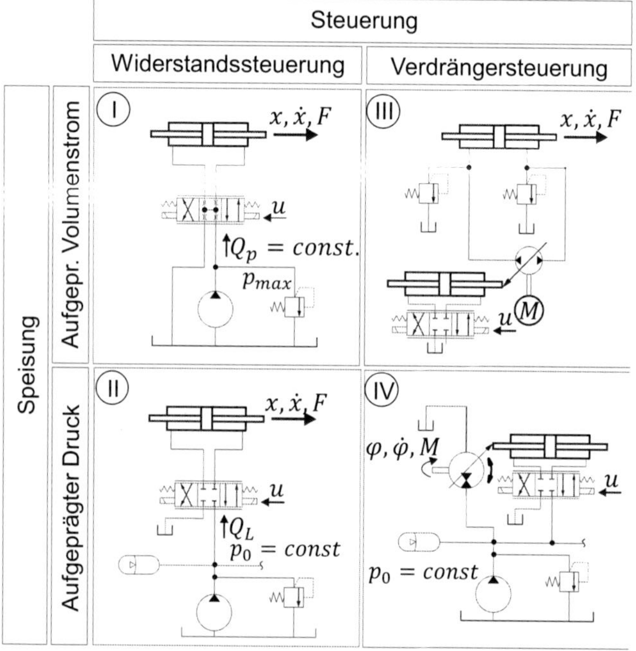

Bild 2.4-3: Systematik häufig verwendeter hydraulischer Steuerungen

Hydraulische Energieübertragungen erlauben es in besonders einfacher Weise, mechanische Größen wie beispielsweise Geschwindigkeiten oder Kräfte nach Größe und Richtung zu steuern. Grundsätzlich stehen zwei Variationsmöglichkeiten zur Auswahl, die Widerstandssteuerung, welche die Steuerung im konduktiven Teil darstellt, und die Verdrängersteuerung, welche die Primär- und Sekundärsteuerung umfasst.

Die Widerstandssteuerung verändert hydraulische Größen mit Hilfe von Ventilen und erlaubt eine schnelle und genaue Verstellung von

Volumenströmen und Druckdifferenzen. Der schnellen und genauen Verstellung steht der Nachteil eines hohen, systembedingten Energieverbrauches gegenüber, da prinzipbedingt die Drosselverluste der Ventile zur Steuerung genutzt werden. Die Widerstandssteuerung wird bei kleinen Leistungen, hohen Genauigkeits-, Geschwindigkeits- und Sicherheitsansprüchen eingesetzt. Ihr Aufbau ist einfach.

Die Verdrängersteuerung mit Verstelleinheiten arbeitet verlustfrei, wenn von den Wirkungsgradverlusten der Bauelemente und der zur Verstellung notwendigen Energie abgesehen wird. Es wird von der Pumpe nur soviel Energie abgegeben, wie vom Motor tatsächlich verbraucht wird. Der Bauaufwand für die Verdrängersteuerung liegt im Allgemeinen erheblich über dem von Widerstandssteuerungen. Als weiterer Nachteil der Verdrängersteuerungen ist die geringere Verstellgeschwindigkeit aufgrund der größeren bewegten Masse zu nennen. Die Verdrängersteuerung wird bei großen Leistungen in energiesparenden Antrieben verwendet.

Da die Verdrängereinheiten meist hydraulisch verstellt werden, sind hier im Signalzweig ebenfalls Widerstandssteuerungen kleiner Leistung eingesetzt. Alternativ zu einer Verstellung des Schluckvolumens kann auch die Pumpendrehzahl verändert werden. Diese Systeme setzen sich in letzter Zeit zunehmend durch, da die Drehzahlabsenkung bei kleinem Volumenstrombedarf meist eine Verbesserung des Gesamtwirkungsgrads erlaubt.

Eine weitere Differenzierung der Steuerungen kann nach der Art der hydraulischen Versorgung in Systeme erfolgen. Unterschieden wird hier in Systeme mit aufgeprägtem Volumenstrom und Systeme mit aufgeprägtem Druck. Bei einem System mit aufgeprägtem Volumenstrom liefert die Pumpe den erforderlichen Durchfluss und der Druck im System stellt sich Verbraucherseitig ein. Bei einem System mit aufgeprägtem Druck stellt die Pumpe soviel Volumenstrom zur Verfügung, dass der Systemdruck auf einen konstanten Wert gehalten wird. Alternativ können Systeme mit aufgeprägtem Druck durch eine Konstantpumpe mit Druckregelventil (siehe Bild 2.4-3) aufgebaut werden, was aus energetischer Sicht nicht zu empfehlen ist.

Bei der Widerstandssteuerung mit aufgeprägtem Volumenstrom (Quadrant I) wird permanent Flüssigkeit im System umgepumpt. Durch die Widerstandssteuerung wird die Menge des Volumenstroms zum Verbraucher durch das Ventil variiert und gesteuert. Bei der Verdrängersteuerung mit aufgeprägte Volumenstrom (Quadrant III) wird der Volumenstrom zum Verbraucher durch die Verstelleinrichtung der Pumpe oder durch eine Drehzahländerung der Pumpe eingestellt. Der Druck im System stellt sich in beiden Fällen in Abhängigkeit von der Last des Verbrauchers ein.

Bei einem System mit aufgeprägtem Druck wird dem System ein bestimmter Druck vorgegeben. Die Geschwindigkeit des Verbrauchers hängt bei der Widerstandssteuerung (Quadrant II) von der Ventilstellung sowie der Druckdifferenz über dem Ventil ab. Bei der Verdrängersteuerung mit aufgeprägtem Druck (Quadrant IV) liegt der Systemdruck direkt am Motor an. Die Drehzahl des Motors kann nur durch eine Verstellung des Schluckvolumens des Motors erfolgen. Hierfür ist eine Regelung zwingend notwendig. Der Volumenstrom ist dann eine Funktion des Lastmoments am Motor. Während die Quadranten I – III sowohl mit linearmotoren (Zylindern) als auch mit Rotationsmotoren betrieben werden können, ist Quadrant IV nur mit Rotationsmotoren anzuwenden.

2.5 Hydraulische Netzwerke

Hydraulische Schaltungen können in Analogie zu elektrischen Schaltungen als Zusammenspiel aus Widerständen, Kapazitäten und Induktivitäten verstanden werden.

- **Widerstand:** Hydraulische Widerstände können beabsichtigt, z. B. bei Blenden und Drosseln, oder unerwünscht sein, wie etwa Reibungsverluste in Rohrleitungen.
- **Kapazität:** Da eine Flüssigkeit und die Gefäßwände elastisch sind, kann ein bestimmtes, mit Flüssigkeit gefülltes Gefäß mit dem Volumen V_0 noch ein zusätzliches Flüssigkeitsvolumen dV aufnehmen, wenn der Druck um den Betrag dp erhöht wird. Dieses Verhalten gleicht dem Verhalten eines Kondensators, der bei Änderung der Spannung eine zusätzliche Ladung aufnehmen kann. Es wird von einer hydraulischen Kapazität gesprochen.

- **Induktivität:** Hydraulische Induktivitäten treten überall da auf, wo Massen zu beschleunigen sind. Dies können Massen von Linearantrieben oder Trägheitsmomente von Rotationsantrieben sein. Aber auch Flüssigkeitsmassen, die in Rohren bei Volumenstromänderungen beschleunigt werden müssen, wirken sich als hydraulische Induktivitäten aus. Eine Druckdifferenz, die an einer solchen Induktivität anliegt, führt zu einer Beschleunigung des Flüssigkeitsstroms, ähnlich wie bei einer elektrischen Induktivität eine anliegende Spannung zu einer Zunahme des Stromes führt.

Analog zur Elektrotechnik $R = U/I$ kann der hydraulische Widerstand R_H als Quotient der Druckdifferenz Δp und dem daraus resultierenden Volumenstrom Q definiert werden:

$$R_H = \frac{\Delta p}{Q} \tag{2.5-1}$$

Diese einfache lineare Beziehung gilt aber nur unter der Voraussetzung, das eine laminare Strömung vorliegt oder bei turbulenter Strömung der Widerstand nur in einem Arbeitpunkt von Interesse ist.

Die hydraulische Kapazität C_H ist definiert als:

$$C_H = \frac{Q}{\dot{p}} \tag{2.5-2}$$

und die hydraulische Induktivität L_H als:

$$L_H = \frac{\Delta p}{\dot{Q}} \tag{2.5-3}$$

Die Bestimmung hydraulischer Kapazitäten und Induktivitäten wird in den folgenden Kapiteln erläutert.

Weiter gibt es Pumpen (Versorgungseinheiten) und Verbraucher. Die Versorgungseinheiten können je nach Ausführung sowohl einen konstanten Volumenstrom als auch einen konstanten Druck zur Verfügung stellen. Es wird zwischen Systemen mit aufgeprägtem Volumenstrom und aufgeprägtem Druck unterschieden. Ihre elektrische Entsprechung finden Systeme mit aufgeprägtem Volumenstrom in Stromquellen und Systeme mit aufgeprägtem Druck in

Spannungsquellen. In den Analogiebetrachtungen entspricht also der hydraulische Volumenstrom dem elektrischen Strom und der hydraulische Druck der elektrischen Spannung. Hydraulische Verbraucher können als komplexe Widerstände oder als Stromsenken aufgefasst werden.

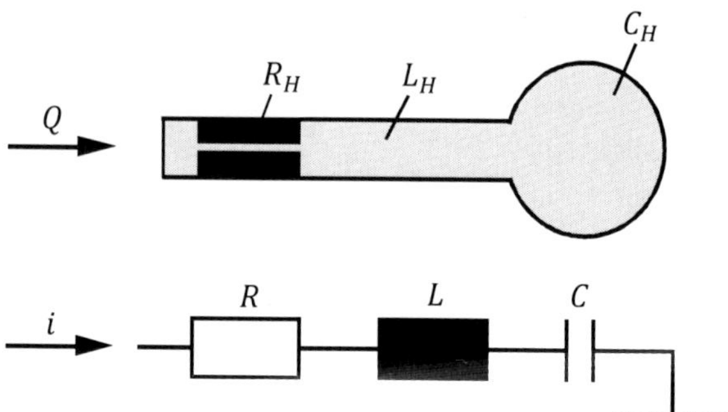

Bild 2.5-1: Reihenschaltung komplexer Widerstände

Für eine Reihenschaltung aus linearem Widerstand, Induktivität und Kapazität, wie sie in **Bild 2.5-1** wiedergegeben ist, gelten die folgenden Differenzialgleichungen, die durch Addition des an den Einzelwiderständen auftretenden Spannungs- bzw. Druckabfalls gewonnen werden. Zunächst für die Elektrotechnik

$$u = R \cdot i + L \cdot \frac{di}{dt} + \frac{1}{C} \cdot \int i dt \tag{2.5-4}$$

und analog dazu für die Hydraulik

$$\Delta p = Q \cdot R_H + L_H \cdot \frac{dQ}{dt} + \frac{1}{C_H} \cdot \int Q dt \tag{2.5-5}$$

Dabei ist R_H der lineare Strömungswiderstand dp/dQ. In der Praxis ist der Widerstand aber im Gegensatz zur Elektrotechnik wegen der wurzelförmigen Abhängigkeit zwischen Q und Δp bei hydraulischen Blenden oft stark nichtlinear.

2.5.1 Hydraulische Widerstände

Hydraulische Widerstände lassen sich gemäß ihrer geometrischen Form und hinsichtlich des bei der Durchstömung primär vorliegenden Strömungsprofils in laminare und turbulente Widerstände, bzw. in drosselförmige und blendenförmige Widerstände unterteilen.

Während der Volumenstrom durch laminar durchströmte Widerstände (**Spalte** und **Drosseln**) direkt proportional der Druckdifferenz Δp und umgekehrt proportional der dynamischen Viskosität ist, ergibt sich für turbulent durchströmte Widerstände (**Blenden**) eine wurzelförmige Abhängigkeit von der Druckdifferenz.

Der hydraulische Widerstand R_{H} für ein kreisförmiges glattes Rohr bei laminarer Strömung ergibt sich aus der Hagen-Poiseuilleschen Gleichung (s. Kapitel 2.3.1) zu:

$$R_{\mathrm{H}} = \frac{8 \cdot \eta \cdot l}{\pi \cdot r^4} \tag{2.5-6}$$

und für einen laminar durchströmten Rechteckspalt ($l \geq 100 \cdot h;\ b \gg h$) zu:

$$R_{\mathrm{H}} = \frac{12 \cdot \eta \cdot l}{b \cdot h^3} \tag{2.5-7}$$

Aufgrund der wurzelförmigen Abhängigkeit zwischen dem Volumenstrom und der Druckdifferenz kann für Blenden kein hydraulischer Widerstand R_H angegeben werden. Berechnungen hydraulischer Netzwerke mit Blenden müssen demnach entweder numerisch erfolgen, oder es ist eine Linearisierung der Blendengleichung in einem Arbeitspunkt erforderlich. Dennoch werden Blenden als technische Widerstände gegenüber Drosseln bevorzugt, da das Durchflussgesetz, wie schon in Gleichung (2.3-17) gezeigt, überwiegend viskositäts- und damit auch **temperaturunabhängig** ist.

Beide Strömungswiderstände, Blende und Drossel, sind in **Bild 2.5-2** mit ihren charakteristischen Durchflussgesetzen gezeigt. Obwohl scharfkantige Widerstände in der Technik bevorzugt werden, sind die in der Hydraulik praktisch vorkommenden Widerstände weder ideale Blenden noch ideale Drosseln, sondern liegen irgendwo dazwischen. Ihre α_{D}–Werte hängen von der Kantengeometrie und der Viskosität ab. Die Durchflusskoeffizienten durch blendenförmige, technische Widerstände sind experimentell bestimmt und als Funktion der Reynolds-Zahl dokumentiert worden.

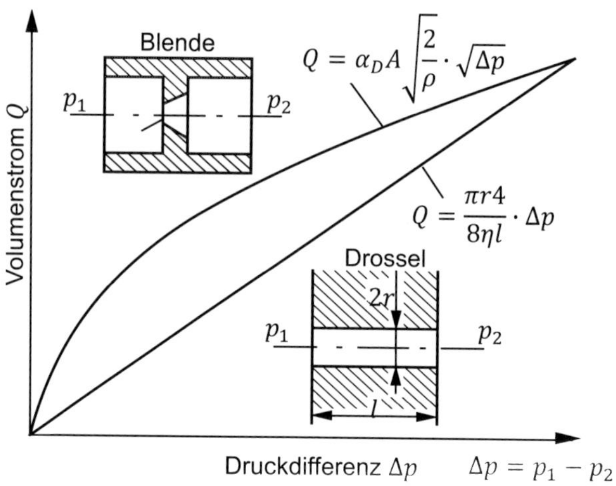

Bild 2.5-2: **Durchflussgesetze für Blende und Drossel**

2.5.2 Hydraulische Kapazitäten

In **Bild 2.5-3** ist ein mit Flüssigkeit gefüllter Zylinder dargestellt. Das Volumen der Flüssigkeit kann durch Verschieben des Kolbens verändert werden.

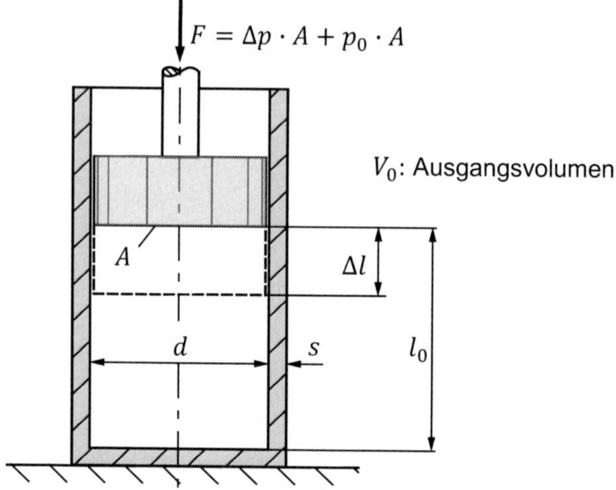

Bild 2.5-3: Kompression eines Flüssigkeitsvolumens

Bei Erhöhung des Ausgangs-Flüssigkeitsdruckes p_0 durch den Kolben um den Wert Δp wird das ursprüngliche Volumen $V_0 = A \cdot l_0$ um den Wert ΔV_{Fl} verringert, weil die Druckflüssigkeit kompressibel ist.

$$\Delta V_{Fl} = A \cdot \Delta l = V_0 \cdot \frac{\Delta p}{K_{Fl}} \tag{2.5-8}$$

Dabei ist der Kompressionsmodul K_{Fl} eine Stoffeigenschaft der Flüssigkeit:

$$K_{Fl}\left[\frac{N}{m^2}\right] = -V \cdot \frac{\partial p}{\partial V} = \frac{1}{\beta} \tag{2.5-9}$$

Der Kehrwert des Kompressionsmoduls wird als Kompressibilitäts-Koeffizient β bezeichnet:

$$\beta\left[\frac{m^2}{N}\right] = \frac{1}{K_{Fl}} \tag{2.5-10}$$

Die Ableitung der Gleichung (2.5-8) nach der Zeit liefert einen Ausdruck für den Kompressionsflüssigkeitsstrom Q_K, der zur Druckänderungsgeschwindigkeit $\dot{p}$ proportional ist:

$$Q_K = \frac{dV_{Fl}}{dt} = \frac{V_0}{K_{Fl}} \cdot \dot{p} \tag{2.5-11}$$

Der Proportionalitätsfaktor

$$C_H = \frac{V_0}{K_{Fl}} \tag{2.5-12}$$

wird als **hydraulische Kapazität** bezeichnet. Der Kompressionsmodul K_{Fl} ist nicht konstant, sondern von verschiedenen Parametern, wie Druck, Temperatur und dem Anteil ungelöster Luft in der Druckflüssigkeit abhängig. Außerdem beeinflusst die Elastizität der Gefäßwände die hydraulische Kapazität. Üblicherweise wird daher zur Berechnung der Kapazität mit einem **Ersatzkompressionsmodul** K'_{Fl} gerechnet, der all diese Einflüsse bereits berücksichtigt.Für die hydraulische Kapazität gilt somit:

$$C_H = \frac{V_0}{K'_{Fl}} \tag{2.5-13}$$

Näherungsweise kann K_{Fl} im üblichen Temperatur- und Druckbereich als konstant angesehen werden. Für Druckflüssigkeiten auf Mineralölbasis ist

$$K_{Fl} \approx 1{,}6 \cdot 10^9 \frac{N}{m^2} = 16.000\ bar \tag{2.5-14}$$

Die Kompressibilität der Flüssigkeitsfüllung eines Zylinders, einer Rohrleitung oder eines anderen Raumes wird durch die Elastizität der Wände und durch Gasblasen in der Flüssigkeit erhöht, der Kompressionsmodul wird also erniedrigt. Wird in einem dünnwandigen Rohr der Innendruck um Δp erhöht, so nimmt nach der Kesselformel das Volumen um

$$\Delta V_R = V_R \cdot \frac{\Delta p}{E_R} \cdot \frac{d}{s} \tag{2.5-15}$$

zu. Dabei ist V_R das Ausgangsvolumen, E_R der Elastizitätsmodul des Rohrmaterials, d der Innendurchmesser des Rohres und s die Wandstärke des Rohres. Die Volumenzunahme durch Dehnung in Längsrichtung des Rohres hebt sich mit der Abnahme infolge der Querkontraktion weitgehend auf (Poisson-Effekt), so dass die vereinfachte Gleichung (2.5-15) näherungsweise für alle Metalle gilt, deren Poisson-Zahl näherungsweise 0,3 ist.

In einem dickwandigen Rohr beträgt die Volumenzunahme bei einer Druckerhöhung um Δp

$$\Delta V_R = V_R \cdot \frac{\Delta p}{E_R} \cdot \frac{2 \cdot \beta^2 \cdot (1+\nu) + 3 \cdot (1 - 2 \cdot \nu)}{\beta^2 - 1} \tag{2.5-16}$$

mit dem Durchmesserverhältnis β von Außendurchmesser zu Innendurchmesser.

Analog zu Gleichung (2.5-8) wird für ein mit Flüssigkeit gefülltes Rohr der **Ersatzkompressionsmodul** K'_{Fl}, der auch die Elastizität E_R des Wandwerkstoffs berücksichtigt, definiert:

$$\Delta V_{ges} = \Delta V_{Fl} + \Delta V_R = V_0 \cdot \frac{\Delta p}{K'_{Fl}} \tag{2.5-17}$$

$$K'_{Fl} = \frac{V_0 \cdot \Delta p}{\Delta V_{ges}} \tag{2.5-18}$$

Für ein dünnwandiges, mit Flüssigkeit gefülltes Rohr gilt dann:

$$\Delta V_{ges} = \Delta V_{Fl} + \Delta V_R = V_0 \cdot \Delta p \cdot \left(\frac{1}{K_{Fl}} + \frac{1}{E_R} \cdot \frac{d}{s} \right) \tag{2.5-19}$$

$$K'_{Fl} = \frac{1}{\frac{1}{K_{Fl}} + \frac{1}{E_R} \cdot \frac{d}{s}} = \frac{K_{Fl}}{1 + \frac{K_{Fl}}{E_R} \cdot \frac{d}{s}} \quad (2.5\text{-}20)$$

Der Einfluss der Rohrelastizität auf den Ersatzkompressionsmodul ist für den in der Hydraulik interessierenden Bereich in **Bild 2.5-4** dargestellt. Bei Hochdruckrohren ist demnach wegen der hohen Wandstärke der Wandeinfluss gering. Er liegt z. B. bei einem zulässigen Druck von 300 bar unter 10 %. Bei dünnwandigen Rohren und insbesondere bei Schlauchleitungen ist der Einfluss dagegen erheblich.

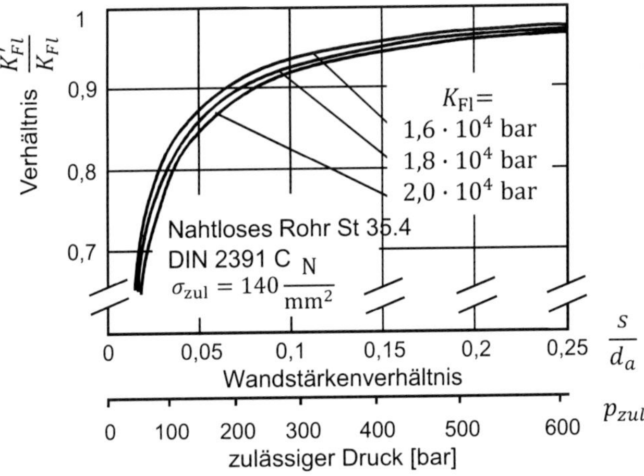

Bild 2.5-4: Einfluss der Rohrelastizität auf den Ersatzkompressionsmodul

Befindet sich in der Druckflüssigkeit **ungelöste Luft,** also ein Gas, so übt diese einen starken Einfluss auf die Kompressibilität aus. In **Bild 2.5-5** ist qualitativ die Kompression eines Luftvolumens bei adiabater Zustandsänderung und die Kompression eines Flüssigkeitsvolumens dargestellt.

Damit Luft die gleiche Steifigkeit wie Öl hat, müsste ein Druck von

$$p = \frac{K_{Fl}}{\kappa} \approx 10^4\, bar \quad (2.5\text{-}21)$$

vorhanden sein (κ ist der Isentropenexponent von Luft).

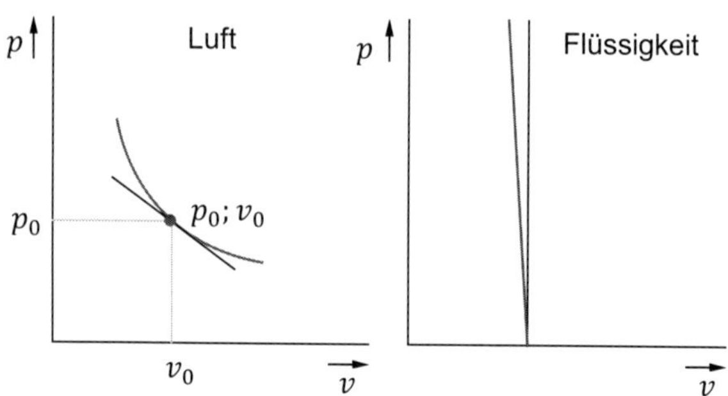

Bild 2.5-5: Vergleich der Kompression eines Luft- und eines Flüssigkeitsvolumens

In Kapitel 3.3.3 wird der Ersatzkompressionsmodul für ein Öl-Luft-Gemisch für isotherme und adiabate Zustandsänderungen hergeleitet. Da die genaue Menge an vorliegender Luft in hydraulischen Systemen aber nie bekannt ist, muss der Ersatzkompressionsmodul eines hydraulischen Systems daher unter praxisrelevanten Bedingungen experimentell bestimmt werden, wenn ein genauer Wert zur weiteren Berechnung erforderlich ist.

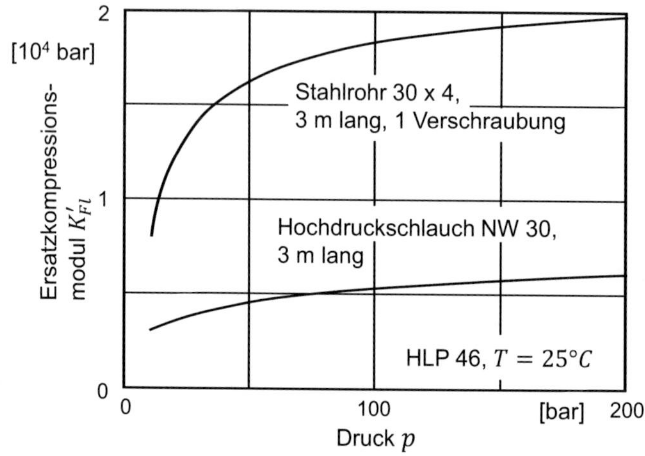

Bild 2.5-6: Experimentell ermittelter Ersatzkompressionsmodul eines Stahlrohres und eines Hochdruckschlauchs

In **Bild 2.5-6** ist der experimentell ermittelte Ersatzkompressionsmodul in Abhängigkeit vom Druck für ein 3 m langes Stahlrohr mit 30 mm Außendurchmesser, 4 mm Wandstärke und einer Verschraubung sowie für einen 3 m langen Hydraulikschlauch NW 30 dargestellt. Auffallend sind beim Rohr der geringe Ersatzkompressionsmodul bei kleinen Drücken und der große Unterschied zwischen Rohr und Hochdruckschlauch bei höheren Drücken. Als Grund für das Absinken des Ersatzkompressionsmoduls bei geringen Drücken ist der ungewollte Einschluss von Luftblasen in der Druckflüssigkeit und ggf. die Kompression von Hohlräumen an Dichtungen anzusehen.

2.5.3 Hydraulische Induktivität

2.5.3.1 Induktivität einer kurzen Rohrleitung

Unter der Voraussetzung der Inkompressiblität ist die Flüssigkeit als starrer Körper vorstellbar, der durch die Rohrleitungen bewegt werden muss. Die zur Beschleunigung erforderlichen Kräfte lassen sich unter Anwendung der Newtonschen Bewegungsgleichung bestimmen. Der Begriff der Induktivität ist aus der Elektrotechnik entliehen. Dort ist er ein Maß für die Spannung, die erforderlich ist, um eine Stromänderung in einer Spule zu bewirken. Analog ist die hydraulische Induktivität ein Maß für die erforderliche Druckdifferenz, die zur Beschleunigung oder Verzögerung des Volumenstroms in einer Rohrleitung benötigt wird.

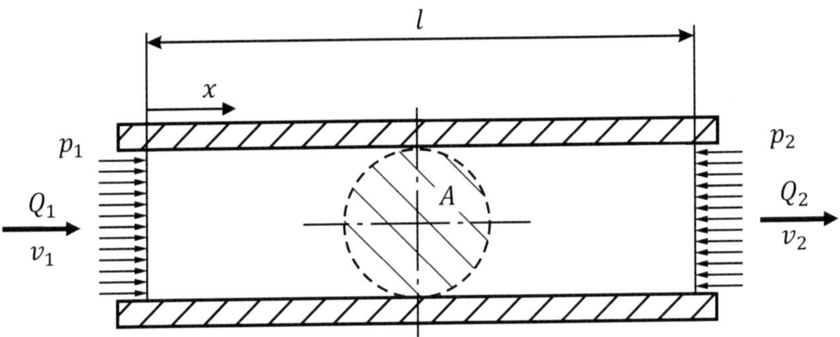

Bild 2.5-7: Instationäre Strömung

Wird die Strömung einer reibungsfreien Flüssigkeit durch ein starres Rohr der Länge l mit konstantem Querschnitt betrachtet, bei der eine zeitliche Änderung des Volumenstromes Q auftreten soll, kann mittels der Impulserhaltungsgleichung die Beschleuniugungskräfte berechnet werden. In **Bild 2.5-7** ist Δp die Druckdifferenz, die zur Beschleunigung der Flüssigkeitssäule von der Länge l notwendig ist.

Bei Annahme der Inkompressibilität, ist

$$Q_1 = Q_2 = Q \tag{2.5-22}$$

und bei konstantem Querschnitt $A = const.$ auch

$$v_1 = v_2 = v. \tag{2.5-23}$$

Damit hebt sich der stationäre Anteil der Impulskraft auf. Der verbleibende instationäre Anteil, der als äußere Kraft durch die Druckdifferenz aufgebracht werden muss, ist

$$F_a = A \cdot (p_1 - p_2) = \rho \cdot \int_V \frac{\partial v}{\partial t} dV. \tag{2.5-24}$$

Da die Beschleunigung für alle dV innerhalb des Volumens V gleich ist, vereinfacht sich diese Gleichung zu

$$A \cdot (p_1 - p_2) = \rho \cdot \frac{\partial v}{\partial t} \cdot l \cdot A. \tag{2.5-25}$$

Bei Verwendung des Volumenstroms Q folgt:

$$(p_1 - p_2) = \frac{\rho \cdot l}{A} \cdot \frac{dQ}{dt} \tag{2.5-26}$$

Ausgedrückt über die Druckdifferenz:

$$\Delta p = \frac{F_a}{A} = \frac{l \cdot \rho}{A} \cdot \frac{dQ}{dt} = L_H \cdot \dot{Q} \tag{2.5-27}$$

mit dem Term

$$L_H = \frac{l \cdot \rho}{A} \left[\frac{kg}{m^4}\right] \tag{2.5-28}$$

Da in der Elektrotechnik die Beziehung

$$u = L \cdot \frac{di}{dt} \tag{2.5-29}$$

existiert (L = Induktivität), wird die Größe L_H analog dazu als hydraulische Induktivität bezeichnet.

Die hydraulische Induktivität steht also für die Masse der Flüssigkeitssäule im Rohr, und zwar dahingehend transformiert, dass statt der mechanischen Größen Kraft und Geschwindigkeit die hydraulischen Größen Druck und Volumenstrom verwendet werden können. Sie beschreibt die zu einer Volumenstromänderung notwendige Druckdifferenz, die wegen der Massenträgheit der Flüssigkeit erforderlich ist. Damit die Induktivität für die Betrachtung vom Systemverhalten relevant wird, muss eine instationäre Strömung vorliegen.

Die Berechnung der Induktivität ist bei Rohrleitungen nur in einem eingeschränktem Bereich sinnvoll. Bei sehr kurzen Rohren ist die Induktivität oft vernachlässigbar. Bei sehr langen Rohren dagegen ist die vereinfachende Annahme der Inkompressibilität nicht mehr zulässig, und die Leitung muss als homogener Schwinger mit verteilten Parametern behandelt werden. Dennoch ist eine abschätzende Betrachtung der Induktivität durchaus sinnvoll, um Druckspitzen im instationären Betrieb erklären zu können.

2.5.3.2 Induktivität von Motoren

Wesentlich bedeutender als die Induktivität von Rohrleitungen ist in der Praxis die von kompakten Massen, deren Trägheitskräfte über Motoren und Zylinder auf die Flüssigkeit übertragen werden.

Ebenso wie bei der Berechnung der hydraulischen Induktivität von Rohrleitungen werden auch bei der Berechnung der Induktivität von Motoren die Kapazitäten und Widerstände außer Acht gelassen.

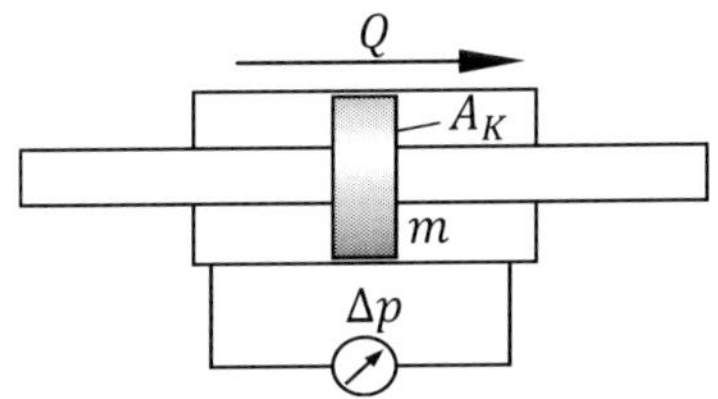

Bild 2.5-8: Induktivität eines Gleichgangzylinders

Bild 2.5-8 zeigt einen Gleichgangzylinder, dessen hydraulische Induktivität gesucht ist. Die allgemeine Definition der hydraulischen Induktivität L_H wurde schon in Gleichung (2.5-3) gegeben. Der Volumenstrom „durch“ den Zylinder ist:

$$Q = A_K \cdot \dot{x} \text{ und } \dot{Q} = A_K \cdot \ddot{x} \tag{2.5-30}$$

Die Beschleunigung des Kolbens ist:

$$\ddot{x} = \frac{\Delta p \cdot A_K}{m}$$

Durch Kombinination der obigen Gleichungen folgt für die hydraulische Induktivität des Gleichgangzylinders:

$$L_H = \frac{\Delta p}{\frac{{A_K}^2}{m} \cdot \Delta p} = \frac{m}{{A_K}^2} \tag{2.5-31}$$

Die hydraulische Induktivität eines (Rotations-)Hydromotors mit dem Massenträgheitsmoment I_M berechnet sich über das zur Überwindung des Massenträgheitsmoments erforderliche Moment

$$M_{An} = I_M \cdot \dot{\omega} \tag{2.5-32}$$

Die Beziehungen für das vom Motor aufgebrachte Moment M aus Gleichung (2.1-6) und für den aus Gleichung (2.5-32) entwickelten Schluckvolumenstrom

$$Q = \frac{V \cdot \omega}{2\pi}$$

werden eingesetzt in Gleichung (2.5-3) und ergeben:

$$\frac{V \cdot \Delta p}{2\pi} = I_M \cdot \frac{2\pi \cdot \dot{Q}}{V} \tag{2.5-33}$$

Mit der Definition für die hydraulische Induktivität nach Gleichung (2.5-3) folgt durch Koeffizientenvergleich die hydraulische Induktivität L_H für den Rotationsmotor:

$$L_H = \frac{I_M}{\left(\frac{V}{2\pi}\right)^2} \tag{2.5-34}$$

2.5.4 Berechnungsbeispiel für ein hydraulisches Netzwerk

In **Bild 2.5-9** ist eine einfache Schaltung angegeben, in der der Druckaufbau vor einem Hydromotor nach dem Öffnen des Ventils berechnet werden soll. Zur Berechnung des Druckaufbaus wird die hydraulische Kapazitität C_H der Verbindungsleitung vom Ventil zum Motor berücksichtigt:

$$\dot{p} = \frac{1}{C_H} \cdot \sum_i Q_i = \frac{1}{C_H} \cdot (Q_R - Q_M) \tag{2.5-35}$$

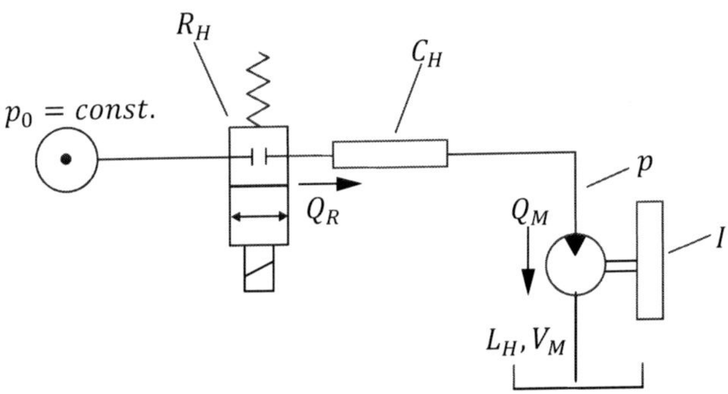

Bild 2.5-9: Beispielschaltung zur Berechnung des Druckaufbaus

Die Gleichung sagt aus, dass die zeitliche Änderung des Druckes proportional der Summe aller zufließenden Volumenströme ist. Zur Berechnung des Druckaufbaus wird später die erste Ableitung dieser Gleichung benötigt:

$$\ddot{p} = \frac{1}{C_H} \cdot \left(\dot{Q}_R - \dot{Q}_M\right) \tag{2.5-36}$$

Der Zufluss von der Druckversorgung mit dem konstanten Druck p_0 in das Volumen wird durch den hydraulischen Widerstand R_H des geöffneten Ventils begrenzt, der in Gleichung (2.5-1) definiert wurde. Aus der anliegenden Druckdifferenz resultiert

$$Q_R = \frac{1}{R_H} \cdot (p_0 - p) \tag{2.5-37}$$

Durch Differenzieren erhält man

$$\dot{Q}_R = -\frac{1}{R_H} \cdot \dot{p} \tag{2.5-38}$$

Die Beschleunigunng des Motors mit der Schwungmasse und damit auch die Beschleunigung des Volumenstroms Q_M hängt von der am Motor anliegenden Druckdifferenz $\Delta p = p$ ab:

$$\dot{Q}_M = \frac{p}{L_H} \tag{2.5-39}$$

Die hydraulische Induktivität L_H wurde schon in Gleichung (2.5-34) berechnet.

Durch Einstzen der einzelnen Anteile, folgt aus Gleichung (2.5-35) die Differenzialgleichung für den Druckaufbau

$$\ddot{p} + \frac{1}{R_H \cdot C_H} \cdot \dot{p} + \frac{1}{C_H \cdot L_H} \cdot p = 0 \tag{2.5-40}$$

Die Eigenkreisfrequenz des ungedämpften Antriebs beträgt damit

$$\omega_0 = \sqrt{\frac{1}{L_H \cdot C_H}} \tag{2.5-41}$$

und die Dämpfung

$$D = \frac{1}{2 \cdot \omega_0 R_H C_H} = \frac{1}{2 \cdot R_H} \cdot \sqrt{\frac{L_H}{C_H}} \tag{2.5-42}$$

Dämpfung und Eigenkreisfrequenz von hydraulischen Antrieben spielen in der Servohydraulik eine sehr wichtige Rolle. Insbesondere werden dort regelungstechnische Maßnahmen zur Dämpfung solcher Systeme angewendet.

Hier wurde nur eine sehr einfache Schaltung betrachtet, die sich problemlos analytisch berechnen lässt. Die Berechnung von Druckverläufen ist aber für reale Anlagen sehr schnell so komplex, dass sie auf analytischem Wege nicht mehr durchführbar ist. Dem Konstrukteur und Anwender stehen jedoch heute leistungsfähige Rechnerprogramme mit graphischer Eingabeoberfläche zur Verfügung, die ihn bei der Projektierung unterstützen, und die auch die in der Realität zahlreich vorhandenen Nichtlinearitäten berücksichtigen [2.10].

2.6 Die Flüssigkeitssäule als homogener Schwinger

Bisher wurden in den vereinfachten Beziehungen immer konzentrierte Parameter Elastizität (Kapazität), Masse (Induktivität) und Reibung (Strömungswiderstand) angenommen. Die an jeder mechanischen Schwingung beteiligten Parameter sind aber in einer Flüssigkeit in Wirklichkeit homogen verteilt. Die Variablen Druck und Volumenstrom hängen in einem derartigen System gleichzeitig von der Zeit und vom Ort ab. Die Schwingungsform wird als **Welle** bezeichnet.

Analoge Erscheinungen sind aus der Akustik (Orgelpfeifen, Saiten, Helmholzresonator), der Mechanik (Schwingungen von Stäben und Wellen) und der Elektrotechnik (Übertragungsleitungen, Antennen) bekannt [2.6]. In der Hydraulik ist die Druckstoßtheorie entwickelt worden, die sich mit der sprungförmigen Erregung von langen Rohrleitungen, hauptsächlich in Wasserleitungsnetzen, durch Schließen von Ventilen befasst [2.1]. Die periodische Erregung von Rohrleitungen, z. B. durch Verdrängerpumpen, ist insbesondere mit Hinblick auf die Geräuschentwicklung ein aktuelles Thema [2.4, 2.5, 2.7]. Bei modernen schnell laufenden Verbrennungsmotoren ist die genaue Kenntnis der Zustände im Einspritz-Rohrleitungssystem von großer Bedeutung für die optimale Auslegung.

Wellen breiten sich nach allen Seiten aus. Im Rohr, dessen Durchmesser gegenüber den interessierenden Wellenlängen sehr klein ist, kann eine eindimensionale Ausbreitung der Schwingung angenommen werden. Die Reibungskräfte sollen hier vernachlässigt werden, da die Herleitung so wesentlich vereinfacht wird.

Durch die Betrachtung eines Element der Länge dl einer beliebig langen Flüssigkeitssäule, wie es in **Bild 2.6-1** dargestellt ist, können die Beziehungen für Massenkräfte und Elastizitätskräfte aufgestellt werden [2.14].

Die zum Beschleunigen des sich mit der Strömungsgeschwindigkeit v bewegenden Elements notwendige Kraft wird von den Druckkräften an den Flächen A geliefert:

$$m \cdot \frac{dv}{dt} = A \cdot p - A \cdot \left(p + \frac{\partial p}{\partial x} \cdot dx\right) \tag{2.6-1}$$

Die Masse des Flüssigkeitsteilchens ist

$$m = \rho \cdot A \cdot \mathrm{d}x \tag{2.6-2}$$

Die substantielle Ableitung lautet

$$\frac{dv}{dt} = \frac{\partial v}{\partial t} + \frac{\partial v}{\partial x} \cdot \frac{dx}{dt} = \frac{\partial v}{\partial t} + v \cdot \frac{\partial v}{\partial x} \tag{2.6-3}$$

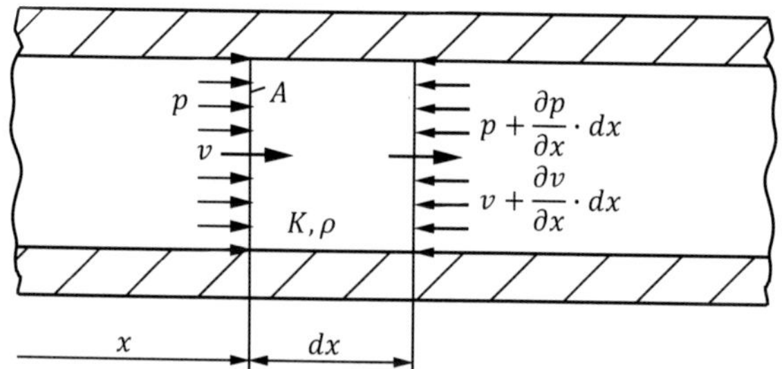

Bild 2.6-1: Element einer Flüssigkeitssäule

Durch Einsetzen der beiden letzten Gleichungen in die erste folgt:

$$\frac{\partial v}{\partial t} + v \cdot \frac{\partial v}{\partial x} = -\frac{1}{\rho} \cdot \frac{\partial p}{\partial x} \tag{2.6-4}$$

Da die Strömungsgeschwindigkeit v meistens um zwei bis drei Größenordnungen kleiner ist als die Schallgeschwindigkeit $\partial x/\partial t$, mit der sich Zustandsänderungen im Medium fortpflanzen, kann der zweite Summand ohne großen Fehler vernachlässigt werden und erhält somit

$$\frac{\partial v}{\partial t} = -\frac{1}{\rho} \cdot \frac{\partial p}{\partial x} \tag{2.6-5}$$

Diese Beziehung gibt an, dass zu einer Beschleunigung der Strömung ein örtliches Druckgefälle notwendig ist.

Zur Kompression des Flüssigkeitsvolumens um den Betrag $-dV$ ist eine Druckerhöhung dp notwendig:

$$dV = -\frac{V}{K'_{Fl}} dp \tag{2.6-6}$$

K'_{Fl} berücksichtigt bereits die Verformung der Rohrwand. Mit dem Volumen $V = A \cdot dx$ des Elementes wird die Volumenänderung durch unterschiedliche Geschwindigkeiten am Anfang und am Ende des Teilchens in der Zeit dt zu

$$dV = A \cdot \left(v + \frac{\partial v}{\partial x} \cdot dx\right) dt - A \cdot vdt \tag{2.6-7}$$

Durch Kombinieren der letzten drei Gleichungen und Division durch $A \cdot \mathrm{d}x \cdot \mathrm{d}t$ erhält man

$$-\frac{1}{K'_{Fl}} \cdot \frac{dp}{dt} = \frac{\partial v}{\partial x} \tag{2.6-8}$$

Das vollständige Differenzial lautet

$$\frac{dp}{dt} = \frac{\partial p}{\partial t} + \frac{\partial p}{\partial x} \cdot \frac{dx}{dt} = \frac{\partial p}{\partial t} + v \cdot \frac{\partial p}{\partial x} \tag{2.6-9}$$

Auch hier kann wegen der relativ niedrigen Strömungsgeschwindigkeit der zweite Summand vernachlässigt werden, so dass die Kompressionsgleichung lautet

$$\frac{\partial p}{\partial t} = -K'_{Fl} \cdot \frac{\partial v}{\partial x} \tag{2.6-10}$$

Ein örtlicher Geschwindigkeitsunterschied hat also eine zeitliche Druckänderung zur Folge.

In den beiden Bewegungsgleichungen wird die Strömungsgeschwindigkeit v zweckmäßigerweise durch den Volumenstrom $Q = A \cdot v$ ersetzt:

$$\frac{\partial Q}{\partial t} = -\frac{A}{\rho} \cdot \frac{\partial p}{\partial x} \tag{2.6-11}$$

$$\frac{\partial p}{\partial t} = -\frac{K'_{Fl}}{A} \cdot \frac{\partial Q}{\partial x} \tag{2.6-12}$$

Die beiden Differenzialgleichungen für p und Q sind formal ähnlich. Daher unterscheiden sich die Amplituden $\hat{p}$ und $\hat{Q}$ nur durch einen konstanten Faktor

$$Z_{\mathrm{L}} = \frac{\hat{p}}{\hat{Q}} \tag{2.6-13}$$

Durch Einsetzen in beide Gleichungen und Koeffizientenvergleich erhält man:

$$Z_L = \frac{\sqrt{K'_{Fl} \cdot \rho}}{A} \tag{2.6-14}$$

Z_{L} hat die Dimension eines Strömungswiderstandes; es ist der Wellenwiderstand, der auch als charakteristische Impedanz bezeichnet wird.

Wechselweises Differenzieren der obigen Gleichungen nach ∂x bzw. ∂t und Einsetzen liefert die Wellengleichungen

$$\frac{\partial^2 Q}{\partial t^2} = \frac{K'_{Fl}}{\rho} \cdot \frac{\partial^2 Q}{\partial x^2} = c^2 \cdot \frac{\partial^2 Q}{\partial x^2} \tag{2.6-15}$$

und

$$\frac{\partial^2 p}{\partial t^2} = \frac{K'_{Fl}}{\rho} \cdot \frac{\partial^2 p}{\partial x^2} \tag{2.6-16}$$

die den Schwingungszustand der Flüssigkeitssäule beschreiben. Aus ihnen ist zu entnehmen, dass die Wellenausbreitungsgeschwindigkeit oder Schallgeschwindigkeit c sich wie folgt bestimmt:

$$c = \frac{\partial x}{\partial t} = \sqrt{\frac{K'_{Fl}}{\rho}} \tag{2.6-17}$$

2.6.1 Der Druckstoß

Durch das Schließen eines Ventils wird die in der Rohrleitung sich bewegende Flüssigkeitsmasse plötzlich abgebremst. Die kinetische Energie muss dabei von der Flüssigkeit und der Rohrwand durch Formänderung aufgenommen werden. Bei der Kompression der Flüssigkeit erfolgt eine Druckerhöhung. Das schnelle Schließen eines Ventils verursacht also einen Druckstoß. Der veränderte

Zustand mit hohem Druck und Bewegungsstillstand läuft mit Schallgeschwindigkeit durch das Rohr, wird am Ende reflektiert und läuft wieder zurück.

Die Zeit, die vergeht, bis die Welle erneut am Ventil ankommt, ist für die Beurteilung des Schließvorganges von Bedeutung; deshalb wurde die Bezeichnung **kritische Schließzeit** t_{krit} gewählt. Da zweimal die Rohrlänge l durchlaufen wird, ist

$$t_{krit} = \frac{2 \cdot l}{c} \qquad (2.6\text{-}18)$$

Für den Fall, dass der Schließvorgang in der Zeit

$$t_{Schl} \leq t_{krit} \qquad (2.6\text{-}19)$$

abgeschlossen ist, kann die reflektierte Welle keinen Einfluss auf den Schließvorgang ausüben. Für diesen Fall gilt aber

$$\hat{p} = Z_L \cdot \hat{Q} \qquad \text{oder} \qquad \Delta p = Z_L \cdot \Delta Q \qquad (2.6\text{-}20)$$

d. h. das Verhältnis zwischen Volumenstromänderung und Druckänderung ist bekannt. Mit

$$Z_L = \frac{\sqrt{K'_{Fl} \cdot \rho}}{A}, \; \Delta Q = A \cdot \Delta v \text{ und } c = \sqrt{\frac{K'_{Fl}}{\rho}} \qquad (2.6\text{-}21)$$

wird dann die maximale Höhe des Druckstoßes (Joukowsky-Stoß) zu

$$\Delta p = \sqrt{\rho \cdot K'_{Fl}} \cdot \Delta v = \rho \cdot c \cdot \Delta v \qquad (2.6\text{-}22)$$

berechnet. Sie ist unabhängig von der **Schließgeschwindigkeit**, solange die Bedingung $t_{Schl} < t_{krit}$ erfüllt ist. Ein noch höherer Druckstoß tritt auf, wenn z. B. außer der kinetischen Energie der Flüssigkeitssäule noch die einer rotierenden Masse, beispielweise eines Hydromotors, aufgenommen werden muss. Hier hilft ein Vergleich der potentiellen und der kinetischen Energien weiter. Durch den Vergleich von kinetischer und potentieller Energie lässt sich auf einfache Weise die Unabhängigkeit des maximalen Druckstoßes von der **Rohrleitungslänge** für $t_{Schl} < t_{krit}$ zeigen.

Für den Fall, dass die Schließzeit $t_{Schl} > t_{krit}$ ist, ist die Abbremsung der Flüssigkeit noch nicht abgeschlossen, während schon die reflektierte Welle das Ventil wieder erreicht. Im Falle einer Reflexion am offenen Rohrende oder -anfang, d. h. einer starken Querschnittserweiterung, läuft eine negative Druckwelle zurück und überlagert sich der anfänglichen Druckerhöhung. Die Höhe des Druckstoßes ändert sich wie in **Bild 2.6-2** gezeigt um den Faktor

$$\beta = \frac{t_{krit}}{t_{Schl}} \qquad (2.6\text{-}23)$$

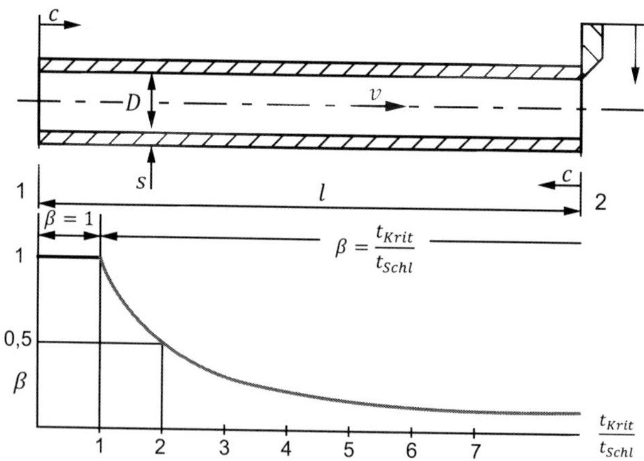

Bild 2.6-2: Druckstoß in Rohrleitungen

Beispiel: In einem Stahlrohr 25x3 von 4 m Länge ist beispielsweise:

$$K'_{Fl} = 1{,}6 \cdot 10^4\ bar$$

$$\rho = 850\ \frac{kg}{m^3}$$

$$c = \sqrt{\frac{K'_{Fl}}{\rho}} = 1370\ \frac{m}{s}$$

Die kritische Schließzeit ist dann

$$t_{krit} = \frac{2 \cdot l}{c} = 5{,}8\ ms$$

Der Druckstoß hat bei einer Geschwindigkeitsänderung von $\Delta v = 3\ m/s$ die Höhe von

$$\Delta p = \rho \cdot c \cdot \Delta v = 35\ bar$$

wenn das Ventil in weniger als 5,8 ms geschlossen wird. Bei einer Schließzeit von z. B. $20\ ms$ verringert sich Δp auf

$$\Delta p = \frac{5{,}8}{20} \cdot 35\ bar = 10\ bar$$

2.6.2 Rohrschalldämpfer

Schall beschreibt mechanische Schwingungen, die je nach Medium, in dem sie sich ausbreiten, als Luftschall, Flüssigkeitsschall oder Körperschall bezeichnet werden. Maschinengeräusche werden, abgesehen von der Möglichkeit der direkten Erzeugung als **Luftschall** (Ventilatoren), in der Regel indirekt erzeugt. Das bedeutet, dass die Geräuschursache entweder in wechselnden Kräften, die ein Maschinenteil zum Schwingen anregen, als **Körperschall,** oder in Druckschwingungen eines Fluids als **Flüssigkeitsschall** zu suchen ist.

Die Hydropumpe ist in der Regel die Hauptgeräuschquelle einer Hydraulikanlage. In ihrer Nähe überwiegt der vom Pumpengehäuse abgestrahlte Luftschall. Je weiter die Pumpe entfernt ist, desto mehr dominiert der Anteil, der durch Flüssigkeitsschall bedingt ist. In ausgedehnten Anlagen mit zentraler Druckversorgung, z. B. in Schiffen und Aufzügen, lohnt sich evtl. der Einbau eines Schalldämpfers direkt hinter der Pumpe, der einen Großteil der Pulsationen zurückhält [2.4, 2.5, 2.11].

Dieses Ziel kann mit verschiedenen Effekten erreicht werden. Eine der am häufigsten angewandten Schalldämpferbauarten ist der Reflexionsschalldämpfer. In **Bild 2.6-3** ist eine einfache Ausführung gezeigt.

In das Rohr mit dem Querschnitt A_1 wird eine Kammer mit größerem Querschnitt A_2 eingefügt. Von der eingehenden Welle Q_{ein} wird an der Querschnittserweiterung der Anteil

$$Q_1 = -r_1 \cdot Q_{ein} \tag{2.6-24}$$

reflektiert. Von dem Rest wird an der Querschnittsverengung am anderen Ende noch einmal ein Anteil reflektiert und nur der Rest

$$Q_2 = (1 - r_2) \cdot (1 - r_1) \cdot Q_{ein} \tag{2.6-25}$$

durchgelassen.

Die Welle läuft im Schalldämpfer mehrfach hin und her, dafür wird jedes Mal die Zeit $t = 2l/c$ benötigt. Aus den jedes Mal durchgelassenen Anteilen Q_2, Q_4, Q_6 ..., die je nach Frequenz und Laufzeit im Dämpfer verschiedene Phasenlagen haben und sich auslöschen oder summieren, resultiert der Volumenstrom hinter dem Schalldämpfer.

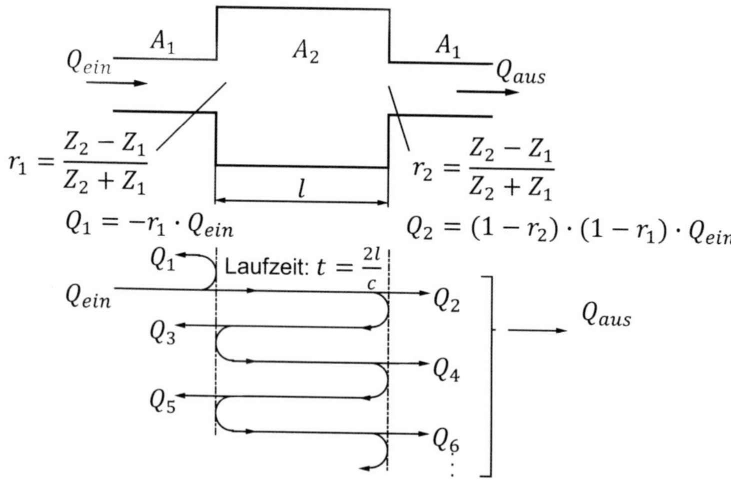

Bild 2.6-3: Wellenplan für Reflexionsschalldämpfer [2.5]

Eine weitere Form des Schalldämpfers nutzt den Effekt des Helmholtzresonators, um einen wirksamen Gegenschall zu erzeugen. Wichtig für die Auslegung eines solchen Schalldämpfers ist das Vollumen einer zusätzlichen Kapazität welche mit einem kurzen Rohr mit dem zu dämpfenden System verbunden wird. Dieser Aufbau erlaubt es ein sehr schmales Frequenzband stark zu dämpfen. Ein Dämpfer nach dem Helmholtz-Prinzip kann als komplexer Widerstand aufgefasst werden.

2.7 Literatur zu Kapitel 2

2.1	Allievi, L.	Allgemeine Theorie über die veränderliche Bewegung des Wassers in Leitungen, Springer, Berlin 1909
2.2	Blok, P.	The Management of Oil Contamination. Koppen&Lethem Aandrijftechniek B.V., 1995
2.3	Chaimowitsch, E. M.	Ölhydraulik, VEB Technik, Berlin 1961
2.4	Goenechea, E.	Mechatronische Systeme zur Pulsationsminderung hydrostatischer Verdrängereinheiten, Dissertation RWTH Aachen, 2007
2.5	Hoffmann, D.	Die Dämpfung von Flüssigkeitsschwingungen in Ölhydraulikleitungen, Dissertation TU Braunschweig, 1976
2.6	Hübner, E.	Technische Schwingungslehre, Springer, Berlin 1957
2.7	Jarchow, M.	Pulsationsminderung hydrostatischer Verdrängereinheiten durch alternative Umsteuerkonzepte, o+p 41 (1997), Nr. 6, S. 421-431
2.8	Latour, C.	Strömungskraftkompensation in hydraulischen Sitzventilen, Dissertation RWTH Aachen, 1996
2.9	Linjama, M.	Digital Fluid Power – State of the art, 12th Scandinavian International Conference on Fluid Power, Tampere, Finland, 2011
2.10	N. N.	DSHplus - Digitale Simulation hydraulischer Systeme, Fluidon GmbH, Aachen 2011
2.11	Rebel, J.	Systematische Übersicht über Dämpfungsmaßnahmen in Druckleitungen, o+p 20 (1976), Nr. 7, S 461-465
2.12	Schlayer, H.	Druck- und Temperaturregelung bei ölhydraulischen Mengenregelventilen, Dissertation TU Stuttgart, 1959
2.13	Schrank, K.	Eindimensionale Hydrauliksimulation mehrphasiger Fluide, Dissertation RWTH Aachen, 2015
2.14	Theissen, H.	Die Berücksichtigung instationärer Rohrströmung bei der Simulation hydraulischer Anlagen, Dissertation RWTH Aachen, 1983
2.15	Vukovic, M., Sgro, S., Murrenhoff	STEAM – a holistic approach to designing excavator systems, 9th International Fluid Power Conference, Aachen, 2014
2.16	Zoebl, H.	Filtrationstechnik. expert-Verlag, 1996

3 Druckflüssigkeit als Konstruktionselement

neu bearbeitet von Marius Hofmeister M.Sc. und Sebastian Deuster M.Sc.

Die Druckflüssigkeit ist als komplexe Komponente ein Teil des hydraulischen Systems. Neben der primären Funktion der Übertragung von Leistung muss das Medium eine Vielzahl weiterer Aufgaben übernehmen, hauptsächlich als Schmierstoff. Dabei muss das Hydrauliköl die Ausbildung eines tragfähigen Schmierfilms in beispielsweise tribologischen Kontakten unter extremen Belastungen gewährleisten. Das hierzu erforderliche Eigenschaftsprofil kann aufgrund stetig steigender Anforderungen nicht allein durch eine rein mineralölbasierte Grundflüssigkeit erfüllt werden. Spezielle chemische Zusätze, sogenannte Additive, ergänzen und erweitern das technische Leistungsvermögen des Grundöls. Zusatzanforderungen wie die Schwerentflammbarkeit und eine gegebene Umweltverträglichkeit können durch den Einsatz alternative Grundflüssigkeiten als den konventionell eingesetzten Mineralölen erzielt werden.

3.1 Aufgaben und Anforderungen der Druckflüssigkeiten

Die primäre Aufgabe des Druckmediums ist die Übertragung der Leistung vom Druckerzeuger zu den Verbrauchern. Dazu wird, in Analogie zum Formschluss bei mechanischen Übertragungen, ein Volumenschluss hergestellt.

Neben dieser Funktionsanforderung muss das Druckmedium weitere Aufgaben übernehmen. Es wirkt als Schmierstoff und vermindert so die Reibung und den Verschleiß im Kontakt zwischen relativ zueinander bewegenten Bauteilen, beispielsweise in Lagerstellen. Partikel, die in der Kontaktstelle entstehen, oder in sie hineingetragen werden, sollen zuverlässig vom Schmierstoff herausgespült werden. Die Komponenten des Hydrauliksystems sollen vor Korrosion und anderen chemischen Veränderungen geschützt werden. Die durch Reibung und Abdrosselung entstehenden Verluste werden durch das Druckmedium in Form von Wärmeenergie abgeführt.

Diese Funktionseigenschaften des Fluides sollen über einen weiten Temperaturbereich gewährleistet werden. Die Eigenschaften des Mediums selbst dürfen durch Kontaminationen, in Form von Abriebpartikeln oder Wasser, nicht beeinträchtigt werden. Letztendlich soll das Medium aus ökonomischen, aber auch ökologischen Gründen eine lange Lebensdauer ohne Veränderung der Eigenschaften erreichen.

Optionale Zusatzanforderung ergeben sich aus Sicherheitsaspekten der jeweiligen Anwendungsbereiche, nach denen die Flüssigkeit nicht entzündlich sein darf oder aber aus Gründen des Arbeitsschutzes eine geringe Neigung zur Verdampfung haben muss. Vor dem Hintergrund des globalen Klimawandels und im Hinblick auf eine umweltschonende sowie nachhaltige Art des wirtschaftlichen Handelns, kommt biobasierten Hydraulikflüssigkeiten mit einer geringen Toxizität, die auf Basis nachwachsender Rohstoffe hergestellt werden, eine besondere Rolle zu. Dies gilt besonders für mobile Anwendungen in der Forstwirtschaft, der Landwirtschaft und dem Baugewerbe.

3.2 Arten der Druckflüssigkeiten

Im Allgemeinen bestehen Druckmedien aus einer Grund- bzw. Basisflüssigkeit, aus der durch Zumischen von Additiven die fertige Formulierung mit den gewünschten Eigenschaften hergestellt wird. Der Volumenanteil der Additive beträgt üblicherweise wenige Prozent. Die Art der Basisflüssigkeit, die selbst ein Gemisch chemisch ähnlicher Moleküle mit unterschiedlicher Kettenlänge sein kann, bestimmt jedoch im Wesentlichen den Einsatz des Druckmediums.

3.2.1 Allgemeine Flüssigkeiten

Mit einem Anteil von ca. 80-85 % stellen Druckflüssigkeiten auf Mineralölbasis die mengenmäßig bedeutendste und kostengünstigste Gruppe innerhalb der Hydraulikmedien dar. Sie können ein weites Spektrum von Anforderungen abdecken und werden daher universell in stationären und mobilen Anlagen eingesetzt. Durch die jahrzehntelange Erfahrung mit diesen Medien und die ebenso lange Entwicklungstätigkeit sind ihre Eigenschaften ausgefeilt, klar definiert und jederzeit reproduzierbar. Laut Mineralölwirtschaftsverband (www.uniti.de) lag der Inlandsabsatz aller mineralölbasierten Schmierstoffe 2016 bei über 1 Mio. t. Auf Hydrauliköle entfielen hierbei 104.466 t.

Die Grundöle werden durch Destillation und Raffination aus Rohöl gewonnen und bestehen in der Regel aus einem Gemisch verschiedener Kohlen-Wasserstoff-Ketten, deren durchschnittliche Kettenlänge bei ca. 20 bis 35 liegt.

Die Form der Moleküle lässt sich in Ketten (Paraffine), Ringe (Naphtene) und Ringe mit delokalisierten Wasserstoffatomen (Aromaten) einteilen, wobei letztere aus gesundheitlichen Gründen minimiert werden. Durch Variation der verwendeten Molekülgruppen und der Kettenlänge der einzelnen Moleküle werden die wesentlichen Eigenschaften wie die Viskosität und der Flammpunkt, das Alterungs- und das Viskositäts-Temperatur-Verhalten sowie die Kälteeigenschaften festgelegt [3.2].

Spezielle Eigenschaften, die das Grundöl nicht oder in nicht ausreichendem Maß aufweist, werden durch den Zusatz von Additiven erzielt. Die Art der zugemischten Additive entscheidet über die Klassifizierung nach ISO 11158 der Flüssigkeit. So fasst die Gruppe H Druckflüssigkeiten ohne Wirkstoffe zusammen, die heute jedoch praktisch nicht mehr eingesetzt werden. Die Gruppe HL enthält Druckflüssigkeiten mit Wirkstoffen zur Verbesserung der Alterungsbeständigkeit und des Korrosionsschutzes, während in der Gruppe HLP Druckflüssigkeiten mit zusätzlichen Wirkstoffen zum Herabsetzen des Verschleißes und/oder zur Erhöhung der Belastbarkeit zu finden sind. Die Gruppe HVLP umfasst Druckflüssigkeiten mit zusätzlichen Wirkstoffen zur Verbesserung des Viskositäts-Temperatur-Verhaltens. Die DIN 51 524 "Hydrauliköle, Mindestanforderungen" spezifiziert diese Klassifikation und legt jeweils Mindestanforderungen z. B. an die Viskositätseigenschaften, die Alterungsbeständigkeit oder den Korrosions- und Verschleißschutz fest.

Für besondere Anwendungsfälle werden den Ölen Additive zugemischt, die reinigende Wirkung haben (detergieren) und Fremdstoffe in Schwebe halten (dispergieren). In der Nomenklatur sind diese Flüssigkeitstypen durch den Buchstaben D gekennzeichnet. So ist eine HLP-D-Flüssigkeit aufgrund ihrer Additivierung in der Lage, bis zu 5 % Wasser als Emulsion zu binden. Das Wasser wird dabei in Form kleiner Tropfen so umschlossen, dass die Ausbildung eines Schmierfilms nicht behindert wird und es weder zur Korrosion der metallischen Oberflächen noch zu verstärkter Alterung des Mediums kommt. Diese Flüssigkeiten werden bevorzugt bei maritimen Anwendungen eingesetzt, wo die Gefahr der Kontamination des Mediums mit Wasser besonders groß ist.

Eine Übersicht über die aktuelle Normung von Mineralölen gibt **Tabelle 3.2-1**.

Tabelle 3.2-1: Normung von Mineralölen

DIN 51 524	ISO 6743-4	Zusammensetzung	Einsatzbereiche
H	HH	ohne besondere Wirkstoff-zusätze (Grundöle)	Anlagen ohne besondere Anforderungen (selten)
HL	HL	mit Wirkstoffen zur Erhöhung des Korrosionsschutzes und der Alterungsbeständigkeit. DIN 51 524, Teil 1	Anlagen mit mäßigen Drücken, jedoch hohen Temperaturen. Gutes Wasserabscheidevermögen
HLP	HM	wie HL, jedoch weitere Zusätze zur Minderung des Fressverschleißes bei Mischreibung. DIN 51 524, Teil 2	Anlagen mit hohen Drücken und Temperaturen. Hochwertiges, weit verbreitetes Hydrauliköl, insbesondere HLP 46
HVLP	HV	wie HLP, jedoch weitere Zusätze zur Verbesserung des Viskositäts- Temperatur-Verhaltens. DIN 51 524, Teil 3	Gegenüber HLP erweiterter Temperaturbereich mit tiefen Startwerten infolge flacher Viskositätskennlinie
HLP-D	(-)	wie HLP, jedoch Zusätze zur Lösung von Ablagerungen (detergierend) und begrenzt wassertragend (emulgierend/ dispergierend).	Anlagen mit erhöhter Gefahr von Wasser- und/oder Schmutzzutritt zur Ölfüllung (mobile Systeme)

3.2.2 Umweltverträgliche Flüssigkeiten

Schon in der ersten Ölkrise Anfang der siebziger Jahre sind vorwiegend in Finnland Bestrebungen unternommen worden, Mineralölprodukte durch nachwachsende, pflanzliche Rohstoffe zu ersetzen. Umweltschonende Druckflüssigkeiten werden jedoch vornehmlich unter dem Aspekt einer hohen Umweltverträglichkeit entwickelt und finden zunehmend Einsatzgebiete in mobilen Anwendungen wie der Forst- und Landwirtschaft aber auch in stationären Anlagen. Die ISO 15 380 gibt die Anforderungen für die Flüssigkeitsklassen HETG, HEPG, HEES und HEPR vor. Die Anforderung sind hierbei unterteilt in Anforderungen zur Umweltverträglichkeit (biologische Abbaubarkeit, Antitoxizität), sowie technische Anforderungen. Weiterhin wird gemäß DIN 16807 neben der Umweltverträglichkeit ein Anteil nachwachsener Rohstoffe von 25 % gefordert. Werden die Anforderungen der beiden genannten Normen erfüllt, kann das Hydrauliköl als „biobasiert" deklariert werden. Die Unterscheidung in die vier Klassen erfolgt nach dem Hauptanteil im Grundöl. Die Buchstaben HE stehen jeweils für Hydraulic

Environmental und kennzeichnen damit die umweltverträglichen Druckflüssigkeiten.

HETG (Hydraulic Environmental Tri Glyceride)

HETG-Flüssigkeiten werden als „native“ Hydrauliköle auf Grundlage von Pflanzenölen, wie zum Beispiel Rapsöl, hergestellt. Dabei weisen diese Öle teils gute technische Eigenschaften und einen hohen Viskositätsindex auf. Wie bei allen Pflanzenölen handelt es sich um ein Estermolekül, das aus einem dreiwertigen Glycerin als Alkoholkomponente und drei Fettsäuren, beispielsweise Ölsäure, Linolsäure oder Erucasäure, besteht.

Der Begriff Veresterung bezeichnet den reversiblen Prozess, der bei der Reaktion von Alkoholen und Säuren abläuft, wie es in der folgenden Gleichung vereinfacht dargestellt ist. Die unerwünschte Gegenreaktion heißt Hydrolyse.

$$\underbrace{R_1 - OH}_{\text{Alkohol}} + \underbrace{R_2 - COOH}_{\text{Säure}} \rightleftharpoons \underbrace{R_1 - O = O - R_2}_{\text{Ester}} + \underbrace{H_2O}_{\text{Wasser}} \qquad (3.2\text{-}1)$$

Ester haben einen polaren Charakter. Die daraus resultierende Haftung auf Metalloberflächen bringt einen sehr guten Verschleißschutz mit sich; durch die Oberflächenbenetzung ist zudem ein guter Korrosionsschutz gegeben [3.2, 3.3, 3.4].

Die Esterbindungen und die charakteristischen Kohlenstoff-Doppelbindungen der Fettsäuren werden relativ leicht durch Oxidation (Reaktion mit Sauerstoff), Hydrierung (Wasserstoffzugabe) oder Hydrolyse (Spaltung in Alkohol und freie Fettsäuren) verändert. Gerade unter den üblichen Einsatzbedingungen bei hohen Temperaturen folgt daraus eine geringe Alterungsbeständigkeit nativer Öle, verbunden mit der Entstehung aggressiver Spalt- und Reaktionsprodukte.

Andererseits wird jedoch ein rascher und nahezu vollständiger biologischer Abbau der Flüssigkeit im Boden, auf Wasserflächen und in Kläranlagen ermöglicht. Dies bedeutet, dass bei nativen Ölen durch eine geeignete Additivierung die unerwünschte Alterung der Flüssigkeit im Betrieb vermieden werden muss. Die hierbei zum Einsatz gebrachten Additive dürfen den natürlichen biologischen Abbau nicht behindern und dürfen selbst nicht toxisch sein [3.2, 3.5]. Aufgrund der geringen Alterungsbeständigkeit ist der Anteil der verwendeten HETG-Flüssigkeiten in technischen Anwendungen sehr gering.

HEES (Hydraulic Environmental Ester Synthetic)

Auf synthetischem Wege können Ester erzeugt werden, die in ihrer chemischen Struktur und in ihren Umwelteigenschaften den Pflanzenölen ähneln, jedoch eine bedeutend bessere Alterungsstabilität aufweisen. Durch vielfältige Kombinationsmöglichkeiten von Alkoholen und Säuren besteht hier die Möglichkeit, gezielt Produkte zu formulieren, welche die Anforderungen an Druckmedien der Klasse HEES erfüllen [3.5]. Als Ausgangsstoffe werden natürliche oder petrochemische Produkte gewählt, die dann in verschiedenen Verfahrensschritten neu zusammengesetzt werden. Generell geht jedoch eine Stabilisierung der Moleküle mit einer Verringerung der schnellen Abbaubarkeit einher. Auch diese Flüssigkeiten müssen mit Additiven versetzt werden, die ebenfalls den Restriktionen des Umweltschutzes unterliegen.

Die als Basisflüssigkeiten für Druckmedien der Klasse HEES geeigneten Syntheseester werden in zwei Hauptgruppen unterschieden. Verfügen die Ester über Doppelbindungen, so spricht man von ungesättigten Estern. Die Bezeichnung C 18:1 gibt hierbei beispielsweise an, dass es sich um eine Kette von 18 C-Atomen handelt, die an einer Stelle eine Doppelbindung besitzt. Die Doppelbindungen gewährleisten gute Kälteeigenschaften, beeinträchtigen jedoch die Alterungsstabilität. Die chemische Struktur ähnelt sehr den nativen Ölen.

Hochwertige, vollständig gesättigte Ester, das heißt ohne Doppelbindungen, entstammen vornehmlich der Petrochemie. Ihre Struktur weicht deutlich von nativen Ölen ab. Es können schnell abbaubare und nicht toxische Basisflüssigkeiten erzeugt werden, die sogar die Alterungsbeständigkei von Mineralölen übertreffen. Allerdings ist dies mit einem hohen Produktionsaufwand verbunden.

HEPG (Hydraulic Environmental Polyglycole)

Polyglykole werden seit mehreren Jahrzehnten als synthetische Hochleistungsschmierstoffe eingesetzt. Aus dieser Gruppe weisen besonders die Polyalkylenglykole ein geringeres Umweltgefährdungspotential als Mineralöle auf und dienen daher als Basisflüssigkeit für die Klasse HEPG. In der petrochemischen Synthese kann durch Variation des Molekulargewichtes die Viskosität beeinflusst werden, sodass verschiedene Viskositätsklassen zur

Verfügung stehen. Sie weisen wie die Esterflüssigkeiten eine geringe Viskositäts-Temperaturabhängigkeit auf. Die tribologischen Eigenschaften sind denen der Mineralöle ebenbürtig oder überlegen.

Im Gegensatz zu Minerlölen sind Polyglykole wasserlöslich. Dies trägt wesentlich zum biologischen Abbau bei, der nicht wie bei Ölen in der Grenzfläche, sondern in der Lösung stattfinden kann. Durch Regenwasser werden Leckagen allerdings rasch in die tieferen, unbelebten und sauerstoffarmen Erdschichten getragen, sodass sie ohne vorherigen Abbau ins Grundwasser gelangen können.

HEPR (Hydr. Environmental Polyalphaolefine & Related Products)

In dieser Gruppe werden Flüssigkeiten eingestuft, die mehrheitlich aus Polyalphaolefinen (PAO) und verwandten Kohlenwasserstoffen synthetisiert werden. Hinsichtlich der biologischen Abbaubarkeit muss beachtet werden, dass nur die dünnflüssigen PAO biologisch leicht abbaubar sind. Um höhere Viskositätsklassen zu erreichen, werden den dünnflüssigen PAO üblicherweise Polymere mit verdickenden Eigenschaften zugesetzt. Eine Herausforderung liegt darin Polymere zu wählen, die den hohen Scherraten in Hydraulikanlagen standhalten.

Materialverträglichkeit von umweltverträglichen Hydraulikölen

Bei der Verwendung umweltverträglicher Flüssigkeiten muss beachtet werden, dass sie auf Kunststoffe und einige Metalle anders einwirken als Mineralöl. Die Werkstoffe von Dichtungen und Schläuchen, aber z. B. auch von Gleitlagern und Filterelementen müssen daher auf die Flüssigkeit abgestimmt werden. Bei Verwendung von Polyglykolen muss in der Regel die Innenlackierung des Behälters entfernt werden, da sie Lacke auflösen. Der in der Hydraulik häufig eingesetzte Dichtungswerkstoff NBR ist mit den meisten umweltverträglichen Schmierstoffen nur mäßig kompatibel, wohingegen FKM bei nahezu allen verwendeten Flüssigkeiten eingesetzt werden kann. Trotz des höheren Preises wird daher immer häufiger auf FKM zurückgegriffen.

HE-Medien finden relativ zu mineralölbasieten Schmierstoffen derzeit noch in deutlich weniger Anwendungen Einsatz. Dies ist vor allem auf Verträglichkeitsprobleme, höhere Anschaffungskosten sowie dem hohen

Aufwand, der mit einem Ölwechsel verbunden ist, zurückzuführen. Behördliche Vorgaben und Förderungen [3.9], wirtschaftliche Vorteile durch die Benutzung weniger wassergefährdender Stoffe und das steigende Umweltbewusstsein der Anwender lassen den Markt jedoch spürbar expandieren. Derzeit werden pro Jahr ca. 30.000 t biologische abbaubare Hydrauliköle verkauft, wobei davon etwa die Hälfte aus nachwachsenden Rohstoffen gewonnen wird [3.9].

3.2.3 Schwerentflammbare Flüssigkeiten

Für den Bergbau, den Flugzeugbau und für Druckgieß- und Walzwerksanlagen wurden Flüssigkeiten entwickelt, die als schwerentflammbar eingestuft werden. Diese Flüssigkeiten haben eine wesentlich höhere Zündtemperatur als Mineralöle. In einigen Anwendungen ist der Einsatz dieser Flüssigkeiten zwingend vorgeschrieben. So schließen die Brandschutzvorschriften für den Bergbau unter Tage den Einsatz von Mineralöl aus. Es wird bei diesen Flüssigkeiten zwischen wasserhaltigen und wasserfreien Druckflüssigkeiten unterschieden. In den VDMA-Richtlinien 24 317 und 24 320 wird die nachfolgende Einteilung vorgenommen. Die Bezeichnungen sind konform zu den Normen CETOP RP 77 H, ISO 6743, Teil 4 und DIN 51 502.

Die Gruppe HFA umfasst Öl-in-Wasser-Emulsionen oder hoch wasserhaltige Lösungen, die Gruppe HFB Wasser-in-Öl-Emulsionen, die Gruppe HFC wässrige Lösungen und die Gruppe HFD wasserfreie Flüssigkeiten.

HFA-Flüssigkeiten bestehen üblicherweise zu ca. 1 % bis maximal 5 % aus einem Konzentratanteil, der Rest ist Wasser. Die erlaubte Grenze von 20 % wird aus Kostengründen nicht ausgeschöpft. Bei dem Konzentratanteil kann es sich entweder um eine emulgierfähige Substanz oder um ein Medium handeln, welches im Wasser in Lösung geht. Das Konzentrat enthält Zusätze, die den Korrosionsschutz und den Verschleißschutz verbessern oder auch die Schmierfähigkeit optimieren. Außerdem sind Biozide enthalten, die die Bildung von Bakterien, Pilzen und Hefen behindern, die sich in wässrigen Lösungen gerne ausbreiten. Dieser Flüssigkeitstyp wird im Wesentlichen im Bergbau für den hydraulischen Grubenausbau eingesetzt. Weitere Anwendungen liegen in der Warmbearbeitung und in Fertigungseinrichtungen der Automobilindustrie.

HFB-Flüssigkeiten bestehen aus 40 % Wasser und 60 % Mineralöl. Dieser Flüssigkeitstyp wird in Deutschland nicht eingesetzt, da er einen von den Bergbehörden geforderten Brandtest nicht erfüllt.

HFC-Flüssigkeiten bestehen zu 35 % bis 55 % aus Wasser. Die restlichen 45 % bis 65 % sind verdickende Zusätze sowie Additive. In den meisten Fällen werden Polyakylenglykole als Verdicker eingesetzt, um mit Mineralöl vergleichbare Viskositäten zu erreichen. Als Additive werden Zusätze für den Korrosionsschutz oder den Verschleißschutz verwendet. Dieser Flüssigkeitstyp wird im Wesentlichen im Bergbau für Hochleistungshydraulikanlagen unter Tage und in Warmarbeitsbetrieben verwendet.

HFD-Flüssigkeiten sind wasserfreie, synthetische Medien, die eine höhere Dichte als Wasser und Öl aufweisen. Am häufigsten werden Phosphorsäureester und chlorierte Kohlenwasserstoffe (Chloraromaten) sowie Mischungen dieser beiden Gruppen eingesetzt. Für besondere Einsatzfälle werden außerdem noch Diester, Silikone, Polyphenyläther, Polyglykole, Silikatester und Fluorcarbone verwendet. Diese Flüssigkeiten werden durch Zufügen bestimmter Buchstaben an das "HFD" genauer kenntlich gemacht.

Eine Übersicht über die aktuelle Normung schwer entflammbarer Hydraulikflüssigkeiten gibt **Tabelle 3.2-2**.

Tabelle 3.2-2: Normung schwer entflammbarer Flüssigkeiten

ISO 6743	Zusammensetzung	Einsatzbereiche
HFA	Öl-in-Wasser-Emulsion oder synth. wässrige Lösung mit max. 20 % Konzentrat	Bergbau, hydr. Pressen, Temperaturbereich 5 bis 55 °C
HFB	Wasser-in-Öl-Emulsion mit max. 60 % Ölanteil	Bergbau, Temperaturbereich 5 bis 60 °C
HFC	wässrige Polymerlösung mit 35-55 % Wasser	Bergbau, Gießereien, mäßige Drücke, Umweltschutz, Temperaturbereich -20 bis 60 °C
HFDU	Carbonsäureester (wasserfrei, synthetisch)	Temperaturbereich -35 bis 100 °C, verbreiteter als HFDR
HFDR	Phosphorsäureester (wasserfrei, synthetisch)	Kraftfahrzeuge, Luft- und Raumfahrt, Temperaturbereich -20 bis 150 °C

3.2.4 Spezielle Flüssigkeiten

Neben den zuvor beschriebenen Medien, die in ihren Anwendungsbereichen weitestgehend universell eingesetzt werden können, existieren zahlreiche Fluide, die für bestimmte, hauptsächlich mobile Anwendungsfälle entwickelt wurden.

Die hohen Temperaturen in Pkw- und Nutzfahrzeugbremsen erfordern hoch stabile Basisflüssigkeiten, meist Polyglycoläther. Diese müssen zudem eine hohe Wasseraufnahmefähigkeit haben, da ungelöstes Wasser frühzeitig in der Leitung sieden kann und dadurch die Bremswirkung abrupt geschwächt wird. Anerkannt ist heute die Klassifizierung des United States Department of Transportation (DOT) bzw. die europäische Norm ISO 4925.

In Ackerschleppern werden meist die Hydraulik, die Lenkung, das Getriebe und die Nassbremsen aus einem gemeinsamen Ölhaushalt versorgt. Die hierfür verwendeten Universalflüssigkeiten vereinen daher die Eigenschaften eines Hydraulikmediums mit denen eines Getriebeschmierstoffs. Man unterscheidet zwischen "Universal Tractor Transmission Oil" (UTTO) und "Super Tractor Oil Universal" (STOU), welches auch im Motor eingesetzt werden kann.

Ähnliche Anforderungen erfüllen die ATF (Automatic Transmission Fluid) für den Einsatz in Drehmomentwandlern und Automatikgetrieben. Sie sind derart abgestimmt, dass ein konstantes Reibverhalten erreicht wird, da das Auftreten von Stick-Slip-Effekten in den Lamellenkupplungen unerwünscht ist. Damit die volle Funktionsfähigkeit auch im Winterbetrieb gewährleistet ist, werden dem ATF Fließverbesserer zugesetzt.

In der Lebensmittelindustrie, in der die Hygiene eine Rolle spielt, werden ungiftige Weißöle bevorzugt, welche keine Aromaten und Schwefelverbindungen enthalten. Auch Klarwasser kann als Hydraulikmedium eingesetzt werden, wodurch sich allerdings besondere tribologische Anforderungen an die Komponenten ergeben. Probleme resultieren auch aus der hohen Kavitationsneigung und der inneren Leckage durch die niedrige Viskosität. Neueste Entwicklungen auf dem Gebiet der Werkstoffe und der Fertigungstechnologie ermöglichen hier eine Steigerung der Leistungsfähigkeit.

3.3 Eigenschaften der Druckflüssigkeiten

In diesem Abschnitt werden die Eigenschaften und Kenngrößen beschrieben, die eine Druckflüssigkeit charakterisieren. Die ungefähren Werte verschiedener Flüssigkeitsgruppen sind am Ende des Kapitels in **Tabelle 3.8-1** in Form einer Tabelle zusammenfassend dargestellt.

3.3.1 Viskosität

Die Zähigkeit oder **Viskosität** ist definiert als der Widerstand, der einer Verschiebung benachbarter Flüssigkeitsschichten entgegengesetzt wird. Sie ist eine Stoffeigenschaft der Flüssigkeit und Grundlage für die Berechnung hydraulischer Widerstände. Bei zu geringer Viskosität treten zu große Leckageverluste auf, und das Lasttragevermögen im Mischreibungsgebiet ist unzureichend, was zu erhöhtem Verschleiß führt. Bei zu hoher Viskosität ist die viskose Reibung und damit die Verlustleistung zu hoch.

Befindet sich zwischen der in **Bild 3.3-1** mit der Geschwindigkeit $\dot{x}$ bewegten Platte und der festen Grundplatte eine viskose Flüssigkeit, so ist eine Kraft F zur Verschiebung der Platte mit der Fläche A erforderlich. Die Schubspannung in der Flüssigkeit in einer Ebene parallel zur Plattenebene beträgt

$$\tau = \frac{F}{A} \tag{3.3-1}$$

In dem Spalt bildet sich ein Geschwindigkeitsprofil mit dem Wert Null an der Grundplatte und $\dot{x}$ an der bewegten Platte.

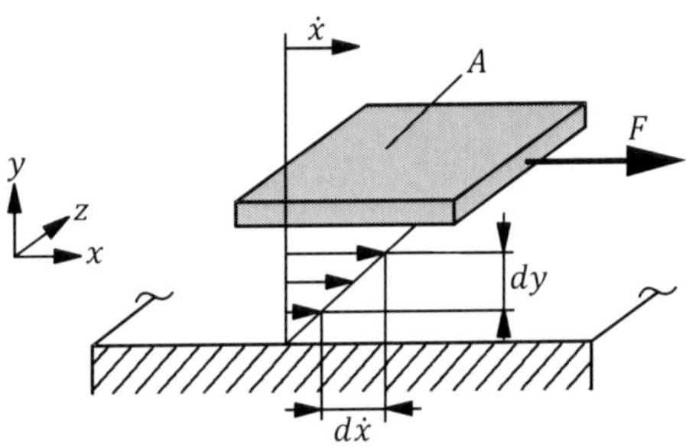

Bild 3.3-1: Schleppströmung in einem Parallelspalt

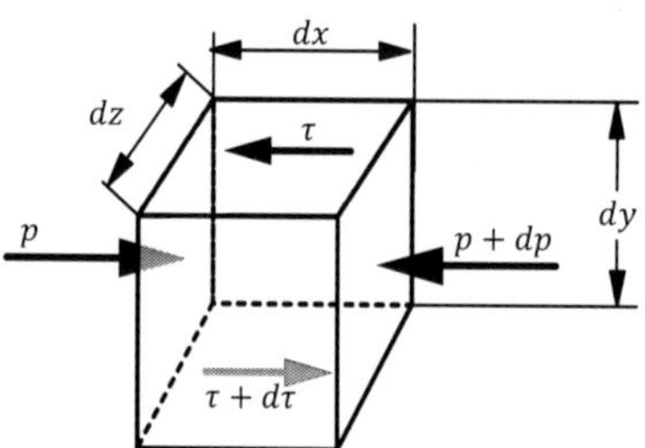

Bild 3.3-2: Gleichgewicht am Flüssigkeitsteilchen

Für das in in **Bild 3.3-2** dargestellte Flüssigkeitsteilchen im Parallelspalt gilt für den Gleichgewichtsfall

$$dz \cdot [(p + dp) \cdot dy + \tau \cdot dx] \\ = [p \cdot dy + (\tau + d\tau) \cdot dx] \cdot dz \tag{3.3-2}$$

Daraus ergibt sich:

$$\frac{dp}{dx} = \frac{d\tau}{dy} \tag{3.3-3}$$

Der Druckgradient in x-Richtung ist also gleich dem herrschenden Schubspannungsgradienten in y-Richtung. Die Schubspannung ist proportional dem Geschwindigkeitsunterschied zweier benachbarter Schichten. Das Newtonsche Schubspannungsgesetz lautet:

$$\tau = \eta \cdot \frac{dx}{dy} \tag{3.3-4}$$

Der Proportionalitätsfaktor η wird als **dynamische Viskosität** bezeichnet. Der Druckgradient in x-Richtung ist dann gleich der dynamischen Viskosität multipliziert mit dem Geschwindigkeitsgradienten in y-Richtung.

Messtechnisch wird die Viskosität traditionell ermittelt, indem die Flüssigkeit unter Eigengewicht durch ein dünnes Rohr fließt. Das Ergebnis des Versuchs ist sowohl von der dynamischen Viskosität als auch von der Dichte der Flüssigkeit abhängig. Diese Größe wird als **kinematische Viskosität ν** (sprich: "ny")

$$\nu = \frac{\eta}{\rho} \tag{3.3-5}$$

bezeichnet, wobei ρ die Dichte der Druckflüssigkeit ist.

Für die Viskosität werden die in **Tabelle 3.3-1** angegebenen Maßeinheiten verwendet. In der Ölhydraulik werden am häufigsten die Einheiten mPas (Millipascalsekunden) und cSt (Centistokes) benutzt. Die Viskosität ist eine Stoffeigenschaft, die von der Temperatur und dem Druck abhängt. Mit steigender Temperatur nimmt die Viskosität für Flüssigkeiten ab, für Gase nimmt sie jedoch zu. Die Druckabhängigkeit kann in vielen Fällen vernachlässigt werden. In nicht-Newtonschen Flüssigkeiten hängt die Viskosität außerdem vom Schergefälle ab.

Tabelle 3.3-1: Maßeinheiten für die Viskosität

Dynamische Viskosität η	
1 Pa s	1 N s / m^2
1 mPa s	10^{-3} N s / m^2
1 P (Poise)	1 g/(cm s) = 0,1 N s / m^2
1 cP	10^{-3} N s / m^2

Kinematische Viskosität ν	
1 m^2/s	
1 mm^2/s	10^{-6} m^2/s
1 St (Stokes)	1 cm^2/s = 10^{-4} m^2/s
1 cSt	10^{-6} m^2/s

Vereinfacht betrachtet beschreibt die Viskosität die Zähflüssigkeit eines Fluides. Flüssigkeiten mit einer niedrigen Viskosität sind dementsprechend dünnflüssig, hochviskose Flüssigkeiten hingegen sind dickflüssig. In hydraulischen Anlagen spielt die Viskosität in vielerlei Hinsicht eine große Bedeutung. In tribologischen Systemen führt eine hohe Viskosität etwa zu einem Schmierfilm mit hoher Tragfähigkeit, wodurch die Kontaktflächen geschützt werden und Verschleiß minimiert wird. Gleichzeitig führt eine hohe Viskosität aber auch zu erhöhten Strömungsverlusten in Rohren oder Schläuchen und erhöht die Reibung zwischen bewegten Teilen. Eine zu geringe

Viskosität hingegen führt zu erhöhten Verlusten durch interne Leckage. Insgesamt muss für die Auswahl einer geeigneten Fluid-Viskosität also ein Zielkonflikt gelöst werden, der nicht nur von einzelnen Bauteilen sondern vom gesamten Hydrauliksystem abhängt.

Hydraulikflüssigkeiten werden entsprechend ihrer kinematischen Viskosität bei 40 °C in Klassen nach ISO VG eingeteilt (ISO VG 10, 15, 22, 32, 46, 68, 100 ... mm^2/s). Als Maßeinheit ist neben mm^2/s nach wie vor die veraltete Größe Centi-Stokes (cSt) gebräuchlich. Die Kennzeichnung der Medien erfolgt, indem an die Flüssigkeitsbezeichnung die Viskositätsklasse angehängt wird (z. B. HLP ISO VG 46).

Um die Temperaturabhängigkeit der Viskosität von Hydraulikölen zu veranschaulichen, wird die kinematische Viskosität nach Ubbelohde doppelt logarithmisch über der Temperatur aufgetragen. In **Bild 3.3-3** ist ein entsprechendes Ubbelohde-Diagramm für HLP und verschiedene HF- bzw. HE-Flüssigkeiten zu sehen.

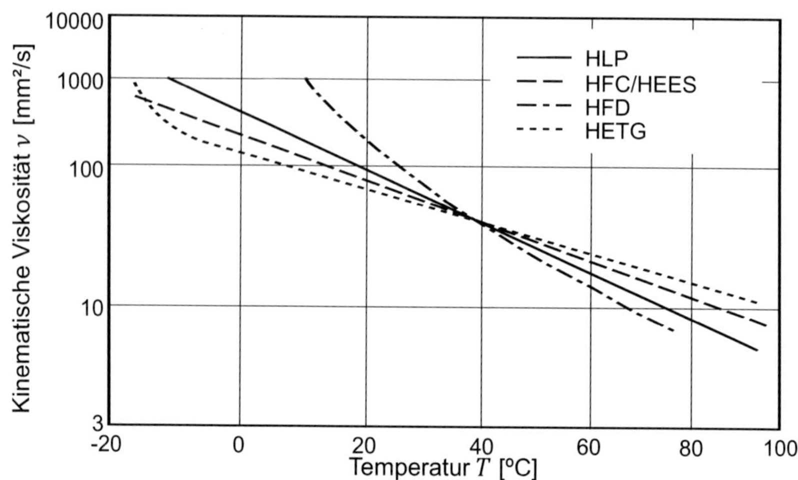

Bild 3.3-3: Kinematische Viskosität in Abhängigkeit der Temperatur

Bei dieser Art der Darstellung ergeben sich für Mineralöle und HFC-Flüssigkeiten über einen relativ großen Temperaturbereich Geraden. Je flacher der Kurvenverlauf ist, desto günstiger ist das Kaltstartverhalten und die Betriebsviskosität. Dies gilt insbesondere in mobilen Anwendungen, die einen weiten Temperaturbereich zwischen dem Start bei Minustemperaturen und dem Betrieb unter Volllast im Hochsommer abdecken müssen.

Die Kennlinie für HFD-Medien steigt im unteren Temperaturbereich stark progressiv an; ihre Viskosität ist dort weit stärker temperaturabhängig als die der anderen Flüssigkeiten. Bei HETG-Medien kommt es bei tiefen Temperaturen durch Teilkristallisation der Moleküle zu einem markanten Anstieg des ansonsten flachen Verlaufs.

Die Steigung der Flüssigkeitskennlinie im Ubbelohde-Diagramm dient als Beurteilungsmaßstab für die Viskositäts-Temperatur(VT)-Verhalten. Es existieren zwei Möglichkeiten dieses Verhalten zu beschreiben: Die Richtungskonstante m und der Viskositätsindex (VI) .

Die doppeltlogarithmische Darstellung nach Ubbelohde ermöglicht es, die Viskosität als Gerade darzustellen. Die Steigung dieser Geraden ist als Richtungskonstante m definiert. Kleine Werte sind wünschenswert, da sie für eine geringe Temperaturabhängigkeit der Viskosität stehen. In der DIN 51 563 ist die genaue Vorgehensweise für die Berechnung angegeben. Die kinematische Viskosität ν wird bei zwei Temperaturen, vorzugsweise 40 °C und 100 °C, gemessen. Mit der folgenden Gleichung kann die Richtungskonstante berechnet werden:

$$m = \frac{\mathrm{lglg}(v_1 + 0{,}8) - \mathrm{lglg}(v_2 + 0{,}8)}{\mathrm{lg}T_2 - \mathrm{lg}T_1} \tag{3.3-6}$$

Hierbei werden die kinematische Viskositäten in mm^2/s und die Temperaturen in Kelvin angegeben.

Der Viskositätsindex ist in DIN ISO 2909 definiert. Auch er beschreibt die Temperaturabhängigkeit der Viskosität eines Öls. Er geht zurück auf das Jahr 1929. Als Basis diente ein naphtenisches Öl, welches zu diesem Zeitpunkt das schlechteste Viskositäts-Temperatur-Verhalten hatte und den VI = 0 zugewiesen bekam und ein paraffinisches Öl, welches als das Öl mit dem besten VT-Verhalten galt und den VI = 100 bekam. Der VI aller übrigen Öle wurde demnach zwischen 0 und 100 festgelegt. Heutzutage ist ein VI von 200 und mehr keine Seltenheit mehr. Höhere Reinheiten der Grundöle und verbesserte Additive erweitern den Temperaturanwendungsbereich eines Öls erheblich.

Mit speziellen Additiven, den VI-Verbesserern, kann der VI vergrößert werden. Der Viskositätsindex für HLP liegt heute bei etwa 100, für HVLP bis 300, für HFC bei etwa 150 und für HFD sogar unter Null. Pflanzenölbasierte Druckmedien haben von Natur aus einen sehr hohen VI von ca. 200. Dies liegt in der chemischen Struktur der Ölmoleküle begründet. Während bei Mineralölen der VI von der Art und der Verteilung der Kohlenstoffbindung abhängt, also ob diese paraffinisch, naphtenisch oder aromatisch gebunden sind, ist bei Estern die Verzweigung der Säuren und Alkohole, sowie das Molekülgewicht ausschlaggebend.

Das Viskositäts-Druck-Verhalten eines Mediums ist maßgeblich für die Belastbarkeit eines Flüssigkeitsschmierfilmes verantwortlich. Alle Medien haben die Eigenschaft, dass sich die dynamische Viskosität unter Druckbelastung erhöht. Das **Bild 3.3-4** zeigt dieses Verhalten für verschiedene Druckmedien.

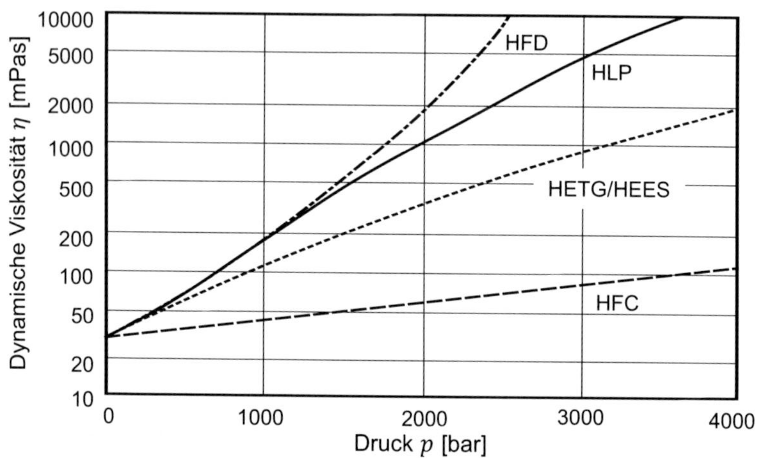

Bild 3.3-4: **Dynamische Viskosität verschiedener Druckflüssigkeiten in Abhängigkeit vom Druck bei gleicher Ausgangsviskosität**

Für die Druckabhängigkeit der dynamischen Viskosität bei konstanter Temperatur gilt

$$\eta = \eta_0 \cdot e^{b \cdot p} \tag{3.3-7}$$

mit η_0 als dynamische Viskosität bei Atmosphärendruck und folgenden typischen Werten für b:

Mineralöle	$1{,}7 \cdot 10^{-3}\,\text{bar}^{-1}$
HFC-Medium	$3{,}5 \cdot 10^{-4}\,\text{bar}^{-1}$
HFD-Medium	$2{,}2 \cdot 10^{-3}\,\text{bar}^{-1}$
HETG oder HEES	$1{,}1 \cdot 10^{-3}\,\text{bar}^{-1}$

Bei einer angenommenen Druckerhöhung von 0 auf 2000 bar erhöht sich die Viskosität bei der HFC-Flüssigkeit um den Faktor 2, bei Mineralöl um den Faktor 30 und bei der HFD-Flüssigkeit sogar um den Faktor 80.

Die Erhöhung der Viskosität mit zunehmendem Druck hat einen positiven Einfluss auf den Verschleiß bei hohen Lagerbelastungen, da der Schmierfilm unter Belastung einen Selbstverstärkungseffekt erfährt. Dieses in **Bild 3.3-4** gezeigte Verhalten ist einer der Gründe, warum bei Verwendung von wasserbasierten Flüssigkeiten (HFA, HFC, Klarwasser) Wälzlager eine vergleichsweise niedrige Lebensdauer aufweisen. Das Druck-Viskositätsverhalten ist abhängig von der Struktur des Grundmediums und kann durch den Zusatz von Additiven nicht nennenswert erhöht werden.

3.3.2 Dichte

Die Dichte von Hydraulikölen ist temperaturabhängig. Der Ausdehnungskoeffizient ist definiert als

$$\gamma = \frac{1}{V}\frac{\partial V}{\partial \theta} \tag{3.3-8}$$

Hieraus ergibt sich für die Volumenänderung ΔV eines Ausgangsvolumens V_0 bei einer Temperaturerhöhung um $\Delta\theta$ zu:

$$\Delta V = V_0 \gamma \Delta\theta \tag{3.3-9}$$

Die Dichte der Flüssigkeit nimmt proportional zur Vergrößerung des Volumens ab. Aus $\rho_0 = \frac{m}{V_0}$ und $\rho = \frac{m}{V_0 + \Delta V}$ ergibt sich für die temperaturabhänge Dichte:

$$\rho(\theta) = \frac{\rho_0}{1 + \gamma \Delta\theta} \tag{3.3-10}$$

Wird bei der Linearisierung nicht ρ_0, sondern ρ als Stützstelle verwendet, folgt für die Temperaturabhängigkeit der Dichte:

$$\rho(\theta) = \rho_0(1 - \gamma \Delta\theta) \tag{3.3-11}$$

Die Differenz zwischen beiden Gleichungen ist für die Fluide und den Temperaturbereich in der Hydraulik gering. Die Gleichungen werden für den normalen Anwendungsbereich von Druckflüssigkeiten auf 15 °C bezogen. Werte für $\rho_{15°C}$ und γ sind in der Tabelle am Ende dieses Kapitels enthalten. In **Bild 3.3-5** ist die Dichte üblicher Druckflüssigkeiten als Funktion der Temperatur dargestellt. Für Mineralöl beträgt der Ausdehnungskoeffizient $\gamma = 7 \cdot 10^{-4} K^{-1}$. Das bedeutet, dass bei einer Temperaturerhöhung von 10 °C eine Volumenausdehnung von 0,7% auftritt.

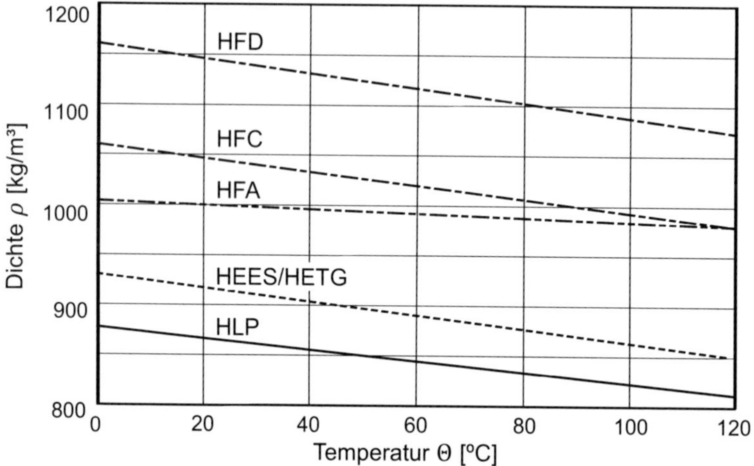

Bild 3.3-5: Dichte von Druckflüssigkeiten in Abhängigkeit von der Temperatur

3.3.3 Kompressionsmodul / Druckabhängige Dichte

Die Dichte von Druckflüssigkeiten hängt neben der Temperatur außerdem vom Druck ab und kann über die Kompressibilität der Flüssigkeit beschrieben werden. Kompressionsmodul und Kompressibilitäts-Koeffizient wurden bereits in Gleichung (2.5-8) definiert.

Mit $\Delta V = -V_0 \cdot \beta \cdot \Delta p = -V_0 \cdot \frac{1}{K_{Fl}} \cdot \Delta p$ ergitbt sich

$$\rho = \frac{\rho_0}{1-\beta \cdot \Delta p} = \frac{\rho_0}{1-\frac{1}{K_{Fl}} \cdot \Delta p} \tag{3.3-12}$$

wobei ρ_0 die Dichte bei Atmosphärendruck angibt. Diese Beziehung ist für in Hydraulikanlagen üblichen Druck- und Temperaturverhältnisse gültig. Hier kann mit einem mittleren konstanten Kompressibilitäts-Koeffizienten β gerechnet werden. Tatsächlich nimmt β jedoch mit zunehmendem Druck ab und mit steigender Temperatur zu. Der Kompressionsmodul K_{Fl} hingegen nimmt als Kehrwert der Kompressibilität mit steigendem Druck zu und steigender Temperatur ab.

In **Bild 3.3-6** ist der wahre adiabate Kompressionsmodul eines Mineralöles als Funktion des Druckes mit der Temperatur als Parameter aufgetragen.

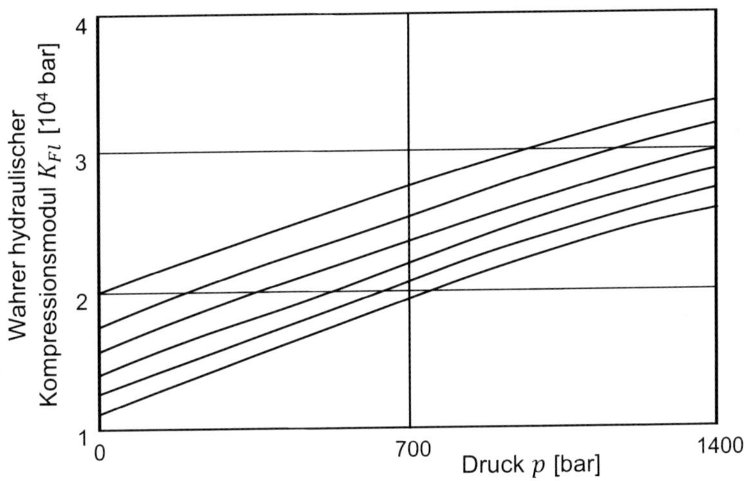

Bild 3.3-6: Wahrer adiabater Kompressionsmodul eines Mineralöls HLP 46

3.3.4 Gaslösevermögen

Alle Druckflüssigkeiten sind in der Lage, einen bestimmten Anteil an Gasen zu lösen. Dieses Gaslösevermögen ist abhängig vom Druck. Es gilt das Henry-Daltonsche Gesetz:

$$V_G(p) = V_{Fl} \cdot \alpha_V \cdot \frac{p}{p_0} \tag{3.3-13}$$

Wobei V_G das gelöstes Gasvolumen beim Bezugsdruck, V_{Fl} das Flüssigkeitsvolumen, p_0 der atmosphärischer Druck (Bezugsdruck), p der absolute Druck und α_V der Bunsenkoeffizient ist.

Der Bunsenkoeffizient gibt an, wie viel Volumenprozent Gas in einer Volumeneinheit der Flüssigkeit bei Normalbedingungen (1,013 bar; 20 °C) gelöst wird. Er muss für jedes Gas oder Gasgemisch neu bestimmt werden. Der Bunsenkoeffizient von Luft hängt nur gering von Temperatur und Druck ab. In Tabelle 3.8-1 sind Werte für verschiedene Flüssigkeiten angegeben.

Im Normalfall übt gelöste Luft keinen Einfluss auf die Eigenschaften der Druckflüssigkeiten aus. Sie kann jedoch aus der Flüssigkeit austreten, wenn örtlich ein niedriger statischer Druck, bei gleichzeitiger Scherbeanspruchung der Flüssigkeit, auftritt. Dieser Vorgang wird mit Kavitation bezeichnet und wird in Kapitel 3.5.2 erläutert.

3.3.5 Weitere Eigenschaften

Luftabscheidevermögen und Schaumneigung

Durch Einströmen der Flüssigkeit in den Behälter im freien Strahl können Luftblasen mitgerissen werden. Außerdem kann durch Leckstellen im System, durch Verwirbelungen im Behälter oder durch Kavitation Luft in die Flüssigkeit gelangen. Diese Luft muss an der Oberfläche wieder abgeschieden werden, bevor sie von der Pumpe angesaugt wird. Die Aufstiegsgeschwindigkeit der Luftblasen hängt, wie die folgende Rechnung zeigt, von deren Durchmesser sowie der Viskosität und der Dichte der Flüssigkeit ab. Die Auftriebskraft der Blase beträgt

$$F_A = \frac{4}{3}\pi \cdot (\rho_{Fl} - \rho_L) \cdot r^3 \cdot g \qquad (3.3\text{-}14)$$

mit dem Blasenradius r, der Flüssigkeitsdichte ρ_{Fl} und der Luftdichte ρ_L. Der Strömungswiderstand sphärischer Körper ist nach Stokes für sehr kleine Reynoldszahlen

$$F_W = 6\pi \cdot \eta \cdot v \cdot r \qquad (3.3\text{-}15)$$

Im Gleichgewichtsfall ist die Aufstiegsgeschwindigkeit also

$$v = \frac{2}{9} \cdot (\rho_{Fl} - \rho_L) \cdot \frac{r^2 \cdot g}{\eta} \qquad (3.3\text{-}16)$$

Bei gegebener Betriebsviskosität haben solche Flüssigkeiten ein gutes Luftabscheidevermögen, die es der ungelösten Luft ermöglichen, sich zu größeren Blasen zu vereinen und dadurch schneller aufzusteigen. Dies kann durch grenzflächenaktive Additive begünstigt werden. Ungünstige Strömungen im Behälter können die Luftabscheidung erheblich verlangsamen. Durch konstruktive Maßnahmen muss möglichst ein Eintreten von Luft in die Flüssigkeit verhindert und die Abscheidung erleichtert werden.

Eine negative Eigenschaft von Druckflüssigkeiten ist die Bildung von Oberflächenschaum als Folge der abgeschiedenen Luft. Dies kann mit entsprechenden Additiven verhindert werden. Die Additive bewirken jedoch gleichzeitig eine Verschlechterung des Luftabscheidevermögens.

Detergieren und Dispergieren

Die Abscheidung von Wasser im Behälter und das Herausfiltern von Festkörpern ist, zumindest bei niedrigen Umwälzraten, ein gutes Mittel zur Reinhaltung der Flüssigkeit. Mineralöle und HFD-Flüssigkeiten haben normalerweise ein gutes, Detergieren genanntes Abscheidevermögen. Die Absetzgeschwindigkeit von Wasser folgt analog dem Aufsteigen von Luftblasen dem Stokesschen Gesetz:

$$v = \frac{2}{9} \cdot (\rho_{Fl} - \rho_W) \cdot \frac{r^2 \cdot g}{\eta} \qquad (3.3\text{-}17)$$

Hierin ist ρ_W die Dichte des Wassers. Zu beachten ist, dass sich im Mineralöl Wasser aufgrund höherer Dichte am Behälterboden abscheidet, in HFD-Flüssigkeiten jedoch aufgrund geringerer Dichte an der Oberfläche. Auch hier gilt, dass das detergierende Verhalten durch die Koaleszenz kleiner Tropfen zu größeren begünstigt wird.

Bei besonderen Anwendungsfällen mit starker Gefahr der Kontamination werden durch dispergierende Wirkstoffe Wasser und Feststoffe fein verteilt als Suspension in Schwebe gehalten. Dadurch wird die Gefahr von Funktionsstörungen von Ventilen verringert. Die polaren Esterflüssigkeiten neigen zur Bildung stabiler Suspensionen; sie vermögen zudem verhältnismäßig große Mengen Schmutz und Wasser zu lösen. Auf Grund der hydrolytischen Wirkung von Wasser auf Esterbindungen, muss jedoch bei nativen und synthetischen Estern ein Wasserzutritt in das hydraulische System durch geeignete konstruktive Maßnahmen ausgeschlossen werden.

Stockpunkt und Pourpoint

Als Stockpunkt einer Flüssigkeit ist die Temperatur definiert, bei der das Medium unter bestimmten Prüfbedingungen gerade nicht mehr fließt. Im Vergleich dazu gibt der Pourpoint diejenige Temperatur an, bei der das Medium gerade noch fließt. Er liegt etwa 6 - 8 °C über dem Stockpunkt. Eine Beurteilung der Tieftemperatureigenschaften durch die alleinige Ermittlung des Pourpoints ist für esterbasierte Druckmedien nicht zulässig. Hier besteht durch langsame Kristallisationsvorgänge neben der reinen Temperatur- noch eine Zeitabhängigkeit, der durch besondere Prüfverfahren Rechnung getragen werden muss.

Wärmekapazität und Wärmeleitung

Die spezifische Wärmekapazität und die Wärmeleitfähigkeit beeinflussen das thermische Verhalten von hydraulischen Systemen. So hängt beispielsweise die Beharrungstemperatur, welche sich in einer Hydraulikanlage im stationären Betrieb einstellt, von diesen Größen ab. Außerdem beeinflussen Wärmekapazität und Wärmeleitfähigkeit mit welcher Temperaturveränderung die Hydraulikflüssigkeit auf wechselnde Belastungen im System reagiert.

Aufgrund der höheren spezifischen Wärme sowie der besseren Wärmeleitfähigkeit, kann die Beharrungstemperatur bei Anlagen mit wasserbasierten Flüssigkeiten unter sonst gleichen Bedingungen immer niedriger gehalten werden als bei Mineralölen und HFD-Flüssigkeiten. Dies ist wegen des höheren Dampfdruckes von Wasser auch erforderlich.

Entflammbarkeit

Der Flammpunkt beschreibt die Temperatur, bei der Flüssigkeitsdampf, der sich in einem Prüfgefäß entwickelt, bei Annäherung einer Flamme erstmalig entflammt. Er liegt unterhalb des Brennpunktes, bei dem die Flüssigkeit nach dem Entzünden selbstständig weiterbrennt. Noch höher liegt die Zündtemperatur der Flüssigkeit. Die Zündtemperatur ist die Temperatur, bei der Flüssigkeitstropfen unter bestimmten Prüfbedingungen von selbst zünden. Diese Temperatur wird als Kriterium für die Brennbarkeit von Hydraulikflüssigkeiten herangezogen. Die Zündverzögerungszeit ist die Zeitspanne, die zwischen dem Aufbringen einer Flüssigkeit auf einer Wärmequelle und dem Aufflammen der Flüssigkeit vergeht. In der Praxis wird die Zündverzögerungszeit gemessen, in dem 40 ml einer Flüssigkeit auf eine 800 °C heiße Aluminiumschmelze aufgetragen werden und die Zeit gemessen wird, bis sich die Flüssigkeit erstmalig entzündet. Diese Zeitspanne ist bei den schwerentflammbaren Flüssigkeiten wesentlich größer als bei Mineralöl. Dieses Verfahren und die Bezeichnung Zündverzögerungszeit sind nicht genormt.

Lasttragevermögen und Verschleißschutz

Eine wichtige Anforderung an Druckflüssigkeiten ist ein hohes Lasttragevermögen, welches auch ein gutes Verschleißschutzvermögen bedeutet. Bei hydrodynamischer Schmierung ist die dynamische Viskositätdie maßgebende Kenngröße für das Verschleißschutzvermögen. Reichen die hydrodynamischen Kräfte bei geringen Gleitgeschwindigkeiten im Mischreibungsgebiet nicht aus, um die Reibpartner vollständig voneinander zu trennen, wird das Verschleißschutzvermögen einer Flüssigkeit durch ihre Fähigkeit bestimmt, die Metalloberflächen zu benetzen und reibungsvermindernde Reaktionsschichten auf den Reibpartnern zu bilden. Das

Lasttragevermögen von Hydraulikflüssigkeiten im Mischreibungsgebiet kann durch Verschleißschutzadditive und Reibwertminderer verbessert werden.

Werkstoffverhalten

Hydraulikflüssigkeiten können in Wechselwirkung mit Werkstoffen treten. Hierbei kann zum einen der benetzte bzw. umspülte Werkstoff seine Eigenschaften ändern, aber auch das Fluid kann vom Werkstoff beeinflusst werden.

Stahl ist weitestgehend beständig gegenüber ölbasierten Druckübertragungsmedien. Einige HFC-Flüssigkeiten sind aggressiv gegenüber Zinn und Cadmium. HFD-Flüssigkeiten greifen Aluminiumlegierungen, wenn zusätzliche Reibenergie in das tribologische System eingebracht wird. Bei umweltverträglichen Flüssigkeiten können zum Teil unerwünschte Wechselwirkungen insbesondere bei Kupferlegierungen auftreten. Diese können beispielsweise zum Herauslösen des Zinks aus Messinglegierungen führen, so dass die Tragfähigkeit der verbleibenden Kupfermatrix reduziert wird. Der Schmierstoff selbst altert durch den katalytischen Einfluss des Zinks deutlich schneller.

Kritischer ist das Verhalten der Flüssigkeiten gegenüber Kunststoffen, wie sie für Dichtungen, Schläuche und Lacke verwendet werden. Für Mineralöle sind inzwischen mehr oder weniger alle auf dem Markt befindlichen Werkstoffe verwendbar. Für HFC-Flüssigkeiten können nur Silikon-Kautschuk- und PTFE-Werkstoffe und für HFD-Flüssigkeiten nur FKM- und PTFE-Werkstoffe eingesetzt werden. Der polare Charakter umweltschonender Esterflüssigkeiten kann zu einer deutlichen Quellung herkömmlicher Standardelastomereführen, so dass dort oftmals auf FKM zurückgegriffen wird. Darüber hinaus können Komplikationen durch Alterungsprodukte auftreten. Epikote- und DD-Lacke sind bedingt beständig gegen Flüssigkeiten der Kategorien HEPG, HFC und HFD. Es empfiehlt sich hier, Lackierungen in Behältern zu vermeiden und der Korrosion durch geeignete Materialwahl vorzubeugen.

Alterungsverhalten

Der Begriff Alterung bezeichnet die unwiderrufliche Veränderung der Druckflüssigkeiten. Die Fluide werden hierbei in ihrer chemischen Struktur und

Zusammensetzung geändert. Alterung erfolgt durch chemische Vorgänge wie Oxidation, Hydrolyse, Polymerisation und thermische Zersetzung (Cracken), aber auch durch mechanische Einflüsse, beispielsweise durch Scherung. Die Oxidation ist die Reaktion mit Sauerstoff unter Bildung von Säureresten. Hydrolyse ist die Spaltung von Estern bei Kontakt mit Wasser. Die Polymerisation ist die Vergrößerung der Kohlenwasserstoffe durch die Bildung von Seitenketten oder Makromolekülen. Sie führt zu Ausfallprodukten wie Schlamm oder harzartigen Überzügen an Bauteilen. Einen gegenteiligen Effekt hat das Cracken, bei dem die Molekülketten durch thermische oder mechanische Belastung verkürzt werden und damit die Viskosität absinkt. [3.5, 3.7, 3.8]

Die Alterung erfolgt einerseits durch den Abbau oder die Zerstörung der Additive, andererseits durch die Veränderung der Moleküle der Basisflüssigkeit. Sie wird durch eine hohe Betriebstemperatur, Verschmutzungen durch Fremdluft, Wasser und metallische Katalysatoren, im wesentlichen Kupferlegierungen, beschleunigt. Ein Maß für den Alterungszustand einer Flüssigkeit ist beispielsweise die Neutralisationszahl NZ. Sie gibt als Maß für den Säuregehalt einer Flüssigkeit an, wie viel mg Kalilauge (KOH) notwendig sind, um 1 g einer Probe zu neutralisieren:

$$NZ = \frac{\mathrm{mg(KOH)}}{\mathrm{g(Fl)}} \tag{3.3-18}$$

Die Alterungsbeständigkeit einer Druckflüssigkeit kann in einfachen Labortests ermittelt werden, z. B. mit dem Baader-Gerät nach DIN 51 554, bei dem eine Kupferspirale periodisch in die temperierte Ölprobe getaucht wird. Aussagen mit größerem Bezug zur Praxis werden durch Prüfstandsversuche wie in **Bild 3.3-7** gewonnen. Zu sehen ist der Einfluss von Luft und Wasser auf den Anstieg der Neutralisationszahl eines unadditivierten Mineralöls über 1000 h durch eine hohe Dauerbelastung. Bei fertig additivierten Druckflüssigkeiten wird zunächst ein Abfall der NZ durch den Abbau der sauren Alterungsschutzadditive beobachtet, der daraufhin in einen progressiven Anstieg übergeht.

Die Alterungsbeständigkeit von Mineralölen, Pflanzenölen und HFD-Flüssigkeiten kann durch Zusatz bestimmter Additive verbessert werden. Bei wasserbasierten Flüssigkeiten altert die Grundflüssigkeit nicht. Es muss jedoch über der Betriebszeit mit einer Verringerung des Wassergehaltes durch Verdunsten und damit einer Erhöhung der Additivkonzentration gerechnet werden.

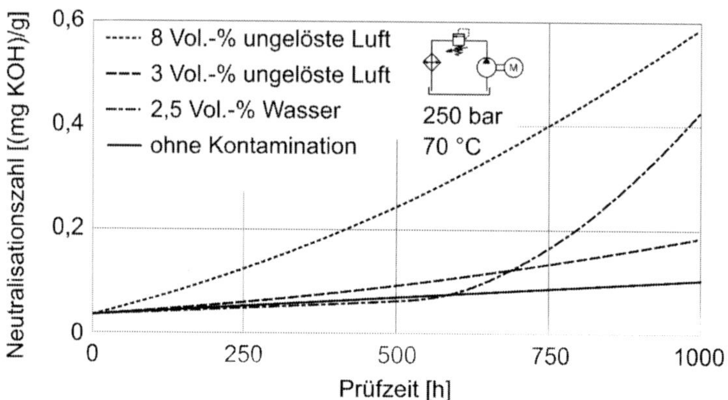

Bild 3.3-7: Einfluss von Luft und Wasser auf die Alterung von Grundöl

Biologische Abbaubarkeit und Toxizität

Um die Umweltverträglichkeit eines Schmierstoffs beurteilen zu können, müssen zwei Aspekte beurteilt werden. Zum einen die Toxizität. Sie gibt an, wie groß die schädlichen Auswirkungen des Fluids auf die Umwelt sind. Der zweite Aspekt, die biologische Abbaubarkeit, gibt an, wie lange es dauert, bis das Fluid von Mikroorganismen zersetzt wird.

Der toxische Einfluss von Hydraulikflüssigkeiten auf Säugetiere, Pflanzen und Bakterien wird im Wesentlichen durch die Additive bestimmt. Zur Prüfung der Toxizität von nicht wasserlöslichen Schmierstoffen werden entsprechende Prüfverfahren durchgeführt. Die Prüfung gemäß OECD 201 ermittelt beispielsweise die Hemmung des Wachstums von Süßwasseralgen unter Anwesenheit des Schmierstoffs.

Der vollständige biologische Abbau eines Stoffes bedeutet die Umsetzung in Kohlendioxid, Wasser und Biomasse durch Mikroorganismen in wässeriger Umgebung. Er wird nach der OECD-Richtlinie 301 oder ähnlichen Verfahren (ISO 14593, ISO 9439) untersucht. Unter Gesichtspunkten des Umweltschutzes ist sowohl ein schneller als auch ein vollständiger Abbau relevant. Pflanzenöle werden z. B. unter Prüfbedingungen in wenigen Tagen zu

70 % oder mehr abgebaut, während Mineralöle deutlich kleinere Abbauraten erreichen. Synthetische Ester weisen aufgrund ihrer vielfältigen Variationsmöglichkeiten eine große Bandbreite auf. Für das Umweltzeichen für Hydraulikflüssigkeiten RAL-UZ 79 (Blauer Engel) sowie das EU-Ecolabel (Euro-Margarite) wird ein Abbau von mindestens 70 % für jede Komponente sowie weitere Nachweise gefordert.

3.4 Additivierung von Druckflüssigkeiten

Mineralöle aber auch native und synthetische Grundflüssigkeiten können die Anforderungen moderner Hydraulikkomponenten und Anlagen meist nicht erfüllen. Da sich die Qualität der Grundflüssigkeiten nur begrenzt durch Änderungen der Herstellungsverfahren steigern lässt, müssen durch chemische Zusätze Leistungssteigerungen realisiert werden. Diese Zusätze werden Additive genannt. Aufgrund des chemischen Abbaus der Additive während der Betriebsdauer, ist für eine lange Einsatzdauer ein hochwertiges Grundöl mit geringer Additivierung einem minderwertigen Grundöl mit hohem Additivgehalt vorzuziehen [3.2, 3.6]. Es wird zwischen Additiven unterschieden, die die chemischen und physikalischen Eigenschaften der Grundflüssigkeit verändern, wie etwa das VT-Verhalten, die Kristallisationstendenz, oder die Alterungsstabilität und solchen, die an der Grenzfläche zwischen Fluid und Komponenten oder Partikeln im Fluid wirken. Sie verbessern das Reib- und Verschleißverhalten oder halten Partikel in Supspension.

Druckmedien werden aus einer Basisflüssigkeit und einem sogenannten Additivpaket zu einer fertigen Formulierung gemischt. Die chemische Wirkungsweise der einzelnen Additive kann synergetische oder auch antagonistische Effekte hervorrufen. Zahlreiche Additive weisen mehrere Funktionen auf, wodurch die Möglichkeit der gegenseitigen Störung einzelner Zusätze eingeengt ist. Diese Gruppe läuft unter der Bezeichnung „multipurpose additives“.

Oxidationsinhibitoren

Die in einer Hydraulikflüssigkeit bei erhöhten Temperaturen durch Luftsauerstoff eintretenden Oxidationsreaktionen bewirken eine Alterung der Flüssigkeit. Metallionen, wie die von Kupfer, Eisen, Blei und anderen Metallen, können den Alterungsprozess beschleunigen. Um diesen unerwünschten Effekten entgegenzuwirken, benötigen moderne Druckflüssigkeiten eine ausgewogene Anzahl sogenannter Oxidationsinhibitoren.

Nach der Raffination enthalten mineralische Grundöle natürliche Inhibitoren in Form von Schwefel- und Stickstoffverbindungen. Die oft nicht ausreichende Oxidationsstabilität wird durch Zugabe bestimmter Verbindungen gesteigert. Die wichtigsten Vertreter dieser Gruppe sind Schwefelverbindungen, Phosphorverbindungen in Form von Phosphorsäure-Phenol-Derivaten, Schwefel-Phosphor-Verbindungen in Form von Zinkdialkyldithiophosphaten, Phenolderivate in Form von sterisch gehinderten Polyalkylphenolen sowie Amine.

Metalldesaktivatoren

Zur Vermeidung einer katalytischen Beschleunigung der Oxidation, genauer der Autooxidation, von Druckmedien durch Metallionen, insbesondere Kupfer und Eisen, müssen diese „maskiert" werden. Geeignete Additive sind sogenannte Chelat-Bildner, z. B. N-Salicyliden-äthylen-diamin, die bereits in geringsten Konzentrationen wirken, indem sie freie Ionen in Form von Komplexen binden. Filmbildner verhindern durch die Ausbildung eines passivierenden Schutzfilms auf metallischen Oberflächen sowohl den Übertritt von katalytisch wirkenden Ionen in das Öl als auch den oxidativen Angriff von Sauerstoff bzw. Ölalterungsprodukten auf die Oberfläche.

Verschleißschutz

Zur verschleißarmen Übertragung größerer Kräfte muss den Druckmedien ein hohes Lastaufnahmevermögen verliehen werden. Zu diesem Zweck können sog. Hochdruck- oder EP- (Extreme Pressure) Additive zugegeben werden. Die EP-Additive wirken an hochdruck- und damit temperaturbelasteten Gleitstellen, wo die hydrodynamische Schmierung in Mischreibung übergeht. Sie bilden Metallverbindungen an den Oberflächen der gleitenden Reibpartner, die unter Normalbedingungen fest, unter Verschleißbedingungen jedoch flüssig bis gleitfähig sind. Hierdurch wird ein Verschweißen der Oberflächen verhindert. Wichtige EP-Additive sind organische Schwefel-, Phosphorverbindungen sowie die Kombination dieser Elemente untereinander.

Reibwertminderer

Beim An- und Auslaufen gleitender Metallflächen wird das Mischreibungsgebiet durchfahren, sodass für viele Anwendungsfälle milde Hochdruckadditive zur Vermeidung von Reibschwingungen (stick-slip) oder Geräuschen sowie zur Verminderung der Reibungskräfte und damit zur Energieeinsparung benutzt werden. Diese, auch als „friction modifier" bezeichneten Additive, wirken allgemein durch Ausbildung dünner Schichten auf den Reibflächen infolge von physikalischer Adsorption und bestehen aus polaren Stoffen wie z. B. Fettalkoholen, Fettsäuren, Fettsäureester, -amiden oder -salzen. Esterbasierte Fluide verfügen aufgrund des polaren Grundöls auch ohne zusätzlich Additivierung über gute Schmiereigenschaften.

VI-Verbesserer

Viskositätsindex-Verbesserer sind Additive, die das Viskositäts-Temperatur-Verhalten von Flüssigkeiten verbessern, also die Abnahme der Viskosität mit steigender Temperatur verringern. Heute übliche VI-Verbesserer bestehen aus linearen Polymermolekülen, deren Wirksamkeit darauf beruht, dass sie die Viskosität einer Flüssigkeit bei verschiedenen Temperaturen unterschiedlich erhöhen. Dadurch wird das Fließverhalten der Druckmedien derart beeinflusst, dass nicht mehr von Newton'schen Flüssigkeiten gesprochen werden kann, und die dynamische Viskosität sich mit der Schubspannung ändert. Von großer Bedeutung ist weiterhin, dass die VI-Verbesserer mit steigender Molekularmasse zunehmend empfindlicher gegenüber mechanischer Beanspruchung werden. Durch Scherbeanspruchung, wie z. B. bei der Umströmung von Steuerkanten, werden die Polymermoleküle irreversibel in kleinere Moleküle zerlegt, was zu einem Absinken der Viskosität bei hohen Temperaturen führt. HE- und wasserbasische Medien besitzen einen hohen natürlichen VI und benötigen daher keine zusätzlichen VI-Verbesserer.

Stockpunkterniedriger

Bei Maschinen und Anlagen, die je nach Aufstellungsort oder Einsatzgebiet Umgebungstemperaturen weit unter dem Gefrierpunkt ausgesetzt sind, muss die Fließfähigkeit des Mediums beim Kaltstart gewährleistet bleiben. Mineralölbasierte Druckmedien scheiden beim Abkühlen und Erreichen der Löslichkeitsgrenze n-Paraffin-Kohlenwasserstoff in kristalliner Form als

Nadeln und Platten aus, die ein verfilztes Netzwerk bilden und ein Fließen des Öles verhindern, d. h. es stockt.

Eine Verbesserung der Tieftemperatureigenschaften solcher Öle kann durch erschöpfende Entparaffinierung erreicht werden. Aus Kostengründen wird allerdings nur eine partielle Entparaffinierung bis zu einem Stockpunkt von etwa -15 °C durchgeführt. Weitere Verbesserungen können mit Stockpunkterniedrigern basierend auf Polymerisations- und Kondensationsprodukten erzielt werden. Typische Vertreter sind z. B. Polymethacrylate, Alkylphenole oder Copolymere von Vinylacetat und Äthylen.

Schaumverhinderer

Starke Schaumbildung beeinträchtigt die Schmiereigenschaften von Druckflüssigkeiten, fördert deren Oxidation und kann zum Ansaugen von Luft in die Pumpe führen. Bei reinen Mineralölen ist die Beständigkeit des Schaums eine Funktion der Viskosität und der Oberflächenspannung. Nach dem Stokes'schen Gesetz ist die Geschwindigkeit, mit der sich die Luftblasen abscheiden, proportional dem Quadrat ihres Durchmessers und umgekehrt proportional der Viskosität (siehe Kapitel 3.3.4). Bei niedrigen Viskositäten entsteht grobblasiger Schaum, der rasch verschwindet, während sich in hochviskosen Flüssigkeiten kleine Luftblasen in feiner Verteilung bilden, die eine hohe Stabilität des Schaums verursachen. Als wirksamste Schaumverhinderer haben sich Zusätze von flüssigen Silikonen (insbesondere Polydissethylsiloxanen) erwiesen. Diese schränken jedoch das Luftabscheidevermögen der Flüssigkeit ein, da sie einen luftdichten Film an der Öloberfläche bilden.

Detergentien und Dispergentien

Detergentien und Dispergentien haben die Aufgabe, ölunlösliche Stoffe, harz- und asphaltartige Oxidationsprodukte sowie Wasser in Suspension zu halten oder aber deren Absetzung zu beschleunigen. Dadurch werden Ablagerungen an Metalloberflächen, Verdickung der Flüssigkeit, Ausscheidungen von Schlamm und Korrosion verhindert. Bei vielen dieser Additive hängt die dispergierende oder detergierende Wirkung von der Konzentration ab.

Dispergentien, oder auch Dispersants, sind aschefreie organische Verbindungen, die eine Ausflockung bzw. Koagulation der festen Fremdstoffe verhindern. Den als Detergentien bekannten öllöslichen bzw. fein dispergierbaren Metallsalzen organischer Säuren wird eine gute Schmutzlösewirkung zugeschrieben. Beide Additiv-Typen ergänzen sich in ihren Wirkungseigenschaften, zu denen noch die Fähigkeit der Neutralisation saurer Produkte und damit der Inhibition von Oxidation hinzukommt. Durch die dreifache Funktion als Dispergier-, Reinigungs- und Neutralisationsmittel werden verhältnismäßig große Mengen dieser HD- (Heavy Duty) Additive benötigt und eingesetzt.

Beim Zutritt von Wasser zu Druckflüssigkeiten können relativ stabile Wasser-in-Öl-Emulsionen mit störenden Eigenschaften gebildet werden, die häufig nur durch Änderung der Grenzflächenspannung zu brechen sind. Als Demulgatoren eignen sich grundsätzlich alle grenzflächenwirksame Verbindungstypen. Demulgatoren erhöhen die Schaumbildungsneigung und dürfen aus diesem Grund nur in sehr geringen Konzentrationen zugesetzt werden.

Besonders für wasserhaltige Fluide, wie etwa schwerentflammbare Druckflüssigkeiten, sind Emulgatoren von großer Bedeutung. Emulgatoren setzen sich auch sowohl aus hydrophoben als auch hydrophilen funktionalen Gruppen zusammen und ermöglichen so eine stabile Emulsion zwischen Wasser und den unpolaren Komponenten der Druckflüssigkeit. Es wird zwischen anionaktiven, kationaktiven und nichtionogenen Emulgatoren unterschieden.

Korrosionsinhibitoren

Korrosion tritt auf, wenn Sauerstoff (oder andere aggressive Substanzen) und Feuchtigkeit gleichzeitig auf eine Metalloberfläche einwirken. Durch Bildung einer nichtmetallischen Schutzschicht kann die im Wesentlichen durch elektrolytische Vorgänge verursachte Korrosion verhindert werden. Wirksame Inhibitoren sollten fest am Metall haften und einen für Wasser und Sauerstoff undurchlässigen Film bilden. Besondere Bedeutung haben Stickstoff-Verbindungen, Fettsäureamide, Phosphorsäure-Derivate, Sulfonsäuren und Schwefelverbindungen sowie Carbonsäure-Derivate.

3.5 Verunreinigung von Druckflüssigkeiten

Hydraulische Systeme bestehen nur im idealisierten Fall aus einer einzigen flüssigen Phase, der eigentlichen Druckflüssigkeit. Verschiedene Medien können in das System eindringen und die Eigenschaften der Druckflüssigkeit und des Systems beeinflussen. Grundsätzlich lassen sich vier Arten von Verunreinigen innerhalb hydraulischer Systeme unterscheiden: molekulare, gasförmige, flüssige und feste Verunreinigungen. Diese sind in Tabelle 3.5-1 mit ihren Entstehungsursachen zusammengefasst.

Tabelle 3.5-1: Arten und Ursachen von Verunreinigungen in Druckflüssigkeiten

Arten		Ursachen
Molekular	Schlamm, Lack, Säuren	Alterungsprozesse
	Metallionen	Reibung, Verschleiß
Gasförmig	Luft	gelöste Luft, Luftansammlung
Flüssigkeiten	Wasser	Lagerung, Wartung, Einzug im Betrieb
	Fremdflüssigkeiten	kombinierte Anlagen, Wartung
Feststoffpartikel	Späne, Zunder, etc.	Fertigung
	Staub, Sand,	Lagerung, Montage, Wartung, Einzug im Betrieb
	Abrieb	Verschleiß

Die Einflussgrößen der jeweiligen Verunreinigungsarten lassen sich jedoch nicht immer eindeutig voneinander trennen, sondern treten meist gemeinsam auf und beeinflussen einander. So können Feststoffpartikel aufgrund ihrer Wirkung als Katalysator auch zu einer Änderung der molekularen Struktur im Druckmedium und einer beschleunigten Alterung des Druckmediums führen.

3.5.1 Molekulare Verunreinigungen

Molekulare Verunreinigungen finden sich meist in Form von Metallionen innerhalb der Druckflüssigkeit wieder. Aber auch ungünstige Systemrandbedingungen und Fluidbeanspruchungen durch erhöhte Temperatur, Druck oder Scherungen führen zu molekularen Veränderungen innerhalb der Druckflüssigkeit, was in Alterungsprodukten, wie Schlamm,

Lack und Säuren mündet. Molekulare Verunreinigungen verändern sowohl die Eigenschaften des Grundöls als auch die der zugegeben Additive, wodurch wichtige Funktionen der Formulierung, wie etwa der Verschleißschutz oder die Oxidationsfestigkeit, eingeschränkt werden können.

3.5.2 Gasförmige Verunreinigungen

Innerhalb eines hydraulischen Systems kann auf unterschiedlichen Wegen eine gasförmige Phase entstehen. So befindet sich etwa vor der Inbetriebnahme einer hydraulischen Anlage immer ein gewisser Anteil **freie Luft** im System, der dort bei unzureichender Entlüftung verbleibt. Außerdem kann Luft durch ein ungünstiges Tankdesign ins System gelangen, wenn zum Beispiel zurückströmendes Öl im Freistrahl in den Tank eintritt und dabei mit Luft verwirbelt wird.

Neben Luft, die von außerhalb in das System eindringt, kann Gas auch über das Fluid selbst in das System gelangen. So können Druckübertragungsmedien in Abhängigkeit von Druck und Temperatur eine gewisse Menge an Umgebungsluft lösen. Dementsprechend steht die Flüssigkeit bei der Herstellung, Lagerung oder auch im Tank in einem Gleichgewicht mit der Umgebungsluft bei Umgebungsbedingungen. Wird dieses Gleichgewicht im hydraulischen System durch einen Druck- oder Temperaturabfall gestört, wird im Fluid gelöste Gas freigesetzt, wodurch sich eine Gasphase bildet. Dieser Vorgang wird häufig als **Gaskavitation** bezeichnet und ist ein Diffusionsprozess.

Fällt der statische Druck im System unterhalb des Dampfdruckes des Fluides, entstehen weitere Gas- bzw. Dampfblasen. Dieses Phänomen wird in der Hydraulik als **Dampfkavitation** bezeichnet. Dampfkavitation findet sich in vielen anderen Anwendungen und Fluiden und wird im Allgemeinen als Kavitation bezeichnet. Im engeren Sinne des Wortes beschreibt es die Bildung eines Hohlraums im Fluid. Diese Kavitationsart ist bei Wasser als Druckmedium weit verbreitet, da der Dampfdruck für Wasser 0,113 bar (bei 50 °C) beträgt. Der Dampfdruck von Ölen ist aufgrund der Vielzahl an unterschiedlichen Bestandteilen nicht eindeutig zu bestimmen, liegt aber im Allgemeinen deutlich niedriger als für Wasser.

Eine Verringerung des statischen Drucks, bzw. ein Unterdruck kann auf vielfältigste Weise in einem hydraulischen System entstehen. Wird beim Abstellen einer Anlage ein Flüssigkeitsvolumen beispielsweise in einer Leitung eingeschlossen, so bildet sich beim Abkühlen der Anlage ein Unterdruck. Bei der Vergrößerung ventil- und schlitzgesteuerter Verdrängerräumen in Pumpen, Motoren oder Zylindern entsteht ein Unterdruck, wenn die Flüssigkeit nicht oder nicht schnell genug nachströmt. Zudem kann durch eine hohe lokale Geschwindigkeit des Fluids, z. B. an Ventilen, der statische Druck stark absinken.

Kavitation tritt bevorzugt in offenen Systemen mit konstantem Volumen auf. Dies sind zum einen Saugleitungen und Ansaugkanäle von Pumpen, in denen Strömungsverluste durch enge Querschnitte, Filter, Krümmer und eine zu große Ansaughöhe auftreten. Die Folgen sind ein gestörtes Förderverhalten, Geräuschentwicklung sowie erhöhter Verschleiß durch ungenügende Schmierung.

In Strömungswiderständen, also Drosseln, Blenden, Steuerkanten etc. kann auch bei hohem Systemdruck ein niedriger statischer Druck herrschen. Durch Querschnittsverengungen wird ein großer Teil des Absolutdrucks in eine hohe kinetische Energie bei gleichzeitiger Scherbeanspruchung umgewandelt. Hier kommt es häufig zu der so genannten Kavitationserosion, bei der die entstandenen Gasblasen durch den plötzlich hinter dem Strömungswiderstand ansteigenden Druck auf den Oberflächen implodieren. Durch die Dauerbeanspruchung des Materials kommt es zur Ermüdung und Partikel werden herausgebrochen. Ebenso treten bei Strömungswiderständen laute Geräusche sowie Instabilitäten von Drosselsteuerungen auf. Wird das Flüssigkeit-Gas-Gemisch hinter einem Widerstand drucklos in den Behälter zurückgeführt, so entsteht dort durch die geringe Rücklösegeschwindigkeit Schaum. Die Kavitation und die Kavitationserosion, die insbesondere bei wasserbasierten Flüssigkeiten ein großes Problem darstellt, kann durch die Auswahl spezieller Werkstoffe für erosionsbelastete Oberflächen, die Lenkung des Kavitationsstrahles in unkritische wandferne Gebiete oder die Reduzierung der Druckdifferenz an einem Widerstand durch Hintereinanderschaltung mehrerer Widerstände konstruktiv reduziert werden.

Neben der Bauteilschädigung durch Kavitationserosion hat ungelöste Luft einen unmittelbaren Einfluss auf den Kompressionsmodul, wie in Kapitel 3.3.3 aufgezeigt wird und damit auf die Dynamik und Steuerbarkeit des hydraulischen Systems. Ein Teil der ungelösten Luft, wird im Laufe der Zeit und unter Einwirkung von Druck in Lösung gehen. Gelöste Luft wiederum begünstigt Kavitationsphänomene. Werden Luftblasen schlagartig komprimiert, z. B. bei der Förderung in Pumpen, steigt die Temperatur der Luftblase, Öl an der Oberfläche zur Blase verdampft und es kann zur Entzündung kommen. Dieses Phänomen wird Mikro-Diesel Effekt genannt und führt durch die extremen lokalen Temperaturen und entstehenden Druckspitzen zu Ölalterung, Dichtungszerstörung, Beschädigung von Metallteilen und Verunreinigung des Systems durch Verbrennungsprodukte [3.10]. Zudem kann Luft in Dichtungswerkstoffe eindiffundieren und bei Entspannung des Systems zum Aufreiben oder Aufreißen der Dichtung führen. Durch die geringe Tragfähigkeit der Luft sinkt die Belastbarkeit hydrostatischer und hydrodynamischer Lagerstellen, was zu steigendem Verschleiß oder Stick-Slip Effekten bei Zylindern führen kann. Abhängig vom verwendeten Hydrauliköl führt Luft darüber hinaus zu beschleunigter Ölalterung durch Oxidation.

Besonders in mobilen Anlagen mit niedrigen Umwälzzeiten und ungünstigen Behälterkonstruktionen findet man oft Anteile ungelöster Luft von 5 - 10 Vol.%. Diese Gasblasen haben einen sehr starken Einfluss auf die Kompressibilität der Flüssigkeit und damit auf die Laststeifigkeit und Dynamik des Systems. Das Volumen eines Flüssigkeit-Luft-Gemisches $V = V_{Fl} + V_L$ wird einer Druckänderung dp ausgesetzt. Der Ersatzkompressionsmodul K_G des Gemisches ist gegeben durch

$$K_G = -\frac{V_{Fl} + V_L}{\frac{dV_{Fl}}{dp} + \frac{dV_L}{dp}} \tag{3.5-1}$$

Der Kompressionsmodul der Flüssigkeit bis zu Drücken von 700 bar ist näherungsweise linear vom Druck abhängig, siehe auch Bild 3.3-6:

$$K_{Fl} = K_0 + m \cdot p \tag{3.5-2}$$

Mit Gleichung (2.5-3) folgt nach Integration für das Volumen der Flüssigekeit:

$$V_{Fl} = V_{Fl,0}\left(1 + \frac{m \cdot p}{K_0}\right)^{-\frac{1}{m}}$$

$$\frac{dV_{Fl}}{dp} = -\frac{V_{Fl,0}}{K_0}\left(1 + \frac{m \cdot p}{K_0}\right)^{-\frac{m+1}{m}} \tag{3.5-3}$$

Die Luft wird als ideales Gas angenommen, für polytrope Zustandsänderungen gilt daher:

$$p \cdot V_L^n = const = p_0 \cdot V_{L,0}^n \quad \text{und} \quad \frac{dV_L}{dp} = -\frac{V_{L,0}}{n \cdot p_0}\left(\frac{p_0}{p}\right)^{\frac{n+1}{n}} \tag{3.5-4}$$

Für das Ersatzkompressionsmodul eines Flüssigkeit-Luft-Gemisches folgt somit:

$$K_G = \frac{V_{Fl,0}\left(1 + \frac{m \cdot p}{K_0}\right)^{-\frac{1}{m}} + V_{L,0}\left(\frac{p_0}{p}\right)^{\frac{1}{n}}}{\frac{V_{Fl,0}}{K_0}\left(1 + \frac{m \cdot p}{K_0}\right)^{-\frac{m+1}{m}} + \frac{V_{L,0}}{n \cdot p_0}\left(\frac{p_0}{p}\right)^{\frac{n+1}{n}}} \tag{3.5-5}$$

Definiert man nun noch $\varepsilon = V_{L,0} \cdot V_0^{-1}$ als Luftgehalt des Gemisches im Ausgangszustand, so kann der Ersatzkompressionsmodul mit

$$K_G = \frac{(1-\varepsilon)\left(1 + \frac{m \cdot p}{K_0}\right)^{-\frac{1}{m}} + \varepsilon\left(\frac{p_0}{p}\right)^{\frac{1}{n}}}{\frac{1}{K_0}(1-\varepsilon)\left(1 + \frac{m \cdot p}{K_0}\right)^{-\frac{m+1}{m}} + \frac{\varepsilon}{n \cdot p_0}\left(\frac{p_0}{p}\right)^{\frac{n+1}{n}}} \tag{3.5-6}$$

berechnet werden. Bei langsamen, isotherm verlaufenden Zustandsänderungen ist $n = 1$. Das **Bild 3.5-1** zeigt den Verlauf des Ersatzkompressionsmoduls eines Mineralöl-Luft-Gemisches im Vergleich zur luftfreien Flüssigkeit für $\varepsilon = 0{,}1\,\%, 1\,\%$ und $10\,\%, K_0 = 15\,000\ bar$ und $m = 10$. Bei dieser Rechnung bleibt das Luftlösevermögen in Abhängigkeit vom Druck unberücksichtigt.

Bei niedrigen Gasgehalten erreicht das Gemisch bereits bei ca. 50 bar den Kompressionsmodul der Flüssigkeit. Durch hohe Gasgehalte wird jedoch im gesamten üblichen Bereich des Betriebsdrucks die Kompressibilität erhöht.

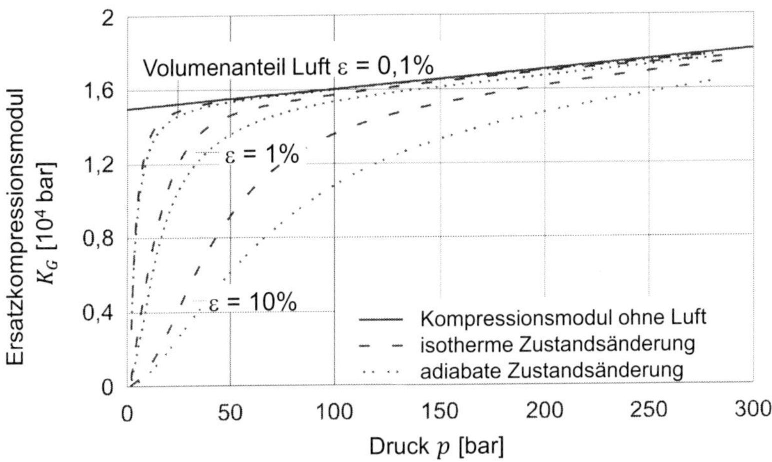

Bild 3.5-1: Kompressionsmodul eines Mineralöl-Luft-Gemisches

Aufgrund des Gasauslöse- und Rücklöseverhaltens der verschiedenartigen Medien und weiterer Einflüsse weicht der tatsächliche Verlauf des Kompressionsmoduls von den oben berechneten Werten ab. Für genaue Berechnungen zur Systemdynamik muss er daher experimentell bestimmt werden. [3.11]

3.5.3 Flüssige Verunreinigungen

Wasser und andere Fremdflüssigkeiten (andere Öle) bilden die Gruppe der flüssigen Verunreinigungen. Sie gelangen im Betrieb zum Beispiel durch Systemöffnungen, wie Belüftungsfilter oder Dichtspalte zur Umgebung, beziehungsweise zu anderen Teilsystemen, in die Druckflüssigkeit.

Hauptursache für den Eintrag von Wasser sind im Bereich mobiler Arbeitsmaschinen zumeist Wasseranhaftungen an der Kolbenstange und das Eintreten von feuchter Luft in den Hydrauliktank und anschließender Abkühlung. Bei stationären Anwendungen kann es durch Undichtigkeiten in wasserbetriebenen Kühlkreisläufen in das hydraulische System gelangen. Da Wasser im Gegensatz zu Ölen eine größere Dichte und geringere Viskosität hat, kann es unter anderem zu einer ungenügenden Schmierung von Komponenten kommen. Des Weiteren führt Wasser zu Korrosion von Oberflächen, wenn der schützende Ölfilm nicht mehr vorhanden ist. Zusätzlich können das

Hydrauliköl und Dichtungen durch Wasser beschädigt werden. Insbesondere HE-Öle werden in Kontakt mit Wasser durch Hydrolyse zersetzt werden. Da der Dampfdruck von Wasser relativ hoch ist, sind Kavitationserscheinungen häufig.

Beim Umölen des Systems von einer Druckflüssigkeit auf eine andere, kann sich durch eine ungünstige Wahl des Druckmediums eine zweite Ölphase im System bilden, wenn die Öle nicht mischbar sind. Diese kann die Eigenschaften des Fluids verändern und die Additive negativ beeinflussen.

3.5.4 Feste Verunreinigungen

Die verschiedenen Einflussgrößen auf die Kontamination des Fluids mit Feststoffpartikeln sind in **Bild 3.5-2** aufgeführt.

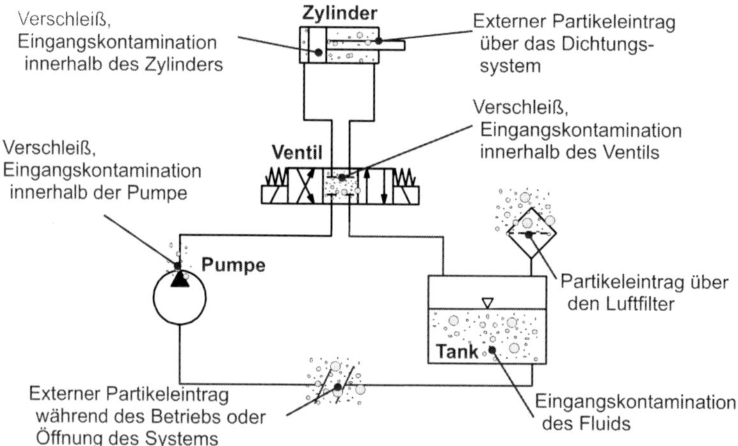

Bild 3.5-2: Einflüsse auf die Feststoffpartikelkontamination fluidtechnischer Systeme

In neuen Anlagen finden sich fertigungsbedingte Partikelrückstände in den hydraulischen Komponenten und Rohrleitungen. Auch ein fabrikneues Fluid ist nie ganz frei von Feststoffpartikeln und zieht bei Befüll- oder Nachfüllvorgängen weitere Partikel aus der Umgebung mit in das System ein. Eine solche Verunreinigung vor dem eigentlichen Betrieb des Systems wird als Urschmutz oder Initialverunreinigung bezeichnet. Neben diesen Initialverunreinigungen gelangen während des eigentlichen Anlagenbetriebs weitere Feststoffpartikel durch Verschleiß an den hydraulischen Komponenten (interne Partikelgenerierung) oder durch Eintrag aus der Umgebung (externer Partikeleinzug) in das System. [3.1]

Bild 3.5-3 zeigt die Verschleißmechanismen innerhalb der tribologischen Kontakte hydraulischer Komponenten auf, die hauptverantwortlich für die interne Partikelgenerierung sind.

	Abrasion	**Adhäsion**	**Erosion**	**Oberflächen-zerrüttung**
Entstehung	Mikrozerspanung durch Eindringen von harten Teilchen oder Rauheitsspitzen in einen der Reibungspartner 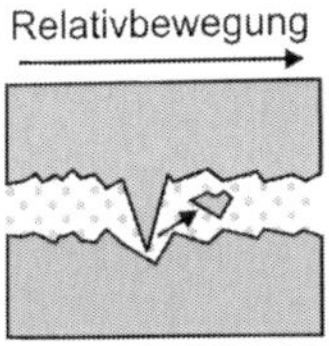 Relativbewegung	Abscherung von Randschichtteilchen aufgrund hoher Flächenpressung und mangelnder Schmierung (Kaltverschweißung) Belastung 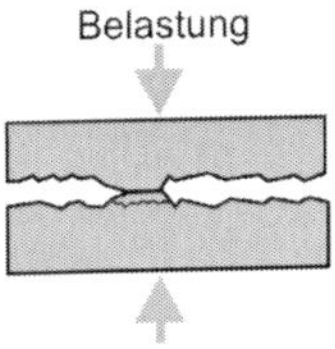	Auslösung von Partikeln aufgrund der Anströmung durch ein partikelbeladenes Fluid mit hoher Geschwindigkeit 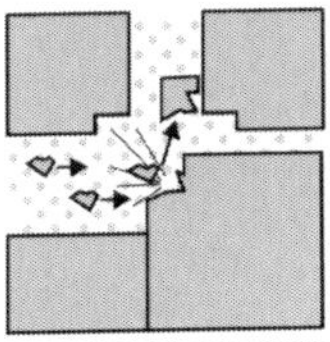	Mikrorisse durch wechselnde mechanische Spannungen und Auslösung von Partikeln durch Unterspülung der Risse 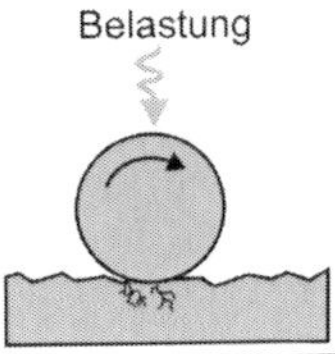 Belastung
Auswirkungen	Erhöhung der Spaltmaße Leckage Verringerung der Effizienz			
	Kratzer Riefen	Löcher schuppenartige Partikel	Partikelauslösungen Kantenverschleiß	Grübchen Pittings

Bild 3.5-3: Hauptverschleißmechanismen tribologischer Kontakte

Aufgrund innovativer Beschichtungstechniken und weiterer verschleißminimierender Maßnahmen, wie die Wahl günstiger Werkstoffpaarungen oder Härtungsverfahren, liefert die interne Partikelgenerierung bei Betrieb mit Druckflüssigkeiten hoher Reinheit aber nur einen geringen Beitrag zum Partikelhaushalt hydraulischer Anlagen. Einen weitaus bedeutenderen Einfluss hat der zusätzliche Verschleiß innerhalb hydraulischer Komponenten bei Betrieb mit kontaminiertem Fluid. Bei diesem selbstverstärkenden Effekt kommt es zur Abrasion durch Partikel, die zwischen den Reibpartnern eingespannt werden, sowie zu Erosion an Kanten und Oberflächen, an denen hohe Strömungsgeschwindigkeiten vorliegen [3.2].

Während molekulare oder flüssige Verunreinigungen des Betriebsmediums in den meisten Fällen für eine langsame Veränderung des dynamischen Systemverhaltens sorgen, stellt die Kontamination des Fluids mit Feststoffpartikeln eine Hauptursache für den plötzlichen Ausfall einzelner hydraulischer Komponenten dar. Der Grund hierfür sind immer höher werdende Anforderungen an Positioniergenauigkeit und Dynamik fluidtechnischer Systeme und damit verbunden immer geringer werdende Spaltmaße innerhalb der Komponenten. So können bereits kleinste Feststoffpartikel Schieberventile verklemmen oder Steuerdüsen verstopfen. **Bild 3.5-4** vermittelt einen Eindruck von den Größenverhältnissen von Fein- und Grobpartikeln und führt typische Spaltweiten hydraulischer Komponenten auf.

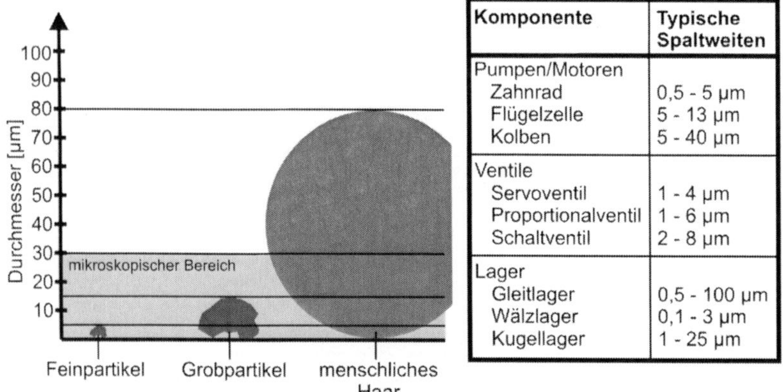

Komponente	Typische Spaltweiten
Pumpen/Motoren	
Zahnrad	0,5 - 5 µm
Flügelzelle	5 - 13 µm
Kolben	5 - 40 µm
Ventile	
Servoventil	1 - 4 µm
Proportionalventil	1 - 6 µm
Schaltventil	2 - 8 µm
Lager	
Gleitlager	0,5 - 100 µm
Wälzlager	0,1 - 3 µm
Kugellager	1 - 25 µm

Bild 3.5-4: Partikelgrößen im praktischen Kontext (links) und Spaltweiten hydraulischer Komponenten (rechts)

3.5.5 Klassifizierung von Fluidreinheiten

Aufgrund der Relevanz von Feststoffverschmutzungen, wurden diese innerhalb der ISO 4406 in Reinheitsgraden beschrieben, welche die maximal zulässige Menge von Partikeln bestimmter Größe definieren, siehe **Bild 3.5-5**. Die Definition des Reinheitsgrades eines Fluids erfolgt anhand der kumulativen Mengenangabe von drei unterschiedlichen Partikelgrößen: 4 µm, 6 µm und

14 µm. Das Wort „kumulativ" bedeutet dabei, dass alle Partikel größer als der jeweilige Durchmesser in die Zählung einfließen. Die ermittelte Reinheitsklasse des Fluids wird dann mit Hilfe einer dreistelligen Zahlenkombination, zum Beispiel 15/14/11, angegeben.

Partikelanzahl pro ml		Ordnungszahl
von	bis	
2500000	-	> 28
1300000	2500000	28
640000	1300000	27
320000	640000	26
160000	320000	25
80000	160000	24
40000	80000	23
20000	40000	22
10000	20000	21
5000	10000	20
2500	5000	19
1300	2500	18
640	1300	17
320	640	16
160	320	15
80	160	14
40	80	13
20	40	12
10	20	11
5	10	10
2,5	5	9
1,3	2,5	8
0,64	1,3	7
0,32	0,64	6
0,16	0,32	5
0,08	0,16	4
0,04	0,08	3
0,02	0,04	2
0,01	0,02	1
0	0,01	0

Reinheitsgrade nach ISO 4406:1999

Zählergebnis	
Partikelgröße	Anzahl pro 1 ml
> 4 µm	1452,53
> 6 µm	274,4
> 14 µm	18,51

Zuordnung der Ordnungszahlen		
Partikelgröße	Anzahl pro ml	Ordnungszahl
> 4 µm	1452,53	18
> 6 µm	274,4	15
> 14 µm	18,51	11

ISO 4406:1999 18/15/11

Beispiel für die Einordnung eines Zählergebnisses

Bild 3.5-5: Reinheitsgrade für Hydraulikfluide und Zuordnungsbeispiel

Bild 3.5-6 zeigt mikroskopische Aufnahmen unterschiedlicher Ölreinheiten und verdeutlicht die Anforderungen moderner Hydrauliksysteme an die

Fluidreinheit. Eine für moderne Hydrauliksysteme erforderliche Reinheitsklasse von 15/14/11 entspricht dabei gerade einmal einer Schmutzmenge von 200 mg in 1.000 l Öl.

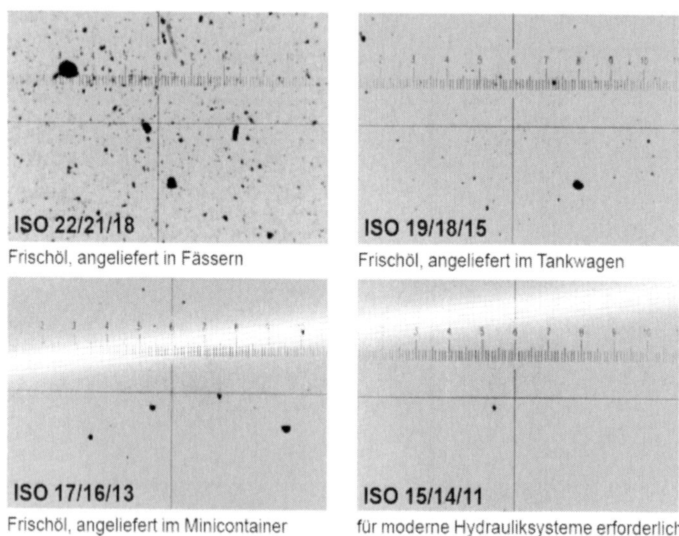

Bild 3.5-6: Typische Reinheitsklassen für verschiedene Frischölqualitäten (1 Skalenstrich = 10 µm) [4.2]

In Abhängigkeit der eingesetzten Komponenten, des Einsatzgebietes und der Anforderungen an ein fluidtechnisches System können mit Hilfe der Normierung nach ISO 4406 einerseits allgemeine Empfehlungen für die einzuhaltenden Reinheitsgrade angegeben werden, siehe **Tabelle 3.2-2** und **Tabelle 3.5-3**. Andererseits geben Komponentenhersteller den zum sicheren Betrieb einzelner hydraulischer Komponenten maximal zulässigen Verschmutzungsgrad der Druckflüssigkeit in den jeweiligen Komponentendatenblättern an. Die schmutzempfindlichste Komponente definiert dabei als logische Konsequenz die notwendige Reinheitsklasse des Gesamtsystems.

Tabelle 3.5-2: Empfohlene Reinheitsklassen hydraulischer Systeme [4.2, 4.3]

Systemart	**Reinheitsklasse**
Gegen Feinstverunreinigung empfindliche Systeme mit Servoydraulik	15/13/10
Industriehydraulik Proportionaltechnik dto. Hochdrucksysteme	17/15/12 17/15/12
Industrie- und Mobilhydraulik - elektromagnetische Steuerventiltechnik - Mitteldruck- und Niederdrucksysteme	 18/15/12 19/16/14
Industrie- und Mobilhydraulik, geringe Anford. an Verschleißschutz	20/18/15
Druckumlaufschmierung bei Getrieben	18/16/13
Komponente	
Pumpen/Motoren - Axialkolben - Radialkolben - Zahnrad - Flügelzelle	 18/16/13 19/17/13 20/18/15 19/17/14
Ventile - Wegeventile - Druckventile - Stromregelventile - Rückschlagventile - Proportionalventile - Servoventile	 20/18/15 19/17/14 19/17/14 20/18/15 18/16/13 16/14/11
Zylinder	20/18/15

Tabelle 3.5-3: Korrekturfaktoren für abweichende Randbedingungen [4.2]

abweichende Randbedingungen		**Korrekturfaktoren**
Betriebsdruck	kleiner 100 bar größer 160 bar	1 Klasse schlechter 1 Klasse besser
Erwartungen an die Lebensdauer der Maschine	bis 10 Jahre über 10 Jahre	keine Korrektur 1 Klasse besser
Reparatur- und Ersatzteilkosten	hoch	1 Klasse besser
Ausfallkosten infolge Stillstand	bis 10.000 € / Std. über 10.000 € / Std.	keine Korrektur 1 Klasse besser
Anlage, die den Fertigungsprozess stark beeinflusst		1 Klasse besser

Die ständige Pflege der Druckflüssigkeit durch Filtrierung und Abscheidung von Wasser, aber auch vorbeugende Maßnahmen wie eine gründliche Reinigung der Komponenten bei der Montage und die Befüllung über Filtersysteme haben folglich eine große Bedeutung, wenn dauerhaft gute Reinheitsgrade und damit eine sichere Funktion und lange Lebensdauer der Komponenten und des Fluides selbst erreicht werden sollen. Maßnahmen rund um die Pflege und Überwachung von Druckmedien werden heutzutage unter dem Begriff des Fluidmanagements zusammengefasst.

3.6 Aufbewahrung und Filtration von Druckflüssigkeiten

Im Rahmen des Fluidmanagements kommen der Auslegung von Tankbehältern und Filtersystemen eine besondere Bedeutung zu, weshalb diese Konstruktionselemente im Folgenden genauer betrachtet werden.

3.6.1 Behälter

Der Behälter bzw. Tank in einem Hydrauliksystem erfüllt mehrere Aufgaben und dient:

- dem Ausgleich der Differenz zwischen gleichzeitig angesaugtem und zurücklaufendem Flüssigkeitsvolumen,
- der Abführung der durch Verlustleistung entstehenden Wärmeenergie,
- dem Ausgleich externer Leckageverluste,
- der Beruhigung des Öls, um ein möglichst laminares Wiederansaugen zu ermöglichen, sowie
- dem Abscheiden von Luft, Wasser und Feststoffen.

Die **Behälterkonstruktion** muss den spezifischen Anforderungen des jeweiligen Hydrauliksystems gerecht werden. In **Bild 3.6-1** sind die Einflussgrößen zusammengefasst, die bei der Auslegung von Behältern berücksichtigt werden müssen.

Prinzipiell wird zwischen offenen und geschlossenen sowie Rechteck- und Rundbehältern unterschieden. Im Gegensatz zu offenen Rechteckbehältern (z. B. DIN 24339) ist das Hydrauliköl in geschlossenen Behältern vollständig von der Umgebungsluft getrennt. Hierdurch wird ein Schmutzeintrag verhindert und die oxidative Ölalterung reduziert. Diese Bauform findet überwiegend in der Mobilhydraulik Anwendung. Die konkrete Ausführung des

Behälters ist abhängig von den Platzverhältnissen am Standort, den Transportmöglichkeiten zum Standort und der pro Zeiteinheit abzuscheidenden Menge an Fremdstoffen oder Luftblasen. Für den Abscheidevorgang ist ein großflächiger Behälter mit geringer Füllhöhe vorteilhaft, eine hohe Wärmeabgabe hingegen wird mit einem schlanken Behälter mit großer Kontaktfläche zwischen Öl und Behälterwand erzielt. Weiter müssen Ein- oder Aufbauten von Pumpen, Filtern, Kühlern, Heizungen und Verrohrungen berücksichtigt werden. Vielfach dienen der Deckel oder die Seitenwände des Behälters zum Anbau dieser Komponenten.

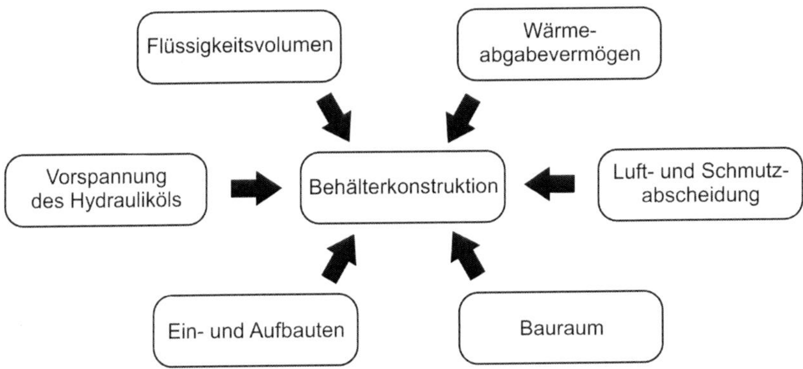

Bild 3.6-1: Einflussgrößen auf die konstruktive Gestaltung des Behälters

Behältergröße

Die Behältergröße wird nach der zu erwartenden Verlustleistung bestimmt. Dafür wird aus der Verlustleistung der Anlage, der zulässigen Beharrungstemperatur und den Abstrahlbedingungen die erforderliche Behälterfläche bzw. die Verweilzeit der Flüssigkeit im Behälter berechnet [7.1].

Als Anhaltswert für das Flüssigkeitsvolumen V im Behälter gilt

$$V = \Delta t \cdot Q \qquad (3.6\text{-}7)$$

mit Δt, der durchschnittlichen Verweilzeit in Minuten und Q, dem durchschnittlichen Volumenstrom in l/min, der dem Behälter entnommen und wieder zugeführt wird. Eine lange Verweilzeit des Mediums im Behälter gewährleistet eine genügende Luft-, Wasser- und Feststoffabscheidung sowie einen Wärmetransport in die Umgebung. Aus Gewichtsgründen wird der

Behälter für die Mobil- und Flugzeughydraulik kleiner ausgelegt, **Tabelle 3.6-1**. Reicht die sich ergebende Behältergröße zur Einhaltung der gewünschten Beharrungstemperatur nicht aus, muss zusätzlich ein Kühler vorgesehen werden.

Tabelle 3.6-1: Durchschnittliche Verweilzeit bei verschiedenen Anwendungen

Anwendung	Δt
Stationärhydraulik	3 .. 5 min
Mobilhydraulik	1 .. 2 min
Flughydraulik	0,5 .. 1 min

Werden vorübergehend große Flüssigkeitsvolumina in einem Teil der Anlage außerhalb des Tanks gespeichert (z. B. in Zylindern von hydraulischen Pressen), so muss die Behältergröße im Hinblick auf die Differenz zwischen maximal und minimal aufzunehmendem Volumen berechnet werden.

Die maximale Höhe des Flüssigkeitsspiegels soll etwa 80 % bis 90 % der Behälterhöhe betragen. Der sich daraus ergebende Freiraum ist zur Abscheidung von Luftblasen oder bei der Bildung von Oberflächenschaum notwendig. Bei geschlossenen Behältern wird durch ein Gaspolster eine Schwankung des Flüssigkeitsspiegels ausgeglichen. Zur Verbesserung des Saugverhaltens der Pumpe und Vermeidung von Kavitation in der Saugleitung ist bei manchen Anlagen eine Vorspannung des Flüssigkeitsvolumens notwendig, z. B. durch die Erhöhung des Druckes im Gaspolster von außen.

Konstruktive Gestaltung

Nach Festlegung der Baugröße kann die Konstruktion des Behälters unter Berücksichtigung der an ihn gestellten Anforderungen durchgeführt werden.

In **Bild 3.6-2** ist die schematische Darstellung von Behältern mit verschiedenen Möglichkeiten für die Anordnung von Saug- und Rücklaufleitungen, Trenn- und Umlenkblechen sowie Sieben zu sehen. Die Mündung der **Saugleitung** sollte mindestens 30 mm über dem Behälterboden liegen, damit kein abgelagerter Schmutz oder kein abgeschiedenes Wasser angesaugt wird. Zur Vergrößerung des Einlaufquerschnitts sollte die Mündung unter 45° abgeschrägt werden. Der Rohrquerschnitt ist so groß zu wählen, dass die

Strömungsgeschwindigkeit den Wert 1 m/s nicht überschreitet. **Rücklaufleitungen** müssen unterhalb des geringsten Flüssigkeitsstands einmünden, damit beim Einströmen der Flüssigkeit keine Luft mitgerissen wird. Saug- und Rücklaufleitungen sind so weit wie möglich auseinander zu legen, damit heißes Öl nicht direkt wieder angesaugt wird.

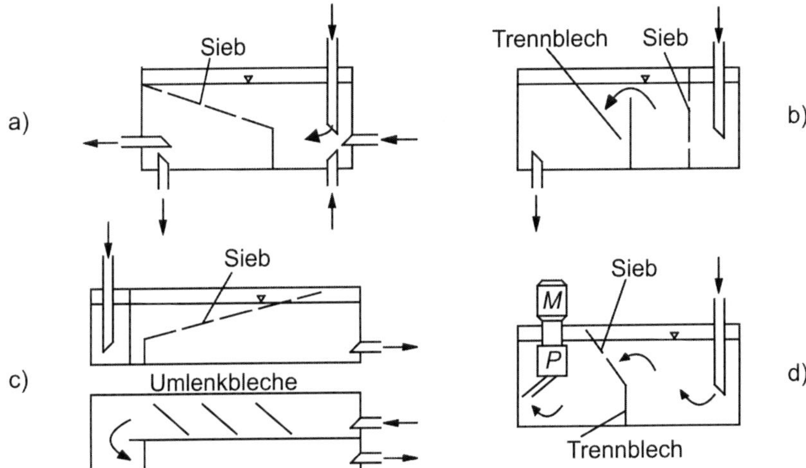

Bild 3.6-2: Verschiedene Möglichkeiten für die Anordnung von Saug- und Rücklaufleitungen, Trenn- und Umlenkblechen und Sieben

Durch den Einbau von **Trennblechen** wird eine Trennung in Saug- und Rücklaufkammer vorgenommen. Dadurch wird eine Beruhigung der strömenden Flüssigkeit erreicht und die in den Behälter eingetretene Flüssigkeit an die Oberfläche geleitet. Dies dient der Erleichterung der Luftblasenabscheidung. Zudem fördern schräg angeordnete Siebe die Luftblasenabscheidung (Siebneigung zur Oberfläche: etwa 30°, Maschenweite etwa 100 µm bis 300 µm). Durch Umlenkbleche wird die einströmende Flüssigkeit zur günstigeren Wärmeabfuhr an die Behälterwände geleitet.

Weitere Bestandteile des Behälters sind der **Einfüllstutzen** und der **Flüssigkeitsstandanzeiger.** Ein **Luftfilter** dient zur Belüftung bei Änderung des Flüssigkeitsstandes bei offenen Behältern und ermöglicht eine ständige Abfuhr von Feuchtigkeit in Form von Dampf, da die kalte Außenluft bei Erwärmen auf Betriebstemperatur zusätzlich Feuchtigkeit aufnimmt [7.2]. Bei geschlossenen Behältern sind Wasseransammlungen durch eine an der tiefsten Stelle angebrachte **Ablassschraube** zu entfernen.

3.6.2 Wirkprinzipien der Filtration

Die Reinhaltung von Druckmedien fluidtechnischer Anlagen stellt eine Notwendigkeit dar, um einen zuverlässigen und verschleißarmen Anlagenbetrieb zu gewährleisten. Die Abscheidung von Feststoffpartikeln aus dem Druckmedium ist von oberster Priorität, um die Funktion der Anlage zu gewährleisten und um eine Beschädigung der hydraulischen Komponenten zu verhindern. Im Wesentlichen werden Feststoffpartikel innerhalb fluidtechnischer Systeme durch spezielle Filtersysteme abgeschieden.

Die Wirkprinzipien der in der Hydraulik eingesetzten Filterarten lassen sich im Wesentlichen in vier Funktionsweisen unterteilen – Oberflächenfiltration, Tiefenfiltration, magnetische Abscheidung und elektrostatische Filtration.

Die Funktionsweise eines **Oberflächenfilters** (Siebfilter) beruht darauf, dass die Porengröße der Filterfläche kleiner ist als die Partikel, die abgeschieden werden sollen. Die Abscheidung der Partikel erfolgt daher wie bei einem Sieb nur an der Oberfläche. Nachteil der reinen Oberflächenfiltration ist, dass das Filtermedium schnell verstopfen kann. Dies führt dazu, dass Oberflächenfilter nur über eine geringe Schmutzaufnahmekapazität verfügen und dass die Druckdifferenz über dem Filter mit zunehmender Verstopfung des Filters schnell ansteigt. Vorteile von Oberflächenfiltern liegen in der einfachen Möglichkeit der Reinigung, zum Beispiel durch Volumenstromumkehr (Rückspülung), und im einfachen Aufbau dieser Filterart. Das Filtermedium besteht bei Siebfiltern meistens aus einem Maschengewebe aus Metall oder Kunststoff. Sie werden im Wesentlichen als Notfallschutz eingesetzt, um empfindliche Komponenten im Fall einer Beschädigung der Hauptfiltersysteme vor groben Feststoffpartikeln zu schützen.

Bei **Tiefenfiltern** hingegen ist die Porengröße des Filtermediums größer als der Durchmesser der abzuscheidenden Partikel. Sie bestehen aus unstrukturierten Vliesen, beispielsweise aus Kunststoff-, Glasfasern oder Cellulose. Aufgrund von Haftmechanismen lagern sich die Partikel an den Fasern an, weshalb die Abscheidung der Partikel hauptsächlich in der Tiefe des Filtermediums erfolgt. Partikel, die größer sind als die reale Porengröße des Vlieses, werden an der

Oberfläche abgeschieden. Mit zunehmendem Schmutzgehalt des Vlieses verringert sich die effektive Porengröße, so dass der Anteil der Oberflächenfiltration größer wird. **Bild 3.6-3** zeigt die Aufnahme eines solchen Filtervlieses im Neu- und Gebrauchtzustand. Bei dem neuen Filtervlies ist die unregelmäßige Struktur der Fasern noch deutlich zu erkennen. Das gebrauchte Vlies hingegen zeigt schon deutlich den Aufbau eines sogenannten Filterkuchens, welcher mit zunehmender Ausbildung zu einem Anstieg der Druckdifferenz am Filter führt [7.18].

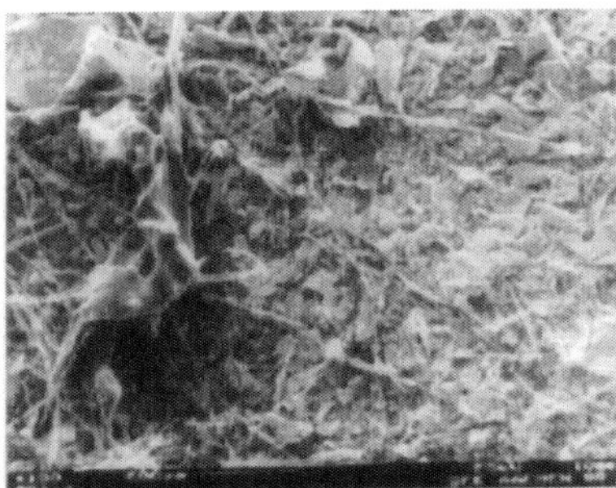

Bild 3.6-3: **Aufnahmen eines Filtervlies im Neuzustand (links) und im gebrauchten Zustand (rechts) [7.17]**

Vorteile von Tiefenfiltern liegen in der hohen Schmutzaufnahmekapazität und dem geringen Strömungswiderstand, welcher aus den relativ großen Poren der Filtervliese resultiert. Nachteilig ist jedoch die Tatsache, dass die Haftkräfte zwischen den Partikeln und den Fasern sehr groß sind, was eine Regenerierung des Filters mit den üblichen Reinigungsverfahren unmöglich macht.

Magnetabscheider trennen Partikel mit Hilfe der magnetischen Separation von dem Druckmedium. Neben ferromagnetischem Abrieb können auch daran anhaftende feinste Verschmutzungen mit abgeschieden werden. Magnetabscheider können mit geringen Druckabfällen betrieben werden. Dem entgegen stehen eine geringe Schmutzaufnahmekapazität und niedrige Abscheideleistungen bei Verwendung von nur einem Magnetelement. Die Abscheideleistung kann durch Kombination unterschiedlicher Magnete und gezielter Strömungsführung, welche ein mehrfaches Passieren des Druckmediums gewährleistet, erhöht werden. Vorteilhaft für eine hohe Effizienz ist des weiteren eine langsame Umströmung des Magneten, da die

Trägheitskräfte der Partikel ansonsten größer sein können als die Kräfte des Magnetfeldes, wodurch eine Ablagerung am Magneten verhindert wird.

	Oberflächen-filtration	Tiefenfiltration	magnetische Abscheidung	elektrostatische Filtration
Prinzip	Abscheidung durch mechanischen Sperreffekt Strömung	Anhaftung aufgrund Trägheit/Diffusion Strömung	Abscheidung durch magnetische Kräfte N S	Anhaftung aufgrund elektrostatischer Kräfte Strömung
Vorteile	einfacher Aufbau geringe Druck-differenz im unbe-ladenen Zustand einfache Säuberung	geringer Strömungswider-stand hohe Schmutzaufnahme-kapazität	geringe Druck-differenz Abscheidung klein-ster Partikel unter 1 µm einfache Säuberung	Abscheidung kleinster Partikel unter 1 µm Abscheidung von Oxidationsprodukten und Wasser
Nachteile	geringe Schmutzaufnahme-kapazität hoher Strömungs-widerstand bei Beladung	nicht wiederverwendbar komplexer Aufbau	geringe Schmutzaufnahme-kapazität hohe Abscheideleistung nur durch komplexen Aufbau geringe Abscheideleistung nichtmagnetischer Partikel	komplexer Aufbau zusätzlicher Energiebedarf Einsatz nur im Nebenstrom möglich Bauraumbedarf

Bild 3.6-4: Funktionsweisen der Partikelabscheidung

Eine Zusammenfassung der unterschiedlichen Filterprinzipien mit ihren spezifischen Vor- und Nachteilen ist in **Bild 3.6-4** aufgeführt. Neben Tiefenfiltern, bei denen die Anlagerung der Partikel an die Fasern hauptsächlich aufgrund von Trägheitskräften der Partikel erfolgt, werden auch **elektrostatische Filter** angeboten, die den Schmutz mit Hilfe von elektrostatischen Kräften aus der Druckflüssigkeit abscheiden. Durch mit Hochspannung aufgeladenen Elektroden können elektrostatische Feldkräfte erzeugt werden, mit denen selbst Partikeln im Bereich von 0,1 µm abgeschieden werden. Neben Feststoffpartikel werden bei diesem Filterprinzip auch

Oxidationsprodukte aus dem Druckmedium entfernt. Nachteilig bei diesem Filterprinzip sind unter anderem der benötigte Bauraum und der Energiebedarf zur Aufrechterhaltung der Filterfunktion.

In der Hydraulik werden aufgrund ihrer günstigen Kosten/Nutzen-Relation hauptsächlich Tiefen- und Oberflächenfilter eingesetzt. Tiefenfilter werden wegen ihrer hohen Schmutzaufnahmefähigkeit und ihres geringen Strömungswiderstands zur Erfüllung der Hauptfilteraufgabe, und Oberflächenfilter als Notfallschutz verwendet. Magnetabscheider oder elektrostatische Filter werden nur bei sehr hohen Anforderungen an die Fluidreinheit als zusätzliche Filter im Nebenstrom eingesetzt.

Aufbau eines Tiefenfilters

Der in der Hydraulik hauptsächlich eingesetzte Tiefenfilter besteht üblicherweise aus einem Filtergehäuse und einem austauschbaren Filtereinsatz bzw. Filterelement, siehe **Bild 3.6-5**.

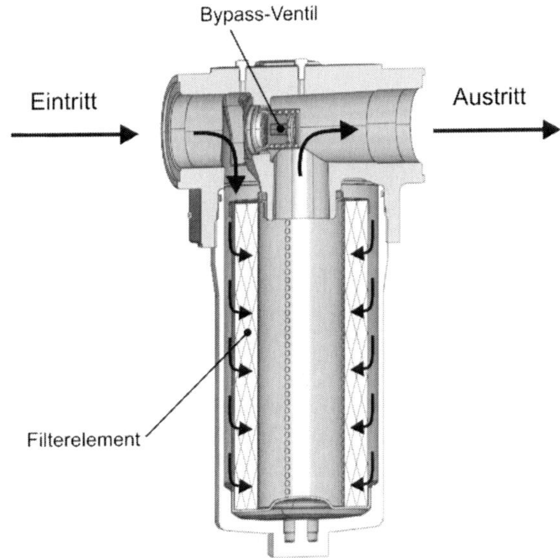

Bild 3.6-5: Querschnitt durch einen Tiefenfilter

Das Filtergehäuse dient im Wesentlichen der Aufnahme des Filterelementes, der gezielten Strömungsführung durch das Filterelement und dem Anschluss des Filters an das Hydrauliksystem. Die Durchströmung des Filterelementes erfolgt dabei üblicherweise von außen nach innen. Je nach Einsatzort des Filters ist das Filtergehäuse zusätzlich mit einem Bypass-Ventil ausgestattet, das bei zu hohem Differenzdruck öffnet und das Filterelement so vor Beschädigung oder Zerstörung schützt. Ein zu hoher Differenzdruck über den Filter kann in Folge eines verstopften Filterelementes oder aufgrund erhöhter Viskosität bei Kaltstartvorgängen auftreten.

Der Aufbau eines druckstabilen Filterelementes ist in **Bild 3.6-6** zu erkennen. Das Filtervlies besteht aus mehreren Filterschichten. Das für die Filtrierung hauptverantwortliche Filtervlies besteht hierbei aus Glasfaservlies und ist in Schutzvliese und Schutzgewebe aus Metall eingebunden. Die zusammengelegten Filterschichten sind im zusammengebauten Zustand gefaltet (plissiert), um eine größeres Filtervolumen sowie einen größeren Strömungsquerschnitt zu erhalten, was wiederum für eine erhöhte Schmutzaufnahmekapazität und einen geringeren Strömungswiderstand sorgt. Um auch größeren Druckdifferenzen standhalten zu können, befindet sich zur Stabilisierung im Inneren des Filterelementes ein Stützrohr aus Lochblech. Das gefaltete Filtervlies und das Stützrohr sind schließlich in einer oberen und unteren Endkappe verklebt.

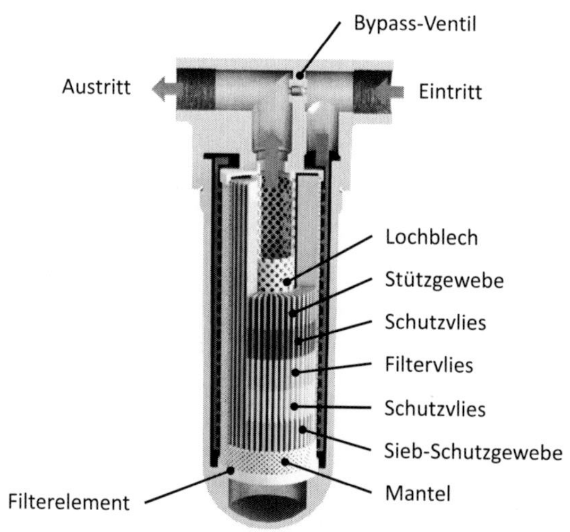

Bild 3.6-6: Aufbau eines Filterelementes

3.6.3 Filterkenngrößen

Zur Auslegung von Filtrationskonzepten und zur Auswahl der geeigneten Filter werden Kenngrößen herangezogen, welche die folgenden Eigenschaften beschreiben:

- Schmutzrückhaltevermögen und Kapazität,
- Durchflusswiderstand,
- Festigkeitsverhalten.

Zur Beschreibung des Schmutzaufnahmeverhaltens von Filtern sind im Wesentlichen zwei Kenngrößen von Bedeutung: der β–Wert und die Schmutzaufnahmekapazität. Beide Kenngrößen werden für Hydraulikfilter im sogenannten „Multi-Pass Test“ nach ISO 16889, bzw. für Kraftstoffilter nach ISO 19438 ermittelt.

Der **β–Wert** beschreibt das Verhältnis von der Partikelanzahl größer eines Durchmessers x vor dem Filtern $N_{x,\mathrm{u}}$ zu der Partikelanzahl nach dem Filter $N_{x,\mathrm{d}}$, wie in der folgenden Gleichung gezeigt:

$$\beta_x = \frac{\text{Partikelanzahl vor Filter} > x}{\text{Partikelanzahl nach Filter} > \text{x}} = \frac{N_{x,\mathrm{u}}}{N_{x,\mathrm{d}}} \qquad \text{(Gl. 3.6-8)}$$

Anstelle des β–Wertes wird häufig der **Abscheidegrad ε** verwendet. Dieser gibt den Anteil aller Partikel größer einem Durchmesser x an, die vom Filter zurückgehalten werden und kann direkt aus dem β–Wert berechnet werden:

$$\varepsilon_x = \frac{N_{x,\mathrm{u}} - N_{x,\mathrm{d}}}{N_{x,\mathrm{u}}} = 1 - \frac{1}{\beta_x} \qquad \text{(Gl. 3.6-9)}$$

In **Bild 3.6-7** sind beispielhaft die Verläufe von β–Wert und Abscheidegrad von zwei unterschiedlichen Hydraulikfiltern in Abhängigkeit der Partikelgröße dargestellt. Es ist zu erkennen, dass die Abscheideleistung von Filtern mit zunehmender Partikelgröße ansteigt. Zur Definition der Filterfeinheit wird in der Hydraulik typischerweise diejenige Partikelgröße angegeben, für die der gemessene β–Wert größer oder gleich 200 ist ($\beta_x \geq 200$). Dies entspricht einem Abscheidegrad von 99,5 %, wobei aus den Diagrammen in **Bild 3.6-7** zu erkennen ist, dass auch Partikel kleiner als die angegebene Filterfeinheit noch zu einem hohen Grad abgeschieden werden.

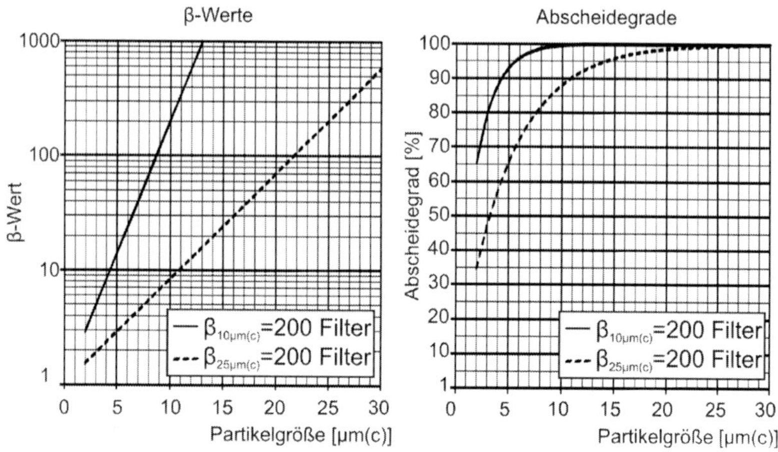

Bild 3.6-7: β–Wert und Abscheidegrad hydraulischer Tiefenfilter

Neben dem β–Wert stellt die **Schmutzaufnahmekapazität** einen wichtigen Parameter zur Beschreibung der Abscheideleistung hydraulischer Filter dar. Die Schmutzaufnahmekapazität ist die Menge an Schmutz, die ein Filter aufnehmen kann ohne einen bestimmten Differenzdruck zu überschreiten.

Filter stellen innerhalb fluidtechnischer Systeme Widerstände dar, welche bei Durchströmung für Druckabfälle über die Filter sorgen. **Bild 3.6-8** zeigt das typische Durchflussverhalten eines Tiefenfilters über der aufgenommenen Schmutzmenge bei konstantem Volumenstrom.

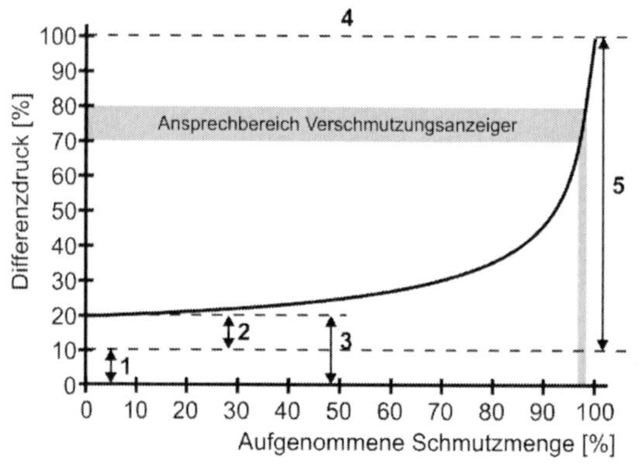

Bild 3.6-8: Druckdifferenz an einem Tiefenfilter

Mit zunehmender Menge an eingelagertem Schmutz innerhalb des Filterelementes verkleinert sich die effektive Porengröße und der Druckabfall nimmt zu. Neben der aufgenommenen Schmutzmenge bestimmen die Bauart von Filtergehäuse und Filterelement sowie die Viskosität des Druckmediums die **Druckdifferenz** am Filter.

Charakteristisch für Tiefenfilter ist hierbei ein kleiner Gradient des Druckanstieges über einen weiten Bereich an aufgenommenem Schmutz, so dass der Differenzdruck erst zu einem Zeitpunkt signifikant ansteigt, an dem der Filter bereits eine große Schmutzmenge aufgenommen hat.

Ein stark verschmutzter Filter und somit eine hohe Druckdifferenz über dem Filter können das Verhalten der gesamten Anlage beeinflussen und in Extremfällen zu einer mechanischen Überlastung von Komponenten, Filtergehäuse oder Filterelement führen. Um zu hohen Differenzdrücken vorzubeugen, werden daher häufig Verschmutzungsanzeiger eingesetzt, welche die am Filter anliegende Druckdifferenz messtechnisch erfassen und bei Erreichen eines voreingestellten Wertes elektrische oder visuelle Signale ausgeben. Eine weitere Sicherheitsmaßnahme stellen die weiter oben schon erwähnten Bypass-Ventile dar, welche ab einem voreingestellten Differenzdruck öffnen und den Volumenstrom am zugesetzten Filterelement vorbeiführen. Diese letzte Sicherungsmaßnahme führt jedoch dazu, dass das Druckmedium unfiltriert zu den nachgelagerten Komponenten gelangt und ist daher nicht für jeden Filtertyp geeignet.

Zur Beschreibung der Festigkeitseigenschaften von hydraulischen Filtern werden im Wesentlichen zwei Kenngrößen abgeprüft, der **Kollaps- / Berstdruck** und die **Druckimpulsfestigkeit**. Der Kollaps- / Berstdruck entspricht der maximal zulässigen Druckdifferenz eines Filters, deren Überschreitung zu einer Schädigung des Filterelementes zum Beispiel durch ein Kollabieren desselben führen würde. Dieser wird durch einen Versuch nach ISO 2941 erfasst. Zum Nachweis von Dauerfestigkeitseigenschaften werden Filter des Weiteren auf ihre Druckimpuls-Festigkeit oder auf ihre Durchfluss-Ermüdungseigenschaften hin untersucht.

3.6.4 Funktion und Anordnung von Filtern

Filter können bezüglich ihrer Funktion, die sie im System erfüllen sollen, in Arbeits- und Schutzfilter eingeteilt werden. Ein Schutzfilter ("Last-Chance-Filter") hat die Funktion, schmutzempfindliche Komponenten im System vor groben Partikeln zu schützen, um plötzlichen Betriebsausfällen vorzubeugen. Arbeitsfilter hingegen dienen der eigentlichen Filtrierung des Betriebsmediums und der Sicherstellung der für das Gesamtsystem erforderlichen Fluidreinheit. Sie werden daher auch als Systemfilter bezeichnet. Eine Gegenüberstellung der spezifischen Eigenschaften von Schutz- und Arbeitsfiltern zeigt **Tabelle 3-2**.

Tabelle 3-2: Merkmale von Schutz- und Arbeitsfiltern

Schutzfilter	Arbeitsfilter
Komponentenschutz	Reinhaltung des Fluids
kein Bypassventil	optionales Bypassventil
grobe Filterfeinheit	feine Filterfeinheit

Bild 3.6-9 zeigt die verschiedenen Anordnungsmöglichkeiten von Filtern innerhalb fluidtechnischer Systeme. Im Wesentlichen werden Filter, je nach Anordnung im System, in Saugfilter, Druckfilter und Rücklauffilter sowie in Abwandlungen aus diesen unterteilt.

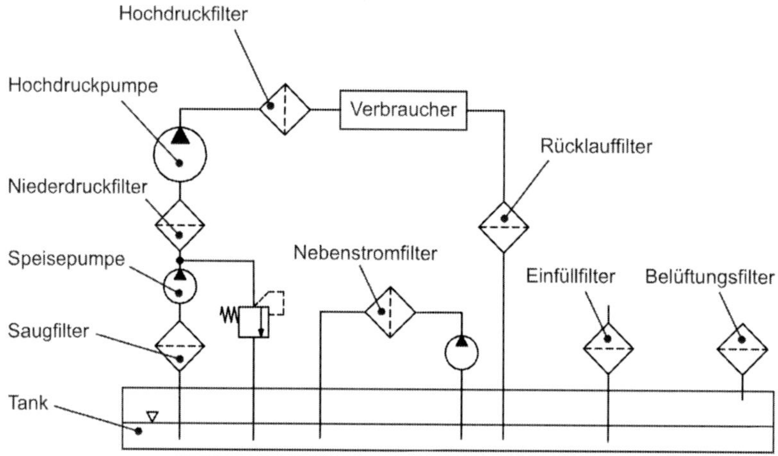

Bild 3.6-9: Anordnungsmöglichkeiten von Filtern

Saugfilter stellen typische Schutzfilter im System dar. Sie werden direkt vor der Pumpe eingebaut, um diese vor groben Verunreinigungen zu schützen. Um einen hohen Druckabfall über dem Filter und damit die Gefahr von Kavitationen am Sauganschluss der Pumpe zu verhindern, werden in der Regel sehr grobe Filtermaterialien, zum Beispiel Siebfilterelemente, verwendet. Sie können daher nicht der eigentlichen Reinhaltung des Fluids dienen, so dass zur Gewährleistung der notwendigen Reinheitsklasse und des Verschleißschutzes für das Gesamtsystem an anderer Stelle Systemfilter in Kombination mit Saugfiltern verwendet werden müssen.

Filter, welche zwischen Pumpe und hydraulischen Verbrauchern angeordnet sind, werden als **Druckfilter** bezeichnet. Je nach zulässigem Druckbereich der Filter wird dabei zwischen Niederdruck-, Mitteldruck- und Hochdruckfiltern unterschieden. Filterelement und Filtergehäuse müssen hierbei nicht nur dem maximalen statischen Systemdruck standhalten, sondern auch in Hinblick auf dynamische Druckkräfte infolge häufiger Druckspitzen eine hohe Dauerfestigkeit gewährleisten. Da mit zunehmenden Anforderungen an den maximalen Druckbereich und an die Differenzdruckfestigkeit auch die Anforderungen an Elementkonstruktion und Filtergehäuse steigen, sind die Kosten beim Einsatz von Hochdruckfiltern deutlich größer als beim Einsatz von Niederdruckfiltern. Um auch empfindliche Verbraucher, wie Servoventile, vor Kleinstpartikeln zu schützen, werden Druckfilter meistens mit feinen Filterelementen ausgestattet. Druckfilter sind in der Regel als Systemfilter konzipiert. Es gibt jedoch auch sogenannte Last-Chance-Filter im Druckbereich hydraulischer Systeme. Hierbei handelt es sich üblicherweise um relativ grobe Sieb- oder Metallgewebefilter, die vor den Komponenten angeordnet sind und diese vor groben Partikeln schützen sollen. Last-Chance-Filter stellen somit klassische Schutzfilter dar.

Alle Filter zwischen Verbrauchern und Tank werden als **Rücklauffilter** bezeichnet. Sie reinigen das von den Verbrauchern zurückfließende Fluid, was den Vorteil bietet, dass auch verschleißbedingte oder durch Komponenten eingezogene Verschmutzungen direkt abgeschieden werden können. Durch eine Vollstromfiltration des Rücklaufes aller Komponenten können sie auch als Systemfilter zur Einhaltung der erforderlichen Reinheitsklasse eingesetzt werden. Damit gefährliche Fehlfunktionen durch einen zu hohen Staudruck in der Rücklaufleitung bei den Hydraulikkomponenten vermieden werden, sind

Rücklauffilter in der Regel mit einem Bypass-Ventil ausgestattet. Rücklauffilter können entweder als Leitungsfilter in die Rücklaufleitung integriert werden oder als Tankeinbau- bzw. –anbaufilter im Tank angeordnet werden. Aufgrund der geringen Anforderungen an die Druckfestigkeit stellen Rücklauffilter eine preiswerte Filtrierungsmethode bei gleichzeitig geringem Platzbedarf dar.

In hochbeanspruchten Hydrauliksystemen werden häufig zusätzliche **Nebenstromfilter** eingesetzt, um die Fluidreinheit zu erhöhen. Über einen Abzweig oder eine separate Pumpe filtrieren sie im Gegensatz zu Hauptstromfiltern nur eine kleine Teilmenge des gesamten Volumenstromes im System. Dies geschieht jedoch kontinuierlich und unabhängig von den Betriebszuständen des Gesamtsystems, so dass diese Filter auch bei Systemen mit stark schwankenden Volumenströmen oder Drücken eingesetzt werden können. Durch die Entkopplung vom Gesamtsystem können hier feinste Filterelemente eingesetzt werden und hervorragende Reinheiten erzielt werden. Zusätzliche Vorteile sind die Entlastung der Hauptstromfilter und die Möglichkeit Filterwechsel im Nebenstrom auch ohne Stilllegung des Gesamtsystems durchführen zu können. Neben festinstallierten Nebenstromfiltersystemen kommen auch mobile Aggregate zum Einsatz. Diese werden in gewissen Wartungsintervallen für einen bestimmten Zeitraum an das System angeschlossen und können somit auch für die Reinigung mehrerer Anlagen eingesetzt werden.

Eine Kombination aus Rücklauffilter und Saugfilter stellen **Rücklauf-Saugfilter** dar. Diese ersetzen bei mobilen Arbeitsmaschinen den Saugfilter für die Füllpumpe des hydrostatischen Antriebs sowie den Rücklauffilter der Arbeitshydraulik, siehe **Bild 3.6-10**. Neben Platz- und Kosteneinsparungen bieten diese Filter den Vorteil, dass der Füllpumpe stets gefiltertes Öl mit einem Überdruck von ca. 0,5 bar zugeführt wird, was die Kavitationsgefahr in der Füllpumpe vermindert. Um die Aufrechterhaltung dieses Überdruckes zu gewährleisten, ist unter allen Betriebsbedingungen ein Überschuss zwischen Rücklauf und Saugmenge erforderlich. Bei zu hohem Differenzdruck wird das Öl über ein Druckbegrenzungsventil direkt in den Tank geleitet.

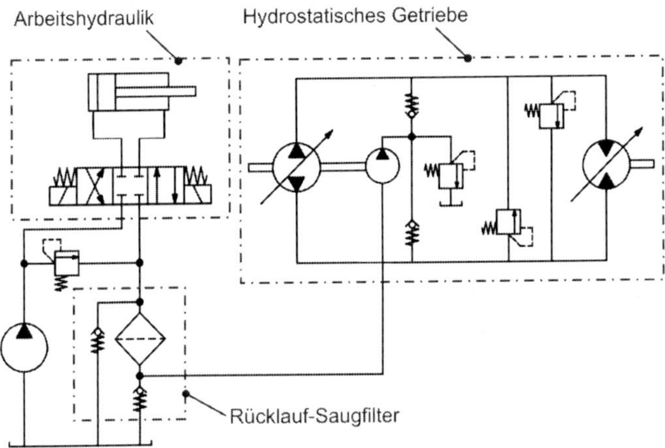

Bild 3.6-10: Rücklauf-Saugfilter in einer mobilen Arbeitsmaschine

Um auch bei Befüll- oder Nachfüllvorgängen keine groben Verschmutzungen in das System einzubringen werden häufig **Einfüllfilter** verwendet, um den groben Schmutz aus dem Frischöl zurückzuhalten.

Neben Filtern, welche das Fluid an sich filtern, muss auch die dem Tank zugeführte und mit dem Fluid in Berührung kommende Luft gereinigt werden, um keine groben Partikel von außen in das System einzutragen. Bei Systemen mit großen Volumenstromschwankungen im Zu- oder Ablauf zum Tank treten permanente Volumenschwankungen der Flüssigkeitsfüllung im Tank auf, welche über **Belüftungsfilter** durch Austausch von Luft mit der Umgebung ausgeglichen werden müssen. Obwohl Belüftungsfilter zu den wichtigsten Gliedern eines Filtrationskonzeptes gehören, werden sie oft vernachlässigt. Allgemein sollte die Filterfeinheit von Belüftungsfiltern genauso fein gewählt werden, wie die des feinsten Filters im System.

3.7 Fluidische Zustandsüberwachung

3.7.1 Ölzustandssensoren

Zur Bestimmung des Ölzustands ist zwischen **Laboranalysen**, bei denen dem Hydrauliksystem eine Ölprobe entnommen wird, und dem **Online-Verfahren** während des Anlagenbetriebs zu unterscheiden.

Die Laboranalyse kommt ohne den Bestückungsaufwand der Anlage mit Sensoren aus. Die gezogenen Ölproben können in spezialisierten Öllaboren als Dienstleistung analysiert werden. Eine Auswahl typischer Messverfahren sind die Bestimmung der Viskosität mit einem **Kapillarviskosimeter** DIN 51562, der Dichte mit einem U-Rohr-Schwingungs-Dichtemessgerät DIN EN ISO12185, der Neutralisationszahl mit der Farbindikatior-Titration DIN 51558 und des Wassergehalts nach der Karl-Fischer-Titration DIN EN ISO 12937.

In den letzten Jahren nahm der Trend zur kontinuierlichen Zustandsüberwachung stetig zu. Neben beispielsweise der Bestimmung der relativen Ölfeuchte über kapazitive Sensoren und der Viskosität über den Schergradienten, z. B. anhand eines Druckverlusts eines Widerstands, etabliert sich die Partikelmessung zunehmend.

3.7.2 Partikelmesstechnik

Die Erfassung von Kontaminationen mit Feststoffpartikeln innerhalb fluidtechnischer Systemen erfordert die Bestimmung der Partikelgrößenverteilung innerhalb des Druckmediums, d.h. die messtechnische Erfassung der Anzahl im Fluid enthaltenen Feststoffpartikel bestimmter Größe. Die Partikelmessung kann dabei offline durch eine Probenentnahme oder online durch kontinuierliche Messungen während des Anlagenbetriebes erfolgen. Offline-Messungen stellen dabei lediglich Momentaufnahmen vom Anlagenzustand zur Zeit der Probenentnahme dar, wobei die Art der Probenentnahme einen entscheidenden Einfluss auf die Güte der Messung hat. So können der Ort und der Zeitpunkt der Probenentnahme oder die Sauberkeit der Probenflächen das Ergebnis verfälschen und zu fehlerhaften Aussagen über den Anlagenzustand führen. Regeln zur Probenentnahme in fluidtechnischen Systemen finden sich in der ISO 4021. Auch bei Online-Messungen ist die Aussagekraft der Messergebnisse eng mit Randbedingungen, wie der Platzierung der Sensoren im System verknüpft. Durch die kontinuierliche Messung erlauben Online-Messungen jedoch Aussagen über den Trend des Fluidzustandes und ermöglichen damit zum Beispiel auch Rückschlüsse über den Verschleißzustand oder über bevorstehende Komponentenausfälle. In der Regel ergänzen sich Online- und Offline-Messung jedoch in der Form, dass Online-Messungen eine

Überwachung der Verschmutzungsdynamik gewährleisten, deren Trends in detaillierten Laboruntersuchungen verifiziert und weiter interpretiert werden können. Im nachfolgenden werden die gängigsten Technologien zur quantitativen Partikelmessung kurz vorgestellt.

Lichtblockadeverfahren

Das Lichtblockadeverfahren ist das gängigste Verfahren zur Messung von Partikelanzahlen verschiedener Größenklassen. Das Fluid strömt dabei durch eine transparente Messzelle, in der Licht von einem Sender zu einem Empfänger wuer zur Strömungsrichtung übertragen wird. Durchquert ein Partikel die Messzelle, so schattet er einen Teil der Strahlen ab und die am Empfänger messbare Strahlungsleistung nimmt ab. Je größer der Partikel dabei ist, desto höher ist dementsprechend der Leistungsabfall am Empfänger. Über entsprechende Kalibrierungskurven oder –tabellen, welche in der Auswerteelektronik hinterlegt sind, erfolgt dann die Zuordnung von Partikelgrößen zu dem jeweils gemessenen Leistungsabfall.

Zur Durchführung von Messungen nach dem Lichtblockadeverfahren stehen sowohl Online-Sensoren zur Anordnung am System als auch Offline-Sensoren in Form von Laborgeräten, sogenannte Bottle Sampler, zur Verfügung. Detailliertere Informationen zur Partikelmessung nach dem Lichtblockadeverfahren finden sich für Offline-Messungen in der ISO 11500. Die Kalibrierung der Partikelsensoren ist in ISO 11171 näher spezifiziert.

Siebblockadeverfahren

Das Siebblockadeverfahren ist ein weniger verbreitetes Verfahren zur Bestimmung der Feststoffpartikelkontamination hydraulischer Anlagen. Dennoch bietet es einige Vorteile gegenüber dem Lichtblockadeverfahren. Diese wären zum einen der vereinfachte Aufbau und zum anderen die Unempfindlichkeit gegenüber störenden Einflussgrößen, wie Luftblasen, Wasserteilchen oder die Transparenz des Fluids. Die Anwendung des Siebblockadeverfahrens ist in der ISO 21018-3 festgehalten.

Beim Siebblockadeverfahren strömt das Fluid durch ein Sieb mit definierter Porengrößen und erzeugt dabei eine Druckdifferenz Δp_0. Wird das Sieb nun durch Partikel mit einem größeren Durchmesser als der Porengröße verstopft, steigt die Druckdifferenz bei konstantem Volumenstrom an. Eine Änderung der

Druckdifferenz $\Delta p/\Delta t$ ist in erster Näherung proportional zu der Schmutzbeladung des Fluides, da die Feststoffpartikel sich aufgrund des konstantem Volumenstromes auch mit konstanter Geschwindigkeit bewegen. Um mehrere Messungen durchführen zu können kann das Sieb mit einer sauberen Flüssigkeit rückgespült werden oder es kann eine Messung mit umgekehrter Strömungsrichtung erfolgen. Mit dem Siebblockadeverfahren lassen sich jedoch nur Verschmutzungstrends erkennen, da eine Erfassung von verschiedenen Partikelgrößen nicht möglich ist.

Gravimetrisches Verfahren

Mit Hilfe des gravimetrischen Verfahrens nach ISO 4405 kann der Feststoffgehalt von Fluiden bestimmt werden. Hierfür wird ein definiertes Volumen der zu untersuchenden Flüssigkeit mit Hilfe eines Vakuums über eine Membran filtriert, wodurch sich der in dem Fluid enthaltene Schmutz auf der Membran ablagert. Über die Gewichtdifferenz der Membran vor und nach der Filtrierung und dem bekannten Volumen an filtriertem Fluid kann dann die Masse an Feststoffverschmutzung pro Volumen bestimmt werden. Das gravimetrische Verfahren kann aufgrund der benötigten Geräte und der komplexen Versuchsdurchführung jedoch nur Offline in Laboren angewendet werden.

Mikroskopisches Verfahren

Das mikroskopische Verfahren nach ISO 4407 kann alleinstehend oder in Ergänzung zum gravimetrischen Verfahren durchgeführt werden. Es dient der Zählung der im Fluid enthaltenen Partikel. Hierzu werden 100 ml einer Fluidprobe über eine Analysemembran filtriert. Diese Membran weist eine Porengröße von weniger als 1 µm auf und ist mit Feldmarkierungen versehen, wobei die Fläche jedes Feldes einem Hundertstel der gesamten Membranfläche entspricht. Die auf der Membran abgelagerten Feststoffpartikel werden dann je nach interessierendem Größenbereich ausgezählt. Dies kann manuell unter dem Mikroskop oder mit Hilfe von entsprechender Bildverarbeitungssoftware geschehen. Um Ungleichmäßigkeiten der Partikelverteilung auszugleichen, müssen mindestens zehn Felder ausgewertet und anschließend auf die gesamte Membranfläche hochgerechnet werden. Aufgrund des bekannten Probenvolumens können dann Mengenangaben vergleichbar mit den Festlegungen der ISO-Reinheitsklassen angegeben werden.

3.8 Kennwerte von Druckflüssigkeiten

Tabelle 3.8-1: Beispielhafte Kennwerte von Druckflüssigkeiten

	HLP	HFA (3 %)	HFD	HEES	ATF
Dichte bei 15 °C [g/cm³]	0,87	1,0	1,15	0,92	0,87
Kinematische Viskosität bei 40 °C [mm²/s]	10 – 100	0,7	15 - 70	32 - 48	36 – 40
Mittlerer Kompressionsmodul K [N/m²]	$2 \cdot 10^9$	$2{,}5 \cdot 10^9$	$2{,}3\text{-}2{,}8 \cdot 10^9$	$2{,}5 \cdot 10^9$	$2 \cdot 10^9$
Viskositäts-Index	100	-	<0	210	150
Spezifische Wärme bei 20 °C [kJ/kgK]	2,1	4,2	1,3 - 1,5	2,1	2,1
Wärmeleitfähigkeit bei 20 °C [W/mK]	0,14	0,6	0,11	0,17	0,14
Volumenausdehnungskoeffizient [1/K]	$7 \cdot 10^{-4}$	$1{,}8 \cdot 10^{-4}$	$7 \cdot 10^{-4}$	$7{,}5 \cdot 10^{-4}$	$7 \cdot 10^{-4}$

	HLP	HFA (3 %)	HFD	HETG	ATF
Betriebstemperaturbereich [°C]	-10 – 80	5 – 50	10 - 70	0 - 70	-20 - 100
Maximaler Temperaturbereich [°C]	-40 – 120	0 – 55	-20 - 150	-20 - 90	-40-120
Flammpunkt [°C]	210	-	245	315	190
Zündtemperatur [°C]	310 – 360	-	500	350 - 500	300
Stockpunkt [°C]	-18	0	-24 - 6	-25	-40
Bunsenkoeffizient α_V bei 20 °C für Luft	0,068	-	-	0,046	0,094
Dampfdruck bei 50 °C [mbar]	$4 \cdot 10^{-2}$	100	10^{-2}	$3 \cdot 10^{-3}$	$4 \cdot 10^{-2}$
Kavitationsneigung	gering	sehr stark	gering	gering	gering
Relative Flüssigkeitskosten [%]	100	10 – 15	200 - 400	150 - 300	300
Marktanteil [%]	85	4	2	1	-

3.9 Literatur zu Kapitel 3

3.1 von Dombrowski, R. Modellierung der Partikelverteilung in hydraulischen Systemen, Dissertation RWTH Aachen, 2014

3.2 Mang, T.; Dresel, W. (Hrsg.) Lubricants and Lubrication, 2. Auflage, Wiley-VCH, Weinheim, 2007

3.3 Bartz, W. J. (Hrsg.) Hydraulikflüssigkeiten: Eigenschaften, Normung und Prüfung, Anwendung, expert-Verlag, Renningen-Malmsheim, 1995

3.4 Krstic, M. Umweltschonende Schmier- und Druckflüssigkeiten, Verlag Moderne Industrie, Landsberg / Lech, 2017

3.5 Göhler, O.-C. Alterungsuntersuchungen und Methoden zur Alterungsvorhersage für umweltverträgliche Schmierstoffe in neu gestalteten Tribosystemen, Dissertation RWTH Aachen, 2008

3.6 Bartz, W.J. (Hrsg.) Additive für Schmierstoffe, expert-Verlag, Renningen-Malmsheim, 1994

3.7 Remmelmann, A. Die Entwicklung und Untersuchung von biologisch schnell abbaubaren Druckübertragungsmedien auf Basis von synthetischen Estern, Dissertation RWTH Aachen, 1999

3.8 Totten, G. (Hrsg.); Remmelmann, A.; Murrenhoff, H. Fuels and Lubricants Handbook, Chapter 11, ASTM Manual Series: MNL37WCD 2003

3.9 N. N. Bioschmierstofftagung 2016, Tagungsband, Gülzower Fachgespräche Band 54, 2016

3.10 Schmitz, K. et al. Simulation der Dynamik einer Gasblase zur Untersuchung des Dieseleffektes in hydraulischen Systemen, In: Ölhydraulik und Pneumatik, Heft 5, 2006

3.11 Schrank, K. Eindimensionale Hydrauliksimulation mehrphasiger Fluide, Dissertation RWTH Aachen, 2015

4 Pumpen und Motoren

neu bearbeitet von Dipl.-Ing. M. Gärtner, F. Schoemacker, M.Sc.,
T. Pietrzyk, M.Sc. und Felix Figge, M.Sc.

4.1 Grundlegende Funktion

Zur Energieumwandlung dienen in der Fluidtechnik Pumpen und Motoren. Grundsätzlich ist die Umwandlung von mechanischer in hydraulische Energie und umgekehrt sowohl mit hydrostatischen Maschinen, d. h. Verdrängereinheiten, als auch mit Strömungsmaschinen möglich. In der Hydraulik werden fast ausschließlich Verdrängereinheiten verwendet. Diese bieten Vorteile für hohe Drücke und für Steuerungsaufgaben. Für Hilfsfunktionen werden hingegen auch Kreiselpumpen eingesetzt.

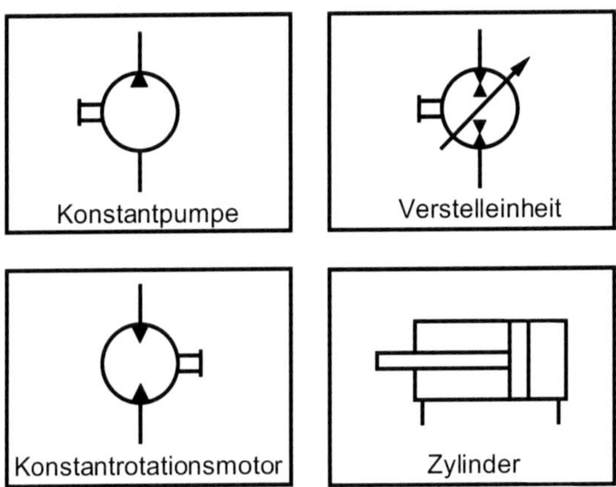

Bild 4.1-1: Schaltsymbole für Pumpen und Motoren nach DIN ISO 1219

Einige Schaltzeichen für Pumpen und Motoren, die in Hydraulikschaltplänen Verwendung finden, sind in **Bild 4.1-1** dargestellt. Weitere Schaltzeichen können dem Anhang entnommen werden. Pumpen werden in der Regel rotatorisch angetrieben, bei Motoren wird zwischen Rotationsmotoren und Zylindern (Linearmotoren) unterschieden. Zylinder bieten in der Antriebstechnik eine einfache und robuste Lösung für lineare Bewegungsaufgaben.

Hydropumpen

Hydropumpen wandeln mechanische Antriebsleistung in hydraulische Leistung. Um den Flüssigkeitstransport zu realisieren, wird die Druckflüssigkeit zunächst durch atmosphärischen Druck unter Beachtung der maximalen Saughöhe oder durch Vorfüllung, durch bzw. Kreiselpumpen, in die Pumpe hineingefördert. Anschließend wird das Druckmedium gegen einen höheren Druck in das Leitungsystem ausgestoßen.

Eine der ältesten Formen von Verdrängerpumpen ist die Kolbenpumpe, die in **Bild 4.1-2** einschließlich ihres Förderablaufs schematisch dargestellt ist. Für den Kolbenraum wird im Diagramm der Verlauf des Wegs und der Geschwindigkeit des Kolbens über dem Drehwinkel des Antriebs gezeigt. Die Kolbengeschwindigkeit multipliziert mit der Kolbenfläche ergibt den resultierenden Volumenstrom.

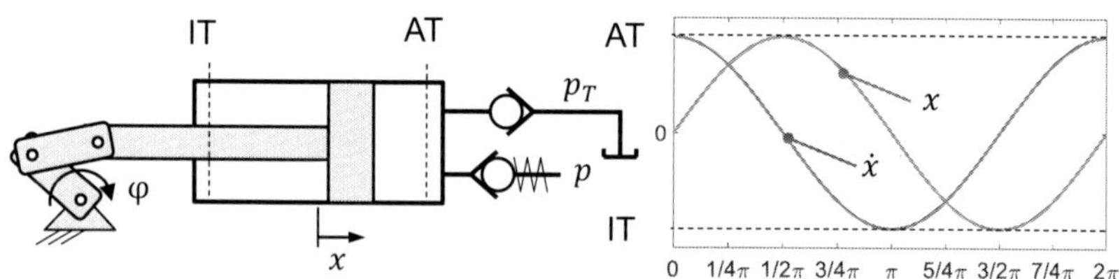

Bild 4.1-2: Förderablauf einer Ein-Kolbenpumpe

Die Kolbenpumpe hat den aus den folgenden vier Phasen beschriebenen Arbeitsablauf.

Phase 1: Beim **Ansaugen** wird das vom Kolben freigegebene Volumen durch atmosphärischen Druck oder durch Vorfülldruck mit dem Fördermedium gefüllt.

Phase 2: Anschließend wird die Kolbenkammer vom Sauganschluss getrennt und mit dem Druckanschluss verbunden. Dieser **Umsteuervorgang** kann entweder durch Ventile, d. h. druckgesteuert, oder durch Steueröffnungen in Steuerspiegeln bzw. -zapfen, d. h. zwangsgesteuert, erfolgen. In Bild 4.1-2 wird der Umsteuervorgang druckgesteuert durch Rückschlagventile ausgeführt. Ein

Beispiel für eine zwangsgesteuerte Trennung ist der Steuerspiegel der Axialkolbenmaschine, der später behandelt wird.

Phase 3: Beim anschließenden **Fördern** wird das Druckmedium komprimiert und anschließend gegen den Druck in die Druckleitung ausgeschoben.

Phase 4: Nach dem Fördern erfolgt ein erneuter **Umsteuervorgang**, der die Kolbenkammer vom Druckanschluss trennt und wieder mit dem Sauganschluss verbindet.

Bei Verdrängerpumpen hängt der erreichbare Druck vom Hubvolumen und vom Antriebsmoment ab. Nach oben ist er durch die Kompression des Hubvolumens, Leckagen innerhalb der Pumpe und vor allem die Materialfestigkeit der Bauteile begrenzt. Für einen sicheren Betrieb ist daher ein Druckbegrenzungsventil erforderlich. Im Gegensatz dazu kann der Differenzdruck bei Kreiselpumpen einen bestimmten Wert nicht überschreiten.

Hydromotoren

Hydraulische Rotationsmotoren wandeln hydraulische Leistung in mechanische Abtriebsleistung. In ihrem Aufbau unterscheiden sie sich kaum von Hydropumpen. Bis auf die ventilgesteuerten Ausführungen können die meisten Pumpen auch als Motor laufen, wenn der Hochdruckanschluss mit dem Niederdruckanschluss vertauscht wird. Daher wird bei den Verdrängereinheiten auch von „Pumpenbetrieb“ und „Motorbetrieb“ gesprochen. Da Hydromotoren auch gegen hohe Momente anlaufen, werden sie im Gegensatz zu Pumpen für den gesamten Drehzahlbereich vom Stillstand bis zur Maximaldrehzahl ausgelegt. Die Drehzahl des Motors kann durch Veränderung des zugeführten Volumenstroms oder durch Verstellen des Verdrängervolumens verändert werden. Die Druckdifferenz Δp am Motor stellt sich dabei durch die Belastung ein.

Für das Verdrängervolumen von Pumpen wird auch die Bezeichnung „Fördervolumen“ und bei Motoren „Schluckvolumen“ verwendet. Weiterhin ist auch der übergeordnete Begriff des Verdrängervolumens gebräulich.

Beurteilungsmaßstäbe für die Auswahl von Motoren richten sich stark nach dem jeweiligen Einsatzfall. Das maximale Antriebsmoment ergibt sich aus

Schluckvolumen, zulässigem Druck und Wirkungsgrad. Dabei muss der Verlauf des Wirkungsgrads in Abhängigkeit von Drehzahl, Druck und eingestelltem Schluckvolumen berücksichtigt werden.

Im Bereich niedriger Drehzahlen und beim Anlauf treten in der Regel die größten Abweichungen vom idealen Verhalten des Hydromotors auf. Dafür sind zwei Einflussfaktoren verantwortlich: Einerseits verringern sich der hydraulisch-mechanische und der volumetrische Wirkungsgrad, andererseits macht sich der Einfluss drehwinkelabhängiger Schwankungen des Motorverhaltens bemerkbar, die sonst bei hoher Drehzahl durch die Massenträgheit ausgeglichen werden. Neben der kinematisch bedingten Ungleichförmigkeit der Volumenverdrängung der meisten Motorbauarten gewinnt hier die Drehwinkelabhängigkeit der Verlustmomente und besonders der Leckageströme an Bedeutung.

Bei Motoren ist insbesondere ein günstiges Verhältnis von Trägheitsmoment des Rotors zum Schluckvolumen von Interesse, da dadurch das dynamische Verhalten des Antriebs beeinflusst wird. Daraus lassen sich das Beschleunigungsvermögen und die ungedämpfte Eigenfrequenz ω_0 eines Antriebs bestimmen. In **Tabelle 4.1-1** sind die Gleichungen des Beschleunigungsvermögens und der ungedämpften Eigenfrequenz für Rotations- und Linearmotoren einander gegenübergestellt.

Tabelle 4.1-1: Dynamische Eigenschaften von Rotations- und Linearmotoren

	Rotationsmotor	**Linearmotor**
Beschleunigungs-vermögen	$\ddot{\varphi} = \frac{M}{I}$	$\ddot{x} = \frac{F}{m}$
Ungedämpfte Eigenfrequenz	$\omega_0 = \sqrt{\frac{c_{Fl}}{I}}$	$\omega_0 = \sqrt{\frac{c_{Fl}}{m}}$
Federsteifigkeit des Fluids	$c_{Fl}=\left(\frac{V}{2\pi}\right)^2 \frac{K_{Fl}}{V_0}$	$c_{Fl}=A^2 \frac{K_{Fl}}{V_0}$

Hersteller von hydraulischen Pumpen und Motoren sind beispielsweise Bosch Rexroth, Bucher, Danfoss Power Solutions, Eaton, Eckerle, Hawe, Kawaski, Liebherr Machines Bulle, Kracht, Linde, Moog, Parker und Voith. Für weitere Informationen wird auf Datenblätter und Internetseiten der oben genannten Hersteller verwiesen. Weitere Informationen können zudem einschlägiger Literatur zur Hydraulik entnommen werden [4.10, 4.13, 4.16, 4.17].

4.2 Bauarten rotatorischer Verdrängereinheiten

Nachfolgend sind die wichtigsten Bauarten von Verdrängermaschinen erläutert. Die Bauarten können allgemein den drei Verdrängerprinzipien **Kolben, Zahn** und **Flügel** zugeordnet werden. Nach Anordnung der Kolben zur Triebwelle können die Kolbeneinheiten in Axialkolbeneinheiten und Radialkolbeneinheiten eingeteilt werden. Zahnradeinheiten können in Außen- und Innenzahnradmaschinen unterteilt werden.

Für die Meisten der genannten Verdrängereinheiten kann weiterhin unterschieden werden zwischen Konstanteinheiten (mit konstantem Verdrängervolumen) und Verstelleinheiten. Wie zuvor beschrieben, kann zudem in zwangsgesteuerte und druckgesteuerte Umsteuerung unterschieden werden.

Die möglichen konstruktiven Umsetzungen werden mit den zugehörigen Gleichungen zur Berechnung des Förder- bzw. Schluckvolumens im Folgenden erläutert.

4.2.1 Axialkolbenmaschinen

Axialkolbenmaschinen basieren auf dem Verdrängerprinzip Kolben. Hierbei füllen und entleeren die Kolben durch ihre oszillierende Bewegung die zylindrischen Verdrängerräume. Es wird unterschieden in Taumelscheibenmaschinen, Schrägscheibenmaschinen und Schrägachsenmaschinen, siehe **Bild 4.2-1**.

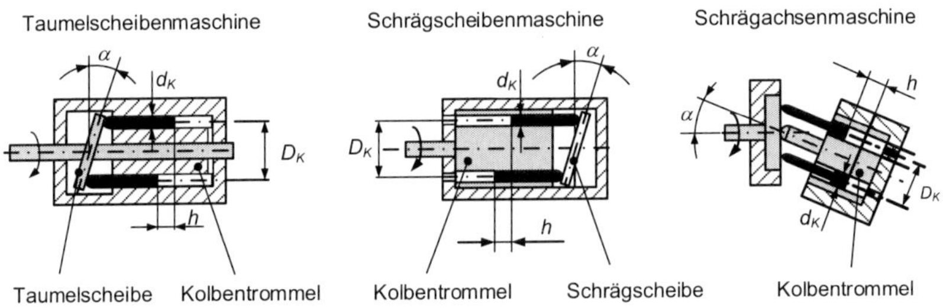

Bild 4.2-1: Bauarten von Axialkolbenmaschinen

Bei der **Taumelscheibenmaschine** wird die oszillierende Hubbewegung der Kolben durch die Drehung der Taumelscheibe bei bewegten Kolben im Gehäuse erzeugt. Bei der **Schrägscheibenmaschine** dreht sich eine Kolbentrommel mit den Kolben, die Kolben stützen sich an der stehenden Schrägscheibe ab. Bei der **Schrägachsenmaschine** liegen die Kolbenachsen im Gegensatz zu den ersten beiden Varianten nicht parallel zur Drehachse. Stattdessen rotiert der Triebflansch mit der gleichen Geschwindigkeit wie die zum Triebflansch schräggestellte Kolbentrommel.

Eine Verstellung des Verdrängervolumens ist bei allen drei Axialkolbenmaschinen theoretisch möglich. Die Verstellung der Taumelscheibe ist jedoch mit sehr großem konstruktiven Aufwand verbunden, so dass Taumelscheibenmaschinen in der Regel nur als Konstanteinheiten verfügbar sind. Ein Beispiel für verstellbare Einheiten sind Klimakompressoren, die in großer Stückzahl in der KFZ-Technik eingesetzt werden (DENSO Automotive). Die Verstellung der Schrägscheibe ist konstruktiv einfacher durchzuführen, da die Schrägscheibe nicht rotiert. Bei Schrägachsenmaschinen ist die Verstellung durch Schwenken der Kolbentrommel um den Triebflansch möglich, was mit höherem konstruktiven Aufwand verbunden ist und für den Motorbetrieb angewendet wird.

Die verschiedenen Bauformen sind für spezifische Vorteile bekannt. So ist beispielsweise die bewegte Masse einer Taumelscheibenmaschine geringer als bei der Schrägscheiben- oder Schrägachsenmaschine, was Vorteile bezüglich der Dynamik haben kann. Nachteilig ist bei der Taumelscheibenmaschine hingegen die Unwucht. Schrägscheiben- und Taumelscheibenmaschinen zeichnen sich gegenüber Schrägachsenmaschinen durch die Möglichkeit einer durchgehenden Welle aus, was für viele Anwendungen von Vorteil ist.

Schrägachsen- und Schrägscheibenmaschinen erreichen in der Ölhydraulik üblicherweise Drücke bis 450 bar. In der Wasserhydraulik beträgt der erreichbare Druckbereich 160 - 210 bar.

Die Kolben und Buchsen der Axialkolbenmaschinen lassen sich sehr genau bearbeiten und aufeinander anpassen. Die erzielbaren Toleranzen liegen zwischen 3 und 6 µm, die Spalthöhen je nach Baugröße zwischen 10 und 25 µm. Daher sind hohe Drücke von 250 bis 500 bar ohne große

Leckageverluste möglich. Übliche Drehzahlen liegen im Pumpenbetrieb bei 1000 bis 4000 min^{-1}, im Motorbetrieb zwischen 0 und 8000 min^{-1}.

Nachteilig an allen Bauarten von Axialkolbenmaschinen ist die Pulsation und die Geräuschabstrahlung, die im Vergleich zu anderen Pumpenbauformen hoch ist.

Taumelscheibenmaschine

Bild 4.2-2 zeigt eine Axialkolbenmaschine in Taumelscheibenbauart. Die Kolbentrommel steht fest, die schrägstehende Taumelscheibe hingegen rotiert mit der Welle. Die Taumelscheibe erzeugt somit die Hubbewegung der Kolben. Die Umsteuerung zwischen den Druckniveaus wird in dieser Ausführung über zwei Rückschlagventile realisiert, die bei Erreichen bzw. Unterschreiten von Hoch- und Niederdruck einen Volumenstrom in den Verdrängerraum freigeben.

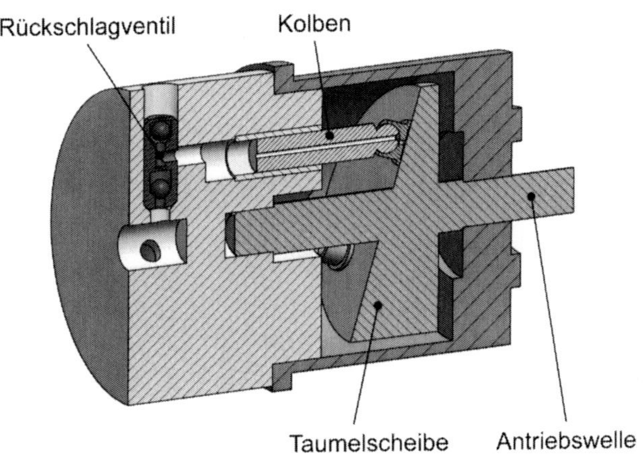

Bild 4.2-2: Axialkolbenmaschine in Taumelscheibenbauart

Günstig sind bei dieser Bauart der einfache Aufbau, die geringe Zahl von Leckagestellen, die einen guten volumetrischen Wirkungsgrad ermöglichen, und die kurzen Wege zu den Anschlüssen. Nachteilig sind die Massenkräfte durch die dynamisch nicht auswuchtbare Taumelscheibe. Eine Möglichkeit der Volumenverstellung ist hier nur mit erheblichem Aufwand gegeben, siehe Anwendung bei Klimakompressoren.

Das geometrische Verdrängervolumen einer Taumelscheibenmaschine kann wie das Verdrängervolumen der Schrägscheibenmaschine berechnet werden.

Schrägscheibenmaschine

Ein Beispiel der weitverbreiteten Bauart der Schrägscheibenmaschinen ist in **Bild 4.2-3** gezeigt. Die Kolbentrommel rotiert mit den Kolben, während der Steuerspiegel und die Schrägscheibe sich nicht mitdrehen. Durch die nierenförmigen Öffnungen im Steuerspiegel werden die Kolben je nach Hubposition mit dem Hoch- oder dem Niederdruck verbunden. Durch Veränderung des Winkels der Schrägscheibe ist eine Verstellung des Förderstroms und eine Förderrichtungsumkehr bei gleicher Drehrichtung möglich. Um auch den Saugbetrieb zu ermöglichen, muss das Abheben der Gleitschuhe von der Schrägscheibe über einen Niederhalter oder mit Hilfe von Federn verhindert werden. Diese sind zur bessern Ansicht in Bild 4.2-3 nicht dargestellt.

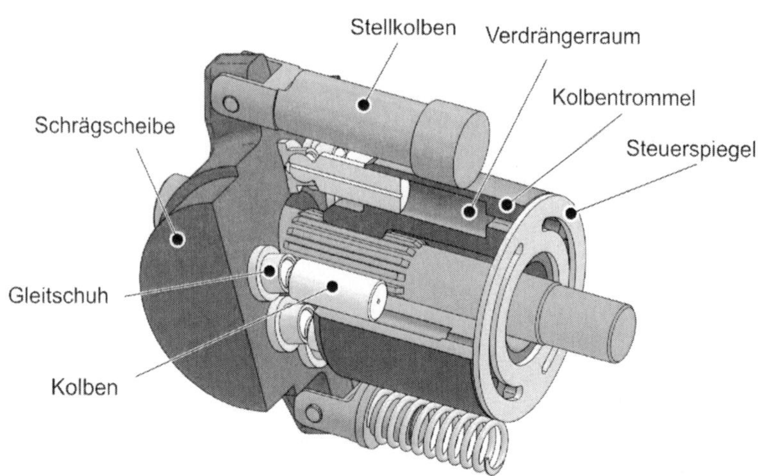

Bild 4.2-3: Axialkolbenmaschine in Schrägscheibenbauart

Auch bei dieser Bauart liegen die Vorteile in dem einfachen und kompakten Aufbau und den kurzen Flüssigkeitswegen. Hinzu kommt die einfache Verstellbarkeit des Verdrängervolumens durch Verschwenken der Schrägscheibe. Durch hydrostatische Entlastung der Kolbenkräfte werden

Lagerkräfte und Verschleiß reduziert, allerdings müssen hierfür etwas höhere Leckageverluste in Kauf genommen werden.

Ein Nachteil dieser Bauart ist die ungünstige Umsetzung des Antriebsmomentes über eine Querkraft. **Bild 4.2-4** zeigt zur Erläuterung die Kräfte an Kolben, Kolbentrommel und Schrägscheibe.

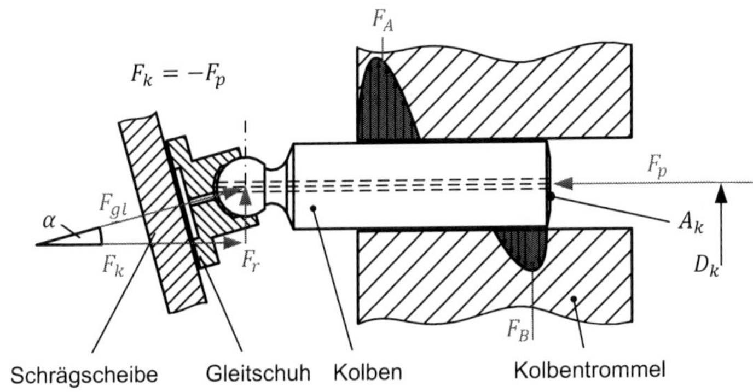

Bild 4.2-4: Kräfte an Kolbentrommel und Kolben bei der Schrägscheibenbauart

Die der Druckkraft F_p entsprechende Kolbenkraft F_k wirkt in Richtung der Kolbenachse. Die Schrägscheibe kann aber wegen der Gleitlagerung der Kolbenschuhe nur Kräfte senkrecht zu ihrer Oberfläche aufnehmen. Die so entstehende Querkraft F_r wirkt auf den Kolben und wird von zwei Druckfeldern in der Kolbenführung aufgenommen. Dadurch erzeugt die Querkraft F_r einen Anteil des Abtriebs- bzw. Antriebsmoments. Durch die Querkräfte wird die Kolbenführung stark belastet und besonders bei großen Schwenkwinkeln oder niedrigen Drehzahlen verschlechtern sich die Schmierverhältnisse am Kolben [4.23, 4.7]. Die Reibkräfte lassen sich durch günstige Werkstoffpaarungen verringern [4.5].

Das geometrische Verdrängervolumen einer Schrägscheibenmaschine und Taumelscheibenmaschine berechnet sich gemäß:

$$V = z \cdot A_k \cdot D_k \cdot \tan \alpha \tag{4.2-1}$$

Dabei entspricht z der Kolbenanzahl, A_k der Querschnittsfläche des Kolbens, D_k dem Lochkreisdurchmesser der Kolbentrommel und α dem Schrägscheibenwinkel.

Schrägachsenmaschine

Eine Axialkolbenmaschine in Schrägachsenbauart ist in **Bild 4.2-5** gezeigt.

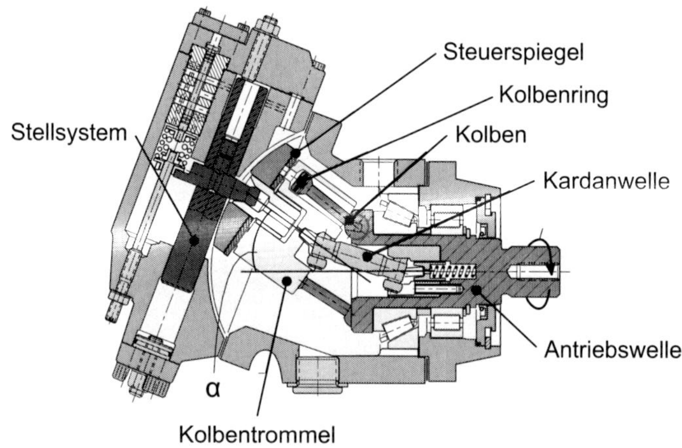

Bild 4.2-5: Axialkolbeneinheit in Schrägachsenbauart (Parker)

Hier wird die gesamte Kolbentrommel gegen die Antriebsachse verschwenkt. Da Kolben, Kolbentrommel und Antriebsflansch gemeinsam rotieren, können die Kolben über Kugelgelenke im Triebflansch gelagert werden. Die Kolben dürfen in diesem Fall nicht zylindrisch sein, da sich der Lochkreis der schrägstehenden Kolbentrommel als Ellipse auf dem Flansch abbildet: die Ellipsenachse D_k' in Bild 4.2-6 ist größer als D_k. Die Kugelgelenke sind daher auf dem Flansch in einem Lochkreis mit einem mittleren Durchmesser D_{Fl} gelagert.

Das Verdrängervolumen der Schrägachseneinheit lässt sich näherungsweise nach der folgenden Gleichung berechnen:

$$V \approx z \cdot A_k \cdot D_k \cdot \sin\alpha \tag{4.2-2}$$

Durch die Kugelkopflagerung kann die Kolbenkraft direkt in den Triebflansch übertragen werden, wo sie sich in eine axiale und eine radiale Komponente aufteilt. Das Moment entsteht also direkt am Triebflansch, die Kolben bleiben weitgehend querkraftfrei. Deshalb sind bei der Schrägachsenbauart Schwenkwinkel bis zu 45° möglich, bei der Schrägscheibenbauart dagegen nur bis zu 18°, bei einigen Herstellern bis zu 22°. Beim Einsatz als Motor hat die Schrägachsenmaschine aufgrund der geringeren Kolbenreibung ein gutes Anlaufverhalten, was bei optimierten Schrägscheibenmaschinen aber ebenfalls erreicht werden kann.

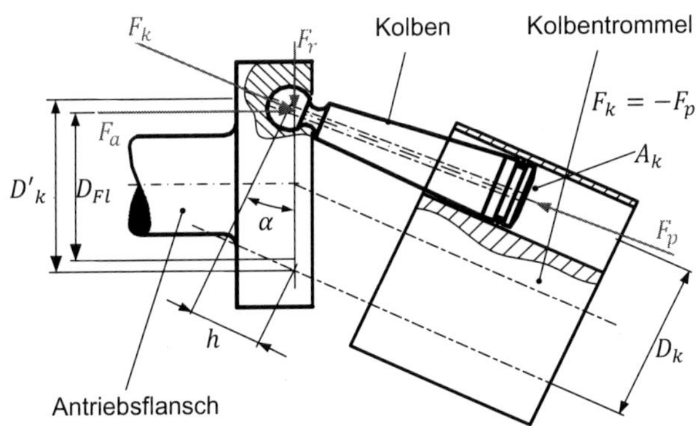

Bild 4.2-6: Kräfte an Kolbentrommel und Kolben bei der Schrägachsenbauart

Durch den prinzipbedingten Aufbau resultieren gegenüber der Schrägscheibenbauart Vorteile bei der Kraftübertragung zwischen Kolben und Antriebsflansch, wie **Bild 4.2-6** zeigt.

Nachteil der Schrägachsenbauart ist der höhere Bauaufwand. Die hohen Axialkräfte am Abtrieb müssen von groß dimensionierten Axiallagern aufgenommen werden. Verstellbare Schrägachsenmaschinen sind fast doppelt so teuer wie entsprechende Schrägscheibenmaschinen. Bei der Verstellung muss die gesamte Trommel mit ihrer großen Masse bewegt werden. Ungünstig ist auch, dass die Kolbentrommel beim Drehen bei einfachen Konstruktionen von den Pleueln mitgenommen werden muss. Bei Drehzahlschwankungen und bei schnellen Drehrichtungswechseln kann es deshalb zu Pleuelbrüchen kommen. Aus diesem Grund kann zusätzlich eine Mitnahme der Kolbentrommel durch eine Verzahnung oder eine Kardanwelle vorgesehen werden.

Zudem sind zur Fluidleitung Drehdurchführungen im Schwenklager erforderlich. Die großen Leitungslängen und teilweise engen Strömungsquerschnitte führen zu erhöhten Druckverlusten. Neuere Konstruktionen vermeiden diesen Nachteil durch einen verschiebbaren Steuerspiegel, der auf einem Kreissegment mit Langlöchern zur Flüssigkeitszufuhr und -abfuhr gleitet. Dadurch ergibt sich ein eingeschränkter Verstellbereich, wie in **Bild 4.2-5** zu sehen.

Floating Cup Maschine / Bucher AX-Serie

Die Floating Cup Maschine, die in **Bild 4.2-7** abgebildet ist, verwendet Kolben ähnlichen denen von Schrägachsenmaschinen.

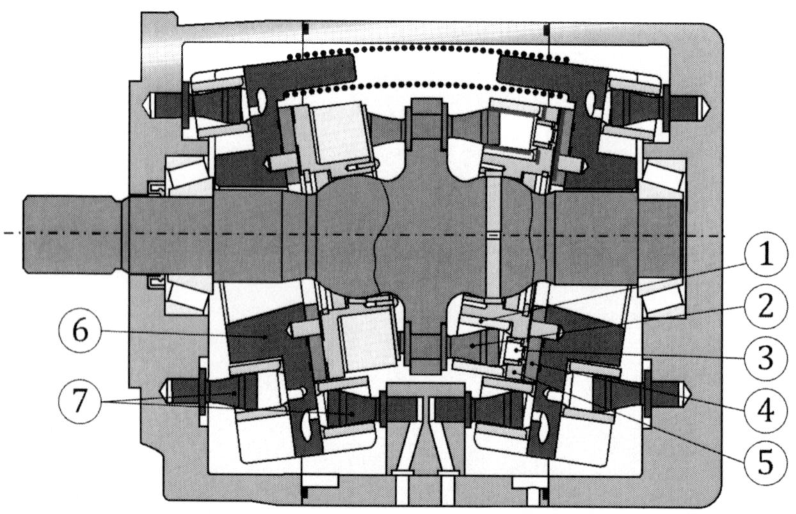

Bild 4.2-7: **Floating Cup Maschine (Innas)**

Das Kugelgelenk entfällt und es führen nicht die Kolben (2) die Hubbewegung aus, sondern die Buchse (1) bewegt sich um die Kolben. Dabei rotieren die Kolben mit der Antriebswelle und nehmen die Buchsen samt deren Platte mit. Weiterhin erfolgt die Umsteuerung der Fluidführung durch das Schwenklager der beiden Schrägscheiben. Die Dichtung im Kolben-Buchse-Kontakt ist wie bei der Schrägachsenmaschine auf eine Linie reduziert. Auf die Buchsen wirken aufgrund der geometrischen Eigenschaften von Buchse und Kolben keine resultierenden hydrostatischen Kräfte. Die hydrostatischen Kräfte an den

Kolben hingegen sind nicht ausgeglichen, sodass hier eine direkte Umwandlung von Drehmoment und hydrostatischen Druck erfolgt. Ein Vorteil bei dieser Umwandlung ist der Verzicht auf bewegliche Gestänge oder Gelenke. Weitere Informationen finden sich in [4.1, 4.2, 4.3].

Umsteuerung bei Axialkolbenmaschinen

Die Umsteuerung von Axialkolbenmaschinen in Schrägscheiben- und Schrägachsenbauweise erfolgt durch den Steuerspiegel, dessen prinzipielle Wirkungsweise im Folgenden erläutert wird. Die Umsteuerung in Taumelscheibenmaschinen kann anstatt mit Rückschlagventilen auch mit Hilfe eines rotierenden Steuerspiegels oder -zylinders erfolgen.

Neben der Umsteuerung übernimmt der Steuerspiegel auch die Axiallagerung der Kolbentrommel. Ein sphärischer, d. h. gewölbter Steuerspiegel dient gleichzeitig als Radiallager und wird vorwiegend bei Schrägachseneinheiten eingesetzt. Die Funktion des Steuerspiegels und die Vorgänge beim Umsteuern werden durch **Bild 4.2-8** verdeutlicht.

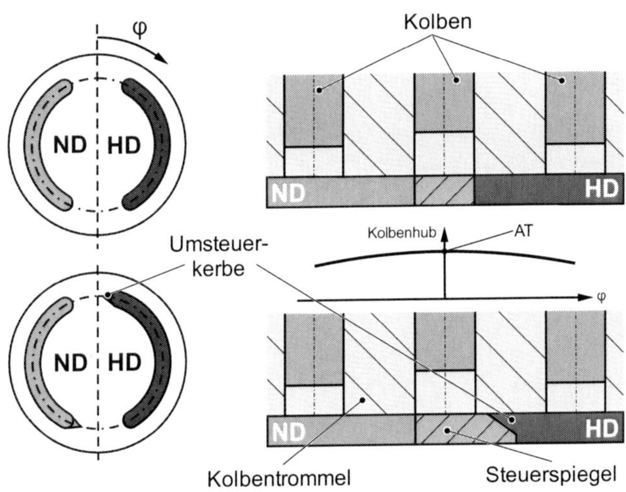

Bild 4.2-8: Auslegung des Steuerspiegels einer Axialkolbenpumpe

Der Steuerspiegel hat zwei nierenförmige Schlitze, über welche die Zylinderräume in der Kolbentrommel mit dem Saug- bzw. Druckanschluss verbunden werden. Die Schnittansicht rechts in Bild 4.2-8 zeigt als Abwicklung des Teilkreises die Saugniere, den Trennsteg und die Druckniere des Steuerspiegels sowie die Kolbentrommel mit den Kolben.

Im Pumpenbetrieb entfernen sich die Kolben im Bereich der Saugniere vom Steuerspiegel, wie das Diagramm rechts oben in Bild 4.2-8 zeigt. Dabei füllen sich die Zylinderräume mit Druckflüssigkeit aus dem Sauganschluss der Pumpe. Im äußeren Totpunkt (AT) wird der Zylinderraum vom Trennsteg abgeschlossen, dessen Breite mindestens der Zylinderöffnungslänge auf der Trommel entspricht, um einen Kurzschluss zwischen Saug- und Druckanschluss zu verhindern. Beim Weiterdrehen der Kolbentrommel wird das noch drucklose Volumen mit der unter Hochdruck stehenden Druckniere verbunden. Fluid aus dem Druckanschluss strömt als Kompressionsflüssigkeit in den Zylinderraum zurück. Das führt zu einer schlagartigen Kompression des Zylindervolumens und einer intensiven Geräuschanregung. Maßnahmen zur Geräuschminderung an Kolbenpumpen setzen deshalb am Spiegel an, um den Umsteuervorgang trotz hoher Drehzahl sanfter und damit leiser zu realisieren.

In Bild 4.2-8 ist rechts unten eine übliche Auslegung des Steuerspiegels dargestellt. Der Steg zwischen Saug- und Druckniere wurde in Richtung der Druckniere erweitert. Das angesaugte Volumen im Zylinderraum wird wieder im äußeren Totpunkt vom Sauganschluss getrennt, bleibt dann aber für einen bestimmten Drehwinkel abgeschlossen. Der Kolbenhub h, der während dieser Drehung erfolgt, führt bereits zu einer Kompression des abgeschlossenen Volumens. Dieser Vorgang heißt Vorkompression. Die Verbindung zum Druckraum erfolgt zudem nicht schlagartig, sondern es wird zunächst nur ein enger Drosselquerschnitt, die Druckausgleichskerbe (oder Umsteuerkerbe), zur Druckniere freigegeben. So erfolgt der Druckausgleich zwischen Zylindervolumen und Druckraum langsamer, und die zu überbrückende Druckdifferenz ist wegen der Vorkompression geringer. Beim Übergang vom Druck- zum Saugraum sind ähnliche Maßnahmen erforderlich. Bei Axialkolbenmotoren müssen Druckausgleichskerben auf beiden Seiten der Stege angebracht werden, da in der Regel beide Drehrichtungen vorkommen.

Neben seiner Steuerfunktion dient der Steuerspiegel auch zur Aufnahme der Axialkräfte auf die Kolbentrommel. Dabei wird der Steuerspiegel als hydrostatische Entlastung ausgebildet. Im Gegensatz zu einem vollständig tragenden hydrostatischen Lager wird dabei die druckbeaufschlagte

Lagerfläche etwas kleiner ausgelegt als es der Lagerbelastung entspricht. Dadurch ist sichergestellt, dass die Kolbentrommel immer am Steuerspiegel anliegt, so dass die Leckageverluste gering bleiben. Ein hydrodynamischer Schmierfilm nimmt im Betrieb die verbleibende Restkraft auf. Deshalb können im Betrieb der Axialkolbenmaschinen bei niedrigen Drehzahlen Probleme auftreten, da der hydrodynamische Schmierfilm nicht vollständig ausgebilet ist und Mischreibung vorliegt. Das gleiche gilt auch für die hydrostatische Entlastung der Kolbenschuhe auf der Schrägscheibe.

4.2.2 Radialkolbenmaschinen

Bei Radialkolbenmaschinen stehen die Achsen der Kolben senkrecht auf der Drehachse der Maschine. Es wird zwischen äußerer und innerer Kolbenabstützung unterschieden. Bei der äußeren Kolbenabstützung stützen sich die Kolben an einem außen liegenden Hubring mechanisch ab, während sie von innen mit Druck beaufschlagt werden. Bei der inneren Kolbenabstützung stützen sich die Kolben an einer rotierenden Welle mit Exzenter ab und werden von außen mit Druck beaufschlagt. Darüber hinaus gibt es die Reihenkolbenmaschinen, deren Kolben radial ausgerichtet und in Reihe angeordnet sind. Reihenkolbenmaschinen werden häufig in der Wasserhydraulik eingesetzt und sind nicht so verbreitet wie die Radialkolbenmaschinen mit äußerer und innerer Abstützung. Die drei Bauarten von Radialkolbenmaschinen sind in **Bild 4.2-9** gezeigt.

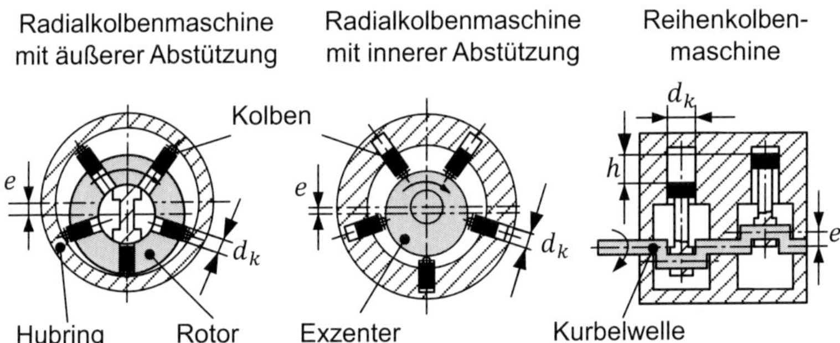

Bild 4.2-9: Bauarten von Radialkolbenmaschinen

Weiterhin wird zwischen einhubigem und mehrhubigem Aufbau unterschieden. Bei einer einhubigen Radialkolbenmaschine führen die Kolben pro Umdrehung der Antriebswelle einen vollständigen Hub aus. Bei einer mehrhubigen Radialkolbenmaschine erfolgen mehrere Kolbenhübe pro Umdrehung, so dass das Förder- bzw. Schluckvolumen der Einheiten bei fast gleichem Bauraum stark vergrößert werden kann. Für den Motorbetrieb bedeutet dies, dass sehr hohe Drehmomente erreicht werden.

Das Verdrängervolumen einer Radialkolbenmaschine kann gemäß der folgenden Gleichung berechnet werden:

$$V = \frac{\pi}{4} \cdot d_k^2 \cdot 2 \cdot e \cdot z \tag{4.2-3}$$

In dieser Gleichung steht d_k für den Kolbendurchmesser, e für die eingestellte Exzentrizität und z für die Anzahl der Kolben. Die Gleichung gilt für alle oben dargestellten Bauformen von Radialkolbenmaschinen. Handelt es sich um eine mehrhubige Maschine, muss das berechnete Volumen mit der Anzahl der Hübe pro Umdrehung multipliziert werden.

Einige Arten von Radialkolbenmaschinen sind verstellbar. Die Verstellbarkeit ist relativ leicht realisierbar für eine einhubige Radialkolbenmaschine mit äußerer Abstützung, da der Hubring im Gehäuse verschiebbar gelagert werden kann. Unter größerem konstruktiven Aufwand können auch einhubige Radialkolbenmaschinen mit innerer Abstützung verstellbar ausgeführt werden. Dies erfordert allerdings eine Verschiebung des Exzenters auf der Antriebswelle. Nicht verstellbar sind hingegen die mehrhubigen Radialkolbenmaschinen und die Reihenkolbenmaschinen.

Der Druckbereich von Radialkolbenpumpen reicht bis 700 bar. Die meisten Anwendungen nutzen Drücke bis etwa 480 bar. Im Vergleich zu Axialkolbenmaschinen sind bei Radialkolbenmaschinen die Hublängen zwar geringer, dafür können die Kolbendurchmesser erheblich größer ausgeführt werden. Bei gleichem Bauvolumen haben Radialkolbenmaschinen deshalb in der Regel das größere Förder- bzw. Schluckvolumen.

Außen abgestützte Radialkolbenmaschinen

Bei den außen abgestützen Radialkolbenmaschinen werden die Kolben vom umlaufenden Zylinderstern mitbewegt und stützen sich über Gleitschuhe oder Rollen auf einem exzentrisch angeordneten Hubring oder auf einer Kurvenbahn ab. Durch die Exzentritzät zwischen Hubring und Drehpunkt des Zylindersterns ergibt sich die Hubbewegung. **Bild 4.2-10** zeigt eine einhubige, verstellbare Radialkolbenpumpe.

Der Zylinderstern wird über eine Kreuzscheibenkupplung von der Welle angetrieben. In dem Zylinderstern ist der zylindrische Steuerzapfen angeordnet, der sich nicht dreht und die Umsteuerung, d. h. die Verbindung der Verdrängerräume mit dem Saug- bzw. Druckanschluss bewirkt. Hinsichtlich der Geräuschminderung sind hier ähnliche Maßnahmen wie bei den Steuerspiegeln von Axialkolbenmaschinen erforderlich, die bereits oben erläutert wurden.

Über hydrostatisch entlastete Gleitschuhe bzw. Kolbenschuhe stützen sich die Kolben auf dem verschiebbaren Hubring ab. Damit ein Saugbetrieb möglich ist, werden sie über Ringe am Hubring gehalten, wobei das Ansaugen des Fluids durch die Fliehkräfte unterstützt wird. Durch Verschieben des Hubringes um die Exzentrizität e aus der Mittellage ergibt sich ein Hub von $h = 2 \cdot e$ der Kolben. Hubvolumen und Förderrichtung der Pumpe lassen sich also durch Verschieben des Hubrings ändern.

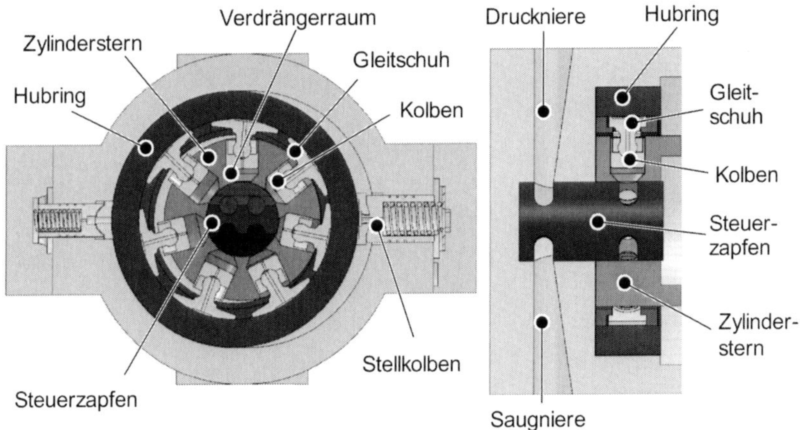

Bild 4.2-10: Außen abgestützte Radialkolbenmaschine (nach Moog)

Um das Förder- bzw. Schluckvolumen zu erhöhen, können mehrhubige Einheiten aufgebaut werden. Insbesondere bei außen abgestützten Einheiten wird häufig ein mehrhubiger Aufbau realisiert. In **Bild 4.2-11** ist ein Beispiel für eine mehrhubige Radialkolbenmaschine gezeigt, bei der jeder Kolben acht Hübe pro Umdrehung ausführt. Der Steuerzapfen bzw. Steuerring weist folglich acht Saug- und sechs Druckanschlüsse auf. Die zulässigen Drehzahlen von mehrhubigen Maschinen sind kleiner als die von einhubigen Maschinen.

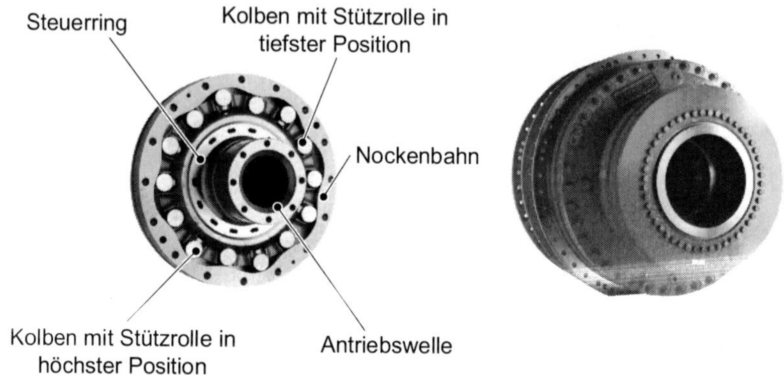

Bild 4.2-11: Mehrhubiger Radialkolbenmotor mit äußerer Kolbenabstützung (Bosch Rexroth, Hägglunds)

Innen abgestützte Radialkolbenmaschinen

Bild 4.2-12 zeigt eine innen abgestützten Radialkolbenmaschine.

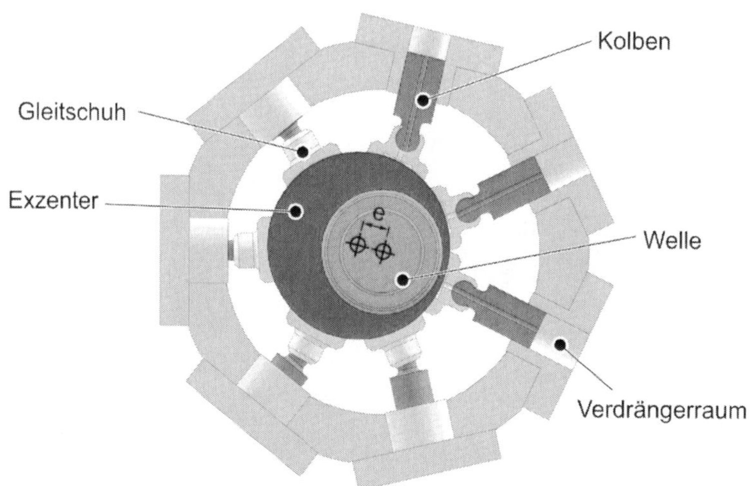

Bild 4.2-12: Innen abgestützter Radialkolbenmaschine

Die im Gehäuse sternförmig angeordneten Kolben rotieren hier nicht mit. Zur Erzeugung der Hubbewegung kommt ein Exzenter zum Einsatz. Um die Belastung der Welle durch Querkräfte zu reduzieren bzw. die Verdrängervolumina zu vergrößern, können die Kolben in mehreren Ebenen mit jeweils versetzten Exzentern angeordnet werden.

Die Umsteuerung erfolgt ähnlich zu Taumelscheibenmaschinen durch Rückschlagventile oder einen mitrotierenden Steuerring, je nachdem ob die Maschinen im Pumpen- oder Motorbetrieb arbeiten soll.

Für die innen abgestützte Radialkolbenmaschine gilt dieselbe Formel für das Verdrängervolumen wie für außen abgestütze Radialkolbenmaschinen, Gleichung (4.2-3).

Reihenkolbenmaschinen

Reihenkolbenmaschinen benötigen bezogen auf das Verdrängervolumen vergleichsweise viel Bauraum und werden häufig mit drei Kolben ausgelegt. Durch die Verwendung dreier Kolben kann die Volumenstrompulsation verringert werden, sie ist aber im Vergleich zu anderen Bauformen mit höherer Anzahl an Verdrängerkolben immer noch so hoch, dass zur Dämpfung ein Speicher benötigt wird. Ein Beispiel für eine Reihenkolbenpumpe ist in **Bild 4.2-13** gezeigt.

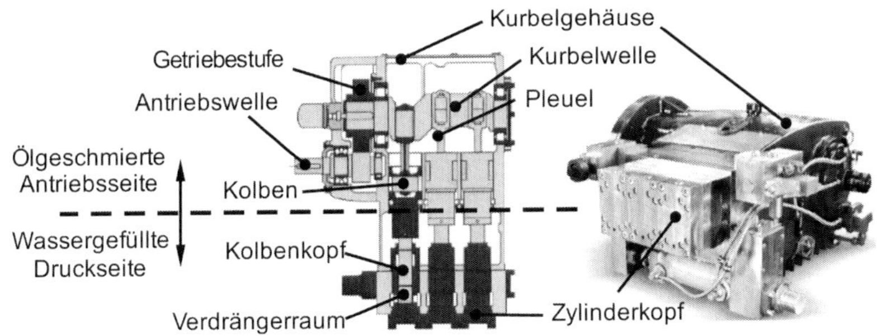

Bild 4.2-13: Reihenkolbenpumpe (Hauhinco)

Bei Reihenkolbenmaschinen sind die Verdrängerräume räumlich von dem ölgeschmierten Triebwerk, bestehend aus Kurbelwelle, Pleuel und Kolben, getrennt. Daher bieten Reihenkolbenpumpen Vorteile beim Fördern von niedrigviskosen oder verschmutzten Flüssigkeiten. Darüber hinaus lassen sich sehr hohe Fördervolumina realisieren.

4.2.3 Zahnradmaschinen

Beim Verdrängerprinzip Zahn bilden die Zahnzwischenräume die Verdrängerräume. Die beiden gebräuchlichsten Bauformen, die Außenzahnradmaschine und die Innenzahnradmaschine, sind in **Bild 4.2-14** gezeigt. Bei der Außenzahnradmaschine wird der Verdrängerraum durch die Gehäusewand beschränkt und bei der Innenzahnradmaschine durch die Sichel. Die Trennung der Niederdruckseite von der Hochdruckseite erfolgt durch den Zahnkontakt der beiden Zahnräder im Eingriff.

Eine Verstellung des Verdrängervolumens ist bei Zahnradmaschinen nur mit sehr hohem konstruktivem Aufwand möglich und ist daher in der Hydraulik unüblich. Zahnradmaschinen weisen Verdrängervolumina zwischen 0,4 und 1200 cm^3 auf. Übliche Druckbereiche für Außenzahnradeinheiten liegen je nach Anwendungsbereich zwischen 5 und 300 bar. Bei Innenzahnradmaschinen liegen die Volumina in gleicher Größe, die Drücke reichen bis etwa 350 bar. Zahnradmaschinen können als Pumpen und Motoren eingesetzt werden.

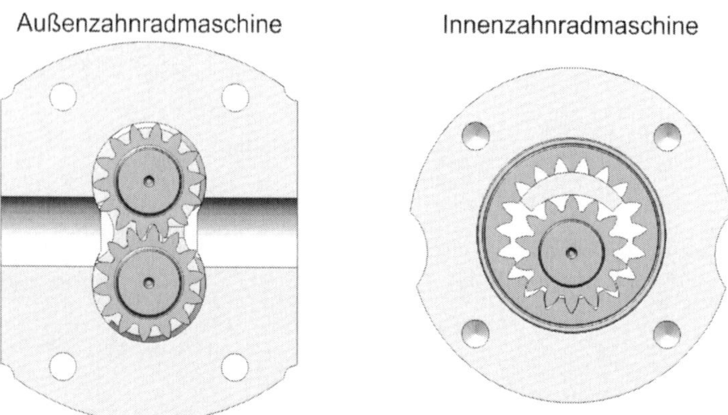

Bild 4.2-14: Bauarten von Zahnradmaschinen

Zur Abschätzung des geometrischen Verdrängervolumens einer Außen- oder Innenzahnradmaschine kann folgende Näherungsformel verwendet werden:

$$V \approx (\pi \cdot m^2) \cdot b \cdot 2 \cdot z \qquad (4.2\text{-}4)$$

Dabei entspricht der Term $\pi \cdot m^2$ etwa der Fläche zwischen zwei Zähnen. Durch Multiplikation mit der Zahnbreite b ergibt sich das Volumen eines Zahnzwischenraums. Durch weitere Multiplikation mit dem Faktor zwei und der Zähnezahl z ergibt sich das Gesamtvolumen aller Zahnzwischenräume. Wichtig ist, dass zur Berechnung die Zähnezahl vom antreibenden Rad verwendet wird. Alternativ kann die folgende einfachere Gleichung verwendet werden. Darin steht d_F für den Fußkreisdurchmesser der Zahnräder und d_k für den Kopfkreisdurchmesser.

$$V \approx \frac{\pi}{4} \cdot (d_k^2 - d_F^2) \cdot b \qquad (4.2\text{-}5)$$

Bei Verwendung dieser Gleichung wird von der Tatsache Gebrauch gemacht, dass die Stirnfläche der Zähne ungefähr der Fläche der Zahnzwischenräume entspricht [4.17].

Außenzahnradmaschinen

Bild 4.2-15 zeigt die einzelnen Bauteile einer Außenzahnradmaschine in der Explosionsdarstellung. Das Triebwerk besteht aus zwei außenverzahnten Zahnrädern (Ritzeln), wobei eines über die Antriebswelle angetrieben wird. Die Ritzelwellen sind über die Lagerbuchsen, welche in den Lagerbrillen angeordnet sind, gelagert.

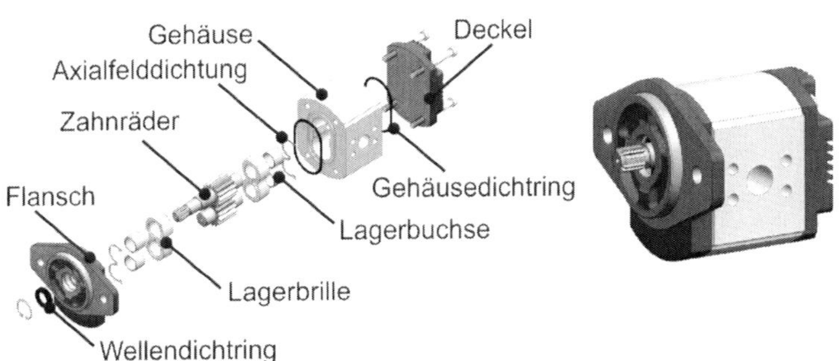

Bild 4.2-15: Explosionsdarstellung einer Außenzahnradmaschine

Wie bereits eingangs des Kapitels erläutert und wie in **Bild 4.2-16** dargestellt ist, werden Saugraum und Druckraum einer Außenzahnradmaschine durch den Zahnkontakt im Eingriff voneinander getrennt. In der Regel werden

Zahnradpaarungen mit einer Überdeckung größer 1 genutzt. Demnach befinden sich zwei Zähne gleichzeitig in Kontakt. Dieser Umstand führt dazu, dass eine geringe Fluidmenge zwischen den Zähnen eingeschlossen ist. Das eingeschlossene Fluid wird auch als „Quetschöl“ bezeichnet. Wird das Quetschöl komprimiert, führt dies zu einem Anstieg des Drucks. Um Beschädigungen des Triebwerks aufgrund zu hoher Quetschöldrücke zu vermeiden, wird das Quetschöl häufig durch eine Nut oder entsprechende Kerben abgeführt. Wie bei allen Verdrängermaschinen wird das Fluid über die Änderung des Verdrägerraumvolumens angesaugt oder gefördert. Der Zahnzwischenraum im Förderraum wird durch das Eintauchen des Zahnes verkleinert und somit Fluid verdrängt. Im Bereich des Saugraums wird der Zahnzwischenraum größer und das Fluid wird angesaugt.

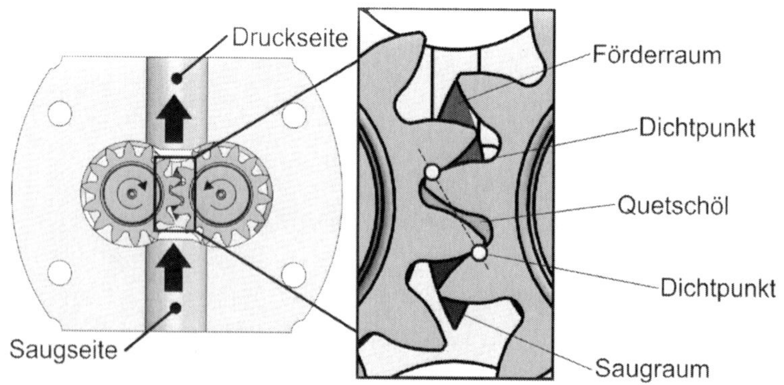

Bild 4.2-16: Förderablauf der Zahnradpumpe und Entstehung von Quetschöl

In **Bild 4.2-17** ist die ideale und die reale Druckverteilung über den Randumfang skizziert. Voraussetzung für den idealen stufenweisen Anstieg ist eine gleichbleibende Spaltweite zwischen Zahnköpfen und Gehäusewandung. Die aus dem Druckfeld resultieren Kräfte drücken die die Zahnräder in Richtung des Saugbereichs. Daher kann bei einer nicht kompensierten Pumpe dort als erstes Materialkontakt und damit Verschleiß auftreten. Aus diesem Grund können nicht-kompensierte Außenzahnradpumpen nur für geringe Betriebsdrücke eingesetzt werden.

In der Regel werden die Zahnräder durch die resultierende Druckbelastung in Richtung des Saugbereichs gedrückt, wobei es im Bereich des Druckraums zu einer Aufweitung der Spaltweite zwischen Zahnkopf und Gehäusewand kommt. Gleichzeit wird die Spaltweite im Saugbereich verkleinert und dichtet besser ab, sodass der Druckaufbau im Wesentlichen dort erfolgt. Die resultierende Belastung für die Achsen und Lager wird dadurch zusätzlich erhöht.

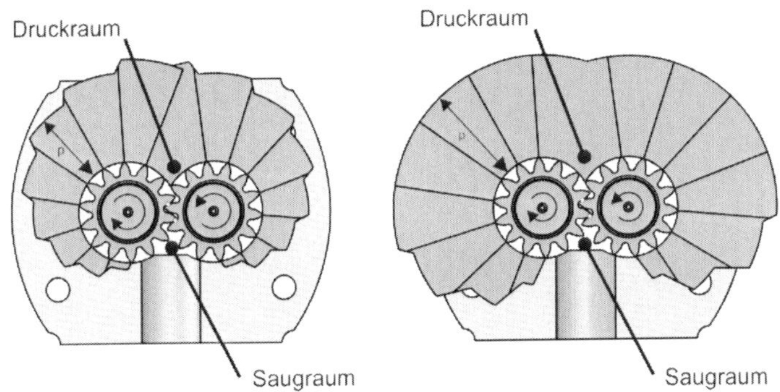

Bild 4.2-17: Druckverteilung über dem Radumfang bei einer Außenzahnradpumpe; links: ideal, rechts: real

Bei Außenzahnradeinheiten mit axialer Kompensation wird der Axialspalt durch eine schwimmende Buchse oder Lagerbrille hydraulisch ausgeglichen. Wie in **Bild 4.2-18** dargestellt ist, wird die Lagerbrille, auf der den Zahnrädern abgewandten Seite, mit Betriebsdruck beaufschlagt. Die daraus resultierende Druckkraft presst die Lagerbrille auf die Zahnräder und stellt den Axialspalt ein. Die Druckfelder sind so abgestimmt, dass sie um einen bestimmten Betrag größer als das innerhalb des Getriebes wirkende Druckfeld sind, so dass eine gute Abdichtung stets gewährleistet wird.

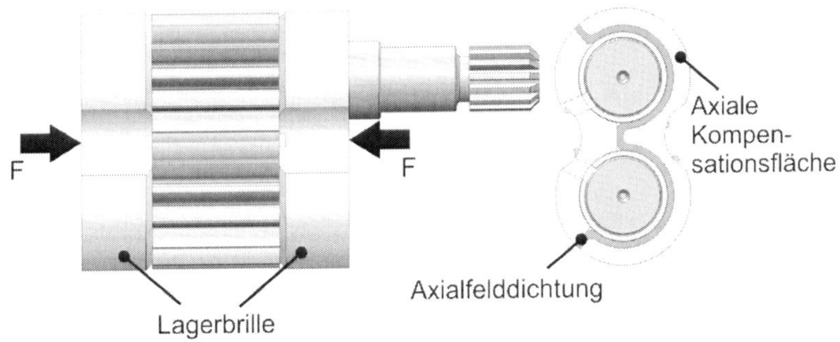

Bild 4.2-18: Axiale Spaltkompensation

Bei Zahnradeinheiten mit axialer und radialer Kompensation wird außer dem axialen Spalt auch die Vergrößerung des radialen Spaltes infolge der Durchbiegung der Wellen ausgeglichen. Die Lagerbrillen sind konstruktiv so gestaltet, dass ein Anpressen der Zahnräder an die Lauffläche des Gehäuses verhindert wird.

Durch Einsatz der axialen und radialen Spaltkompensation lässt sich der Druckbereich von Außenzahnradpumpen stark erhöhen. Der konstruktive Aufwand für die Kompensation steigt jedoch an.

Soll der Aufwand einer radialen Spaltkompensation vermieden werden, die Außenzahnradmaschine sich aber dennoch für einen erhöhten Druckbereich einsetzen lassen, kann ein reduzierter Dichtsteg verwendet werden. Der Druck steigt stattdessen nur noch im Bereich des verkürzten Dichtstegs (in der Regel über einen Zahnkopf) auf Hochdruckniveau an. Durch eine solche Konstruktion werden die radialen und axialen Druckkräfte und damit die Lagerbelastung wesentlich reduziert. Entsprechend kommt es zu einem höheren hydraulisch-mechanischen Wirkungsgrad, während der volumetrische Wirkungsgrad sinkt. Der reduzierte Dichtsteg ist ein Kompromiss zwischen einem hohen Druckbereich und geringen Herstellungskosten.

Innenzahnradmaschinen

Innenzahnradmaschinen weisen gegenüber den Außenzahnradmaschinen einige systembedingte Vorteile auf. Die Kombination von Innenzahnrad (Hohlrad) und Außenzahnrad (Ritzel) führt zu einem wesentlich längeren Zahneingriff, wodurch sich eine bessere Dichtwirkung und ein größerer Saug- und Druckwinkel ergeben. Das führt zu geringeren Strömungs- und Füllverlusten in der Pumpe. Nachteilig bei Innenzahnradpumpen ist der im allgemeinen höhere konstruktive Aufwand. Die Abschätzung des geometrischen Verdrängervolumens kann mit Hilfe der bei den Außenzahnradmaschinen vorgestellten Gleichung erfolgen. **Bild 4.2-19** zeigt Komponenten einer Innenzahnradpumpe in der Explosionsdarstellung. Bei Innenzahnradpumpen kämmen ein außenverzahntes (Ritzel) und ein innenverzahntes (Hohlrad) Zahnrad miteinander. In der Hydraulik wird in der Regel das Ritzel über die Antriebswelle angetrieben. Theoretisch ist es auch möglich das Hohlrad anzutreiben, dies ist allerdings in der Hydraulik unüblich. Die Sichel trennt den Saugraum vom Druckraum. Die Ritzelwelle ist über zwei

Lagerbuchsen gelagert, während das Hohlrad hydrostatisch im Gehäuse gelagert ist.

Zur Verbesserung des Wirkungsgrades werden auch bei Innenzahnradpumpen verschiedene Methoden der Kraftkompensation angewendet. Zur Verringerung der Leckageverluste werden durch Kompensationsdruckfelder die Dichtspalte auch bei hohem Druck klein gehalten.

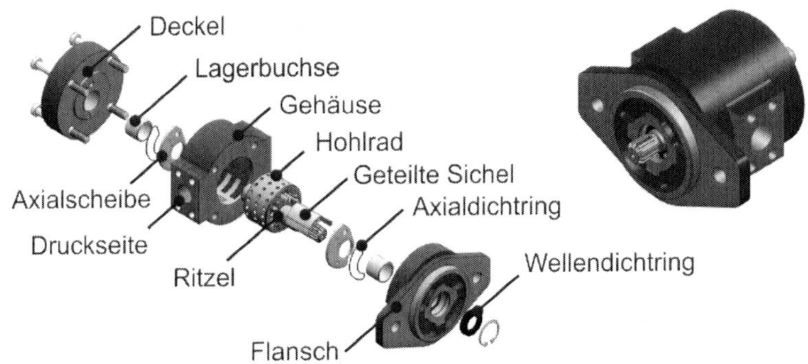

Bild 4.2-19: Explosionsdarstellung einer Innenzahnradmaschine

Bild 4.2-20 zeigt die prinzipielle Funktionsweise der axialen und radialen Kompensation. Auf der Zahnrad abgewandten Seite wird die Kompensationsfläche mit Betriebsdruck beaufschlagt. Die daraus resultierende Kompensationskraft drückt die Axialscheiben in Richtung der Zahnräder und stellt die axiale Spaltweite ein. Bei Innenzahnradpumpen mit getrennter Sichel wird das untere Sichelsegment in Richtung des Ritzels gedrückt und das obere in Richtung des Hohlrades. So wird die radiale Spaltweite reduziert.

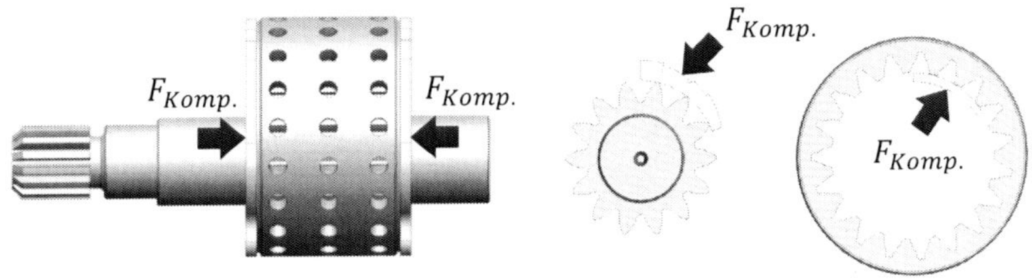

Bild 4.2-20: Innenzahnradpumpe mit Kraftkompensation

Ein weiterer wesentlicher Vorteil der innenverzahnten Pumpen besteht im günstigeren Geräuschverhalten. Eine spezielle Evolventenkurzverzahnung und der wesentlich größere Saug- und Druckwinkel führt zu einer zehnmal geringeren Förderstrompulsation als bei Außenverzahnung. Hinzu kommt, dass mit kleinen Ritzel-Zähnezahlen eine Tendenz hin zu niedrigen Zahneingriffsfrequenzen besteht. Das führt ebenfalls zu einem niedrigeren Schallpegel, da die dB(A)-Kurve die Schalleistung bei tiefen Frequenzen niedriger bewertet.

Die Vorteile der Innenzahnradmaschinen treffen auch auf die Zahnringverdränger (Gerotorprinzip und Orbitprinzip) zu, bei denen nicht ein halbmondförmiges Füllstück den Druck- vom Saugraum trennt, sondern eine besondere Ausbildung der Zähne die Abdichtung zwischen Zahnring und innerer Zahnscheibe gewährleistet. **Bild 4.2-21** zeigt eine Gerotormaschine.

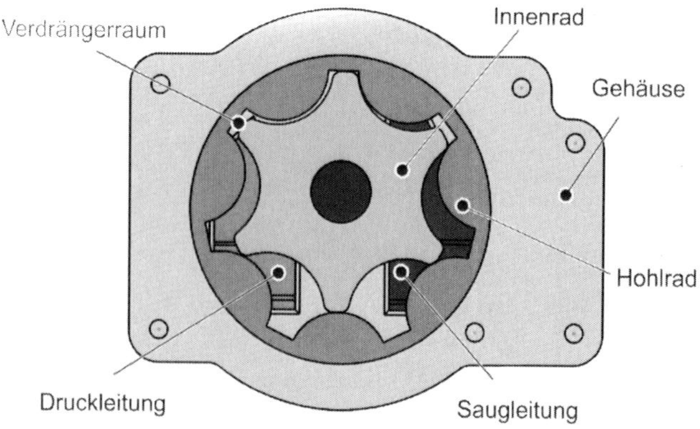

Bild 4.2-21: Gerotormaschine

Die Kinematik des Orbitprinzips unterscheidet sich von der nur rotierenden Bewegung des Gerotors. Durch die kreisende Bewegung des Innenrades in dem feststehenden Außenrad ist beim Orbitmotor ein hohes Schluckvolumen des Motors pro Umdrehung gegeben, was hohe Abtriebsmomente bei kompakter Bauweise erlaubt.

4.2.4 Flügelzellenmaschinen

Neben Zahn und Kolben existiert als drittes Verdrängerprinzip der Flügel. Bei diesen Einheiten können sich die Flügel oder die flügelähnlichen Bauteile in radialen Schlitzen bewegen und bilden zwischen Gehäuse und Rotor die

Verdrängerräume. Flügelzellenpumpen sind bezüglich des Geräuschverhaltens besser als Axialkolben- und Außenzahnradpumpen, jedoch nicht so gut wie Innenzahnrad- oder Schraubenspindelpumpen.

Die konventionellen Flügelzellenmaschinen weisen einen geschlitzten Rotor auf, in dem sich Flügel in radialer Richtung bewegen können. Die Flügel werden gegen das Gehäuse der Einheit gedrückt, so dass die Zwischenräume zwischen Rotor, zwei benachbarten Flügeln und Gehäuse jeweils einen abgeschlossenen Verdrängerraum bilden.

Die Flügelzellenmaschinen werden meist als Pumpe eingesetzt. Die Fördervolumina von Flügelzellenpumpen liegen zwischen 3 und 800 cm^3. Das geometrische Verdrängervolumen kann mit folgender Gleichung überschlägig berechnet werden:

$$V \approx 2 \cdot e \cdot b \cdot (D \cdot \pi - a \cdot z) \tag{4.2-6}$$

Flügelzellenpumpen existieren in einhubiger und mehrhubiger Ausführung. Beide Bauarten sind in **Bild 4.2-22** gezeigt. Bei der einhubigen Ausführung ist das Verdrängervolumen von der Exzentrizität abhängig. Bei der mehrhubigen Ausführung ist die Hubfunktion von der Gehäusekontur abhängig und kann ähnlich einem Kurvengetriebe manipuliert werden.

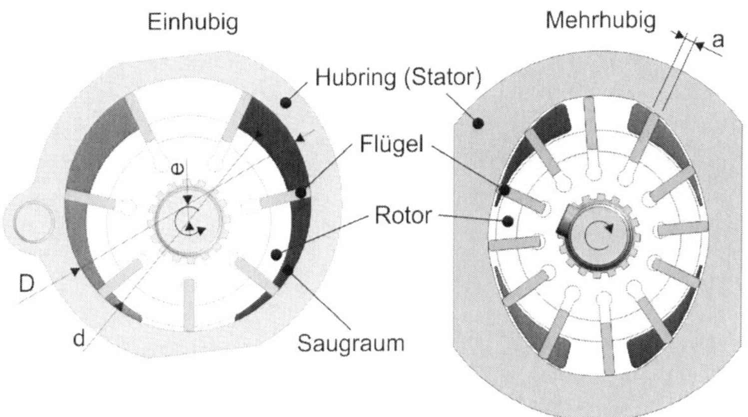

Bild 4.2-22: Einhubige und doppelhubige Flügelzellenpumpe

Ein wichtiger Vorteil mehrhubiger Pumpen ist die Kraftentlastung des Rotors durch die symmetrische Druckverteilung. Hinzu kommt das erhöhte

Verdrängervolumen bei doppel- oder mehrhubiger Ausführung auf fast gleichem Bauraum.

Bei der einhubigen Ausführung besteht die Möglichkeit zur Verstellung des Verdrängervolumens durch Veränderung der Exzentrizität, was bei der mehrhubigen Einheit nicht realisiert werden kann. Vorteilhaft ist bei der einhubigen Ausführung darüber hinaus auch die einfache Fertigung des Stators, der als reines Drehteil konstruiert werden kann. **Bild 4.2-23** zeigt eine verstellbare einhubige Flügelzellenmaschine mit minimalem und maximalem Fördervolumen.

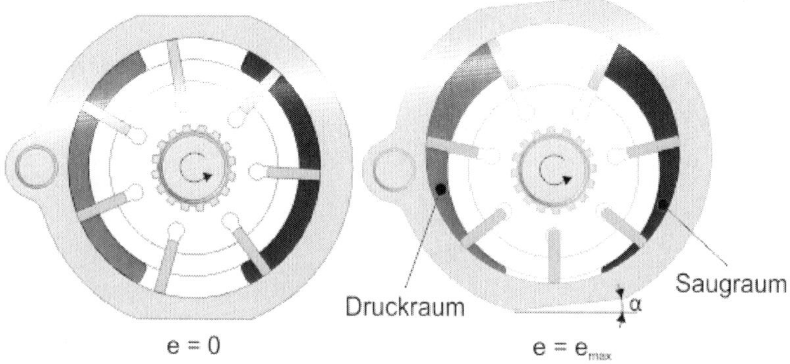

Bild 4.2-23: Verstellung einer einhubigen Flügelzellenpumpe

Durch Verändern der Exzentrizität e ist eine Verstellung des Hubvolumens und auch eine Umkehr der Förderrichtung möglich. Auf der Seite des in Drehrichtung größer werdenden Raumes zwischen den Flügeln wird angesaugt. Ein bzw. zwei Flügel über den Stegen trennen Saug- und Druckraum. Der Trennsteg muss so breit sein, dass er zwei Flügel überdeckt. Er darf andererseits nicht noch breiter sein, da sonst das im Verdrängerraum befindliche Fluid komprimiert oder expandiert wird. Dies würde zu Druckspitzen oder Kavitation führen. Gefördert wird auf der Seite des in Drehrichtung kleiner werdenden Verdrängerraums zwischen den Flügeln.

Bei einhubigen Flügelzellenpumpen ist der Rotor nicht gegen radiale Druckkräfte entlastet. Da der Druck auf eine große Fläche wirkt, ist die Lagerbelastung sehr hoch. Ebenso ist die Reibung an den Flügeln hoch, da sich die druckbelasteten Flügel im Schlitz radial bewegen müssen.

Der Förderstrom einer Flügelzellenpumpe pulsiert einerseits aufgrund der sich periodisch ändernden Dichtspalte, da abwechselnd ein oder zwei Flügel dichten und daher ein variabler Leckagestrom entsteht. Andererseits pulsiert der Förderstrom aufgrund der sich ändernden Flügellänge, da die Flügel in den Rotor ein- bzw. austauchen und damit das Volumen im Verdrängerraum verändern, was schließlich ebenfalls zur Volumenstrompulsation führt.

Eine Abdichtung an der Flügelaußenkante kann durch Fliehkraft oder bei höheren Anforderungen an den volumetrischen Wirkungsgrad durch Druckbeaufschlagung der Flügelunterseiten sichergestellt werden. Dabei werden die Flügel teilweise auch hydrostatisch entlastet. Bei Einheiten für beide Drehrichtungen ist dies nicht möglich, so dass die Flügel von Federn nach außen gedrückt werden.

Bei der mehrhubigen Ausführung muss ein Stator verwendet werden, der eine Kurvenbahn aufweist. Eine Verschiebung des Rotors relativ zum Stator würde hier nicht zu einer Veränderung des Verdrängervolumens führen, so dass mehrhubige Flügelzellenmaschinen nicht verstellbar sind.

Durch die symmetrische Anordnung von zwei Saug- und Druckräumen ist der Rotor druckentlastet. Die Lager können kleiner dimensioniert werden, und es sind höhere Drücke möglich.

In den Bereichen des Stators, die den Sauganschluss vom Druckanschluss trennen, erfolgt keine Hubbewegung der druckbelasteten Flügel. Reibung und Verschleiß werden dadurch verringert. Auch hier müssen die Stege so lang ausgeführt sein, dass immer mindestens ein Flügel daran anliegt.

4.3 Sonderbauarten

Neben den zuvor beschriebenen, in der Hydraulik weit verbreiteten Prinzipien und Bauarten von Verdrängerpumpen gibt es weitere Pumpentypen, die im Folgenden erläutert werden.

Schraubenspindelpumpe

Bei Schraubenspindelmaschinen (in der Regel nur als Pumpe eingesetzt) bilden die Gewindegänge zusammen mit dem Gehäuse die Verdrängerräume. Durch die Drehung der Antriebsspindel und der mitlaufenden Spindel werden die jeweils abgeschlossenen Verdrängerräume vom Saug- zum Druckanschluss der Pumpe bewegt. Eine Verstellung des Volumens ist bei dieser Bauform nicht möglich. **Bild 4.3-1** zeigt das Prinzip einer Schraubenspindelpumpe.

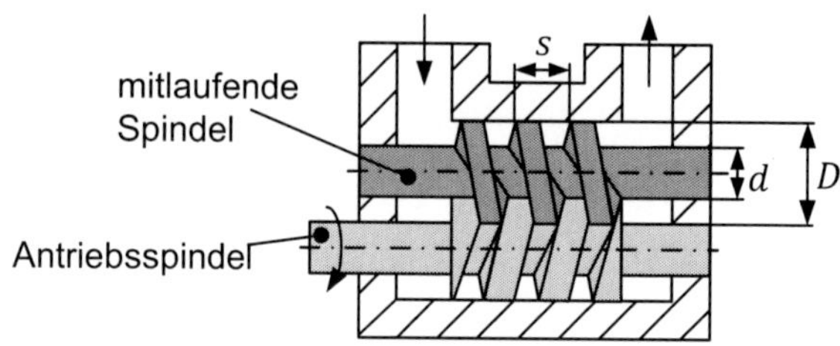

Bild 4.3-1: Schema einer Schraubenspindelpumpe

Schraubenpumpen bestehen aus einem Gehäuse mit zwei oder mehr sich drehenden Schraubenspindeln. Von den Spindeln wird meist nur eine angetrieben, während die andere entweder direkt über die Spindelflanken oder über ein zusätzliches Zahnradpaar angetrieben wird. Die Förderräume werden aus zwei Flanken, einer Spindel, einem Gang der Gegenspindel und dem Gehäuse gebildet. Dieser abgeschlossene Raum bewegt sich in axialer Richtung ohne Volumenänderung vorwärts.

Das Fördervolumen einer Schraubenspindelpumpe kann überschlägig gemäß folgender Gleichung berechnet werden:

$$V \approx \frac{\pi}{4} \cdot (D^2 - d^2) \cdot s - D^2 \cdot \left(\frac{\alpha}{2} - \frac{\sin(2 \cdot \alpha)}{4} \cdot s \right)$$

$$\text{mit } \cos\alpha = \frac{D + d}{2 \cdot D} \tag{4.3-1}$$

Dabei ist zu beachten, dass auch Schraubenspindelpumpen mit mehr als einer Spindel oder mit Spindeln unterschiedlicher Durchmesser gebräuchlich sind, deren Fördervolumen nicht mit der gezeigten Gleichung berechnet werden können. Schraubenspindelpumpen werden für Drücke bis 200 bar und Fördervolumina zwischen 2 und 800 cm³ gebaut.

Ein Nachteil der Schraubenpumpe ist die große Reibung und daher der relativ niedrige Wirkungsgrad. Aufgrund der klein zu haltenden Leckageverluste und der hohen Flächenbelastungen ist eine relativ hohe Viskosität bzw. eine ausreichend genaue Fertigung der Bauteile erforderlich. Um eine ausreichende Schmierung und eine nicht zu hohe Leckage zu erreichen, werden üblicherweise Öle mit Viskositäten von 30 bis 80 mm²/s eingesetzt [4.11].

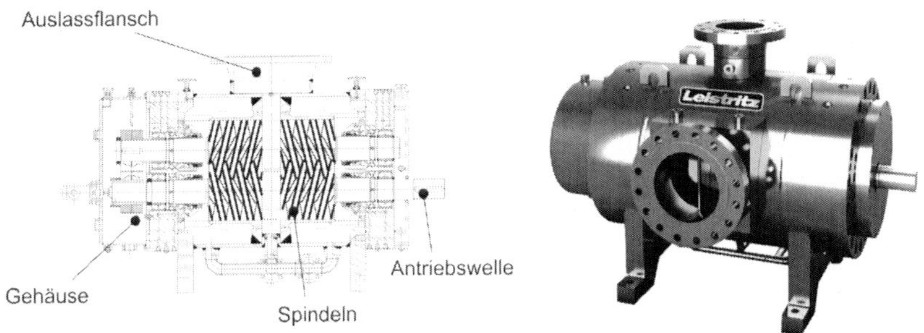

Bild 4.3-2: Schraubenspindelpumpe (Leistritz)

Ein wichtiger Vorteil ist die Pulsationsarmut einer Schraubenspindelpumpe, da bei Verwendung von Spindeln mit einem Gewindegang eine gleichmäßige Verdrängung je Umdrehung entsteht. Dadurch ergibt sich eine sehr niedrige Druckpulsation und eine entsprechend geringe Geräuschabstrahlung. Aus diesem Grund sind Schraubenspindelpumpen in der Regel die leisesten Verdrängermaschinen und werden bei Aufzügen in der Haustechnik und in U-Booten in der Rüstungstechnik eingesetzt.

Sperrflügelpumpe

Die Sperrflügelpumpe besteht aus einem Rotor mit zwei Nocken und zwei Sperrflügeln. Die Verdrängerräume bilden sich zwischen Nocken und Flügeln. Damit ist die Sperrflügelpumpe die kinematische Umkehrung der Flügelzellenpumpe aus **Kap. 4.2.4**. Eine Volumenverstellung ist bei dieser Bauart nicht möglich. **Bild 4.3-3** zeigt das Prinzip einer Sperrflügelpumpe.

Das Fördervolumen einer Sperrflügelpumpe kann überschlägig berechnet werden. Dabei ist zu beachten, dass eine Verdrängertasche pro Umdrehung zwei Mal fördert:

$$V \approx \frac{b}{2} \cdot (D^2 - d^2) \cdot (\pi - \alpha) \qquad (4.3\text{-}2)$$

Sperrflügelpumpen werden mit Fördervolumina zwischen 4 und 400 cm^3 gebaut. Der Druckbereich reicht bis ca. 200 bar.

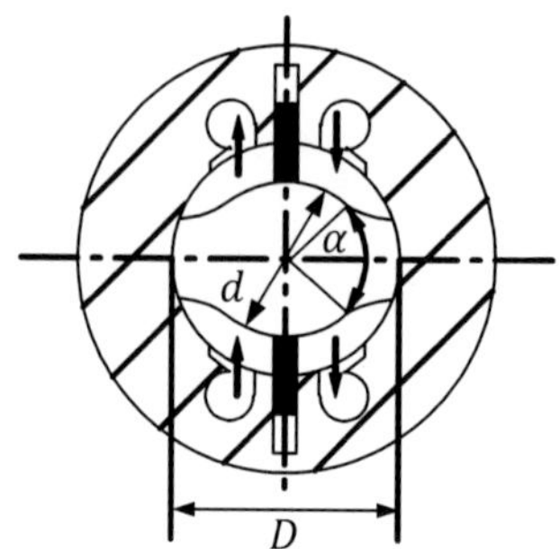

Bild 4.3-3: Sperrflügelpumpe

Um die Anzahl der Verdrängerräume zu erhöhen und damit die Volumenstrompulsation abzusenken, werden bei der konstruktiven Umsetzung von Sperrflügelpumpen meist mehrere Einheiten parallel, auf einer Welle angeordnet. **Bild 4.3-4** zeigt ein Beispiel für eine solche Sperrflügelpumpe. Zwei um 90° versetzte Drehkolben werden an den im feststehenden Gehäuse geführten Flügeln vorbeigeführt, die Saug- und Druckräume voneinander trennen.

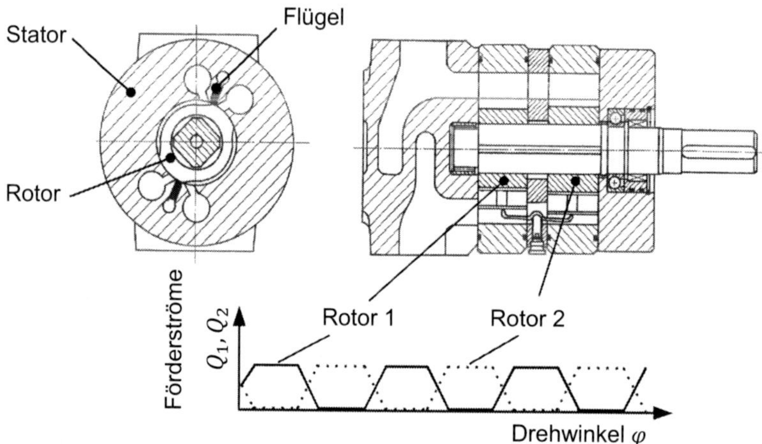

Bild 4.3-4: Sperrflügelpumpe (Sauer-Danfoss)

Die Drehkolben haben Kurvenbahnen, die möglichst so geformt werden, dass die Volumenförderung über dem Drehwinkel konstant bleibt. Selbst bei theoretisch konstantem Förderstrom treten durch Kompressionsverluste Ungleichförmigkeiten auf, wenn die Nut mit angesaugtem Flüssigkeitsvolumen mit der Druckseite in Verbindung tritt. Die Pulsation dieser Einheiten ist deshalb vergleichsweise hoch. Die Flügel werden über Wippfedern und durch den auf die Kopfseite wirkenden Flüssigkeitsdruck gegen die Drehkolben gepresst.

Rollflügelpumpe

Die in **Bild 4.3-5** gezeigte Rollflügelpumpe ist der Sperrflügelpumpe sehr ähnlich. Hier sind die Flügel durch rotierende Walzen ersetzt, die Lücken für die vorbeilaufenden Zähne aufweisen. Diese Bauart wird wegen ihres sehr guten Reibverhaltens bevorzugt in der Servotechnik eingesetzt.

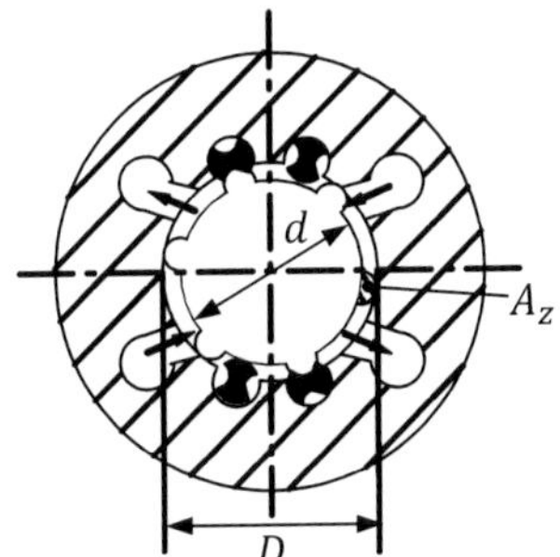

Bild 4.3-5: Rollflügelpumpe

Das Fördervolumen der Rollflügelpumpe lässt sich überschlägig berechnen. Auch hier fördert eine Verdrängertasche zwei Mal pro Umdrehung.

$$V \approx 2 \cdot b \cdot \left[\frac{\pi}{4} \cdot (D^2 - d^2) - z \cdot A_z\right] \qquad (4.3\text{-}3)$$

Dabei entspricht z der Anzahl der Verdrängertaschen und A_z der Fläche eines Nockens. Rollflügelpumpen werden bis zu Drücken von 160 bar betrieben und weisen Fördervolumen zwischen 8 und 1000 cm³ auf. Weitere Informationen sind der Literatur zur Servohydraulik zu entnehmen [4.20].

Kreiselpumpe

Wie eingangs erwähnt, werden Strömungsmaschinen in der Hydraulik nur sehr wenig eingesetzt. Lediglich als Vorfüllpumpe für die oben beschriebenen Verdrängereinheiten werden in seltenen Fällen Kreiselpumpen genutzt. Aufgrund der speziellen Eigenschaften der Kreiselpumpen, die für bestimmte Anwendungen Vorteile bieten können, soll hier kurz das Verhalten von Kreiselpumpen erläutert werden.

In **Bild 4.3-6** ist eine Kreiselpumpe dargestellt. Im Wesentlichen besteht die Pumpe aus den beiden Komponenten Laufrad und Gehäuse.

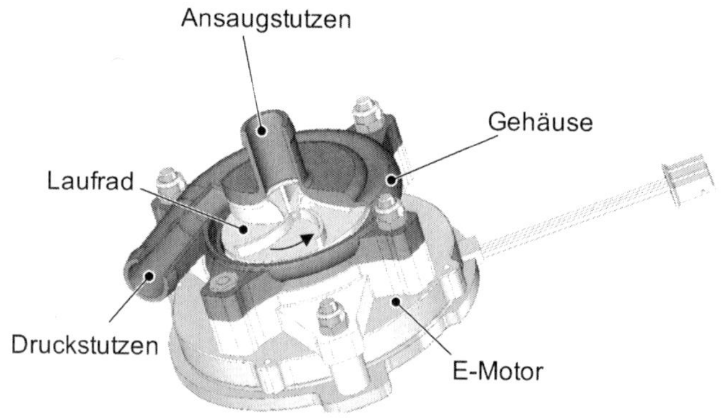

Bild 4.3-6: Kreiselpumpe

Bei unendlich vielen Schaufeln der Kreiselpumpe wird das Medium zwangsgeführt, und die Flüssigkeit tritt ohne Stoß ein. Bei Erreichen der Nenn-Liefermenge einer Kreiselpumpe geschieht das auch trotz endlicher Schaufelzahl im optimalen Betriebspunkt. Da das Medium zwischen den Schaufeln jedoch nicht geführt wird, ist die Leistung in den übrigen Betriebspunkten geringer.

Diese verringerte Leistung führt zu dem in **Bild 4.3-7** gezeigten qualitativen Kennlinienverlauf. Der mögliche Förderstrom der Kreiselpumpe ist von der Drehzahl und zusätzlich von der Förderhöhe, d. h. dem Druck am Pumpenausgang, abhängig. Bei Erreichen des maximalen Drucks geht der Förderstrom auf Null zurück und das Läuferrad dreht sich im

Flüssigkeitsvolumen. Zudem wird die Kennlinie von der Viskosität des Mediums beeinflusst.

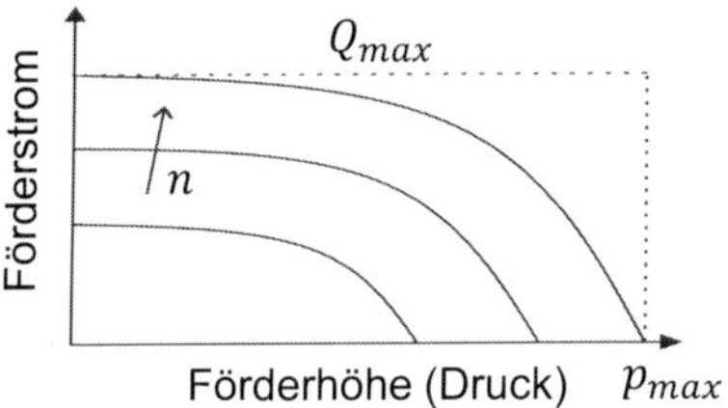

Bild 4.3-7: Kennlinien von Kreiselpumpen

In der Hydraulik werden Kreiselpumpen aufgrund der Druckabhängigkeit der Kennlinie nur für Hilfsfunktionen eingesetzt, wie z. B. als Umwälzpumpen für Filter-, Heiz- und Kühlkreisläufe und als Füllpumpen. Vorteilhaft an Kreiselpumpen ist, dass kein Druckbegrenzungsventil erforderlich ist, kaum Pulsation von Druck und Förderstrom auftritt, keine berührenden Teile vorhanden sind, sodass sogar schlammige Medien gefördert werden können, und dass diese Pumpen ein sehr geringes Laufgeräusch aufweisen.

4.4 Bauarten linearer Verdrängereinheiten

4.4.1 Zylinder

Die Umformung von hydraulischer Leistung in eine geradlinige Arbeitsbewegung geschieht durch Hydraulikzylinder. Der Zylinder bildet im hydraulischen Kreislauf einen Verbraucher, kann aber je nach Einsatzart auch als Pumpe wirken. **Bild 4.4-1** zeigt die drei Bauarten von Hydraulikzylindern.

Einfachwirkende Zylinder haben nur eine Kolbenfläche und werden auch als **Plungerzylinder** bezeichnet. Die Kolbenstange dient direkt als Kolben. Der Vorteil dieser Bauart ist der einfache, robuste Aufbau. Der Rückzug erfolgt durch Eigengewicht, Federn oder andere Mittel. Bei großen hydraulischen Pressen werden häufig auch getrennte Rückzugzylinder eingesetzt.

Beim doppeltwirkenden Zylinder sind beide Kolbenseiten druckbeaufschlagt. Die beiden Varianten sind schematisch in **Bild 4.4-1** und als Schnittansicht in **Bild 4.4-2** dargestellt. Der Zylinder kann in beide Richtungen hydraulisch betätigt werden. Da bei **Differentialzylindern** die Kolbenstange nur einseitig herausgeführt wird, sind die wirksamen Kolbenflächen der Kammern A und B unterschiedlich groß. Bei diesem Zylinderaufbau ergeben sich unterschiedliche Zylinderkräfte bei gleichem Druck, und unterschiedliche Geschwindigkeiten bei gleichem Volumenstrom.

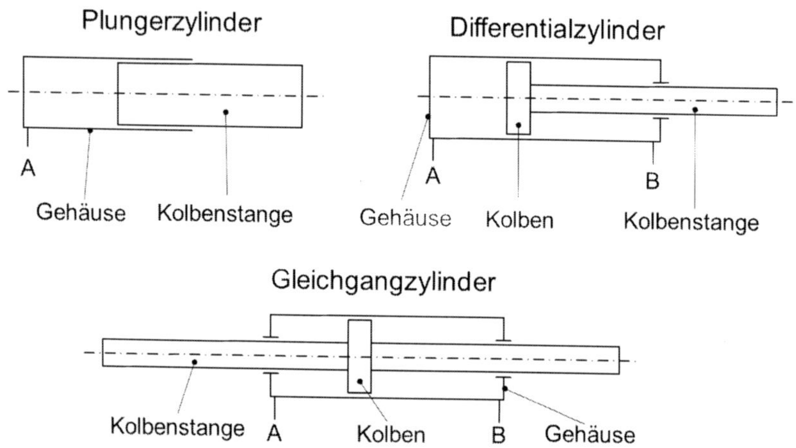

Bild 4.4-1: Bauarten von Zylindern

Der Differentialzylinder hat die größte Verbreitung in der Anwendung und repräsentiert die Stärke hydraulischer Antriebstechnik, die in der sehr einfachen und robusten Erzeugung von Linearbewegungen auf höchstem Kraftniveau begründet ist.

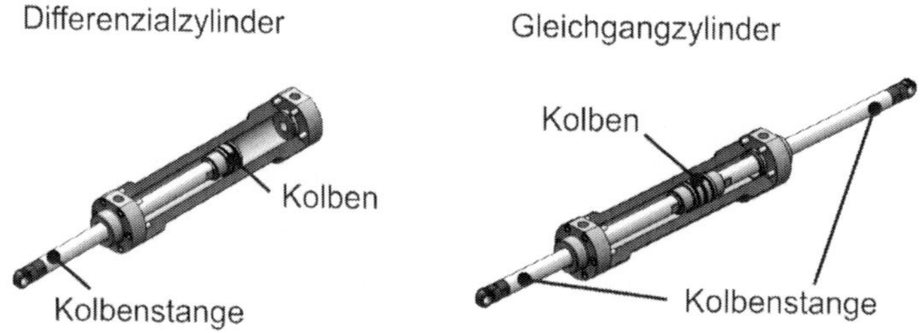

Bild 4.4-2: Differential- und Gleichgangzylinder

Im Gegensatz zum Differentialzylinder sind beim **Gleichgangzylinder** mit zweiseitiger Kolbenstange Geschwindigkeiten und Kräfte in beiden Bewegungsrichtungen gleich groß, der Bauraumbedarf aber entsprechend größer.

Da Zylinder in vielen unterschiedlichen Anwendungen Einsatz finden, gibt es auch ein breites Spektrum an Anschluss und Befestigungsmöglichkeiten, die in **Bild 4.4-3** auszugsweise dargestellt sind.

Bild 4.4-3: Befestigungsarten von Zylindern

Aus den gezeigten Befestigungsarbeiten geht hervor, dass Zylinder während der Bewegung auch durchaus ihre Lage ändern bzw. sich die Lastrichtung und damit auch die Querkraft ändert.

4.4.1.1 Teleskopzylinder

Teleskopzylinder werden verwendet, um große Hübe bei kleiner Baulänge zu erreichen. Sowohl einfach- als auch doppeltwirkende Ausführungen sind möglich. In **Bild 4.4-4** ist ein doppeltwirkender Teleskopzylinder schematisch dargestellt.

Die Ausfahrgeschwindigkeit eines Teleskopzylinders ist nicht zwangsläufig in jeder Stufe gleich. In zahlreichen Anwendungen, wie z. B. Kippzylinder in Muldenkippern, ist ein stufenweises Ausfahren des Zylinders zulässig. Soll jedoch eine konstante Hubgeschwindigkeit bei konstantem zugeführten

Volumenstrom erreicht werden, sind die Flächenverhältnisse der einzelnen Stufen aufeinander anzupassen.

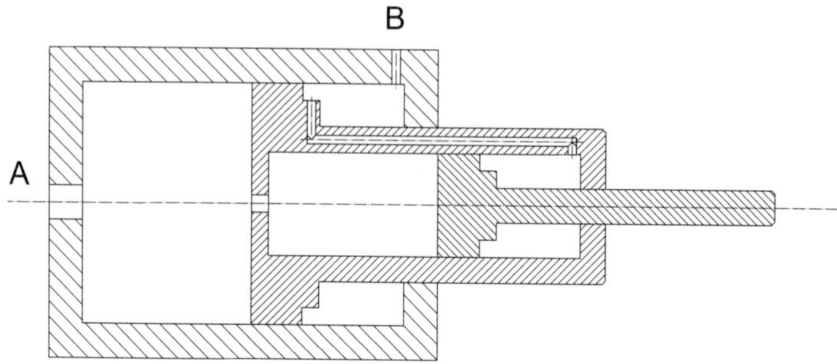

Bild 4.4-4: Teleskopzylinder

Diese Gleichlaufteleskopzylinder werden beispielsweise in hydraulischen Aufzügen verwendet. Weitere Hinweise zu dieser Bauart sind [4.17] zu entnehmen.

4.4.1.2 Endlagendämpfung

Um Beschädigungen von Hydraulikzylindern durch Anfahren an die Endanschläge zu vermeiden, werden sogenannte Endlagendämpfungen verwendet. Diese sollen möglichst nur in einer Richtung als wegabhängige Dämpfung wirksam sein. Ein Beispiel für eine Endlagendämpfung ist in **Bild 4.4-5** gezeigt.

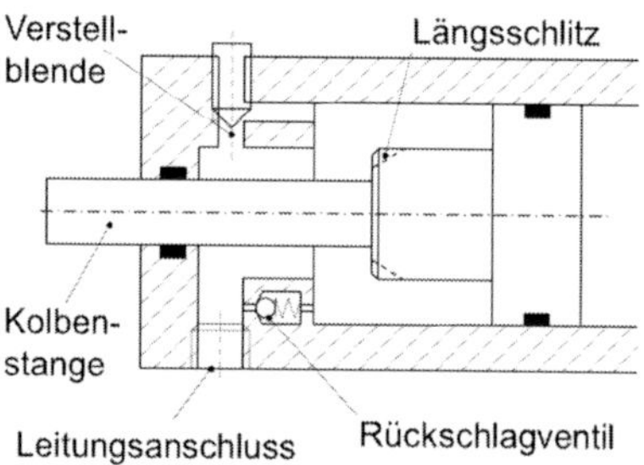

Bild 4.4-5: Schema einer Endlagendämpfung

Ein stirnseitiger Kolbenbund verschließt kurz vor der linken Endlage des Kolbens den freien Rücklauf des Fluids. Das im ringförmigen Zylinderraum verbleibende Flüssigkeitsvolumen kann nur über einen wegabhängig veränderlichen Widerstand durch Längsschlitze abgeführt werden, sodass die Bewegung des Zylinders vor Erreichen der Endlage stark abgebremst wird.

Beim Abbremsen des Kolbens vor Erreichen der Endlage wird eine konstante Verzögerung und damit eine linear fallende Geschwindigkeit des Kolbens gewünscht. Der Kammerdruck soll einen konstant hohen, aber noch zulässigen Wert haben. Die über der Zeit linear fallende Sollgeschwindigkeit kann dann durch eine zeitlich linear abnehmende Blendenfläche realisiert werden. Dies wird durch eine Querschnittsabnahme der Schlitze erreicht, die über dem Hub aufgetragen einer Wurzelfunktion entspricht. Die Auslegung ist nur bei Abbremsung einer Masse ohne äußere Störkraft gültig. Aus fertigungstechnischen Gründen wird oft einem von außen fest einstellbaren Widerstand, der ebenfalls in **Bild 4.4-5** angedeutet und als Verstellblende bezeichnet ist, der Vorzug gegeben.

4.4.2 Druckübersetzer

Zylinder bzw. Pumpen und Motoren können zu sogenannten Druckübersetzern verbunden werden. Mittels Druckübersetzern ist die lokale Erhöhung des Versorgungsdrucks möglich. Das Prinzip ist in **Bild 4.4-6** gezeigt.

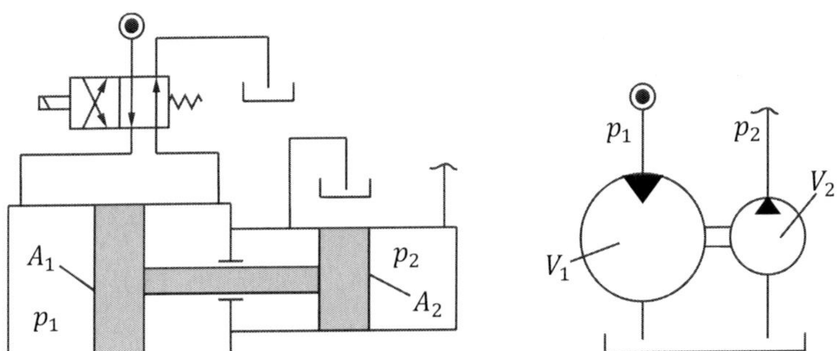

Bild 4.4-6: Druckübersetzer (linear und rotatorisch)

Für Zylinderschaltungen gilt unter Vernachlässigung von Reibkräften das Kräftegleichgewicht:

$$p_2 = \frac{A_1}{A_2} \cdot p_1 , \qquad Q_2 = \frac{A_2}{A_1} \cdot Q_1 \tag{4.4-1}$$

Die Druckübersetzung entspricht damit dem Flächenverhältnis. Das primärseitige Druckmedium muss nicht unbedingt Öl sein, sondern es kann auch Pressluft, Dampf oder Wasser verwendet werden. Lineare Druckübersetzer haben den Nachteil, dass der Hub begrenzt ist und damit nur eine diskontinuierliche Förderung erfolgen kann.

Eine kontinuierliche Förderung ist mit rotatorischen Druckübersetzern, sogenannten Hydrotransformatoren, möglich. Pumpe und Motor sind hierbei auf einer Welle angeordnet, sodass ein Momentengleichgewicht herrscht.

$$p_2 = \frac{V_1}{V_2} \cdot p_1 \,, \qquad Q_2 = \frac{V_2}{V_1} \cdot Q_1 \qquad (4.4\text{-}2)$$

Der wesentliche Nachteil ist der erhöhte Bauteil- und Bauraumbedarf, weswegen insbesondere für Druckhaltefunktionen mit lokal höherem Druck lineare Druckübersetzer verwendet werden.

4.4.3 Schwenkantriebe

Mit Hilfe hydraulischer Schwenkmotoren können Druckkräfte in Drehmomente und Volumenströme in Drehbewegungen umgesetzt werden. Innerhalb der Hydraulik schließen die Schwenkantriebe die Lücke zwischen langsamlaufenden Rotationsmotoren, mit denen beliebige Drehbewegungen realisiert werden können, und den Hydraulikzylindern.

Schwenkmotoren haben gegenüber den oben beschriebenen Rotationsmotoren den Vorteil eines hohen Verdrängervolumens bei geringem Bauraum. Daher lassen sich mit Schwenkmotoren hohe Momente realisieren. Im Gegensatz zu langsamlaufenden Rotationsmotoren oder Antrieben mit Hydraulikzylinder und Kurbel ist bei Schwenkmotoren das abgegebene Drehmoment unabhängig von der Winkelstellung, was als weiterer Vorteil zu werten ist. Der Nachteil der Schwenkmotoren liegt im eingeschränkten Schwenkbereich, der je nach Bauart von einem Bruchteil einer Umdrehung bis hin zu einigen (<5) vollständigen Umdrehungen reicht.

Schwenkantriebe in Drehflügelbauart zeichnen sich durch eine besonders kompakte Bauweise aus. Es werden unterschiedliche Bauformen von Schwenkantrieben unterschieden, siehe **Bild 4.4-7**.

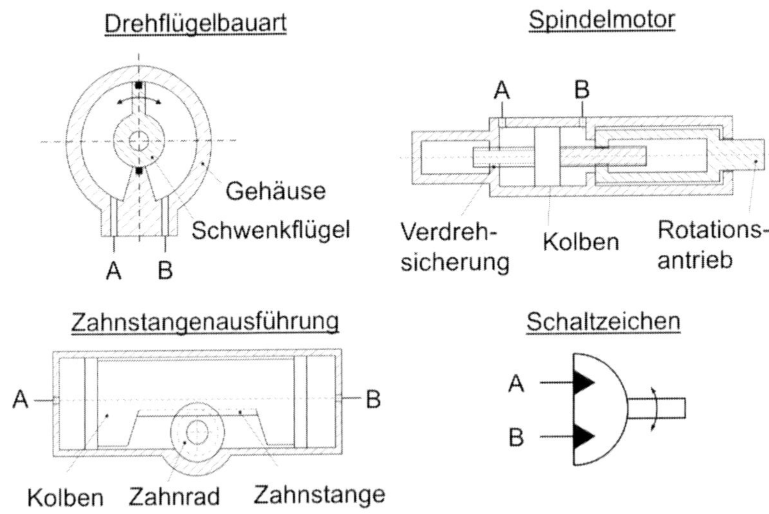

Bild 4.4-7: Bauarten von Schwenkmotoren

Da die Flügel auf der Achse des Motors verschweißt sind oder mit der Achse ein Schmiedeteil bilden, können mit dem Flügelmotor Druckkräfte spielfrei in Drehmomente umgewandelt werden. Die Druckkräfte können über einen oder zwei Flügel auf den Schwenkarm übertragen werden. Bei der Bauform mit nur einem Flügel wird ein Drehbereich von etwa 200° erreicht. Bei Schwenkantrieben mit zwei Flügeln ist das Drehmoment höher, der maximal erreichbare Schwenkwinkel beträgt dann allerdings nur etwa 100°. Die Druckkammern dieser Motoren müssen radial und axial gegeneinander abgedichtet sein, wozu in der Regel Teflondichtungen eingesetzt werden. Trotz der aufwändigen Dichtung ist die interne Leckage zwischen den Druckkammern deutlich höher als zwischen Zylinderkammern in Linearantrieben.

Spindelmotoren bestehen aus einem Linearzylinder, dessen Kolbenstange auf der einen Seite durch eine Verzahnung gegen Verdrehen gesichert ist. Die andere Seite der Kolbenstange besitzt eine Spindel mit hoher Steigung und dreht sich in einem dazu passenden Gewinde. Da das Innengewinde zwar drehbar, aber axial gesichert ist, wird eine Drehbewegung aufgeprägt. Mit Spindelmotoren lassen sich mehrere volle Umdrehungen realisieren.

Ein Schwenkantrieb in Zahnstangenausführung, siehe auch **Bild 4.4-8**, besteht ebenfalls aus einem Linearzylinder, dessen Kolben sehr breit ausgeführt ist und eine Verzahnung aufweist. Bei axialer Bewegung des Kolbens kämmt die Zahnstange mit einem entsprechenden Zahnrad, wodurch eine Drehbewegung hervorgerufen wird. Mit Schwenkantrieben in Zahnstangenausführung lassen sich ebenfalls einige volle Umdrehungen realisieren.

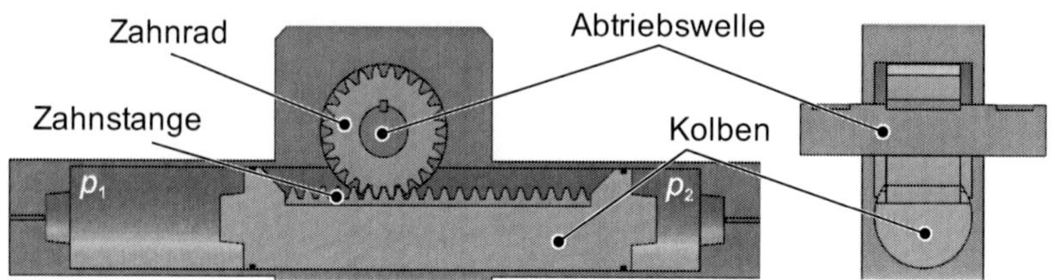

Bild 4.4-8: **Schwenkantrieb in Zahnstangenausführung**

4.5 Eigenschaften von Verdrängermaschinen

Anschließend an die Vorstellung der Funktionsprinzipien von Verdrängereinheiten wird im folgenden Abschnitt genauer auf die Kompressionsarbeit, das Förderverhalten, die Pulsation sowie den Wirkungsgrad von Verdrängermaschinen eingegangen. Die meisten der hier beschriebenen Erscheinungen resultieren aus der endlichen Verdrängeranzahl in den Verdrängereinheiten in Verbindung mit der Kompressiblität des Öls.

4.5.1 Kompressionsarbeit von Pumpen

Das Arbeitsdiagramm einer Kolbenpumpe ist in **Bild 4.5-1** dargestellt. Die obere Abbildung gilt für den Fall eines idealen, inkompressiblen Fluids. Darunter ist der Fall eines kompressiblen Hydraulikfluids überhöht dargestellt.

Bei der Kompression und Expansion eines realen Hydraulikfluids in einem geschlossenen Raum tritt eine Volumenänderung auf. Dieser Effekt tritt auch in Verdrängereinheiten, also Pumpen, Rotationsmotoren und Zylindern auf. Verglichen mit Gasen ist diese druckabhängige Volumenänderung klein, jedoch nicht vernachlässigbar. Insbesondere Luftblasen, also ungelöste Luft, reduzieren die Steifigkeit des Hydraulikfluids und folglich auch des gesamten Antriebs. Die Steifigkeit des Fluids wird durch den Kompressionsmodul quantifiziert. Der Kompressionsmodul verhält sich nichtlinear in Abhängigkeit des Drucks und ist zudem von dem Luftgehalt und der Art der Zustandsänderung (isotherm, adiabat) abhängig (siehe Kapitel 3). Im Folgenden wird die Kompressionsarbeit vereinfacht mit einer konstanten Federsteifigkeit berechnet.

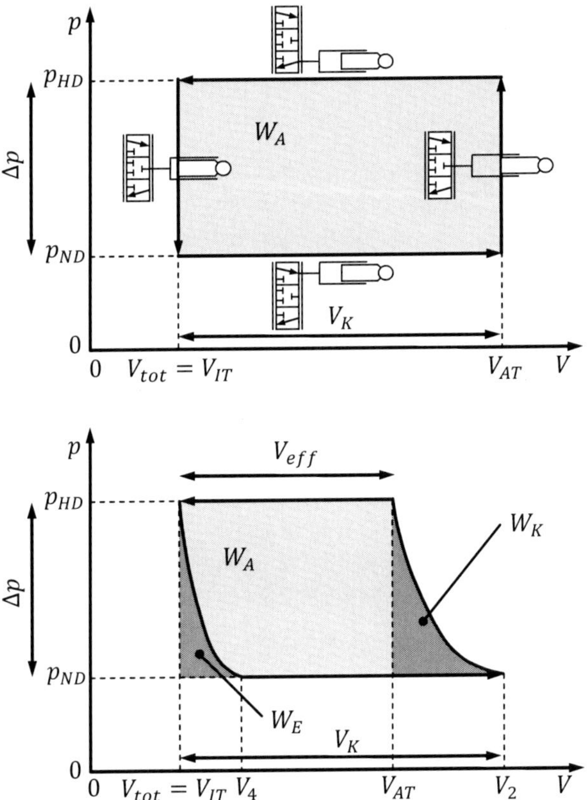

Bild 4.5-1: Arbeitsdiagramm einer Verdrängerpumpe (idealisiert und real)

Die Flüssigkeitssäule im Zylinder verhält sich wie eine Feder. Zum Erhöhen des Drucks um den Betrag Δp wird der Kolben in Bild 4.5-1 um den Weg

$$\Delta x = \frac{\Delta V}{A} = \frac{V_{AT} \cdot \Delta p}{A \cdot K_{Fl}} \tag{4.5-1}$$

in den Zylinder gedrückt. Die Flüssigkeitssäule hat die Steifigkeit

$$c = \frac{\Delta F}{\Delta x} = \frac{\Delta p \cdot A^2 \cdot K_{Fl}}{V_{AT} \cdot \Delta p} = \frac{A^2 \cdot K_{Fl}}{V_{AT}} \tag{4.5-2}$$

Bei konstantem Kompressionsmodul fällt bei Druckerhöhung die Kompressionsarbeit W_K gemäß Bild 4.5-1 an:

$$W_K = \frac{c \cdot \Delta x^2}{2} = \frac{A^2 \cdot K_{Fl}}{2 \cdot V_{AT}} \cdot \frac{V_{AT}^2 \cdot \Delta p^2}{A^2 \cdot {K_{Fl}}^2} \tag{4.5-3}$$

$$W_K = \frac{V_{AT} \cdot \Delta p^2}{2 \cdot K_{Fl}} \tag{4.5-4}$$

Die nach außen abgegebene Arbeit kann maximal den Wert

$$W_A = \left(V_K - \frac{V_{AT} \cdot \Delta p}{K_{Fl}}\right) \cdot \Delta p \tag{4.5-5}$$

annehmen. Das Verhältnis von Kompressionsarbeit zu Nutzarbeit ist demnach:

$$\frac{W_K}{W_A} = \frac{\Delta p}{2 \cdot K_{Fl} \cdot \left(\frac{V_K}{V_{AT}} - \frac{\Delta p}{K_{Fl}}\right)} \tag{4.5-6}$$

Die Kompressionsarbeit am Totvolumen V_{tot} kann während der Expansion (Druckwechsel von Hochdruck zu Niederdruck) in der Pumpe zurückgewonnen werden. Diese Arbeit entspricht dem schmalen Dreieck W_E in Bild 4.5-1. Durch Reduktion des Totvolumens V_{tot} geht die Expansionsarbeit gegen null. Zugleich verringert sich auch die Kompressionsarbeit, bleibt jedoch stets größer als null.

In **Bild 4.5-2** sind Arbeitsdiagramme einer idealen Verdrängereinheit ohne Strömungsverluste am Umsteuerventil in Abhängigkeit des Totvolumens und des Anteils ungelöster Luft dargestellt.

Anhand der Steigung während der Kompressions- oder Expansionsphase wird die Steifigkeitsreduktion der „Ölfeder" deutlich. Außerdem ist erkennbar, dass ungelöste Luft nur im niedrigen Druckbereich unter 10 bar einen signifikaten Einfluss auf den Druckaufbau hat. Diese Effekte müssen bei der Auslegung des Umsteuerventils berücksichtigt werden. Die Kompressionsarbeit, welche als potentielle Energie im Fluid gespeichert ist, kann in einem Motor zurückgewonnen werden, solange die Kompressionsenergie nicht durch Wärmeübertragung dissipiert wird.

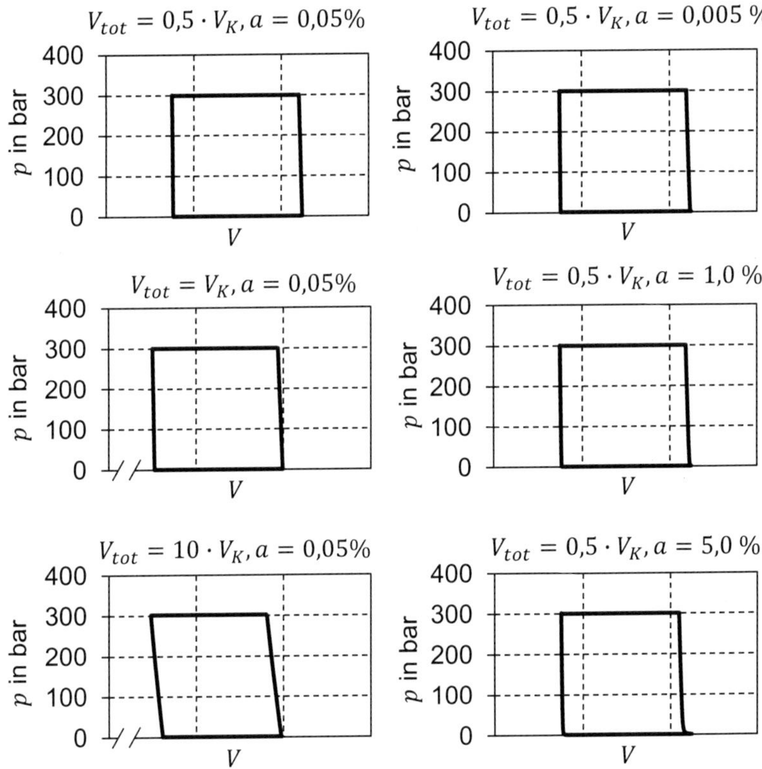

Bild 4.5-2: Arbeitsdiagramm einer Verdrängerpumpe (Variation des Totvolumens und des Luftgehalts)

Für das Verhältnis von Nutzarbeit zu Kompressionsarbeit gilt exemplarisch:

$$\Delta p = 300\ bar$$

$$K_{Fl} = 1 \cdot 10^4\ bar \tag{4.5-7}$$

$$V_K = 0{,}6 \cdot V_{AT}$$

$$\frac{W_K}{W_A} = \frac{300\ bar}{2 \cdot 1 \cdot 10^4\ bar \cdot \left(0{,}6 - \frac{300\ bar}{1 \cdot 10^4\ bar}\right)} = 2{,}63\ \%$$

Demnach beträgt die Wirkungsgradabnahme durch Kompressionsarbeit etwa 2,63 %. Da bei der gängigen Methode der experimentellen Wirkungsgradbestimmung [4.21] der Förderstrom in der Hochdruckleitung gemessen wird, erfolgt eine Bilanzierung der Kompressionsverluste bei der Pumpe. Infolgedessen werden bei Motoren in der Regel höhere Wirkungsgrade als bei Pumpen gemessen.

4.5.2 Förderverhalten und Pulsation

Rotierende Verdrängereinheiten – sowohl Pumpen als auch Motoren – weisen nur eine endliche Anzahl an Einzelverdrängern (Kolben, Zähne oder Flügel) auf. Die Arbeitsweise der einzelnen Verdränger ist grundsätzlich intermittierend, da auf jeden Fördervorgang ein gleichlanger Ansaugvorgang folgt. Darüber hinaus können zusätzliche Arbeitspausen auftreten, wie es beispielsweise bei der Außenzahnradpumpe der Fall ist.

Durch das Zusammenfassen mehrerer zeitlich versetzt arbeitender Verdränger in einer Maschine wird ein teilweiser Ausgleich der Ungleichförmigkeiten erreicht. Es verbleibt jedoch ein gewisses Maß an Schwankungen, deren Amplitude mit steigender Anzahl der Verdränger grundsätzlich sinkt. Mit größerer Verdrängeranzahl steigt nach Gleichung (4.5-8) allerdings die Frequenz f, was je nach Anwendung ebenfalls störend sein kann. Dabei entspricht z der Anzahl der Verdränger und n der Drehzahl der Maschine.

$$f = 2 \cdot z \cdot n\ (z = \text{ungerade})$$
$$f = z \cdot n\ \ (z = \text{gerade}) \tag{4.5-8}$$

Bei Pumpen macht sich ein schwankender Volumenstrom auf der Druckseite als Geräuschanregung und als dynamische Belastung des Systems bemerkbar. Auf der Saugseite kann durch einen periodischen Druckabfall unter die Kavitationsgrenze erhöhter Verschleiß durch Kavitationserosion auftreten.

Bei Motoren schwankt das übertragene Moment oder die Drehzahl. Besonders beim Langsamlauf kann es unter Umständen zum Stillstand kommen, wenn die Leckage einen hohen Wert annimmt bzw. das Abtriebsmoment nicht mehr die erforderliche Größe hat. Das bedeutet, dass bestimmte Motoren unterhalb einer Mindestdrehzahl nicht einwandfrei laufen.

Förderstrompulsation von Pumpen

Zur Untersuchung der Förderstrompulsation soll am Beispiel der Schrägscheibenpumpe zunächst der kinematisch bedingte Anteil der Pulsation betrachtet werden. Die Fördermenge der einzelnen Kolben wird zu einem Gesamtvolumenstrom aufaddiert.

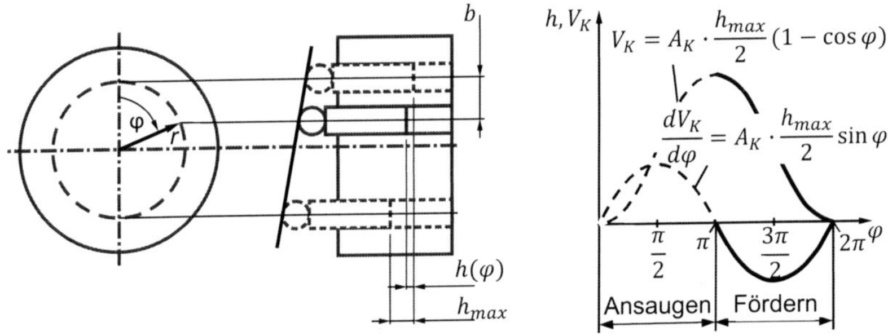

Bild 4.5-3: Berechnung des Förderstroms einer Schrägscheibenpumpe

Aus **Bild 4.5-3** ergibt sich für den Kolbenhub einer Schrägscheibenpumpe:

$$h(\varphi) = \frac{h_{max}}{2} \cdot \frac{b}{r} \quad \text{und} \quad b(\varphi) = r \cdot (1 - \cos\varphi) \tag{4.5-9}$$

$$h(\varphi) = \frac{h_{max}}{2} \cdot (1 - \cos\varphi) \tag{4.5-10}$$

Für den Verlauf des verdrängten Volumens eines Kolbens über dem Umfang gilt dann:

$$V_K(\varphi) = \frac{h_{max}}{2} \cdot (1 - \cos\varphi) \cdot A_K \tag{4.5-11}$$

Aus der Ableitung ergibt sich die Änderung des Zylindervolumens bzw. des drehzahlbezogenen Fördervolumenstromes über dem Drehwinkel:

$$\frac{dV_K}{d\varphi} = \frac{h_{max}}{2} \cdot A_K \cdot \sin\varphi \tag{4.5-12}$$

$$\frac{dV_K}{d\varphi} = \frac{1}{\omega} \cdot \frac{dV_K}{dt} = \frac{Q_K}{\omega} \tag{4.5-13}$$

Der rechte Teil von Bild 4.5-3 zeigt qualitativ den Verlauf des Kolbenkammervolumens sowie den Verlauf des Förderstroms, der sich daraus ergibt. Durch graphische Summation der an der Gesamtförderung beteiligten Kolben berechnet sich der in **Bild 4.5-4** qualitativ dargestellte Verlauf des drehzahlbezogenen Fördervolumenstromes in Abhängigkeit vom Drehwinkel für eine 3-, 4- und 5-Kolbenpumpe.

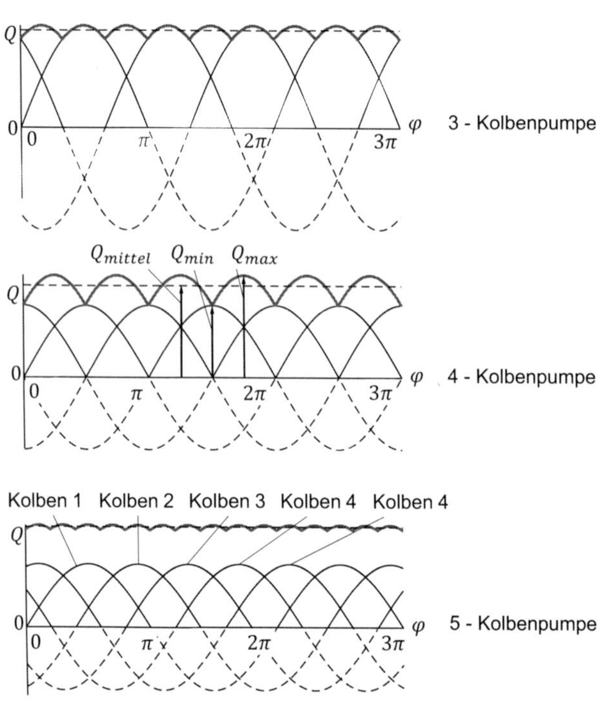

Bild 4.5-4: Pulsation des kinematischem Fördervolumenstroms in Abhängigkeit von der Kolbenanzahl

Die mathematische Summation der aus der Gesamtförderung beteiligten z Kolben bei einem Teilungswinkel von $2\pi/z$ lautet:

$$\sum \frac{dV_K}{d\varphi} = \frac{h_{max}}{2} \cdot A_K \cdot \left[\sin\varphi + \sin\left(\varphi + \frac{2\cdot\pi}{z}\right)\right. \\ \left. + \sin\left(\varphi + \frac{4\cdot\pi}{z}\right) + \sin\left(\varphi + \frac{n\cdot\pi}{z}\right)\right] \tag{4.5-14}$$

$$\text{mit} \quad n = 2\cdot(z-1)$$

Wird einer der Summanden negativ, so verlässt der zugehörige Kolben die Förderseite und tritt in die Saugseite ein. Der entsprechende Summand ist dann zu streichen, da der Kolben nicht mehr fördert.

Der mittlere drehzahlbezogene Fördervolumenstrom pro Umdrehung ist

$$\left[\sum \frac{dV_K}{d\varphi}\right]_{mittel} = A_K \cdot h_{max} \cdot \frac{z}{2\cdot\pi} \tag{4.5-15}$$

Die kinematische Volumenstrompulsation oder der Ungleichförmigkeitsgrad nach Thoma beschreibt das Verhältnis aus Wechselanteil zu Gleichanteil mit:

$$\delta = \frac{\left[\Sigma \frac{dV_K}{d\varphi}\right]_{max} - \left[\Sigma \frac{dV_K}{d\varphi}\right]_{min}}{\left[\Sigma \frac{dV_K}{d\varphi}\right]_{mittel}} \cdot 100\ \% \\ = \frac{Q_{max} - Q_{min}}{Q_{mittel}} \cdot 100\ \% = \frac{\Delta Q}{Q_{mittel}} \cdot 100\ \% \tag{4.5-16}$$

Für Kolbenzahlen $z \geq 3$ kann die kinematische Volumenstrompulsation unter der Annahme der Förderung reiner Sinushalbwellen näherungsweise berechnet werden mit:

$$\delta \approx 1 - \cos\frac{90°}{z} \quad \text{für ungerade Kolbenzahlen} \tag{4.5-17}$$

$$\delta \approx 1 - \cos\frac{180°}{z} \quad \text{für gerade Kolbenzahlen} \tag{4.5-18}$$

In **Bild 4.5-5** sind die so berechneten kinematischen Volumenstrompulsationen zusammengestellt. Diese Verläufe gelten für den Fall, dass keine Druckänderung durch den Kolbenhub stattfindet und im Zylinderraum Hochdruck herrscht, sobald dieser mit der Hochdruckniere verbunden ist. Eine weitere Voraussetzung für die Gültigkeit ist ein Nichtförderwinkel von $\varphi_{NF} = 0°$. Der Nichtförderwinkel ist der Winkel, der nach Passieren des

Totpunkts bis zum Abschluss des Druckwechsels im Verdrängerraum und damit dem Beginn der Förderung durchfahren wird. **Bild 4.5-5** zeigt, dass unter diesen Umständen die relative Schwankung des Volumenstromes einer Pumpe mit ungerader Kolbenanzahl ebenso groß ist, wie die einer Pumpe mit doppelter gerade Kolbenanzahl.

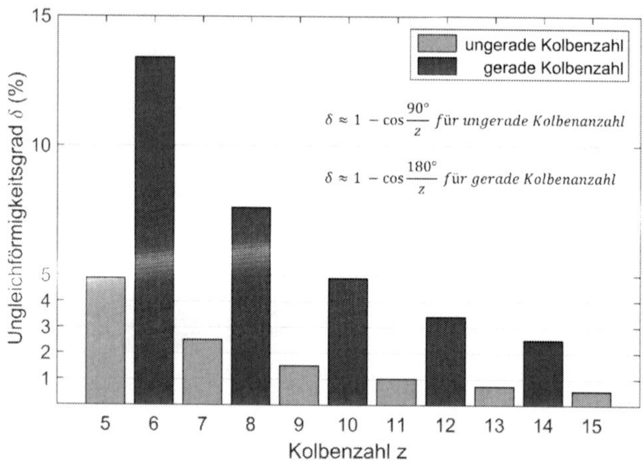

Bild 4.5-5: Kinematische Volumenstrompulsation bei Kolbenpumpen mit idealer und druckloser Umsteuerung

Die am Ausgang einer Pumpe messbare Volumenstrompulsation ist aber in der Regel um eine Größenordnung höher als die theoretische Pulsation, wie aus den in **Bild 4.5-6** gezeigten Messergebnissen für Axialkolbenmaschinen hervorgeht.

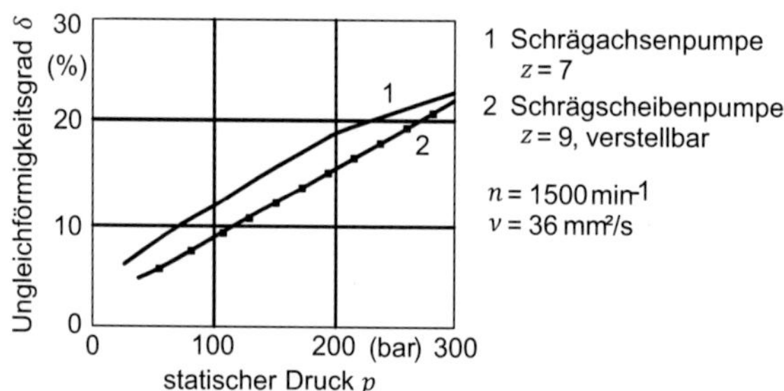

Bild 4.5-6: Gemessener Pulsationsgrad von Axialkolbenpumpen [4.27]

Dieser Unterschied zwischen theoretischer Betrachtung und Messung soll im Folgenden erläutert werden. Aufgrund der geometrischen Gegebenheiten in einer Verdrängereinheit ergibt sich die kinematische Volumenstrompulsation. Dabei werden die Volumina betrachtet, die durch die Kolben in die Anschlussniere verdrängt werden (Bild 4.5-4 und **Bild 4.5-7**). Bild 4.5-7 zeigt die kinematisch bedingte Pulsation für eine Vier- und eine Fünf-Kolben-Pumpe. Der Umsteuervorgang erfolgt ideal, sodass der Zylinderraum eines Kolbens sofort nach dem Totpunkt mit der Anschlussniere verbunden wird.

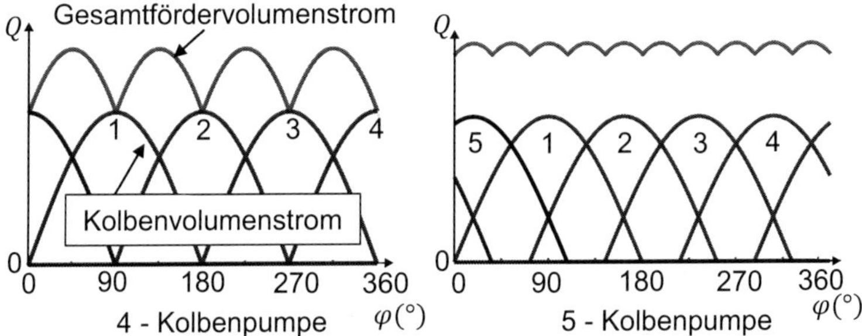

Bild 4.5-7 **Kinematische Volumenstrompulsation bei Umsteuerung ohne Nichtförderwinkel**

In **Bild 4.5-8** ist die Pulsation für einen Nichtförderwinkel $\varphi_{NF} > 0°$ dargestellt.

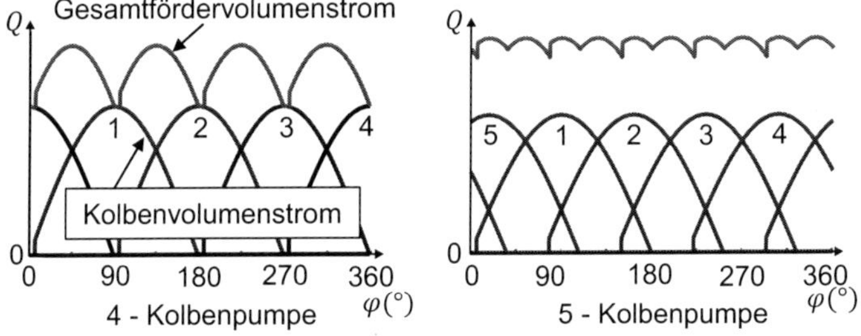

Bild 4.5-8 **Kinematische Volumenstrompulsation bei Umsteuerung mit Nichtförderwinkel**

Der Nichtförderwinkel beschreibt in Winkelgrad den Anteil der Hubkurve, der bspw. durch Vorkompression, nicht zum Fördern beitragen kann. Die Vorkompression wird durch Erweitern des Trennstegs zwischen Nieder- und

Hochdruckniere erzeugt, so dass der Zylinderraum eines Kolbens erst einige Grad nach dem Totpunkt mit der Anschlussniere verbunden wird.

Aus den beiden Bildern geht hervor, dass ein Nichtförderwinkel $\varphi_{NF} > 0°$ die kinematisch bedingte Pulsation vergrößert, da jeder Kolben nach Durchschreiten des Totpunktes bis zum Einsteuern in die Anschlussniere keinen Förderanteil leistet.

Aufgrund der Tatsache, dass mit größerer Drehzahl die Amplitude des Kolbenvolumenstroms steigt, vergrößert sich auch der absolute Wert der kinematischen Pulsation des Gesamtvolumenstroms. Wird dieser absolute Pulsationswert auf den mittleren Volumenstrom bezogen, so ergibt sich der kinematische Volumenstrompulsationsgrad δ_Q. Dieser ist abhängig von der Anzahl der Kolben und dem Nichtförderwinkel.

$$\delta_Q = \frac{\Delta Q}{Q_{mittel}} \tag{4.5-19}$$

Bisher wurde für die Betrachtung ein rechteckförmiger Druckverlauf im Zylinderraum eines Kolbens vorausgesetzt. Die Berechnung kann verbessert werden, wenn berücksichtigt wird, dass nach dem Totpunkt für den Wechsel des Druckniveaus eine bestimmte Zeit benötigt wird, die eine Nichtförderphase darstellt. Daher soll im Folgenden zwischen dem geometrischen Einsteuerwinkel φ_{Ein} und dem Nichtförderwinkel φ_{NF} unterschieden werden. Nach Durchfahren des geometrischen Einsteuerwinkels wird der Zylinderraum eines Kolbens mit der Anschlussniere verbunden. Nach Durchfahren des Nichtförderwinkels ist der Wechsel des Druckniveaus abgeschlossen.

Der Nichtförderwinkel, der sich aus dem Wechsel des Druckniveaus ergibt, berechnet sich aus der Zeit, die für den Druckwechsel benötigt wird und der Drehzahl:

$$\varphi_{NF} = \omega \cdot t_{DW} = 2\pi \cdot n \cdot t_{DW} \tag{4.5-20}$$

Eine Abschätzung der für den Druckwechsel minimal benötigten Zeit wird nachfolgend für eine Einsteuerung bei $\varphi_{Ein} = 0°$ vorgestellt. Hierbei werden folgende vereinfachende Annahmen getroffen [4.14]:

- Die Kompression erfolgt nur durch das Kompressionsöl.

- Leckageströme werden vernachlässigt.
- Die treibende Druckdifferenz Δp über die Verbindungsfläche zwischen Kolbenraum und Hochdruckniere zur Berechnung des Volumenstroms wird als konstant angesehen.

Für den Druckaufbau im Zylinderraum gilt:

$$\dot{p} = \frac{K'_{Fl}}{V_0} \cdot Q \tag{4.5-21}$$

Der Druck im Zylinder berechnet sich durch Integration. Es wird angenommen, dass die Einsteuerung zum Zeitpunkt $t = 0$ geschieht:

$$\Delta p = p_{HD} - p_0 = \int_0^{t_{DW}} \dot{p} \cdot dt = \frac{K'_{Fl}}{V_0} \cdot \int_0^{t_{DW}} Q \cdot dt \tag{4.5-22}$$

Da der Druckwechsel in einem relativ kleinen Winkelbereich stattfindet, wird das Zylinderraumvolumen als konstant angesetzt:

$$V_0 = V_{AT} \tag{4.5-23}$$

Der Volumenstrom aus dem Hochdruckanschluss durch die freigegebene Fläche wird durch die Blendengleichung angenähert

$$Q = \alpha_D \cdot A \cdot \sqrt{\frac{2 \cdot \Delta p}{\rho}} \tag{4.5-24}$$

Die durchströmte Fläche zwischen Zylinderniere und Anschlussniere entwickelt sich in erster Näherung linear:

$$A = \frac{A_{Niere}}{\varphi_{Niere}} \cdot \varphi = \frac{A_{Niere}}{\varphi_{Niere}} \cdot \omega \cdot t \tag{4.5-25}$$

Durch Einsetzen und Umformung ergibt sich:

$$\Delta p = \frac{K'_{Fl}}{V_{AT}} \cdot \alpha_D \cdot \sqrt{\frac{2 \cdot \Delta p}{\rho}} \cdot \frac{A_{Niere}}{\varphi_{Niere}} \cdot \omega \cdot \frac{t_{DW}^2}{2} \tag{4.5-26}$$

Durch Auflösen nach t_{DW} folgt die für den Druckwechsel benötigte Zeit:

$$t_{DW} = \sqrt{\frac{V_{AT}}{K'_{Fl}} \cdot \frac{\varphi_{Niere}}{A_{Niere}} \cdot \frac{1}{\alpha_D \cdot \omega} \cdot \sqrt{2 \cdot \Delta p \cdot \rho}} \tag{4.5-27}$$

Und damit der Nichtförderwinkel:

$$\varphi_{NF} = \omega \cdot t_{DW} = \omega \cdot \sqrt{\frac{V_{AT}}{K'_{Fl}} \cdot \frac{\varphi_{Niere}}{A_{Niere}} \cdot \frac{1}{\alpha_D \cdot \omega} \cdot \sqrt{2 \cdot \Delta p \cdot \rho}} \tag{4.5-28}$$

Basierend auf einer Neun-Kolben-Pumpe ergeben sich unter Berücksichtigung der für den Druckwechsel benötigten Zeit die in **Bild 4.5-9** gezeigten Nichtförderwinkel und kinematischen Volumenstrompulsationsgrade.

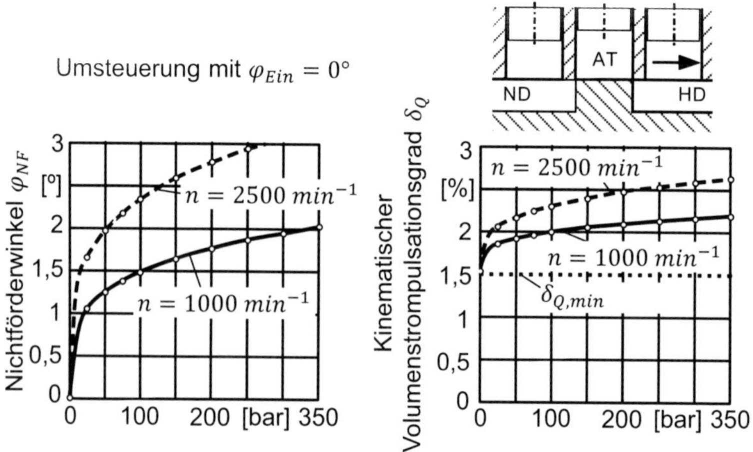

Bild 4.5-9: Nichtförderwinkel und Volumenstrompulsationsgrade einer 9-Kolben-Pumpe bei Berücksichtigung des Druckwechsels (ohne Vorkompressionswinkel) [4.14]

Den Diagrammen liegt ein geometrischer Einsteuerwinkel $\varphi_{Ein} = 0°$ zugrunde und repräsentieren damit den Zusammenhang in Formel (4.5-22). Es wird ersichtlich, dass die Pulsation mit größerer Drehzahl steigt. Die Abschätzung zeigt, dass selbst bei geometrisch idealer Umsteuerung ein Winkelbereich überdeckt wird, in dem kein Fördern erfolgt, obwohl der Zylinder bereits mit der Anschlussniere in Verbindung steht. Zu beachten ist, dass dieser Abschätzung eine konstante Druckdifferenz zugrunde liegt. Tatsächlich wird diese aber über der Zeit durch den angestrebten Druckausgleich und durch Leckage abnehmen und in der Folge die Pulsation weiter verstärken.

Wie bereits beschrieben, ist in realen Pumpen eine Vorkompression des Verdrängerraums zum einen durch verlängerte Trennstege und zum anderen durch Feinsteuerkerben oder -bohrungen vorgesehen. Im Weiteren wird neben der Vorkompression durch einen Trennsteg auch eine Feinsteuerborhung betrachtet, die unmittelbar nach Durchlaufen des äußeren Totpunkts mit dem Verdrängerraum verbunden ist. Typische Bohrungsdurchmesser sind 1,5 und 2 mm.

$$Q = \alpha_D \cdot A \cdot \sqrt{\frac{2 \cdot \Delta p}{\rho}} + \alpha_D \cdot A_{Bohrung} \cdot \sqrt{\frac{2 \cdot \Delta p}{\rho}} \tag{4.5-29}$$

Mit

$$A = \frac{A_{Niere}}{\varphi_{Niere}} \cdot (\varphi - \varphi_{Ein}) \text{ für } \varphi \geq \varphi_{Ein} \tag{4.5-30}$$

$$\Delta p = \frac{K'_{Fl}}{V_{UT}} \cdot \alpha_D \cdot \sqrt{\frac{2 \cdot \Delta p}{\rho}} \cdot \left(\frac{A_{Niere}}{\varphi_{Niere}} \cdot \left(\omega \cdot \frac{t_{DW}^2}{2} - \varphi_{Ein} \cdot t_{DW}\right) + A_{Bohrung} \cdot t_{DW}\right) \tag{4.5-31}$$

Die sich dadurch ergebenen Nichtförderwinkel und Volumenstrompulsationen sind für eine Umsteuerung nur durch die Feinsteuerbohrung in **Bild 4.5-10** wiedergegeben.

Die bisherigen Berechnungen betrachten den Nichtförderwinkel, der die kinematische Pulsation erhöht. Zusätzlich sind kompressionsbedingte Pulsationen zu berücksichtigen. Diese treten auf, wenn Volumina unterschiedlichen Druckniveaus miteinander verbunden werden. Bei schlitzgesteuerten Kolbenmaschinen trifft dies im Bereich der Umsteuerung zu. Wird bei Pumpen der Zylinderraum mit der Hochdruckniere verbunden, kommt es zu einem Zurückfließen von Druckflüssigkeit aus der Hochdruckniere in die Zylinderkammer, was einen Einbruch im Gesamtvolumenstrom zur Folge hat.

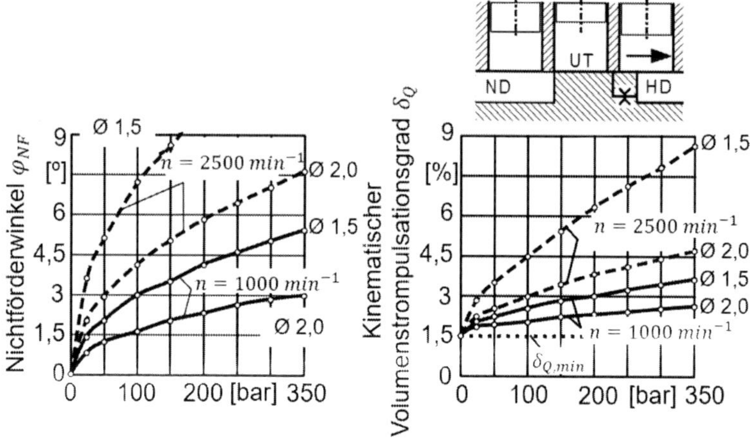

Bild 4.5-10: Nichtförderwinkel und Volumenstrompulsationsgrade einer 9-Kolben-Pumpe bei Berücksichtigung des Druckwechsels (mit Vorkompressionswinkel) [4.14]

Dieser Einbruch erhöht die Ungleichförmigkeit über die kinematische Volumenstrompulsation hinaus. Allgemeine Näherungsgleichungen für die kompressionsbedingten Pulsationen können nicht angegeben werden, da diese entscheidend von der konstruktiven Gestaltung der Umsteuerbereiche abhängen. Kompressionsbedingte Volumenstrompulsationen treten sowohl bei geradzahligen als auch bei ungeradzahligen Kolbenzahlen mit einfacher Kolbenfrequenz auf. Die kompressionsbedingten Pulsationen sind oft um eine Größenordnung größer als die kinematischen Pulsationen. Ziel pulsationsmindernder Maßnahmen bei Kolbeneinheiten muss es sein, in erster Linie die kompressionsbedingten Pulsationen zu mindern. Zum Zeitpunkt, in dem ein Zylinderraum mit einer Anschlussniere verbunden wird, müssen in beiden Volumina weitestgehend angeglichene Drücke herrschen. Darüber hinaus darf der Nichtförderwinkel nicht zu groß werden, da ansonsten der Anteil der kinematischen Volumenstrompulsation zu groß wird.

Neben der kinematischen und der kompressionsbedingten Pulsation tritt eine Pulsation des Fördervolumenstroms aufgrund veränderlicher Leckageströme auf. In Abhängigkeit von der Winkelposition ändert sich der Widerstand für die interne Leckage von Hoch- zu Niederdruck, siehe [4.12]. Bei Kolbenpumpen ist dies durch die Anzahl der mit Hochdruck beaufschlagten Kolben begründet, die bei ungeraden Kolbenanzahlen je nach Winkelposition um einen Kolben variiert. Die Größe des Einflusses der leckagebedingten Pulsation auf die Volumenstrompulsation ist durch die jeweilige Pumpenbauart bedingt.

Aus der Volumenstrompulsation resultiert im angeschlossenen Leitungssystem eine Druckpulsation. Diese kompressionbedingte Pulsation ist in **Bild 4.5-11** dargestellt. Im linken Teil des Bilds ist zu erkennen, dass die kompressionsbedingte Pulsation mit dem Druck steigt.

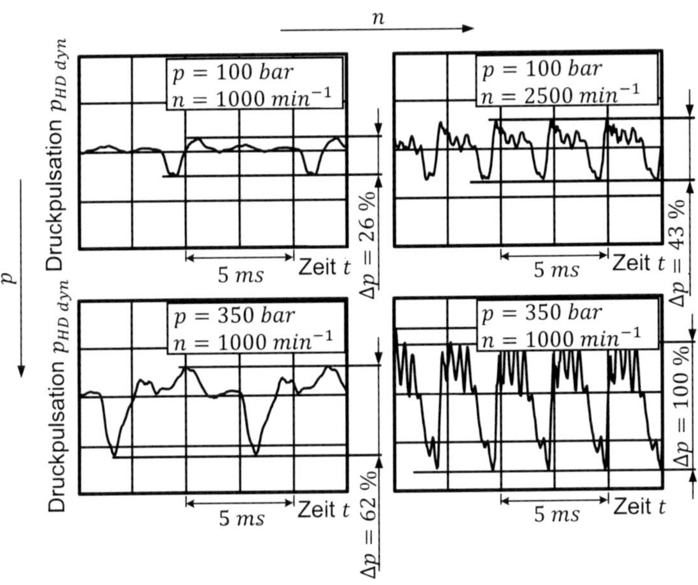

Bild 4.5-11: Der kinematischen und der kompressionsbedingten Pulsation überlagerte Druckschwingung [4.14]

Werden die gemessenen Pulsationsverläufe einer Kolbeneinheit betrachtet, dann fallen Pulsationen auf, die weder der kinematischen noch der kompressionsbedingten Pulsation zugeordnet werden können, siehe **Bild 4.5-11** rechts. Die Pulsationsamplitude wird deutlich von diesen Anteilen bestimmt. Diese überlagerten Schwingungen treten bei höheren Drehzahlen auf und sind eine Folge der kapazitiven und induktiven Widerstände in einer Verdrängereinheit.

Da die Pulsation arbeitspunktabhängig ist, ist eine Anpassung der Vorkompression in der Praxis bei einer schlitzgesteuerten Pumpe nur bedingt durchführbar. Daraus resultieren beispielsweise Kompressionsverluste bei Pumpen und auch eine starke Pulsation des Volumenstroms, wenn Verdrängereinheiten nicht genau im Betriebspunkt betrieben werden, für den sie ausgelegt wurden. Durch Konstruktionen mit kleinem Totvolumen und hohen Zylinderzahlen kann die Amplitude jedoch minimiert werden. Neben diesen Primärmaßnahmen können Sekundärmaßnahmen [4.12], wie z. B. Rohrschalldämpfer, eingesetzt werden, um die Ausbreitung der Druckwellen zu verhindern. Zu den Sekundärmaßnahmen gehören ebenfalls Optimierungen der Gehäusestruktur [4.6, 4.8, 4.18]. Die hier am Beispiel der Schrägscheibenpumpe behandelten Zusammenhänge gelten sinngemäß auch für andere Pumpenbauarten. Die Berechnung und Auslegung einer Axialkolbenmaschinen ist in [4.25] beschrieben.

Drehmomentpulsation von Motoren

Bei einem Kolbenmotor besteht zwischen der Winkelgeschwindigkeit der Abtriebswelle und dem zugeführten Volumenstrom folgende Beziehung:

$$Q_2 = \frac{dV}{dt} = \frac{d\varphi}{dt} \cdot \sum \frac{dV_K}{d\varphi} \tag{4.5-32}$$

Ist der zugeführte Volumenstrom Q konstant, so verändert sich die Winkelgeschwindigkeit $d\varphi/dt$, da das Verdrängervolumen pro Drehwinkel $\sum dV_K/d\varphi$ schwankt. Bei Kolbenpumpen ist dies, wie bereits gezeigt durch die endliche Kolbenanzahl begründet. Weiterhin schwankt das abgegebene Drehmoment aufgrund des veränderlichen Verdrängervolumens, wenn die Druckdifferenz konstant gehalten wird. Den prinzipiellen Verlauf des Drehmoments, der Winkelgeschwindigkeit $d\varphi/dt$ und des Vedrängervolumens pro Drehwinkel $\sum dV_K/d\varphi$ zeigt **Bild 4.5-12**. Bei dieser Betrachtung wird nur der kinematische Einfluss auf die Ungleichförmigkeit berücksichtigt. Bei höheren Drehzahlen und größeren Massenträgheitsmomenten wird die Ungleichförmigkeit der Drehbewegung durch die Trägheitskräfte reduziert.

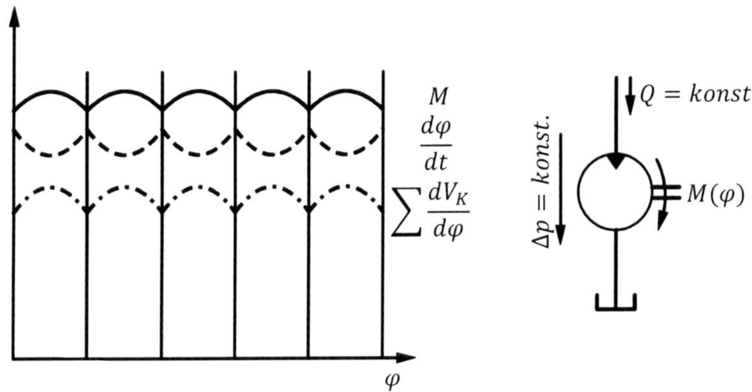

Bild 4.5-12: Drehmoment, Winkelgeschwindigkeit und Verdrängervolumen in Abhängigkeit des Drehwinkels

Vor allem bei niedrigen Drehzahlen wird die Ungleichförmigkeit durch die Drehwinkelabhängigkeit des Reibmoments und der Leckageverluste erheblich größer [4.24].

Das Motorverhalten in diesem kritischen Betriebsbereich lässt sich untersuchen, indem durch eine spezielle Belastungsvorrichtung dem Motor bei konstantem Druck eine niedrige, konstante Drehzahl aufgezwungen wird und das abgegebene Drehmoment sowie die Leckageströme gemessen werden.

Bild 4.5-13 zeigt für einen Axialkolbenmotor in Schrägachsen- und Schrägscheibenbauart den Verlauf des effektiven Motormoments bezogen auf das theoretische Moment bei konstantem Druck und konstanter Zwangsdrehung. Um die Vergleichbarkeit zu gewähleisten haben beide Motoren die gleiche Kolbenanzahl. Die Messwerte wurden bei einem Druck von 450 bar aufgenommen. Werden die Momentenverhältnisse verglichen, weist die Schrägachsenmaschine ein besseres Verhältnis auf, das über dem der Schrägscheibenmaschine liegt. Dieser Vorteil wird durch die Konstruktion einer Schrägachsenmaschine bedingt, die über die Kolben keine Querkräfte aufnimmt und somit weniger Reibung verursacht. Optimierte Schrägscheibenmaschinen können jedoch während des Anlaufens einen höheren Wirkungsgrad aufweisen [4.28]. Aus dem Momentenverlauf ist die kinematische Ungleichförmigkeit des Motors zu erkennen.

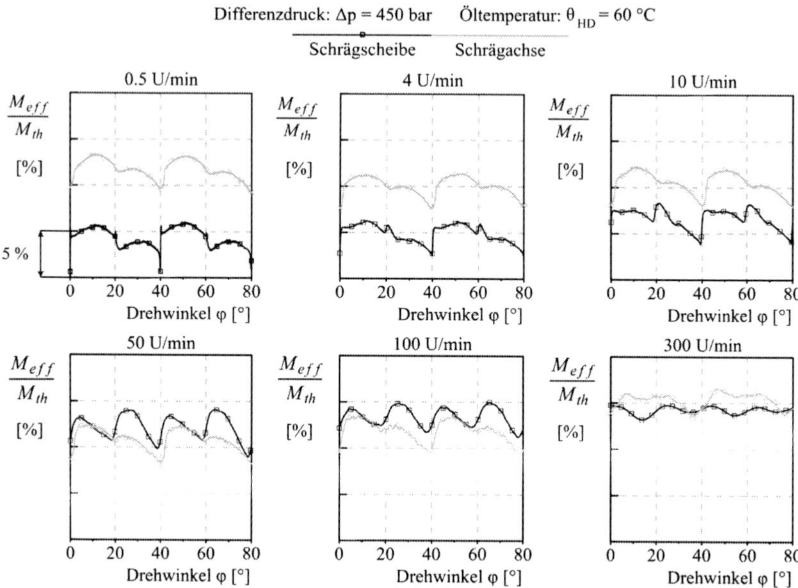

Bild 4.5-13: Gemessener Verlauf des Drehmoments eines Schrägachsen- und eines Schrägscheibenmotors

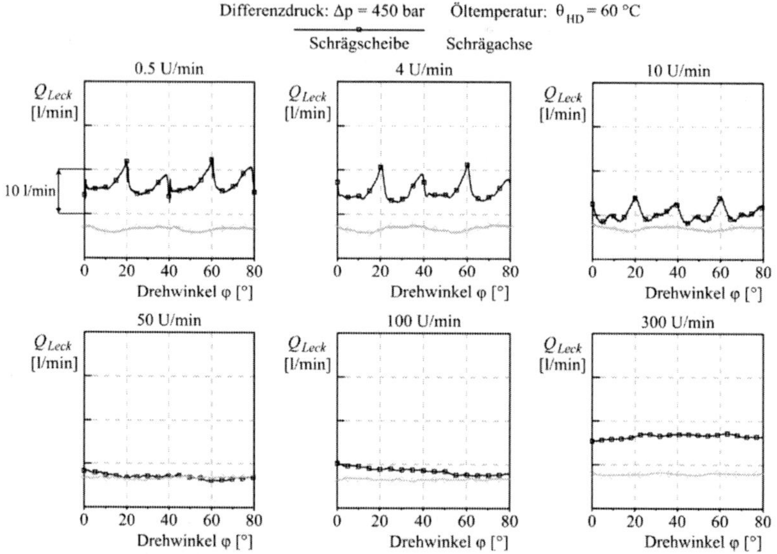

Bild 4.5-14: Gemessener Verlauf des Leckagevolumenstroms eines Schrägachsen- und eines Schrägscheibenmotors

Der Leckagevolumenstromverlauf ist in **Bild 4.5-14** gezeigt. Ein Langsamlauf des Motors ist nur mit einem Volumenstrom möglich, der größer als die Leckagespitzen ist.

4.5.3 Wirkungsgrade

Hydraulische Verdrängereinheiten können anhand eines volumetrischen, eines hydraulisch-mechanischen und eines Gesamtwirkungsgrades charakterisiert werden. Zur genaueren Definition der Wirkungsgrade sollen zunächst die beiden Verlustarten, volumetrische Verluste und Reibungsverluste, näher untersucht werden. Anschließend wird die Abhängigkeit der Wirkungsgrade von den Betriebsparametern dargestellt.

Volumetrische Verluste

Alle Leckageverluste an hydraulischen Einheiten werden in Form der volumetrischen Verluste zusammengefasst. Die Druckräume in den Maschinen werden durch Paßflächen zwischen den zueinander beweglichen Bauteilen abgedichtet. Es bestehen dadurch Leckagewege, durch welche die unter Druck stehende Flüssigkeit abströmen kann. **Bild 4.5-15** zeigt die Stellen einer hydrostatischen Maschine, an denen Leckage auftreten kann.

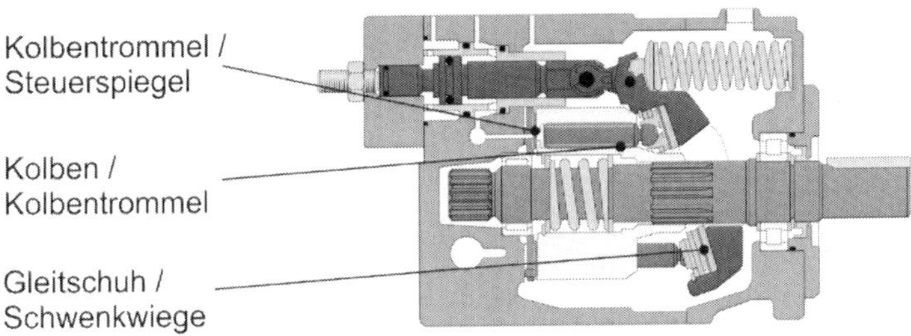

Bild 4.5-15: Leckageanteile in Verdrängereinheiten (Parker)

Der externe Leckagestrom fließt aus den Druckräumen aus dem Gehäuse der Maschine heraus und wird dem aktiven Flüssigkeitsstrom entzogen, bei einer Pumpe in einem hydrostatischen Getriebe sowohl von der Hochdruckseite als auch von der Niederdruckseite. Der Leckagestrom wird über eine zusätzliche Leitung in den Tank des Hydrauliksystems zurückgeführt. Die externe Leckage ist abhängig vom Niederdruck- und vom Hochdruckniveau, so dass sich die externe Leckage als Abhängigkeit vom Summendruck $p_0 + p_1$ darstellen lässt.

Wenn die Höhe des Niederdruckes verglichen mit dem Hochdruck gering ist, läßt sich der Niederdruck vernachlässigen.

Zwischen Räumen mit unterschiedlichem Druckniveau fließt innerhalb der Maschine die interne Leckage in Richtung des Druckgefälles. Bei einer Pumpe kann interne Leckage beispielsweise von der Druck- zur Saugseite auftreten. Die internen Leckageverluste sind deshalb im Gegensatz zur externen Leckage vom Differenzdruck $p_1 - p_0$ abhängig.

Neben der Abhängigkeit der Leckageströme von Niederdruck und Hochdruck ist auch eine Abhängigkeit von der Drehzahl n. Damit ist die gesamte Leckage eine Funktion von p_1, p_2 und n, wie in **Bild 4.5-16** am Beispiel einer Konstantpumpe dargestellt ist.

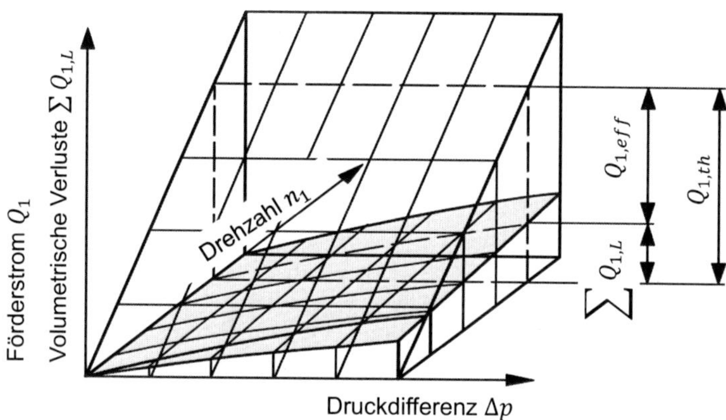

Bild 4.5-16: Förder- und Leckagestrom einer Konstantpumpe

Der theoretische Förderstrom der Pumpe $Q_{1,th}$ nimmt proportional mit der Drehzahl zu:

$$Q_{1,th} = n_1 \cdot V_1 \tag{4.5-33}$$

Zieht man vom theoretischen Förderstrom die Leckageverluste ab, so erhält man den effektiven Förderstrom:

$$Q_{1,eff} = Q_{1,th} - \sum Q_{1,L} \tag{4.5-34}$$

Der volumetrische Wirkungsgrad einer Pumpe ist definiert als:

$$\eta_{1,vol} = \frac{Q_{1,eff}}{Q_{1,th}} = 1 - \frac{\sum Q_{1,L}}{Q_{1,th}} \tag{4.5-35}$$

Damit ist der volumetrische Wirkungsgrad das Verhältnis von effektivem zu theoretischem Förderstrom. Bei der Pumpe ist zu beachten, dass Füllungsverluste, die beispielsweise durch Kavitation am Saugstutzen auftreten können, sich wie Leckageverluste auf den volumetrischen Wirkungsgrad auswirken.

Beim Motor wird der effektive Schluckvolumenstrom $Q_{2,eff}$ durch die Summe von theoretischem Schluckvolumenstrom und Leckagestrom gebildet. In **Bild 4.5-17** sind das Schluckvolumen und der volumetrische Verlust eines Motors gezeigt.

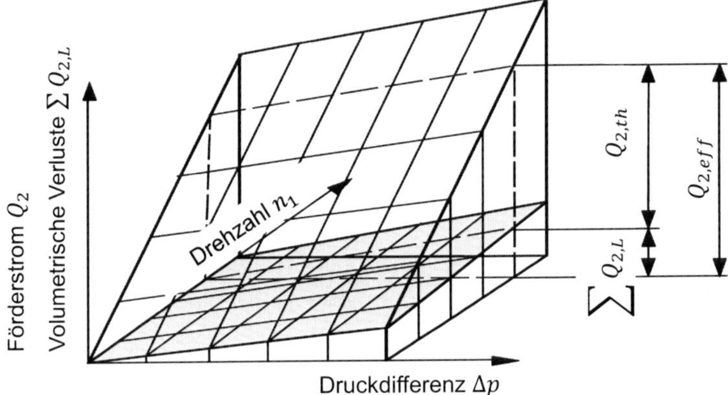

Bild 4.5-17: Schluck- und Leckagestrom eines Konstantmotors

Der Motor wird von mehr Druckflüssigkeit durchströmt, als es seiner Drehzahl entspricht:

$$Q_{2,eff} = Q_{2,th} + \sum Q_{2,L} \tag{4.5-36}$$

Auch hier stellt der theoretische Schluckstrom das Produkt aus Motordrehzahl und Schluckvolumen pro Umdrehung dar:

$$Q_{2,th} = n_2 \cdot V_2 \tag{4.5-37}$$

Der volumetrische Wirkungsgrad eines Motors ist der Quotient von theoretischem und effektivem Schluckstrom:

$$\eta_{2,vol} = \frac{Q_{2,th}}{Q_{2,eff}} = \frac{1}{1 + \sum \frac{Q_{2,L}}{Q_{2,th}}} \qquad (4.5\text{-}38)$$

Hydraulisch-mechanische Verluste

Neben den Leckageverlusten treten auch verschiedene Arten von Reibungserscheinungen auf, die drehzahl-, geschwindigkeits- oder druckabhängig sind. Dazu zählen neben Mischreibung auch Druckverluste durch Wand- bzw. Rohrreibung, durch Scherung aufgrund der Viskosität und durch Drosselung an Querschnittänderung und Umlenkung in Leitungen.

Diese Reibungserscheinungen verursachen die hydraulisch-mechanischen Verluste:

$$\sum M_{verl} = f(\Delta p, n) \quad \text{bzw.} \quad \sum F_{verl} = f(\Delta p, v) \qquad (4.5\text{-}39)$$

Bei einer Pumpe führen die hydraulisch-mechanischen Verluste dazu, dass das tatsächlich benötigte Antriebsmoment höher ist als der theoretisch berechnete Wert. In **Bild 4.5-18** sind Antriebs- und Verlustmomente einer Konstantpumpe wiedergegeben.

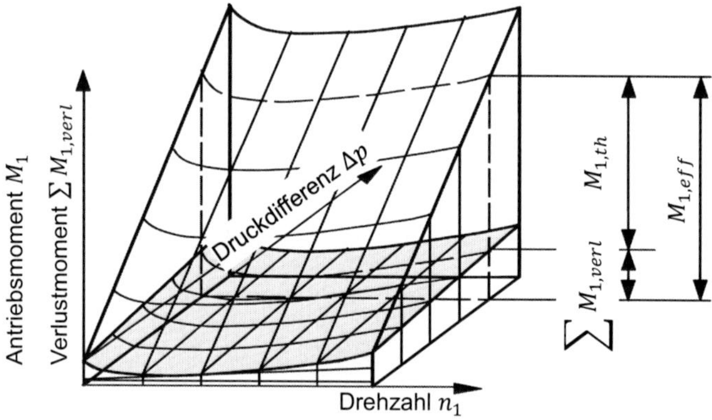

Bild 4.5-18: Antriebs- und Verlustmoment einer Konstantpumpe

Das erforderliche effektive Antriebsmoment einer Pumpe wird gebildet aus der Summe des theoretischen Antriebsmomentes und dem Verlustmoment:

$$M_{1,eff} = M_{1,th} + \sum M_{1,verl} \tag{4.5-40}$$

Das theoretische Antriebsmoment ist proportional zur anliegenden Druckdifferenz und dem Fördervolumen:

$$M_{1,th} = \frac{\Delta p \cdot V_1}{2\pi} \tag{4.5-41}$$

Das Verhältnis von theoretischem zu effektivem Antriebsmoment bildet den hydraulisch-mechanischen Wirkungsgrad der Pumpe:

$$\eta_{1,hm} = \frac{M_{1,th}}{M_{1,eff}} = \frac{1}{1 + \sum \frac{M_{1,verl}}{M_{1,th}}} \tag{4.5-42}$$

Beim Motor führen die Reibungsverluste dazu, dass der Motor ein geringeres Moment abgibt, als theoretisch möglich wäre. Das Reibverlustmoment wird deshalb vom theoretisch möglichen Abtriebsmoment abgezogen und es ergibt sich daraus das effektiv an der Motorwelle zur Verfügung stehende Abtriebsdrehmoment:

$$M_{2,eff} = M_{2,th} - \sum M_{2,verl} \tag{4.5-43}$$

Mit:

$$M_{2,th} = \frac{\Delta p \cdot V_2}{2\pi} \tag{4.5-44}$$

Der hydraulisch-mechanische Wirkungsgrad des Motors ist das Verhältnis von effektivem zu theoretischem Abtriebsmoment:

$$\eta_{2,hm} = \frac{M_{2,eff}}{M_{2,th}} = 1 - \frac{\sum M_{2,verl}}{M_{2,th}} \tag{4.5-45}$$

Das Antriebs- und Verlustmoment eines Konstantmotors ist in **Bild 4.5-19** gezeigt:

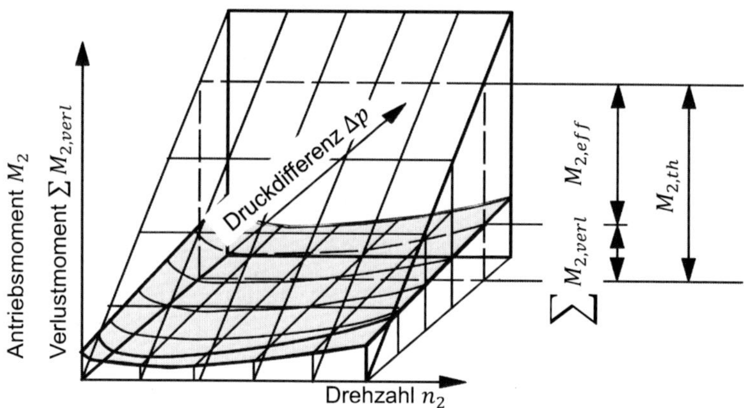

Bild 4.5-19: Antriebs- und Verlustmoment eines Konstantmotors

Ähnliche Beziehungen bestehen auch beim Hydraulikzylinder. Die effektive Kraft beträgt:

$$F_{z,eff} = F_{z,th} - \sum F_{z,verl} \tag{4.5-46}$$

Die theoretische Kraft folgt aus:

$$F_{z,th} = \Delta p \cdot A_K \tag{4.5-47}$$

Daraus ergibt sich der hydraulisch-mechanische Wirkungsgrad des Zylinders:

$$\eta_{z,hm} = \frac{F_{z,eff}}{F_{z,th}} = 1 - \frac{\sum F_{z,verl}}{F_{z,th}} \tag{4.5-48}$$

Gesamtverluste über Druck und Drehzahl

Werden durch die im vorherigen Abschnitt dargestellten räumlichen Schaubilder Schnitte für $p = const$ bzw. $n = const$ gelegt und daraus der jeweilige Wirkungsgrad berechnet, so enstehen typische Wirkungsgradverläufe für Pumpen und Motoren, wie sie qualitativ in **Bild 4.5-20** dargestellt sind. Für den Gesamtwirkungsgrad einer Verdrängereinheit, der ebenfalls im Diagramm dargestellt ist, gilt die Beziehung:

$$\eta_{ges} = \eta_{vol} \cdot \eta_{hm} \tag{4.5-49}$$

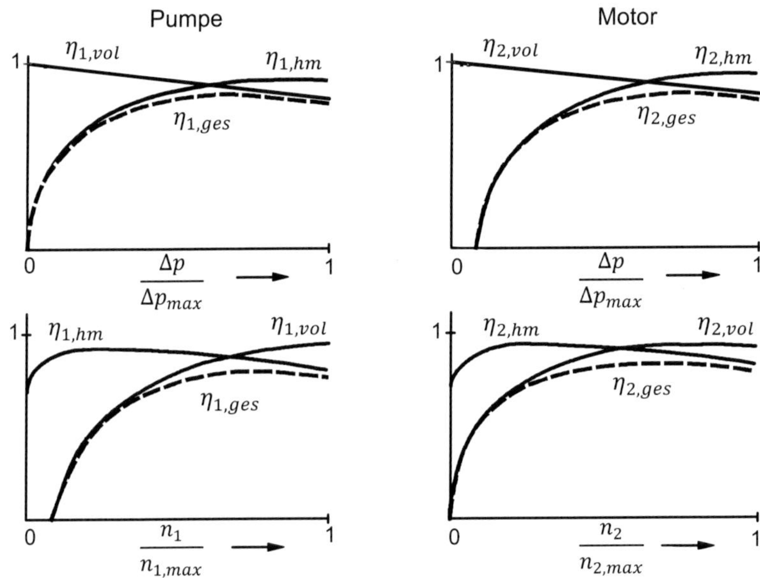

Bild 4.5-20: Wirkungsgradverläufe von Konstantpumpe und –motor

Auf den Wirkungsgrad haben zudem die Temperatur und damit die Viskosität des Fluids einen Einfluss. Während der volumetrische Wirkungsgrad mit steigender Temperatur (d. h. geringer Viskosität) abfällt, nimmt der hydraulisch-mechanische Wirkungsgrad aufgrund verringerter Reibung zu. Bei verstellbaren Kolbenpumpen- und motoren hat außerdem ein kleineres Verdrängervolumen einen negativen Einfluss auf den Wirkungsgrad. Ein Bereich mit Wirkungsgard nahe Null tritt immer dann auf, wenn Leistung durch Leckage oder Reibung verbraucht wird, aber keine hydraulische (Pumpe) oder mechanische (Motor) Leistung abgegeben wird.

4.6 Steuerung und Regelung von Verdrängereinheiten

4.6.1 Verdrängervolumensteuerung

Wie bereits beschrieben kann das Verdrängervolumen von einigen Pumpen und Motoren im Betrieb verstellt werden. Die möglichen Arten von Stellsystemen werden im Folgenden vorgestellt. Bei der Verdrängersteuerung erfolgt die Verstellung des Fördervolumens von Hand oder durch einen Antrieb, der elektromechanisch oder hydraulisch ausgeführt sein kann.

Die Energiebilanz im Teillastbereich ist bei Verwendung einer Verstellpumpe wesentlich günstiger als bei einer Schaltung mit Konstantpumpe und Drosselventil. Diese Schaltungsart sollte daher bei größeren Leistungen bevorzugt eingesetzt werden.

Die **Handverstellung** einer Pumpe erfolgt in der Regel über ein Handrad und eine Gewindespindel, da hohe Verstellkräfte wirksam sind. Die Stellgeschwindigkeit ist von der mechanischen Übersetzung abhängig. Die Handverstellung wird für alle Verstelleinheiten, auch für Motoren, gebaut. Sie wird überall dort eingesetzt, wo keine häufige Änderung des Förderstromes oder des Schluckstromes erforderlich ist. Im geschlossenen Kreis ist auch eine Förderrichtungsumkehr beim Schwenken durch die Nulllage möglich. Die Funktion der Handverstellung ist in **Bild 4.6-1** schematisch dargestellt.

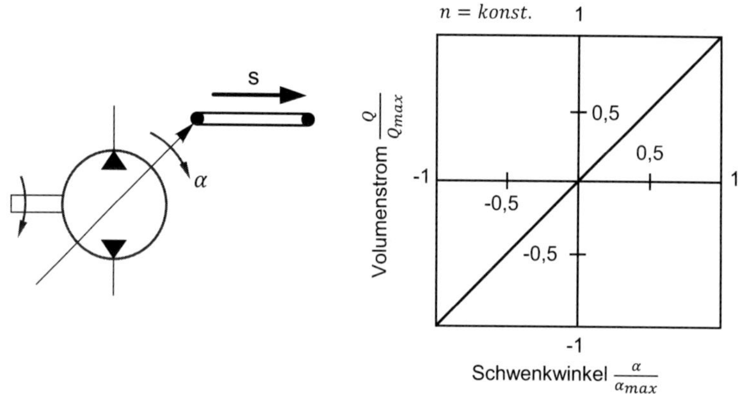

Bild 4.6-1: Schema und Kennlinie einer verstellbaren Pumpe

Die **elektromechanische Verstellung** erfolgt über einen Elektromotor mit Schneckengetriebe oder Gewindespindel. Sie ist eine Verbesserung der Handverstellung, bei welcher eine Programm- oder Fernsteuerung des Hubvolumens möglich ist.

Bei der **hydraulischen Verstellung** mit konstanter Druckversorgung wird ein Stellkolben der Stelleinheit gegen eine Feder verschoben bis Kräftegleichgewicht besteht. Die Steuerung erfolgt entweder über Druckregelventile oder Wegeventile. Die Verstellzeit hängt vom maximalen

Steuervolumenstrom und der Stellkolbenfläche ab. Üblich sind Stellzeiten von ca. 200 ms für volle Ausschwenkung.

Die hydraulische Verstellung mit einem federrückgestellten, einfachwirkenden Zylinder kann auf einfache Weise mit einem Druckregelventil angesteuert werden. Es stellt sich am Steuerkolben ein Kraftgleichgewicht zwischen der wegabhängigen Federkraft, der hydrostatischen Kraft des Stellkolbens und Rückwirkungen von der Pumpe ein. Der Einsatz dieser Schaltung erfolgt bei einfachen Systemen mit vorzugsweise nur wenigen Stellungen, wie beispielsweise beim Umschalten von Eil- auf Schleichgang.

Bei Motoren reicht oft ein Steuerdruck aus, da keine Verstellung durch den Nullpunkt erfolgt. Die hydraulische Verstellung kann mit einem federrückgestellten einfach-wirkenden Zylinder ausgeführt werden.

Bei der **elektrohydraulischen Verstellung** wird der Stellkolbenweg durch ein elektromagnetisch betätigtes Ventil gesteuert. Dabei kommt in vielen Anwendungen eine Wegmessung des Stellkolbens zum Einsatz, sodass die Position des Stellkolbens im geschlossenen Regelkreis eingestellt werden kann. Ein solches Verstellsystem mit elektrischer Lageregelung ist in **Bild 4.6-2** gezeigt.

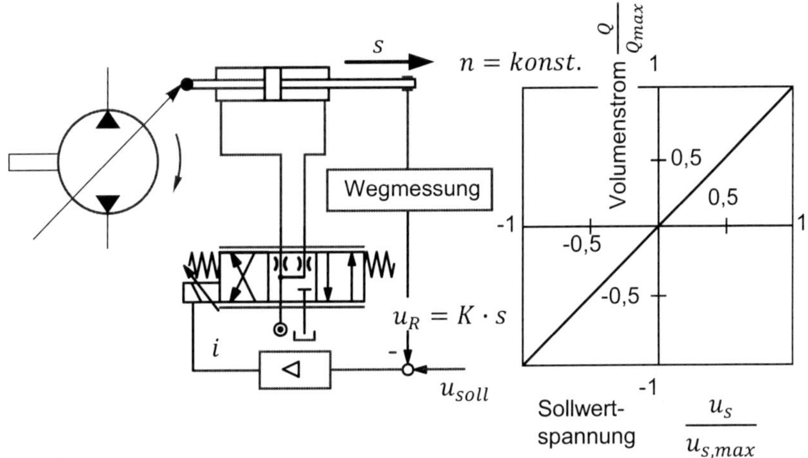

Bild 4.6-2: Schema und Kennlinie einer Verstellpumpe mit elektrohydraulischer Verstellung

Dadurch können alle Rückwirkungen der Pumpe auf den Stellweg ausgeregelt werden. Die Stellzeiten betragen 20 - 200 ms. Haupteinsatzgebiet sind Prozeßregelungen mit elektrischer oder elektronischer Signalverarbeitung, bei denen es auf eine schnelle und genaue Anpassung des Hubvolumens an den Prozeßablauf ankommt.

4.6.2 Druckregelung

Aufgabe einer druckgeregelten Verdrängermaschine ist es, den Druck im System unabhängig von der Last konstant zu halten. Der Systemdruck wirkt auf ein Regelventil, auf dessen zweite Kolbenfläche eine Federkraft oder ein mit einem kleinen Druckbegrenzungsventil erzeugter Referenzdruck wirkt, wie in **Bild 4.6-3** gezeigt ist. Das Regelventil wirkt als Verstärker, der Änderungen des Systemdruckes auf den Stellkolben wirken lässt. Je nach Auslegung von Stellkolben, Federn und Regelventil liegt der Proportionalfehler der Regelung zwischen 0,5 bar und 10 bar. Die Regelung passt den Förderstrom der Pumpe immer den Erfordernissen des Verbrauchers an (Verdrängersteuerung).

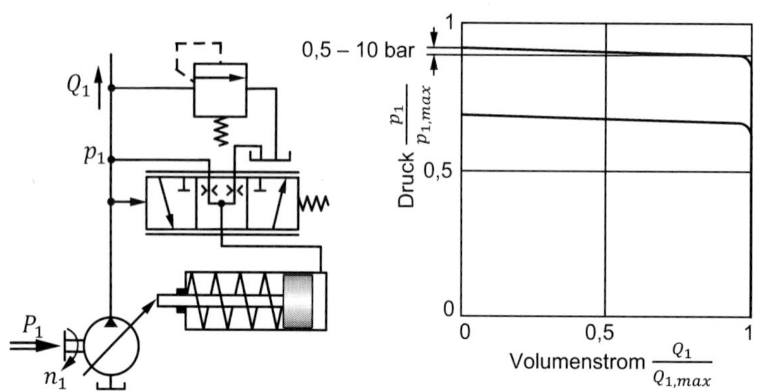

Bild 4.6-3: Schema und Kennlinie einer vorgesteuerten Druckregelung an einer Verstellpumpe

Diese Regelung wird überall dort eingesetzt, wo ein System mit konstantem Druck versorgt werden soll und wo die installierte Leistung so hoch ist, dass die Energieverluste bei einer Versorgung mit Konstantpumpe und Druckbegrenzungsventil energetisch nicht mehr tragbar sind und so der höhere Aufwand für die Verstellpumpe gerechtfertigt ist. Für die Absicherung gegen

Überdruck ist immer noch ein zusätzliches Druckbegrenzungsventil vorzusehen.

Zur Aufrechterhaltung eines stabilen Arbeitspunkts und auch zur Selbstschmierung der Pumpe ist eine Minimalausschwenkung von etwa 4 % erforderlich, bei dem die Leckageverluste der Pumpe gedeckt werden.

Die Druckregelung kann auch mit anderen Funktionen kombiniert werden, wobei oft das Regelventil zusätzliche Ansteuermöglichkeiten hat. So kann beispielsweise eine kombinierte Strom-Druck-Regelung aufgebaut werden.

4.6.3 Stromregelungen

Aufgabe einer Volumenstromregelung ist es, den für eine Verdrängereinheit gewählten Volumenstrom konstant zu halten. Damit werden Auswirkungen von Störgrößen auf den eingestellten Volumenstrom vermieden, was bei einer Steuerung nicht möglich ist. Bei Verstellpumpen wirken sich Änderungen der Antriebsdrehzahl, aber auch die Höhe des Förderdrucks auf den tatsächlich geförderten Volumenstrom aus.

Da die Größe des Volumenstroms nur aufwändig gemessen werden kann, wird eine mit dem Volumenstrom eindeutig verknüpfte Größe als Regelgröße verwendet. Diese Regelgröße ist der Druckabfall an einer Messblende. Die Blende wandelt die eigentliche Regelgröße Volumenstrom in die Regelgröße Druckdifferenz. Die Druckdifferenz kann relativ einfach in hydraulischen Regelschaltungen weiterverarbeitet werden. Wenn der Regelkreis die Druckdifferenz konstant hält, ergibt sich hierdurch ein konstanter Volumenstrom.

In **Bild 4.6-4** ist eine Volumenstromregelung für eine Verstellpumpe schematisch dargestellt. Bei Soll-Förderstrom befindet sich das Ventil in Mittelstellung. Es liegt ein Gleichgewicht zwischen Feder- und Druckkräften vor. Wird der Soll-Druckabfall an der Messblende überschritten, der Fördervolumenstrom also zu hoch ist, bewegt sich das gezeichnete Regelventil nach rechts und schwenkt damit die Pumpe zurück, so dass der Förderstrom der Pumpe unabhängig vom Lastdruck konstant gehalten wird. Um bei steigendem Druck die größer werdende Leckage der Pumpe ausgleichen zu können, muss das Hubvolumen vergrößert werden. Wird die Antriebsdrehzahl der Pumpe verändert, wie dies bei Verwendung eines Verbrennungsmotors als Antrieb der Fall ist, ist der Einsatz einer Stromregelung günstig. Über die Regelung des Druckabfalls an einer Messblende wird die Volumenstromregelung direkt aus der Druckregelung abgeleitet.

Der Stromregelung kann eine Druckregelung überlagert werden, die beim Überschreiten eines bestimmten Drucks das Hubvolumen verringert (Druckabschneidung).

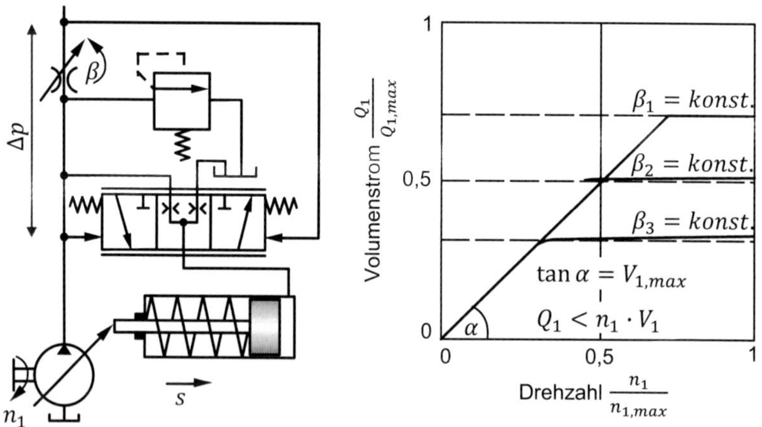

Bild 4.6-4: Schema und Kennlinie einer Stromregelung an einer Verstellpumpe

Eine Volumenstromregelung kann dazu genutzt werden, an einem Motor oder an einem Zylinder eine Geschwindigkeitsregelung zu realisieren. In den Fällen, in denen nicht tolerierbare Störgrößen, bedingt durch Leckflüssigkeit oder Kompressibilität des Druckmediums, auftreten, wird die Abtriebsgeschwindigkeit direkt gemessen. Hierzu werden elektrische Geschwindigkeits- oder Drehzahlgeber verwendet, deren Signale dem entsprechenden Stellelement über einen Regler zugeführt werden. Die Geschwindigkeit kann dann mit elektrohydraulischen Servoventilen (Widerstandssteuerung) oder servohydraulischen Verstellpumpen (Verdrängersteuerung) beeinflusst werden. Die regelungstechnischen Grundlagen hierzu werden in der Vorlesung Servohydraulik [4.20] behandelt.

4.6.4 Drehzahlregelung

Konventionell erfolgt eine Drehzahlregelung in einem hydrostatischen Getriebe durch Veränderung von Drehzahl oder Verdrängervolumen der Pumpe und des Motors. Dabei wird der Volumenstrom von der Pumpe vorgegeben. Man spricht auch von aufgeprägtem Volumenstrom. Die Geschwindigkeit lässt sich auch dann regeln, wenn ein Verstellmotor an einem Drucknetz betrieben werden soll. Hier spricht man auch von einem System mit aufgeprägtem Druck. Dieses Schaltungskonzept wird Sekundärdrehzahlregelung genannt. Bei diesem Konzept wird das abgegebene Moment beeinflusst, ohne dass systembedingte Energieverluste auftreten. Nach Abzug des von der Last aufgenommenen Moments steht somit ein Beschleunigungs- oder Bremsmoment zur Verfügung, das für die Drehzahlregelung genutzt wird. Wenn der Motor eine Verstellung in den negativen Bereich zulässt, kann Bremsenergie auch zurückgeführt und in einem Druckspeicher gespeichert werden. Dieser Betrieb wird auch Vierquadrantenbetrieb genannt, weil sowohl beide Drehrichtungen, als auch beide Belastungsrichtungen möglich sind. Wegen der Möglichkeit der Versorgung mit konstantem Druck ist dieses Schaltungskonzept besonders da zweckmäßig, wo mehrere Verbraucher von einer Pumpe versorgt werden. [4.19]

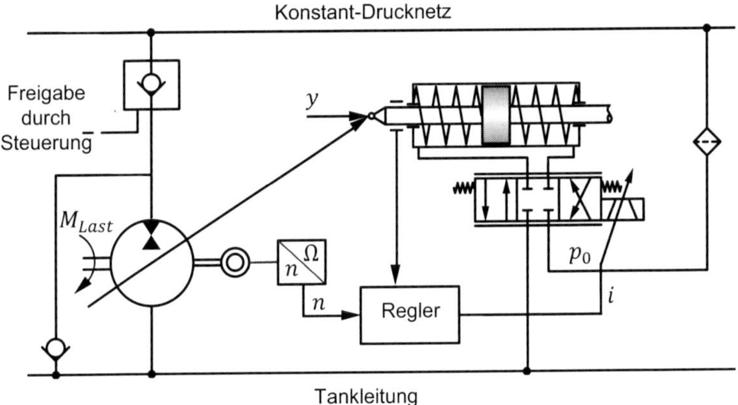

Bild 4.6-5: Drehzahlgeregelter Verstellmotor mit elektrohydraulischem Stellglied

Eine derartige Schaltung mit elektrischem Regelkreis ist in **Bild 4.6-5** dargestellt. Mit einem einfachen P-Regler ist allerdings keine stabile Arbeitsweise zu erzielen. Hierzu sind PD-Regler oder zusätzliche Hilfsregelgrößen wie der Stellweg y heranzuziehen. Die Besonderheiten der Sekundärdrehzahlregelung werden ebenfalls in der Vorlesung Servohydraulik [4.20] ausführlich behandelt.

4.6.5 Leistungsregelung

Bei vielen Einsatzfällen wird die hydraulische Eckleistung der Pumpe

$$P_{Eck} = p_{max} \cdot Q_{max} = P_{max} \tag{4.6-1}$$

nicht von einem System verlangt. Der maximale Volumenstrom ist nur bei geringem Druck, der maximale Druck nur bei geringem Nutzstrom erforderlich. Andererseits ist die Leistung des Antriebsmotors, d. h. des Elektro- oder Verbrennungsmotors begrenzt, dieser muss also vor Überlastung geschützt werden. Um in allen Fällen eine optimale Auslastung zu erreichen, kann mit Hilfe von Verstellpumpen eine Leistungsregelung vorteilhaft eingesetzt werden. Diese wird auch oft als Leistungsbegrenzung anderen Reglern überlagert.

Für die Pumpenleistung gilt:

$$P_1 = p_1 \cdot Q_1 = p_1 \cdot V_{1,max} \cdot n_1 \cdot \frac{s}{s_{max}} \tag{4.6-2}$$

Für n_1 = const gilt für die Regelung

$$\frac{s}{s_{max}} = \frac{const}{p_1} \tag{4.6-3}$$

Der hyperbolische Zusammenhang wird bei direkt gesteuerten Reglern durch parallel zuzuschaltende Federn angenähert, siehe **Bild 4.6-6**. Bei vorgesteuerten Leistungsreglern wird er durch Kurvenscheiben, Nocken oder Hebelgetriebe verwirklicht **(Bild 4.6-7)**.

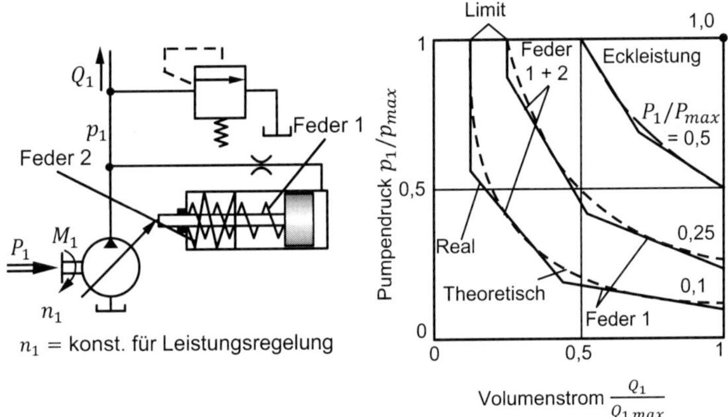

Bild 4.6-6: Schema und Kennlinie einer direktgesteuerten Leistungsregelung an einer Verstellpumpe

Bei der Regelung mit Hebelgetriebe in **Bild 4.6-7** wird aus der Druckkraft $F_p = p_1 \cdot A_h$ und dem Hebelarm a, der proportional dem Volumenstrom Q ist, ein Moment gebildet, dem die Federkraft F_f mit dem Hebelarm b das Gleichgewicht hält:

$$p \cdot a = const \sim p \cdot Q = P \qquad (4.6\text{-}4)$$

Über die Federkraft F_f kann die Soll-Leistung eingestellt werden. Im Gegensatz dazu ist bei direktgesteuerten Leistungsreglern oder bei nockenbetätigten Systemen der Austausch von Teilen zur Einstellung einer anderen Leistung erforderlich.

Durch die Leistungsregelung wird die Antriebsmaschine vor Überlastung geschützt. Verbrennungsmotoren können im Bereich des günstigsten spezifischen Verbrauchs betrieben werden.

Wenn der Leistungsregelung eine Druckregelung überlagert wird, wird von **Druckabschneidung** gesprochen. Bei Erreichen eines maximalen Drucks wird das Hubvolumen der Pumpe bis auf einen Minimalwert oder bis auf Null verringert.

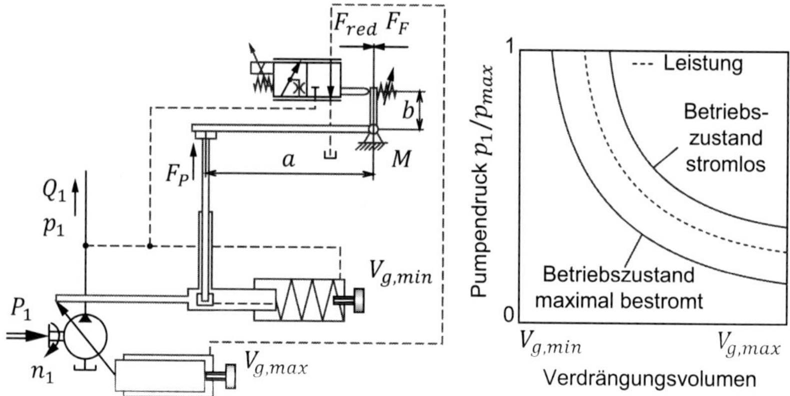

Bild 4.6-7: Schema einer ausgeführten vorgesteuerten Leistungsregelung

4.7 Literatur zu Kapitel 4

4.1	Achten et al.	Design of a variable displacement floating cup pump, Proceedings of the Ninth Scandinavian International Conference on Fluid Power, Linköping, Sweden, 2005
4.2	Achten, Peter	Dynamic high-frequency behaviour of the swash plate in a variable displacement axial piston pump, Proc IMechE Part I: Journal of System and Control Engineering, Vol. 227 Issue 6, 2013
4.3	Achten, P.; Eggenkamp, S.	The control of an open-circuit, floating cup variable displacement pump, Proceedings of the 10th International Fluid Power Conference, Dresden, 2016
4.4	Backé, Wolfgang	Grundlagen der Ölhydraulik, Umdruck zur Vorlesung an der RWTH Aachen, 10. Auflage 1994
4.5	Bebber, David van	PVD-Schichten in Verdrängereinheiten zur Verschleiß- und Reibungsminimierung bei Betrieb mit synthetischen Estern, Dissertation RWTH Aachen, 2003
4.6	Bergemann, Martin	Systematische Untersuchung des Geräuschverhaltens von Kolbenpumpen mit ungerader Kolbenanzahl, Dissertation RWTH Aachen, 1993
4.7	Breuer, David	Reibung am Arbeitskolben von Schrägscheibenmaschinen im Langsamlauf, Dissertation RWTH Aachen, 2007
4.8	Breuer-Stercken, Andreas	Systematische Untersuchung von Strukturschwingungen im Hinblick auf die Entwicklung geräuscharmer Kolbenpumpen, Dissertation RWTH Aachen, 1999
4.9	Fiebig, Wieslaw	Schwingungs- und Geräuschverhalten der Verdrängerpumpen und hydraulischen Systeme, Habilitation Uni Stuttgart, 2000
4.10	Findeisen, D.; Helduser, S.	Ölhydraulik – Handbuch der hydraulischen Antriebe und Steuerungen, 6. Aufl., Springer-Verlag, Berlin Heidelberg 2015
4.11	Geimer, Marcus	Messtechnische Untersuchung und Erstellung von Berechnungsgrundlagen zur Ermittlung der Einsatzgrenze dreispindeliger Schraubenpumpen, Dissertation RWTH Aachen, 1995
4.12	Goenechea, Eneko	Mechatronische Systeme zur Pulsationsminderung hydrostatischer Verdrängereinheiten, Dissertation RWTH Aachen, 2007
4.13	Ivantysyn, Jaroslav und Monika	Hydrostatische Pumpen und Motoren – Konstruktion und Berechnung, Vogel Verlag Würzburg, 1993
4.14	Jarchow, Marcus	Maßnahmen zur Minderung hochdruckseitiger Pulsationen hydrostatischer Schrägscheibeneinheiten, Dissertation Aachen, 1997
4.15	Kleist, Alexander	Berechnung von Dicht- und Öllagerfugen in hydrostatischen Maschinen, Dissertation RWTH Aachen, 2002
4.16	Manring, N.D.	Fluid Power Pumps and Motors, McGraw-Hill Education, New York 2013

4.17	Matthies, H. J.; Renius, K. T.	Einführung in die Ölhydraulik, 8. Auflage, Springer Fachmedien, Wiesbaden 2014
4.18	Müller, Benedikt	Einsatz der Simulation zur Pulsations- und Geräuschminderung hydraulischer Anlagen, Dissertation RWTH Aachen, 2002
4.19	Murrenhoff, H.	Regelung von verstellbaren Verdrängereinheiten am Konstant-Drucknetz, Dissertation, RWTH Aachen, 1983
4.20	Murrenhoff, H.	Servohydraulik – Geregelte hydraulische Antriebe, Umdruck zur Vorlesung an der RWTH Aachen; 4. Auflage 2012
4.21	N.N.	Hydraulic fluid power – Postive displacement pumps, motors and integral transmissions – Methods of testing and presenting basic steady state performance, ISO 4409, 2007
4.22	Oberem, Richard	Untersuchung der Tribosysteme von Axialkolben-Schrägscheibenmaschinen der HFA-Hydraulik, Dissertation RWTH Aachen, 2002
4.23	Renius, Karl Theodor	Untersuchung zur Reibung zwischen Kolben und Zylindern bei Schrägscheiben-Axialkolbenmaschinen, VDI Verlag Düsseldorf, 1974
4.24	Renvert, Peter	Vergleich von Prüfverfahren zur Untersuchung des Anlauf- und Langsamlaufverhaltens von Hydromotoren, Dissertation RWTH Aachen, 1981
4.25	Sanchen, Günter	Auslegung von Axialkolbenpumpen in Schrägscheibenbauweise mit Hilfe der numerischen Simulation, Dissertation RWTH Aachen, 2003
4.26	Schulze Schencking, D.	Neuartige Radialkolbeneinheit mit axialen Steuerplatten, Dissertation RWTH Aachen, 2016
4.27	Theissen, Heinrich	Die Berücksichtigung instationärer Rohrströmung bei der Simulation hydraulischer Anlagen, Dissertation RWTH Aachen, 1983
4.28	Welschof, Bernward	Die Zukunft gehört den Schrägscheiben... denn der Stand der Technik bleibt nicht stehen, 4. IFK, Dresden 2004
4.29	Welschof, Bernward	Analytische Untersuchungen über die Einsatzmöglichkeit einer sauggedrosselten Hydraulikpumpe zur Leistungssteuerung, Dissertation RWTH Aachen, 1992
4.30	Wieczorek, Uwe	Ein Simulationsmodell zur Beschreibung der Spaltströmung in Axialkolbenmaschinen der Schrägscheibenbauart, Fortschritt-Berichte VDI Reihe 7, Nr. 443, VDI Verlag Düsseldorf, 2003

5 Ventile

neu bearbeitet von Tobias Vonderbank, M.Sc.

Ventile sind hydraulische Komponenten, die zur Sperrung sowie zur Steuerung der Strömungsrichtung, des Druckes und des Volumenstroms dienen [5.1]. Je nach Funktion werden Ventile in vier Gruppen eingeteilt, siehe **Bild 5.0-1**.

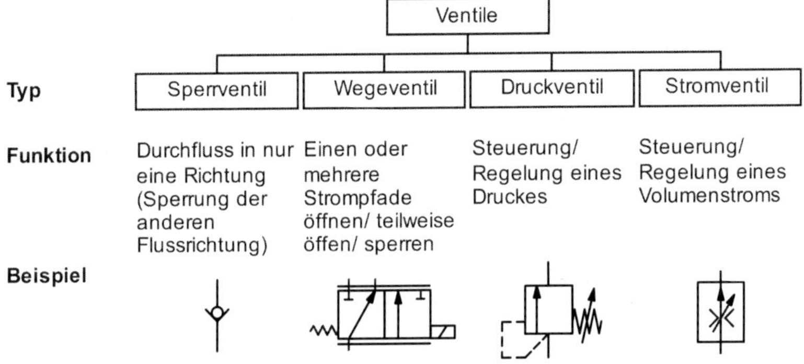

Bild 5.0-1: Ventiltypen [5.6]

Ventile werden prinzipiell nach Bauart, Verstellung und Betätigung unterschieden (siehe **Bild 5.0-2**).

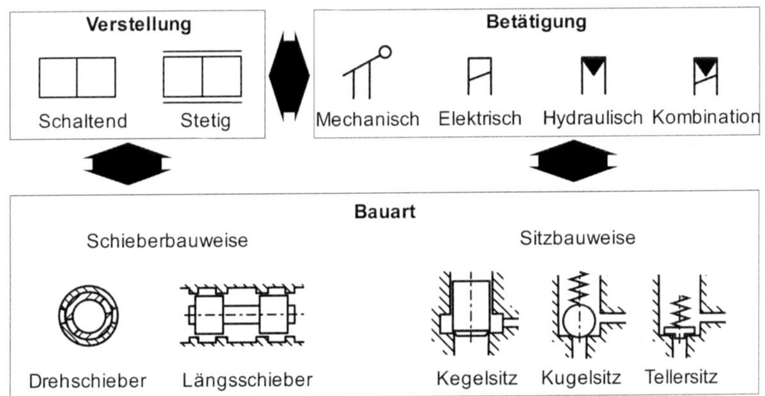

Bild 5.0-2: Unterscheidungsmerkmale von Hydraulikventilen

In diesem Kapitel werden zunächst die unterschiedlichen Bauarten und Funktionsweisen von Ventilen erläutert. Danach erfolgt eine kurze

Beschreibung der gängigen Baugrößen, des Einbaus und der Verkettung von Ventilen. Anschließend werden die vier Ventiltypen und beispielhaft zugehörige Ventile dargestellt. Zunächst wird auf die rein schaltenden Sperrventile eingegangen. Nachfolgend wird die große Gruppe der Wegeventile vorgestellt, die in Schaltventile und in Proportional-, Regel- sowie Servoventile unterteilt wird. Danach werden Druck- und Stromventile betrachtet. Abschließend werden die am Ventilschieber wirkenden Kräfte und deren Kompensation erläutert und mögliche Betätigungsmechanismen vorgestellt.

5.1 Bauart und Funktionsweise

Die Einsatzbedingungen bestimmen die Bauart des Grundsteuerelementes. Generell wird zwischen Schieber- und Sitzventilen unterschieden. Bei den **Schieberventilen** wird der Durchfluss durch einen Schieber im Ventilgehäuse freigegeben oder gesperrt. Die Bewegung des Schiebers kann linear, drehend oder kombiniert erfolgen. Die Gruppe der Schieberventile umfasst Längs- und Drehschieberventile.

Kommt ein Kegel, eine Kugel oder ein Teller als Schaltelement(e) zum Einsatz, handelt es sich um ein **Sitzventil**. Entsprechend des Schaltelementes wird von Kugel-, Kegel- und Tellersitzventil gesprochen. Auf die Sitzventile wird in Kapitel 5.1.3 eingegangen.

5.1.1 Längsschieberventile

Längsschieberventile, die auch Kolbenschieberventile oder Kolbenventile genannt werden, finden vorrangig in Hydrauliksteuerungen Anwendung. Der prinzipielle Aufbau von Längsschieberventilen ist in **Bild 5.1-1** dargestellt. Der Durchfluss durch das Gehäuse wird anhand einer Linearbewegung des Schiebers freigegeben (Schieberhub). Die Kanten des Gehäuses und des Schiebers, die den Durchfluss freigeben, werden als Steuerkanten bezeichnet.

Hochwertige kontinuierlich verstellbare Schieberventile (Proportional-, Regel- und Servoventile) weisen i.d.R. eine zusätzlich in das Gehäuse eingebrachte ortsfeste Hülse auf, die die gehäuseseitige Steuerkante beinhaltet. Durch diese Ausgestaltung ist eine genauere und kostengünstigere Fertigung möglich. Überdies erlaubt sie das Einbringen nicht rotationssymmetrischer

Steueröffnungen, so genannte Steuerfenster, anstelle der umlaufenden Steuerkante.

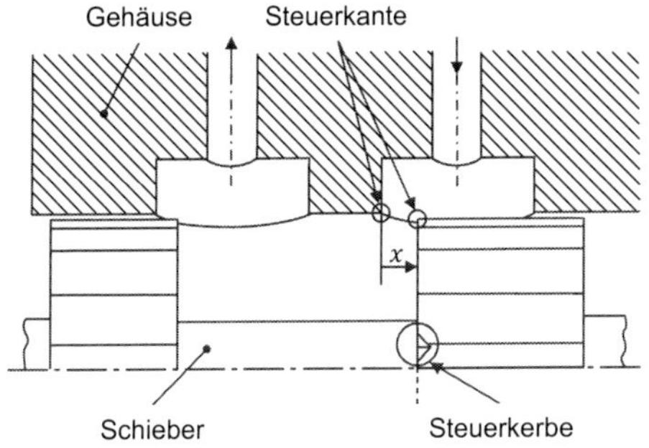

Bild 5.1-1: Längsschieberventil

Längsschieberventile zeichnen sich durch eine einfache konstruktive Gestaltung, einen guten Druckausgleich durch symmetrische Gestaltung sowie Druckausgleichsnuten (Bild 5.6-5) und folglich niedrige Betätigungskräfte sowie hohe Schaltleistungen aus. Allerdings tritt bei einer Druckdifferenz zwischen den Kammern immer ein kleiner Leckagestrom auf, da das Dichtelement des Schiebers ein Ringspalt ist, der eine Spalthöhe von etwa 3 bis 10 µm hat. Muss dies verhindert werden, gibt es auch Längsschieberventile mit dynamischen Dichtungen. Diese sind allerdings relativ teuer und verursachen zusätzliche Reibkräfte, welche überwunden werden müssen [5.13].

Das Verhalten eines Längsschieberventils kann zum einen durch die Überdeckung und zum anderen durch die Gestaltung der Steuergeometrie wesentlich beeinflusst werden. Unter **Überdeckung** wird der Abstand in Längsrichtung zwischen den feststehenden und beweglichen Steuerkanten eines Schieberventils verstanden. Die drei möglichen Überdeckungsverhältnisse negative Überdeckung, Nullüberdeckung und positive Überdeckung sind in **Bild 5.1-2** am Beispiel eines Steuerschiebers mit zwei gegensinnig verstellbaren, blendenförmigen Widerständen aufgezeigt. Abhängig von der Art der Überdeckung stellen sich Zusammenhänge zwischen dem Volumenstrom und der Auslenkung des Ventilschiebers ein. Die Auswirkungen der Überdeckungsverhältnisse auf die Regelung hydraulischer Systeme werden in der Lehrveranstaltung „Servohydraulik“ näher betrachtet [5.14].

Negative Überdeckung	Nullüberdeckung	Positive Überdeckung
y_0 y Q_A Q Q_B	$y_0 = 0$ y Q_A Q Q_B	y_0 y Q_A Q Q_B
$Q_A(y) = 0$ für $y \geq y_0$	$Q_A(y) = 0$ für $y \geq 0$	$Q_A(y) = 0$ für $y \geq -y_0$

Bild 5.1-2: Überdeckungsverhältnisse am Steuerschieber [5.14]

Bild 5.1-3 zeigt geläufigste Variationen bei der Gestaltung der **Steuergeometrie** (Steuerkante, -kerbe und -fenster). Durch die Wahl der Form der Steuergeometrie kann mitunter der Winkel der Einströmung in das Ventil und somit die axialen Kräfte am Ventilschieber beeinflusst werden, vgl. Kapitel 5.1.4. Darüber hinaus geht mit Abweichen von der ideal scharfkantigen Geometrie die lineare Beziehung zwischen Öffnungsquerschnitt und Ventilhub im Bereich niedriger Auslenkungen verloren.

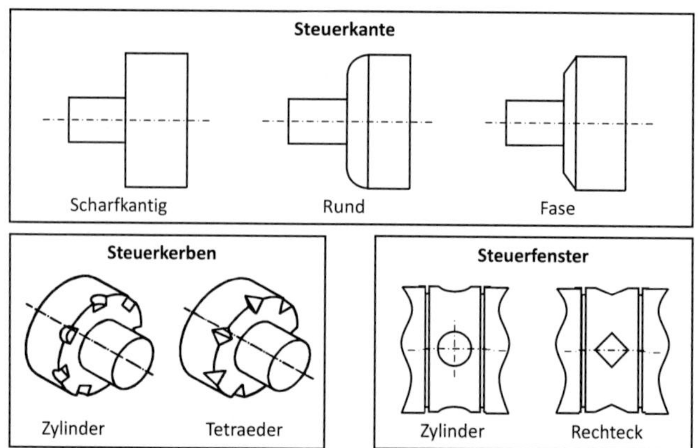

Bild 5.1-3: Geometrische Variationen der Steuergeometrie (Beispiele)

Eine Erhöhung der Feinfühligkeit bei gesteuerten Anwendungen kann durch die Fertigung von **Steuerkerben** an positiv überdeckten Ventilschiebern erreicht werden. Steuerkerben sind einfach einzubringen und können auch nachträglich während der Maschineninbetriebnahme eingebracht werden.

Eine Umkehr der Funktionsflächen ist auch möglich. Dazu werden die Steuerfenster in der Hülse so geformt, dass diese in Verbindung mit einem scharfkantigen Schieber das gewünschte Verhalten vorweisen. Jedoch ist das Einbringen einer Steuerfenstergeometrie mit hohem Aufwand verbunden und eine nachträgliche Korrektur bei der Inbetriebnahme einer Maschine nicht möglich.

5.1.2 Drehschieberventile

In der Anfangszeit der Ölhydraulik bei Betriebsdrücken bis 70 bar wurden Drehschieberventile häufig verwendet [5.3]. Heutzutage werden sie noch vereinzelt eingesetzt (z. B. für komplexe Steuerung mit nur einem Hebel und Niederdruck-Vorsteuerventile, um sie dicht ansteuern zu können [5.14]). Dies ist darin begründet, dass die Betätigungskräfte bei hohen Drücken zu groß sind.

Bild 5.1-4 zeigt das Funktionsprinzip eines 4/3-Wege-Drehschieberventils. Der Pumpenanschluss lässt sich wahlweise mit dem Verbraucheranschluss A oder B verbinden, wobei jeweils der andere mit dem Tank verbunden ist. Neben den Nuten im Dreh-Ventilschieber werden auch die Querbohrungen im Schieber zur Steuerung des Volumenstroms genutzt.

Dreh- und Längsschieberprinzip lassen sich auch in einem Ventil kombinieren, sodass mithilfe eines Ventils zwei Verbraucher gleichzeitig betätigt werden können. Ventile dieser Art werden daher z. T. in der Mobilhydraulik verwendet.

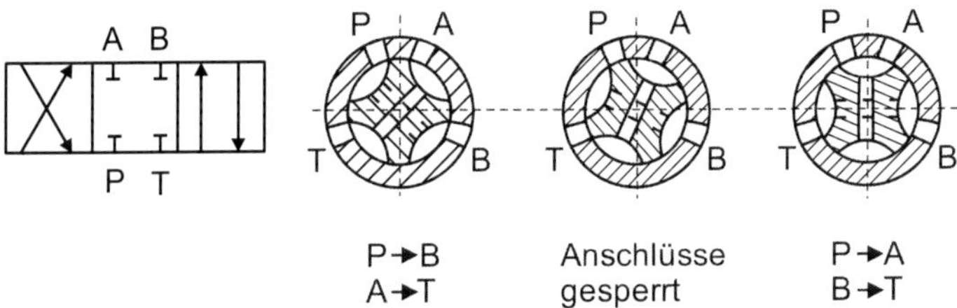

Bild 5.1-4: 4/3-Wegeventil in Drehschieberbauweise

5.1.3 Sitzventile

Im Gegensatz zu Schieberventilen wird bei Sitzventilen der Volumenstrom durch einen Kegel, eine Kugel oder einen Teller abgesperrt, wie in **Bild 5.1-5** dargestellt. Das Schließelement ist beweglich und formschlüssig in die Gehäusebohrung eingepasst. Bei der Verwendung von Kegeln und Kugeln stellt sich ein nahezu linienförmiger Dichtsitz ein. Bei Tellersitzen liegt hingegen ein flächiger Dichtsitz vor. Der Teller lenkt den Volumenstrom rechtwinklig zur normalen Volumenstromrichtung um. Sie werden z. B. als Ein- und Auslassventile für Verbrennungsmotoren verwendet.

In der Hydraulik werden üblicherweise Kegel- und Kugelsitzventile verwendet [5.16]. Kegel können einfach hergestellt werden. Aufgrund seiner Führung nimmt ein Kegel immer die gleiche Position ein. Nach wenigen Schaltungen ist der Dichtsitz eingeschlagen und dicht. Der Aufwand zur Fertigung einer Kugel ist größer als bei einem Kegel. Bei einer Kugel können Beschädigungen der Kugeloberfläche (z. B. wenn sich der Sitz in die Kugel drückt) zu Leckage führen, da die Kugel verschiedene Positionen einnehmen kann.

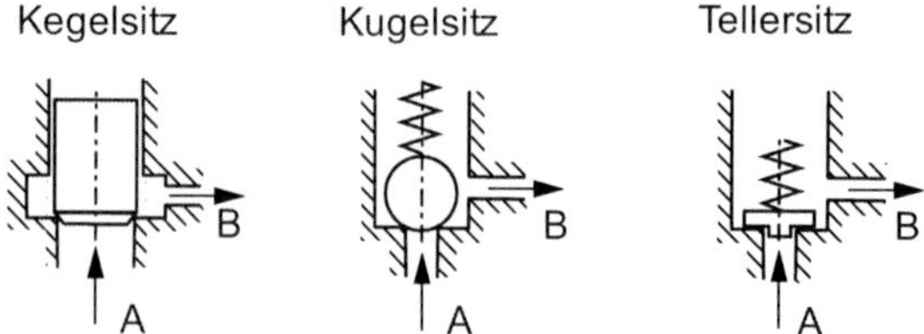

Bild 5.1-5: Funktionsprinzip von Sitzventilen

Der Vorteil von Sitzventilen gegenüber Schieberventilen liegt darin, dass eine vollständige Absperrung des Volumenstroms möglich ist. Ferner sind sie weniger schmutzempfindlich gegen feine Schmutzpartikel, verschleißunempfindlich, für höchste Drücke geeignet und geben bei kleinem Hub einen relativ großen Querschnitt frei. Einstufige Sitzventile sind jedoch nur für kleinere Volumenströme geeignet, aufgrund des eingeschränkten Gesamthubs und den daraus resultierenden hohen Druckverlusten bei großen Volumenströmen. Für anspruchsvolle Regelungsaufgaben sind sie weniger gut geeignet, weil ihr Kegel- oder Kugelkörper zum Schwingen neigt. Darüber hinaus erfordern sie größere Betätigungskräfte und sind spezifisch teurer als Schieberventile [5.13].

Bild 5.1-6 zeigt ein Sonderventil aus der Wasserhydraulik, das als Sitzventil ausgeführt ist. Als Schließelement wird eine Kugel verwendet, die von einer Rückstellfeder in den Kugelsitz gedrückt wird. Das stromlos geschlossene 2/2-Wege-Kugelsitzventil wird über einen Hebel von einem Schaltmagneten betätigt. Alternativ steht bei Stromausfall eine Handnotbetätigung zur Verfügung. Über eine Einstellschraube kann die Kugelposition justiert werden. Ventile für die Wasserhydraulik werden zumeist in Sitzbauweise konstruiert, um die Leckage dieses Fluids niedriger Viskosität zu minimieren.

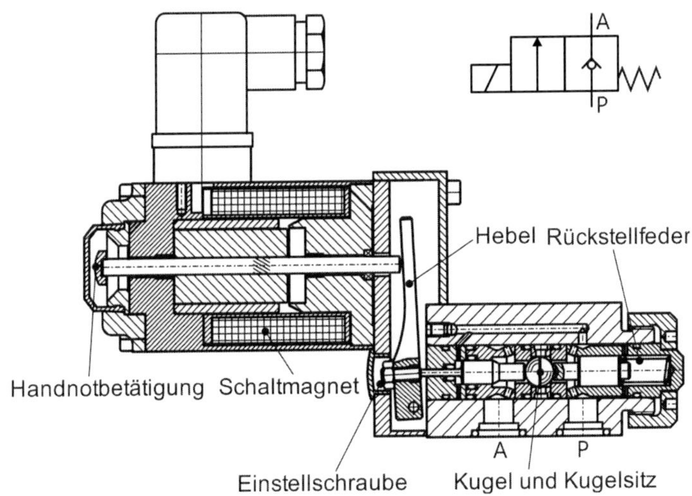

Bild 5.1-6: Kugelsitzventil mit Schaltmagnet und Wegübersetzung (Dr. Breit)

Es hat sich in der Praxis als sinnvoll erwiesen, bei der symbolischen Darstellung von Sitzventilen von der DIN ISO 1219 abzuweichen und eine Unterscheidung zwischen Wegeschieber- und Wegesitzventilen durchzuführen. Die Schließelemente der Symbole von Sitzventilen werden in der Regel als Rückschlagventil dargestellt.

5.1.4 Baugrößen und Einbau

Für den Einbau von Ventilen in Hydrauliksysteme gibt es eine Vielzahl von Möglichkeiten. Heutzutage werden in der Regel nur noch einfache Ventile, wie z. B. Rückschlagventile (siehe Kapitel 5.2) oder Absperrventile, direkt in das Rohrleitungssystem geschraubt. Andere Ventile werden im Allgemeinen nicht mit Rohrleitungsanschlüssen, sondern zum Aufschrauben auf eine **Anschlussplatte** (Aufbauventile) oder zum Einschrauben in ein **Gehäuse** oder einen **Ventilblock** (Einbauventile) geliefert.

Für jede Ventilgröße und -bauart gibt es genormte **Anschlussbilder.** Diese sogenannten Lochbilder sind für eine Vielzahl von Ventilen genormt (u. a. in DIN 24340-2 und ISO 4401 für Wegeventile, ISO 5781 für Druckventile, ISO 6264 für Druckbegrenzungsventile, ISO 6263 für Stromventile und ISO 10372 für Servoventile). Die Baugröße von Aufbauventilen wird in Form von standardisierten **Nenngrößen** (NG) angegeben, wobei ein Zahlenwert den ungefähren Innendurchmesser der Anschlussbohrung des Lochbildes angibt. Häufig benutzte Nenngrößen sind 6, 10, 16, 25 und 32.

Die Montage mittels Anschlussplatte hat den Vorteil, dass die Ventile ausgetauscht oder demontiert werden können, ohne die Verschraubung zwischen der Anschlussplatte und der Verrohrung zu lösen. So können Ventile verschiedener Hersteller auf die gleiche Anschlussplatte geschraubt werden. Ebenso können z. B. Schaltwegeventile gegen Proportionalwegeventile gleicher Größe getauscht werden. Die Abdichtung zwischen Ventil und Platte wird durch O-Ringe gewährleistet.

Räumlich nahe beieinander liegende Bauelemente einer hydraulischen Steuerung können unter weitgehender Vermeidung von Rohrverbindungen auf einen gemeinsamen **Anschlussblock** oder Steuerblock (individuell konstruiert und gefertigt), aufgeschraubt werden. Dies ermöglicht den Aufbau als kompakte Steuerung. Der Block hat außen die genormten Anschlussbilder der Bauelemente, sowie Anschlüsse für Druckversorgung, Tank und Verbraucher. Alle Verbindungen zwischen den Bauelementen werden durch Bohrungen im Inneren des Blocks hergestellt. Der Block wird aus Gusseisen, Gussstahl oder Aluminium für ein System individuell gefertigt. Vorteile dieser Bauweise sind der kompakte, montagefreundliche Aufbau, keine Dichtigkeitsprobleme und eine geringe Geräuschemission. Zudem können 2-Wege-Einbauventile verwendet werden. Dem steht nachteilig gegenüber, dass der Konstruktionsaufwand höher ist und nachträgliche Änderungen schwierig sind.

Um auch bei kleinen Serien die Vorteile der Blockbauweise nutzen zu können, hat die Industrie **Verkettungssysteme** entwickelt. Hierbei handelt es sich um **Baukastensysteme**, bei denen eine Blockfunktion durch Aneinanderreihen verschiedener Scheibenelemente erreicht wird. Für die Elemente reichen wenige Grundtypen aus, die in Serie hergestellt werden können.

5.2 Sperrventile

Sperrventile ermöglichen das Sperren eines Strömungspfades in eine oder beide Richtungen und die Aufhebung der Sperrung unter bestimmten Umständen. Sie werden als Sitzventile ausgeführt. Zu den Sperrventilen zählen Rückschlagventile (ohne und mit Feder), entsperrbare Rückschlagventile mit Feder, Drosselrückschlagventile und Wechselventile.

Bild 5.2-1 zeigt zwei **federbelastete Rückschlagventile** zum Einschrauben.

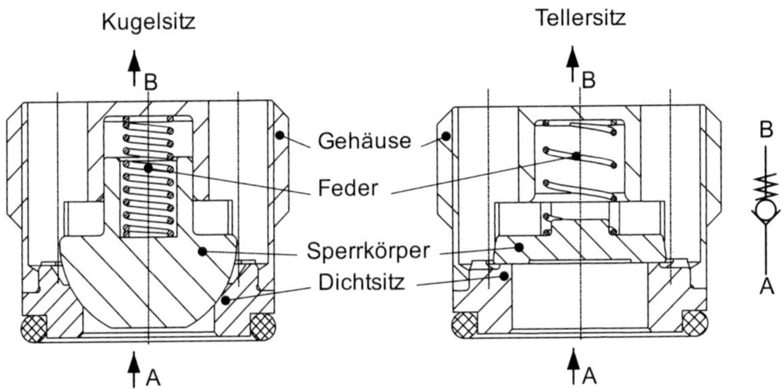

Bild 5.2-1: Sperrventil zum Einschrauben (Bott)

Die wesentlichen Bestandteile sind ein Gehäuse, der eingepresste Dichtsitz, der Sperrkörper (Kugel oder Teller) und die Feder, die den Sperrkörper in den Dichtsitz drückt. Bei dieser Ausführung ist der Durchfluss nur von unten nach oben möglich. Die Feder und ihre Vorspannung sowie die druckbeaufschlagte Fläche des Sperrkörpers bestimmen den Öffnungsdruck. Federbelastete Rückschlagventile haben den Vorteil gegenüber nicht-federbelasteten

Rückschlagventilen, dass die Einbaulage beliebig ist. Rückschlagventile ohne Feder müssen senkrecht eingebaut werden, da das Schließelement nur durch sein Eigengewicht im Sitz gehalten wird.

Bei entsprechender konstruktiver Gestaltung ist es möglich, die Sperrung eines Rückschlagventils durch eine Fernbetätigung aufzuheben. Diese **entsperrbaren Rückschlagventile** werden häufig bei Zylindersteuerungen angewendet. Hier verhindern sie ein Absinken des Kolbens unter Last, verursacht durch Leckage oder einen Leitungsbruch. Generell kann zwischen entsperrbaren Rückschlagventilen ohne und mit Leckölanschluss unterschieden werden. Der Vorteil von entsperrbaren Rückschlagventilen mit Leckölanschluss ist, dass sie im Gegensatz zu entsperrbaren Rückschlagventilen ohne Leckölanschluss die Nutzung des Druckes im Anschluss A zum Öffnen des Ventils erlauben.

In **Bild 5.2-2** ist ein entsperrbares Rückschlagventil mit Leckölanschluss abgebildet. Von Anschluss B nach Anschluss A ist ein Durchfluss nur möglich, wenn am Anschluss X ein Steuerdruck anliegt und dieser mithilfe des Stößels (1) das durch Sitz (2) und Dichtkörper (3) gebildete Vorsteuerventil öffnet. Dabei wird die Rückseite der Hauptstufe durch die Vorsteuerung zum Leckölanschluss Y_1 entlastet, sodass die Ringfläche der Hauptstufe im Druckraum B ausreicht, um den Kolben gegen die Feder zu öffnen.

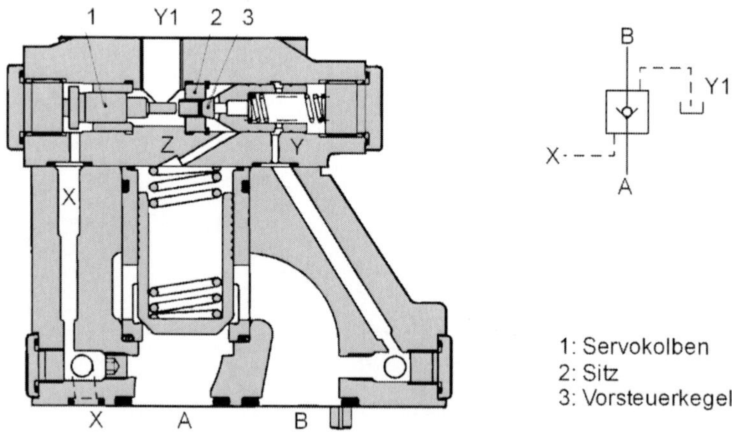

Bild 5.2-2: Entsperrbares Rückschlagventil mit Leckölanschluss (Parker Hannifin)

Mögliche Gründe für den Einsatz von Sperrblöcken sind unter anderem ein Ausfall der Pumpe sowie Leitungsbruch oder Abreißen eines Schlauches. Diese Anwendung ist insbesondere bei Baumaschinen von Bedeutung, bei denen eine Last gehoben wird und deren abruptes unkontrolliertes Herabsinken eine Gefahr für die Umgebung darstellt, wie z. B. Krane und Bagger. **Bild 5.2-4** zeigt die ausführliche und die vereinfachte Darstellung eines entsperrbaren Zwillingsrückschlagventils.

Drosselrückschlagventile ermöglichen einen freien Durchfluss in eine Richtung und einen gedrosselten Volumenstrom in der anderen Richtung. **Wechselventile** haben zwei Eingänge und einen gemeinsamen Ausgang, der, je nach Druckbeaufschlagung, mit einem der beiden Eingänge verbunden wird.

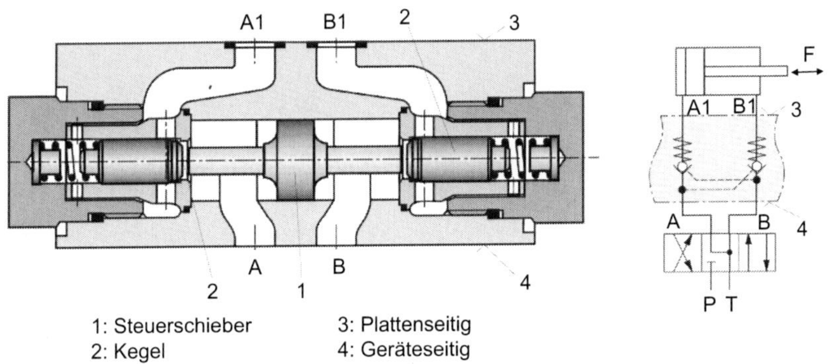

Bild 5.2-3: **Entsperrbares Zwillingsrückschlagventil, bzw. ein Sperrblock (Bosch Rexroth)**

Bild 5.2-4: **Ausführliche und vereinfachte Darstellung eines entsperrbaren Zwillingsrückschlagventils**

5.3 Wegeventile

Ein Wegeventil ist ein Bauteil, das einen oder mehrere Strompfade (Durchflusswege) öffnet oder sperrt. Wegeventile werden in der Industrie am häufigsten eingesetzt. Die wichtigsten Unterscheidungsmerkmale von Wegeventilen sind neben Bauart, Verstellung und Betätigung, die Anzahl der Anschlüsse sowie Schaltstellungen und der Durchflussweg in Nullstellung.

Die Anzahl der Anschlüsse und Schaltstellungen bestimmen die Bezeichnung eines Wegeventils. Besitzt ein Wegeventil z. B. vier Anschlüsse und drei Schaltstellungen, so wird es 4/3-Wegeventil (sprich: Vier-drei-Wegeventil) bezeichnet (s. **Bild 5.3-1**). Kolbenschieberventile mit mehr als 4 Anschlüssen und mehr als 3 Schaltstellungen sind in der Industriehydraulik selten, werden in der Mobilhydraulik jedoch häufig eingesetzt. Der Druckanschluss (Pumpenanschluss) wird mit P bezeichnet, der Rücklaufanschluss (Tankanschluss) mit T und die Arbeitsanschlüsse mit A und B. Der zulässige Druck im Tankanschluss beträgt bei vielen Ausführungen, u. a. wegen der Abdichtung des Ventilschiebers, nur wenige bar. Es sind jedoch auch Wegeventile auf dem Markt, die eine deutlich höhere Druckbelastung des Tankanschlusses bis hin zum Versorgungsdruck zulassen.

Das in **Bild 5.3-1** dargestellte Ventil sperrt in Mittelstellung alle Verbindungen (**Sperrstellung**). Dieses Ventil mit großer positiver Überdeckung wird vorwiegend in Speicherkreisen eingesetzt, aber auch, um z. B. einen Arbeitskolben in seiner Ruhelage zu arretieren.

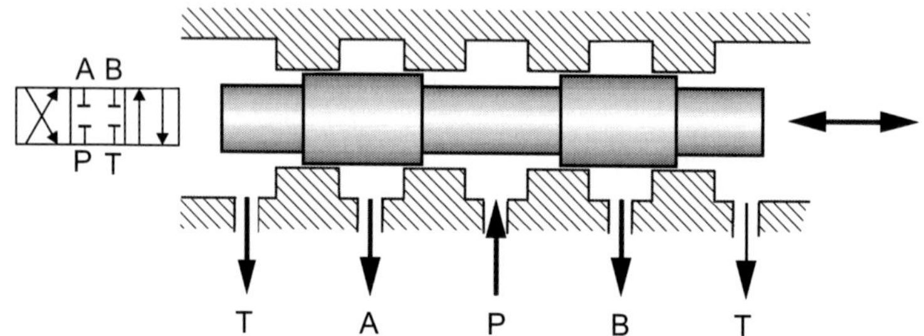

Bild 5.3-1: **4/3-Wegeventil mit gesperrten Anschlüssen in der Mittelstellung (Sperrstellung)**

Durch eine Variation des Ventilschiebers ist eine große Anzahl von verschiedenen Durchflusswegen möglich, ohne das Ventilgehäuse zu verändern. Das Gegenteil der Sperrstellung, die Verbindung aller Anschlüsse mit dem Tank, wird **Schwimmstellung** oder auch H-Stellung genannt. Zwei weitere 4/3-Wegeventilvarianten werden nun beispielhaft vorgestellt. In

Bild 5.3-2 ist die **Durchflussstellung** / h-Stellung gezeigt, bei welcher der Pumpenaschluss mit den beiden Verbraucheranschlüssen in der Mittelstellung verbunden ist (große negative Überdeckung). Bei dieser Freigangstellung kann ein gleichflächiger Zylinder oder Rotationsmotor durch eine äußere Last verstellt werden. Wird das Ventil durch den Steuerschieber in drei Kammern geteilt, wird dies als 3-Kammer-Ventil bezeichnet. Damit ist die Eilgangschaltung bei Differentialzylindern möglich (siehe Kapitel 8.5).

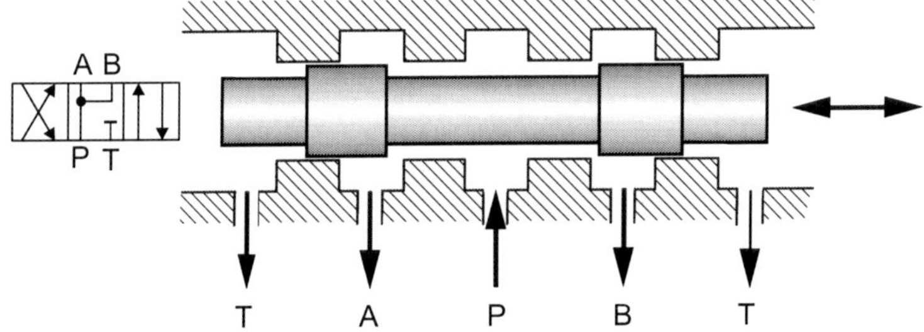

Bild 5.3-2: **4/3-Wegeventil mit einer Mittelstellung, bei welcher der Pumpenaschluss mit beiden Verbraucheranschlüssen verbunden ist (Durchflussstellung)**

Bild 5.3-3 zeigt die **Umlaufstellung**, die zur Energieeinsparung einen drucklosen Umlauf der Druckflüssigkeit durch das Ventil ermöglicht. Solche Ventile werden auch als open-center Ventile bezeichnet [5.18]. In der Nullstellung fördert die Pumpe durch den hohlgebohrten Schieber in die linke und rechte Gehäusekammer. Diese Kammern sind meistens durch einen Kanal im Gehäuse verbunden.

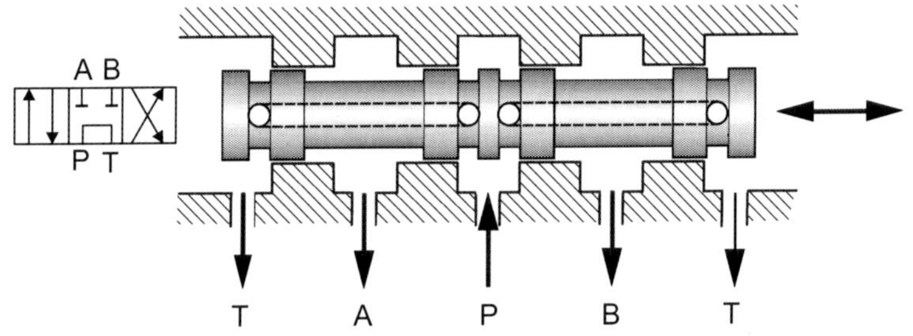

Bild 5.3-3: **4/3-Wegeventil mit Umlauf in der Mittelstellung (Umlaufstellung)**

Beim Durchströmen eines Ventils treten **Druckverluste** aufgrund von Wandreibung im laminaren Strömungsbereich und durch Ablösung der Strömung von der Steuerkante im turbulenten Bereich auf. Bei gegebener Nenngröße ist dieser Druckverlust von der Größe des Volumenstroms, der konstruktiven Ausführung und der Betriebsviskosität abhängig. Näherungsweise können Wegeventile als blendenförmiger Widerstand betrachtet werden. Auskunft über die Druckverluste eines Ventils erteilen die Ventilhersteller anhand von empirisch ermittelten Δp-Q-Kennlinien (s. **Bild 5.3-4).** Für jede Steuerkante ist eine entsprechende Kurve dargestellt, die den Druckverlust als Funktion des Volumenstroms bei vollständig geöffnetem Strömungspfad darstellt.

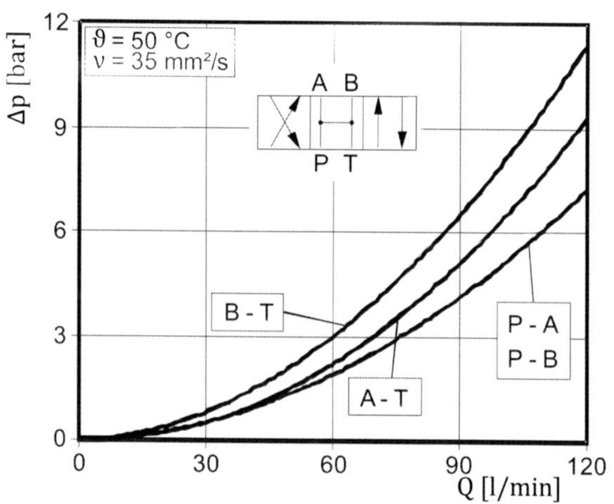

Bild 5.3-4: Druckverlust eines Kolbenschieberventils NG 10

5.3.1 Schaltventile

Die einfachsten Schaltventile sind 2/2-Wegeventile. Sie werden zum Öffnen und Sperren von Leitungen z. B. in Form von Absperrventilen genutzt. Die Durchströmungsrichtung ist häufig beliebig (Beispiel: Kugelhahn). Eine besondere Gruppe der 2/2-Wege-Schaltventile stellen Einbauventile dar. Sie werden im nachfolgenden Kapitel 5.3.2 betrachtet.

In **Bild 5.3-5** ist ein magnetbetätigtes 4/3-Wege-Kolbenschieberventil der Nenngröße 6 dargestellt.

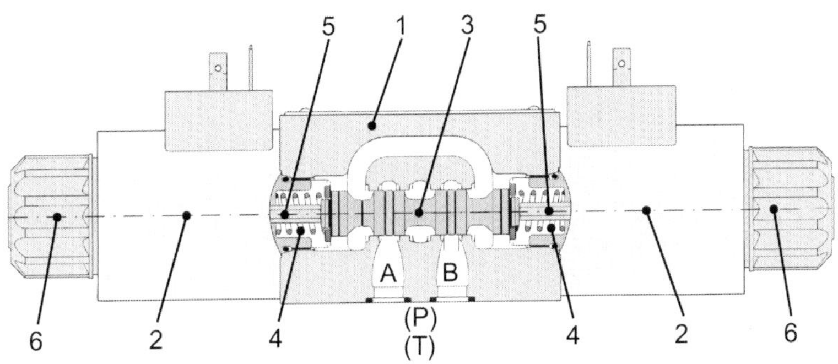

Bild 5.3-5: 4-3-Wege-Schaltventil (Parker Hannifin)

Ein ähnliches Ventil wird in **Bild 5.7-12** als Vorsteuerventil verwendet. Es besteht im Wesentlichen aus einem Gehäuse (1), zwei Schaltmagneten (2), dem Steuerschieber (3) und zwei Rückstellfedern (4), welche den Steuerschieber (3) zurückstellen bzw. halten. Die Magnetspulen sind auf ein Polrohr aufgeschoben und mit einer Mutter (6) fixiert (frei tragender Tubus). Sie lassen sich daher schnell und ohne Öffnen des Hydraulikkreises austauschen

5.3.2 2-Wege-Einbauventile

Bis zum Anfang der 70er Jahre bestand der überwiegende Anteil industriell angewendeter Hydrauliksysteme aus Zusammenschaltungen von einzelnen Ventilen und Geräten. Insbesondere bei einer größeren Anzahl unterschiedlicher Funktionen und höheren Leistungen steigt bei solchen Systemen der Bauaufwand unverhältnismäßig hoch an. Aus diesem Grund entstand die Schaltungstechnik mit 2-Wege-Einbauventilen (**Cartridge-Bauweise**, die heute im Pressenbau, bei Kunststoffmaschinen und im Schwermaschinenbau ihren festen Platz hat. Hierbei handelt es sich um **hydraulisch gesteuerte Einzelwiderstände**, die als Sitz- (i. d. R.) oder Schieberventile ausgeführt und als Öffner oder Schließer gestaltet werden. In diesem Zusammenhang wird auch von aufgelösten Steuerkanten gesprochen. **Bild 5.3-6** zeigt diese vier Grundausführungen in schematischer Darstellung.

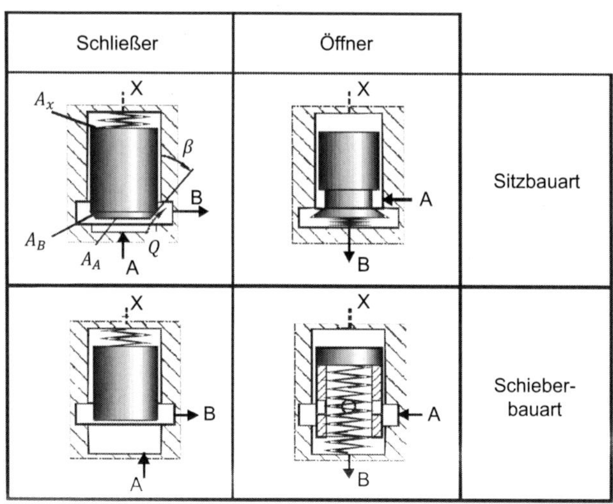

Bild 5.3-6: Schematische Darstellung von 2-Wege-Einbauventilen

Die praktische Ausführung eines solchen Einbauventils ist in **Bild 5.3-7** dargestellt. Das Einbauventil wird hierbei in einen Ventilblock mit Stufenbohrung eingesetzt und mit einer Abdeckplatte, die den Anschluss für das Vorsteuerventil enthält, befestigt. Die Einbaumaße sind in der DIN ISO 7368 exakt definiert. So ist eine Austauschbarkeit gewährleistet.

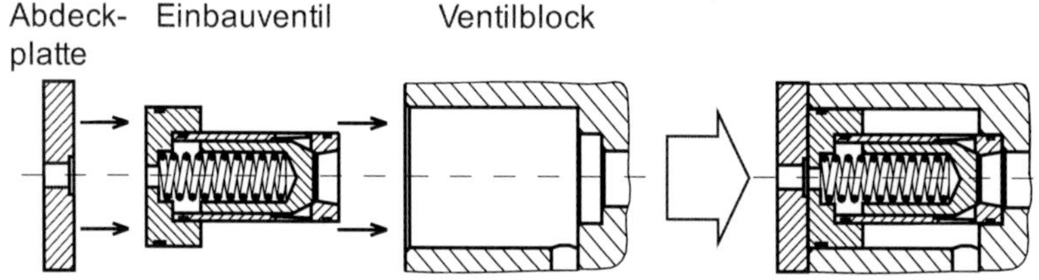

Bild 5.3-7: Prinzip der Cartridge-Bauweise (Schließer in Sitzbauweise)

Einzeln gesteuerte Widerstände benötigen jeweils eine Vorsteuerung. Das für die Vorsteuerung benötigte Steueröl wird entweder der Druckseite entnommen oder von einer getrennten Druckversorgung geliefert (s. **Bild 5.3-8**). Im ersten Fall wird von einer **Eigenversorgung** des Ventils gesprochen, welche stets lastabhängig ist. Der zweite Fall wird als **Fremdversorgung** bezeichnet. Sie ist mit p_{st} von dem Lastdruck p_{A} unabhängig und immer dann erforderlich, wenn besonders hohe Anforderungen an Schaltsicherheit und -schnelligkeit gestellt werden. Mithilfe von Drosseln in den Steuerleitungen können die Schaltzeiten beeinflusst werden.

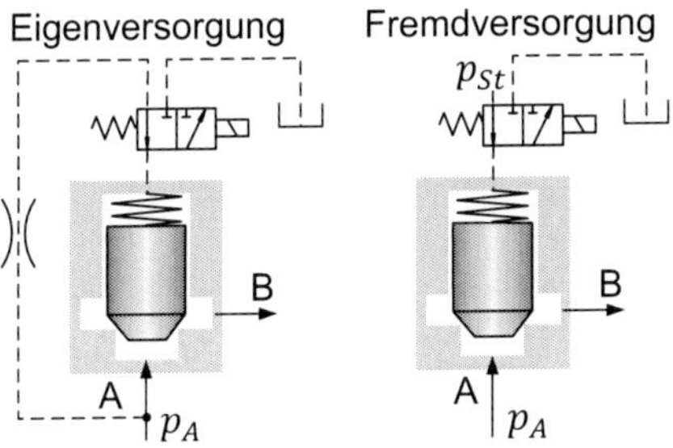

Bild 5.3-8: Vorsteuerungen von 2-Wege-Einbauventilen

Die Vorsteuerung wird bei **Schaltfunktionen** mit Wegeventilen kleiner Nenngröße vorgenommen. Für **Regelfunktionen** wird die Vorsteuerung mit stetig wirkenden Ventilen kleiner Nenngröße ausgeführt. Am Beispiel eines Druckbegrenzungsventils und eines 3/2-Wegeventils ist in **Bild 5.3-9** dargestellt, wie aus Einbauventilen mit entsprechenden Vorsteuerungen die jeweiligen Funktionen realisiert werden.

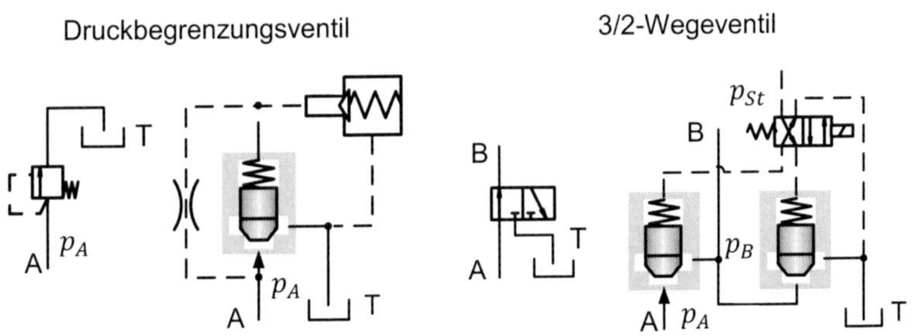

Bild 5.3-9: Beispielhafte Funktionseinheiten aus 2-Wege-Einbauventilen

Das Grundprinzip des Schaltungskonzeptes mit 2-Wege-Einbauventilen besteht in der konsequenten Trennung des **Leistungs- und Signalteiles** einer Steuerung. Dabei wird davon ausgegangen, dass zur Steuerung der Größen Druck und Volumenstrom für einen Verdrängerraum nur jeweils zwei hydraulische Widerstände erforderlich sind, nämlich ein Eingangs- und ein Ausgangswiderstand. Für einen hydraulischen Rotations- oder Linearmotor mit zwei Verdrängerräumen werden also als aufgelöste Steuerkanten vier 2-Wege-

Einbauventile benötigt, mit denen der Antrieb in beide Richtungen verfahren werden kann (s. **Bild 5.3-10**). Diese vier Strömungswiderstände übernehmen sowohl Schaltfunktionen zur Bestimmung der Bewegungsrichtung als auch Regelfunktionen zur Beeinflussung von Drücken in und Volumenströmen zu den Verdrängerräumen. Sie sind anhand der Leistung für den jeweiligen Verdrängerraum dimensioniert.

Die Steuerelemente in der Vorsteuerung sind von wesentlich geringerer Nenngröße, da sie nur die Signale zur Steuerung der 2-Wege-Einbauventile zu erzeugen oder zu übertragen haben. In die Vorsteuerung gelangen sowohl Signale von außen als auch steuerungsinterne Signale, die mechanisch, hydraulisch oder elektrisch übertragen werden können. Der Trennstrich zwischen Leistungs- und Signalteil der Steuerung verläuft innerhalb der hydraulischen Steuerung.

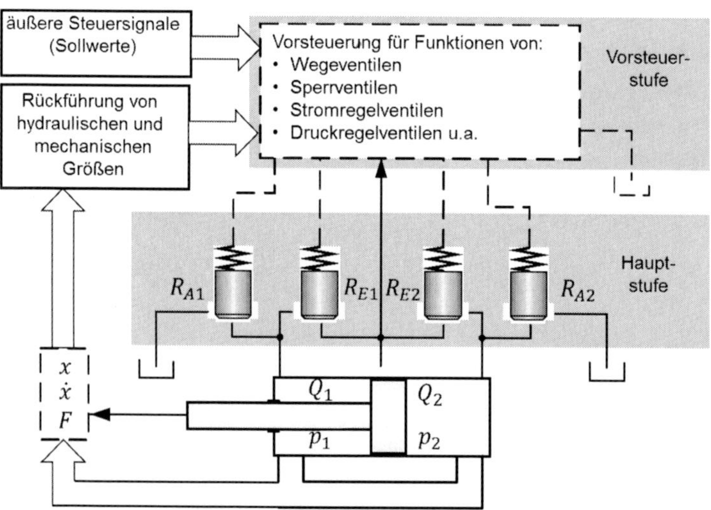

Bild 5.3-10: Schema einer Steuerung mit 2-Wege-Einbauventilen

Die Vorteile einer Steuerung mit 2-Wege-Einbauventilen gegenüber einer Steuerung mit konventionellen Bauelementen sind der geringere bauliche Aufwand, besonders bei großen Volumenströmen und zahlreichen Funktionen einer Steuerung, und die rationellen, einfachen Fertigungsmöglichkeiten der Steuerblöcke, wodurch sie kostengünstig sind. Darüber hinaus hat die Steuerung mit 2-Wege-Einbauventilen durch kleinere Totvolumina ein günstiges dynamisches Verhalten und bei der Inbetriebnahme einer Steuerung kann das dynamische Verhalten einzelner Ventile mit geringerem Aufwand gezielt beeinflusst werden, indem Drosselwiderstände ausgetauscht werden. Die Ersatzteilhaltung ist aufgrund der geringen Variantenvielfalt einfacher und preiswerter als bei anderen Systemen.

Diesen Vorteilen aufgelöster Steuerkanten steht insbesondere der Nachteil entgegen, dass bei Steuerungen mit 2-Wege-Einbauventilen aus einzelnen Gerätebausteinen jeweils neue Systeme entstehen. Die erforderliche dynamische Abstimmung sowie die Absicherung der Systeme und ihre Wartung setzen ein entsprechendes Know-how voraus. Ferner ist der Aufwand zur Steuerblockkonstruktion relativ hoch.

5.3.3 Proportional-, Regel- und Servoventile

Ursprünglich gab es in der Unterteilung von stetigen Wegeventilen nur Servo- und Proportionalventile. Servoventile wurden zunächst für die Luft- und Raumfahrtindustrie entwickelt und erfüllen höchste technische Ansprüche hinsichtlich statischer Genauigkeit und/oder an das Zeitverhalten. Allerdings sind sie sehr teuer und benötigen eine feine Filtration durch die feinmechanischen Vorsteuerventile.

Mittels des Austausches von Schaltmagneten durch Proportionalmagnete und einer allmählichen Verfeinerung sind aus den Schalt-Wegeventilen Proportional-Wegeventile hervorgegangen. Sie vereinen die Eigenschaften der stetigen Verstellbarkeit von Servoventilen mit der Robustheit konventioneller Schaltventile. Ferner sind sie relativ preisgünstig.

Die Forderung nach Ventilen mit ähnlichen technischen Parametern wie Servoventilen, aber deutlich niedrigeren Kosten hat die Kategorie der „Regelventile“ hervorgerufen. Möglich wurde die Entwicklung von Regelventilen unter anderem durch Entfeinerung von Servoventilen, Neuentwicklungen, genauere Fertigungsverfahren und bessere Proportionalmagnetwerkstoffe.

Es gibt keine allgemein anerkannte Definition, die Proportional-, Regel- und Servoventile eindeutig voneinander abgrenzt. Als Faustregel kann angegeben werden, dass mit dem Begriff „Proportionalventil“ in der Regel Ventile mit einer Grenzfrequenz bis ca. 20 Hz und leicht positiver Überdeckung gemeint sind. Unter dem Begriff „Regelventil“ werden Ventile mit einer Grenzfrequenz von ca. 10 bis 100 Hz und Nullüberdeckung verstanden, während Servoventile eine Grenzfrequenz größer 80 Hz und eine besonders präzise Nullüberdeckung besitzen. Im Folgenden wird auf die Besonderheiten von Proportional- und Servoventilen eingegangen und der Aufbau anhand von Beispielen verdeutlicht.

Proportionalventile bis zur Nenngröße 10 werden meist einstufig ausgeführt und sind daher unempfindlicher hinsichtlich Verschmutzung. Die Ansteuerung kann in der Mobilhydraulik auch von Hand erfolgen. **Bild 5.3-11** zeigt ein modernes einstufiges 4/3-Wege-Proportionalventil mit integrierter (onboard) Steuerelektronik. Es kann mithilfe einer einzigen elektrischen Verbindungsleitung angesteuert werden. Im Gegensatz zu einem Schaltventil sind die Magneten (2) proportional verstellbar und der Ventilschieber (3) wird in einer Hülse (7) geführt.

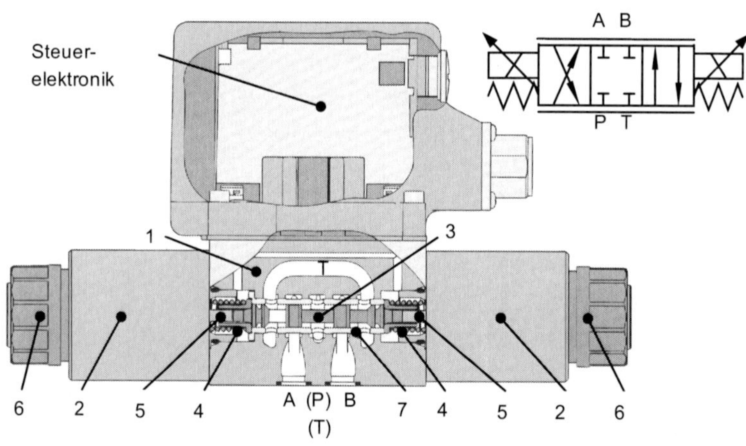

Bild 5.3-11: 4/3-Wege-Proportionalventil (Parker Hannifin)

Ein Grund für die begrentzte Dynamik konventioneller Proportionalwegeventile sind die langhubig ausgeführten Ventilschieber. Sie verfügen aus fertigungstechnischen Gründen in der Regel über eine positive Überdeckung und es ergibt sich eine entsprechende Totzone um die Nulllage. Sie sorgt dafür, dass bei einer Störung (z. B. Stromausfall) der federzentrierte Steuerschieber die Mittellage sicher einnimmt und ein Blockieren des

Verbrauchers durch Absperren der Verbraucheranschlüsse bei geringen Leckagewerten sicherstellt (fail-safe). Bei Bedarf kann durch geeignete Maßnahmen im elektrischen Signalteil diese Totzone kompensiert werden.

In den letzten Jahren hat der Einsatz der Proportionalventile stark zugenommen, da sie gegenüber schaltenden Wegeventilen mehr Funktionen, wie beispielsweise weiches Anfahren, ermöglichen. Auch Einsparungen bei Bauelementen, wie mehrere fest eingestellte Drosseln für verschiedene Geschwindigkeiten, sind möglich.

Servoventile werden wegen ihrer hervorragenden statischen und dynamischen Eigenschaften und der hohen Leistungsverstärkung oft für anspruchsvolle Regelaufgaben eingesetzt. Sie ermöglichen eine Steuerung von hydraulischen Ausgangsleistungen bis über 100 kW, bei kleinen elektrischen Eingangsleistungen (ca. 20 mW). Allerdings sind sie teurer und in der Wartung, insbesondere der Filtration, aufwändiger als das Proportionalventil. **Bild 5.3-12** zeigt den Aufbau eines zweistufigen Servoventils mit Düse-Prallplatte-Vorsteuerung.

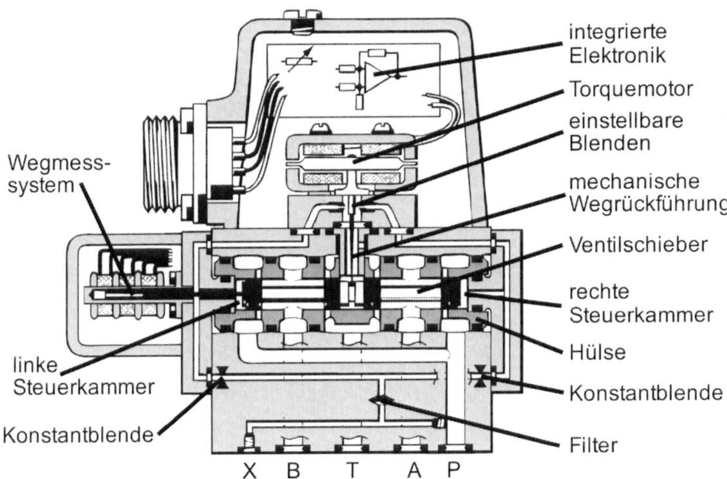

Bild 5.3-12: Zweistufiges Servoventil (Moog)

Das elektrische Eingangssignal wirkt auf einen Torquemotor, dessen Anker proportional dem Eingangsstrom ausgelenkt wird. Mit dem Anker ist eine Prallplatte verbunden, die mit den beiden Düsen die Vorsteuerstufe (einstellbare Blenden) bildet. Bei Auslenkung des Ankers wird eine Druckdifferenz erzeugt, die den Hauptsteuerschieber bewegt. Dabei wird über eine Rückführfeder (mechanische Wegrückführung) die Prallplatte und auch der Anker wieder in die Mittellage gebracht, sodass die Druckdifferenz auf den Stirnflächen des Ventilschiebers annähernd zu Null wird und der Schieber in der Position verharren kann. Eine kleine Druckdifferenz ist notwendig, um den stationären Strömungskräften entgegen zu wirken. Somit nimmt der Ventilschieber quasi eine dem Eingangsstrom proportionale Position ein.

Zur Steuerung von Stetigventilen werden prinzipbedingt Strömungswiderstände benötigt, damit eine Leistungssteuerung möglich ist. Die Angabe des Nennvolumenstroms ist für die einzelnen Ventilvarianten unterschiedlich definiert. Bei Proportionalventilen wird er bei einem Druckabfall von 5 bar je Steuerkante (10 bar pro Ventil) und bei Servoventilen von 35 bar je Steuerkante (70 bar oder 1000 psi pro Ventil, da bei voll geöffnetem Ventil immer zwei Widerstände durchflossen werden) angegeben. Dies bedeutet, dass sich bei gleicher Definition des Nennvolumenstroms die Steuerquerschnitte um den Faktor $\sqrt{35/5} = 2{,}65$ unterscheiden. Damit unterscheiden sich die durchsetzbaren Volumenströme bei gleicher Druckdifferenz um denselben Faktor. **Bild 5.3-13** zeigt die Durchflusskennlinien für ein Servo- und ein Proportionalventil mit gleichem Nenndurchfluss bei maximaler Ansteuerung.

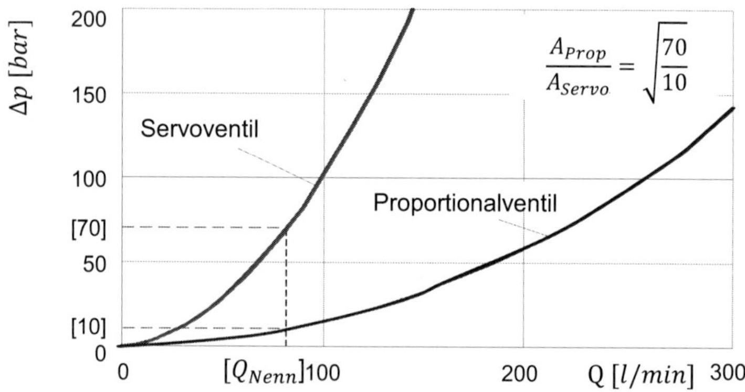

Bild 5.3-13: Durchflusskennlinien von Proportional- und Servoventil mit gleichem Nennvolumenstrom bei maximaler Ansteuerung

Weitere Angaben über Aufbau, Wirkungsweise und Einsatz von Proportional- und Servoventilen können dem Umdruck zur Vorlesung "Servohydraulik" [5.14] entnommen werden.

5.4 Druckventile

Die Einhaltung eines konstanten Druckes ist eine der wichtigsten Aufgaben hydraulischer Regelungen. Neben der reinen Sicherheitsfunktion, d. h. der Druckbegrenzung, ist die Realisierung konstanter Arbeitsbedingungen für mehrere hydraulische Verbraucher sowie die Steuerung von Kräften und Momenten eine wichtige Aufgabe der Druckregelung. Diese kann mit Ventilen oder mit Verstellpumpen aufgebaut werden, wobei für Sicherheitsfunktionen immer möglichst einfach aufgebauten Ventilen der Vorzug gegeben wird. Zu den Druckventilen zählen Druckbegrenzungs-, Druckreduzier-, Druckdifferenz-, Druckverhältnis-, Folge- und Druckschaltventile.

In den folgenden Kapiteln wird auf Druckbegrenzungs-, Druckschalt- und Druckminderventile eingegangen (**Bild 5.4-1**). Ein Druckbegrenzungsventil begrenzt den Eingangsdruck p_0, indem es bei Erreichen eines anhand der Federvorspannung eingestellten Wertes das Druckübertragungsmedium zu einem Behälter bzw. zur Atmosphäre ablässt. Dagegen wird bei Druckminderventilen der Ausgangsdruck p_1 trotz schwankenden Eingangsdruckes oder Ausgangsvolumenstroms konstant gehalten, wobei der Eingangsdruck p_0 größer sein muss als der Ausgangsdruck p_1. [5.7]

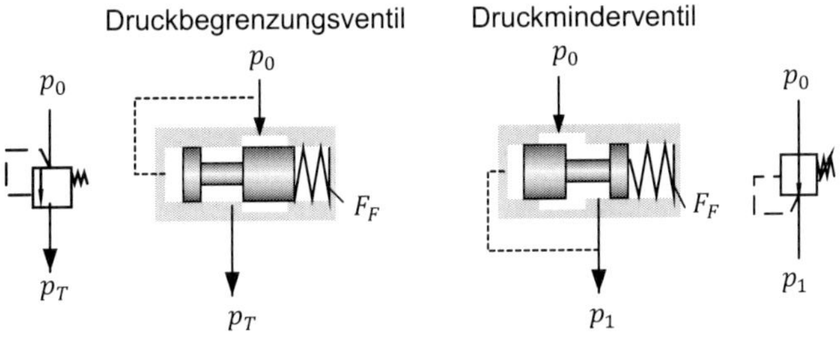

Bild 5.4-1: Prinzipdarstellung von Druckregelventilen

5.4.1 Druckbegrenzungsventile

Ein Druckbegrenzungsventil (DBV) kann in einer Hydraulikanlage grundsätzlich zwei verschiedene Funktionen erfüllen. Als **Sicherheitsventil** soll es nur in Notfällen öffnen, damit der Druck nicht unzulässig groß wird. Dies ist in jeder Hydraulikanlage zur Absicherung des maximalen Pumpendruckes Pflicht. Im Normalbetrieb ist das Ventil geschlossen. Es wird stets ein Druckbegrenzungsventil im Nebenstrom zur Pumpe eingebaut. Ferner kann ein Druckbegrenzungsventil zur Einstellung und Konstanthaltung des Systemdruckes (z. B. Steuerdruck, saugseitiger Vordruck, usw.) eingesetzt werden. Im Normalbetrieb ist es geöffnet und lässt einen Teil des Pumpenförderstroms abfließen. Aus energetischer Sicht sollte diese Ausführung jedoch vermieden werden, da der Volumenstrom bei vollem Druck zu Tank entlastet wird und dies zu starker Erwärmung des Öles führt.

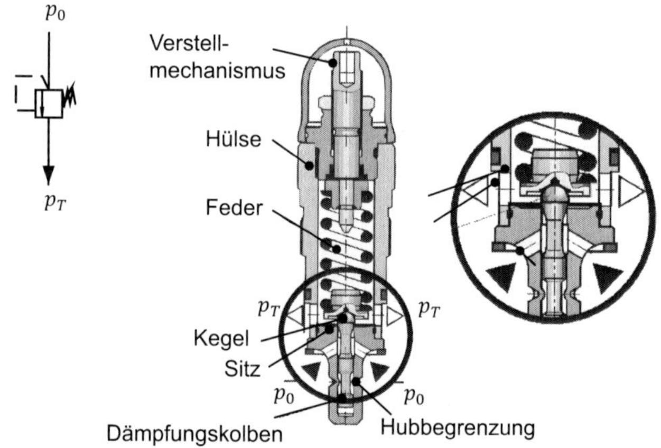

Bild 5.4-2: Direkt gesteuertes Druckbegrenzungsventil (Bosch Rexroth)

In der Bauart werden direkt gesteuerte und vorgesteuerte Ventile unterschieden. In **Bild 5.4-2** ist ein **direkt gesteuertes** Druckbegrenzungsventil mit druckseitig angeordnetem Dämpfungskolben dargestellt. Der Dämpfer dient dazu, Schwingungen des Feder-Masse-Systems bei einer externen Anregung z. B. durch Förderstrompulsation oder Fluid-Strukturkoppelung zu verhindern und bewirkt eine Dämpfungskraft, da das Fluid durch einen kleinen Spalt gedrückt werden muss. Der Druck vor dem Ventil (p_0) baut sich aufgrund des Spaltes zwischen Dämpfungskolben und Dämpfungsbohrung etwas verzögert im

Dämpferraum auf und verursacht eine öffnende Kraft. Überschreitet diese die Federvorspannkraft, öffnet sich das Druckbegrenzungsventil. Durch die Veränderung der Federvorspannung kann der Druck eingestellt werden, bei dem der Kegel vom Sitz abhebt.

Als ideales **stationäres Verhalten** eines Druckbegrenzungsventils wird ein konstanter Druck vor dem Ventil angestrebt, der unabhängig von dem durch das Ventil fließenden Volumenstrom ist. Dieser Idealzustand ist nicht ohne Weiteres erreichbar. Das stationäre Verhalten ist durch den notwendigen Öffnungshub von der Federkraftcharakteristik und der am Kolben angreifenden Strömungskraft abhängig [5.10]. Mit steigendem Volumenstrom, d. h. mit größer werdendem Kolbenhub nimmt die Federkraft entsprechend der Federkennlinie zu, womit ein Druckanstieg verbunden ist. Je nach konstruktiver Gestaltung des Ventilschiebers wirkt die Strömungskraft mehr oder weniger entgegen der Federkraft. In der Anordnung von Ventilkegel und Sitz nach **Bild 5.4-2**, bei der die Strömung nicht umgelenkt wird, wirkt die Strömungskraft in Federkraftrichtung. Dies hat einen zusätzlichen Druckanstieg zur Folge, wie in **Bild 5.4-3** dargestellt.

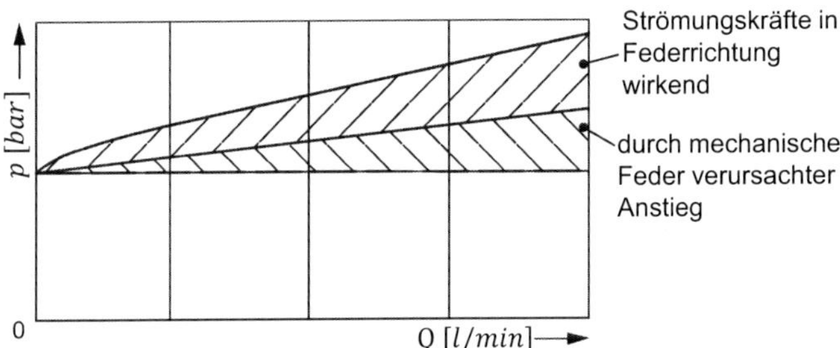

Bild 5.4-3: Stationäre Kennlinie eines direkt gesteuerten Druckbegrenzungsventils

Wird jedoch eine Strömungsumlenkung vorgenommen, wie sie beispielsweise in **Bild 5.4-4** gezeigt wird, kann die Strömungskraft F_{Str} entgegen der

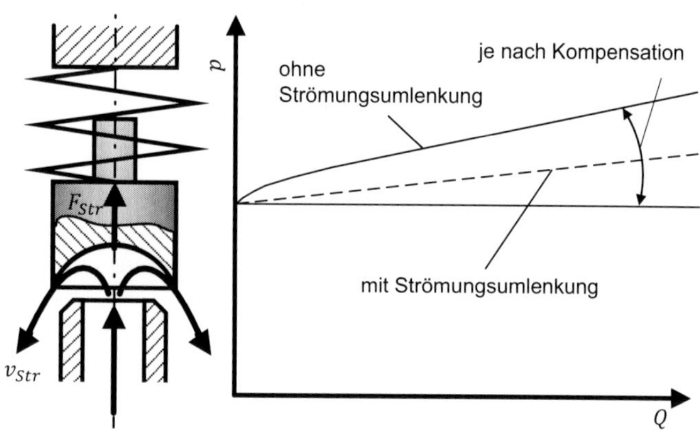

Bild 5.4-4: Ausnutzung der Strömungskraft zur Verbesserung des stationären Verhaltens

Federkraft wirken und ggfs. komplett kompensiert oder auch überkompensiert werden. Dadurch wird eine Verbesserung des stationären Verhaltens erreicht, wie im rechten Teil des Bildes qualitativ dargestellt ist. Erwünscht ist das so genannte Gleichdruckverhalten, bei dem der Druck mit steigendem Volumenstrom konstant bleibt. Die auftretenden Strömungskräfte können durchaus in der gleichen Größenordnung wie die durch den Kolbenweg x verursachte Zunahme der Federkraft F_F liegen.

Die Druckverteilungen an einem Ventilkegel bei einem Volumenstrom von $Q = 10\ l/min$ und $Q = 20\ l/min$ sind in **Bild 5.4-5** rechts dargestellt. Der linke Teil zeigt zum Vergleich die Druckverteilung bei geschlossenem Druckbegrenzungsventil.

Die mit einer Volumenstromvariation verbundene Änderung der Druckverteilung spiegelt sich in einer veränderten Kraft ΔF am Ventilkegel wieder. Diese Kraftänderung ΔF wird aus der Zunahme der Federkraft ΔF_F und aus der Zunahme der Strömungskraft ΔF_{Str} gebildet.

$$\Delta F = \Delta F_F + \Delta F_{Str} \tag{5.4-1}$$

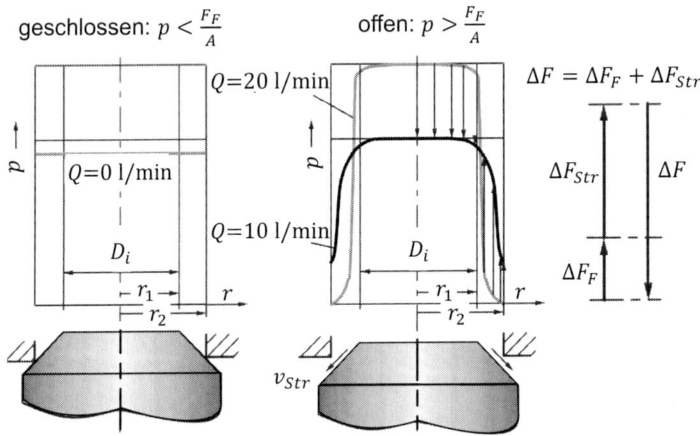

Bild 5.4-5: Druckverteilung an einem Ventilkegel ohne Volumenstrom und bei einem Volumenstrom von Q = 10 l/min und Q = 20 l/min

Die **dynamischen Eigenschaften** von Druckbegrenzungsventilen werden durch die Dämpfung des Druckes bei plötzlicher Volumenstromänderung charakterisiert. Im Gegensatz zum stationären Verhalten, das nur durch das Ventil und die konstruktive Gestaltung des Ventilschiebers bestimmt wird, ist das dynamische Verhalten weitgehend vom angeschlossenen Hydraulikkreis abhängig. In **Bild 5.4-6** ist ein System schematisch dargestellt.

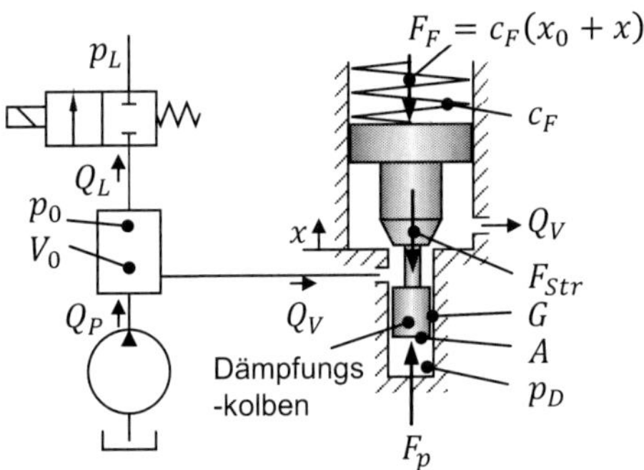

Bild 5.4-6: Schematische Darstellung des Systems Pumpe-Leitung-Druckbegrenzungsventil [5.2]

Der Hydraulikkreis wird hier durch eine Pumpe, ein konzentriertes Volumen V_0 und durch ein Wegeventil zum Verbraucher vereinfacht berücksichtigt. Ein Druckbegrenzungsventil (DBV) schützt das System vor dem Aufbau eines zu hohen Druckes. Zur Dämpfung besitzt das DBV einen Dämpfungskolben. Der Ventilkolben hebt beim Überschreiten des eingestellten Druckes vom Ventilsitz ab und lässt einen Volumenstrom Q_V abströmen.

Aus einem Vergleich der zu- und abfließenden Volumenströme ergibt sich, ob und wie sich der Systemdruck p vor dem Ventil ändert. Die Massenkräfte des Ventilschiebers werden gegenüber den Dämpfungskräften vernachlässigt. Die entsprechenden Gleichungen des Systems mit der Durchflussfunktion bei Vernachlässigung der Strömungskräfte und des hubabhängigen Federkraftanstieges lassen sich

$$Q_V = B \cdot x \cdot \sqrt{p} \qquad (5.4\text{-}2)$$

herleiten zu:

$$p = \frac{K_{Öl}}{V_0} \int \left[Q_P - Q_L - B\,x\,\sqrt{p}\right] dt \qquad (5.4\text{-}3)$$

$$x = \int \left[\frac{G}{A} p - \frac{G}{A^2} F_O\right] dt \qquad (5.4\text{-}4)$$

In den Systemgleichungen ist die Größe G der Leitwert des laminaren Spaltwiderstandes am Dämpferkolben und B der Durchflussbeiwert des Ventilsitzes. Aus den Systemgleichungen können für einen Arbeitspunkt (p_B, Q_B, x_B) die dynamischen Kenngrößen abgeleitet werden [5.2, 5.8]. Für die Eigenkreisfrequenz ergibt sich:

$$\omega_0 = \sqrt{\frac{B\,p_B^{1/2} G\,E_{Fl}}{V_0\,A}} \qquad (5.4\text{-}5)$$

und für den Dämpfungsgrad:

$$D = \frac{1}{4}\sqrt{\frac{B\,x_B^{1/2}\,A\,E_{Fl}}{p_B^{3/2}\,V_0\,G}} \qquad (5.4\text{-}6)$$

Aus **Bild 5.4-7** gehen die Zustandsgrößen p_B, Q_B und x_B des Arbeitspunktes AP hervor.

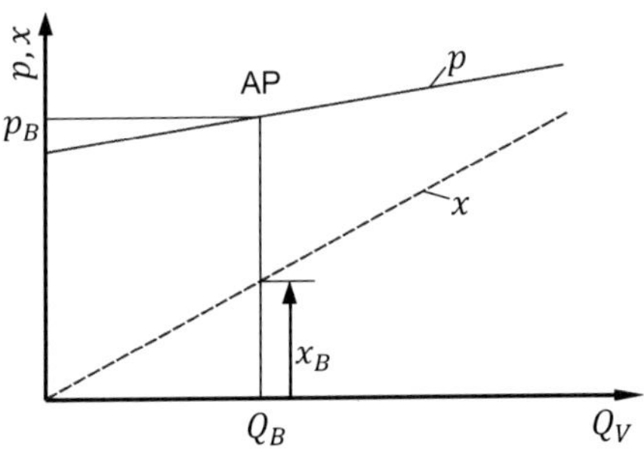

Bild 5.4-7: **Prinzipieller Verlauf von Druck *p* und Ventilhub *x* eines direkt gesteuerten Druckbegrenzungsventils [5.2]**

Das dynamische Verhalten eines direkt gesteuerten Druckbegrenzungsventils kann mit der in **Bild 5.4-8** (rechts) gezeigten Versuchsanordnung beurteilt werden. Dabei werden der Druck p und der Ventilhub x aufgezeichnet, wenn der Verbraucheranschluss bei vorher drucklosem System schlagartig durch ein Wegeventil geschlossen wird. Es erfolgt der Übergang vom Zustand $p = 0$ auf $p = p_{Soll}$. Die entsprechenden Übergangsfunktionen sind in **Bild 5.4-8** dargestellt.

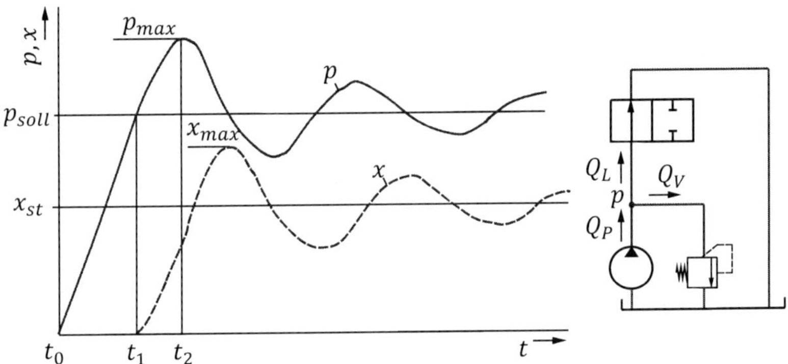

Bild 5.4-8: **Übergangsfunktion eines direkt gesteuerten Druckbegrenzungsventils [5.2]**

Falls die hydraulische Kapazität nicht vom Druck abhängt, steigt der Druck zunächst linear über der Zeit an. Ist der Einstelldruck p_{soll} bei $t = t_1$ erreicht, so wird die Federvorspannkraft überwunden und das Ventil beginnt zu öffnen. Die Druckanstiegsgeschwindigkeit nimmt von diesem Zeitpunkt an ab, da ein Teil des Pumpenstroms bereits über den Ventilsitz abströmen kann. Der Druck wird aber so lange weitersteigen, bis der gesamte Pumpenstrom abfließen kann ($t = t_2$). Der Ventilkörper öffnet jedoch noch weiter, sodass der Druck wieder abfällt und so ein Einschwungvorgang entsteht. In Abhängigkeit von der Dämpfung erreichen Druck und Kolbenweg ihre stationären Werte. Das Ventil darf nicht zu stark gedämpft sein, da sonst sehr große Druckspitzen auftreten.

Direkt gesteuerte Druckbegrenzungsventile werden im Allgemeinen nur bis zu Drücken von etwa 300 bar und bis zu Volumenströmen von etwa 100 l/min eingesetzt. Eine Ausnahme bilden durch den TÜV abnahmepflichtige Ventile, die grundsätzlich direkt gesteuert sein müssen.

Bei hohen Drücken und großen Volumenströmen werden die notwendigen Federkräfte sehr groß. Deshalb werden insbesondere bei großen Volumenströmen **vorgesteuerte Druckbegrenzungsventile** eingesetzt, s. **Bild 5.4-9**. Im geschlossenen Zustand herrscht auf beiden Seiten des Hauptsteuerkolbens der gleiche Druck. Wird der am Vorsteuerventil eingestellte Druck überschritten, öffnet der Vorsteuerkolben und ein Steuervolumenstrom von X nach Y bildet sich aus. Aufgrund der Blenden entsteht eine Druckdifferenz am Hauptsteuerkolben, sodass dieser sich gegen die Federkraft öffnet und einen Durchfluss für große Volumenströme frei gibt.

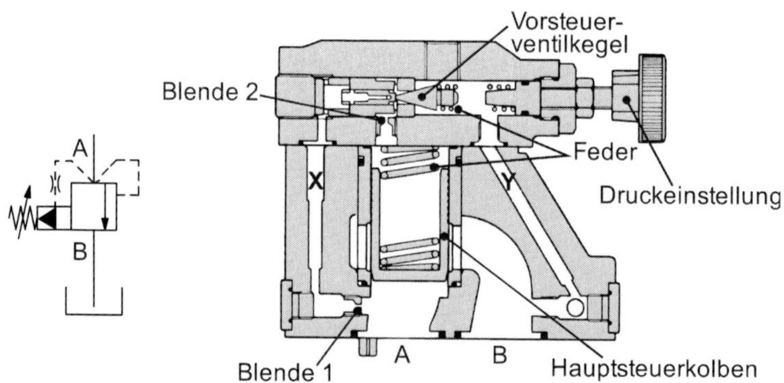

Bild 5.4-9: Vorgesteuertes Druckbegrenzungsventil (Parker Hannifin)

Am Vorsteuerkolben treten nur geringe Volumenströme und damit auch nur kleine Strömungskräfte auf. Der Volumenstrom in der Vorsteuerung ändert sich nur minimal. Daher werden bei vorgesteuerten Ventilen flachere stationäre Kennlinien $p = f(Q)$ als bei direkt gesteuerten Ventilen erreicht, d. h. das angestrebte Gleichdruckverhalten kann in einem größeren Betriebsbereich realisiert werden. Aus diesem Grund werden vorgesteuerte Druckbegrenzungsventile teilweise schon bei geringen Volumenströmen von etwa 50 l/min eingesetzt. Als weiterer Vorteil ergibt sich bei den vorgesteuerten Druckbegrenzungsventilen die Möglichkeit der Fernsteuerung über die X und Y Anschlüsse. Vorgesteuerte Druckbegrenzungsventile sind jedoch konstruktiv aufwändiger und damit teurer als direkt gesteuerte Ventile.

5.4.2 Druckschaltventile und Bremsventile

Soll bei Überschreitung eines eingestellten Eingangsdruckes ein weiterer Fluidkreis versorgt werden, so kann dies durch Druckschaltventile realisiert werden. Der eingestellte Druck wird dabei nicht vom Ausgangsdruck beeinflusst. Sie werden in Abhängigkeit des Einsatzfalls auch als Folge-, Umlauf-, Vorspann- oder Bremsventile bezeichnet.

Bild 5.4-10 zeigt ein solches Druckschaltventil im Schnitt und in einer schematischen Darstellung. Der Aufbau des Ventils ist ähnlich dem eines Druckbegrenzungsventils. Der Druck p_1 muss über eine Kolbenfläche eine einstellbare Federkraft überwinden, damit ein Volumenstrom vom Anschluss P_1 zum Verbraucheranschluss P_2 fließen kann. Zum freien Rückfluss des Volumenstroms kann gegebenenfalls ein Rückschlagventil (5) eingebaut werden. Das Zuschaltventil kann auch als Sicherheitsventil Verwendung finden.

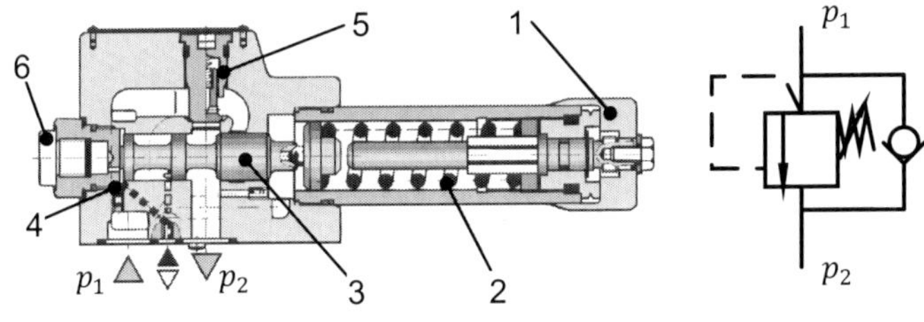

Bild 5.4-10: Folgeventil mit Rückschlagventil (Bosch Rexroth)

5.4.3 Druckminderventile

Soll ein Verbraucher aus einem Druckspeicher versorgt werden, oder in einem Teil eines Hydraulikkreislaufes ein geringerer, aber konstanter Druck als der eingestellte Pumpendruck herrschen, so kann dies mit Druckminderventilen (auch als Druckregelventil bezeichnet) erreicht werden. Direkt gesteuerte Druckminderventile werden in der Regel als 3-Wegeventil gebaut und stellen somit auch eine Druckbegrenzungsfunktion im Niederdruckbereich zur Verfügung.

Druckminderventile sind in der Ausgangsstellung geöffnet, sodass sich ungehindert ein Volumenstrom von Anschluss P_1 zum Verbraucheranschluss P_2 ausbilden kann (vgl. **Bild 5.4-11**). Ein steigender Druck im Anschluss P_2 lenkt den Regelkolben (6) gegen eine Feder (3) aus, schließt somit die Blende (5) zur Hochdruckseite und erhöht den Durchflusswiderstand. Mit weiterem Ansteigen des Druckes im reduzierten Druckbereich wird der Regelkolben gleichermaßen weiter gegen die Federn bewegt. Das Öffnen zum Tank bei zu großem Niederdruck stellt die Druckbegrenzungsfunktion dar. Es kann solange Druckflüssigkeit zum Tank abfließen, bis der Regeldruck wieder absinkt. Der Leckölstrom in den Federraum (4) wird auch zum Tank abgelassen.

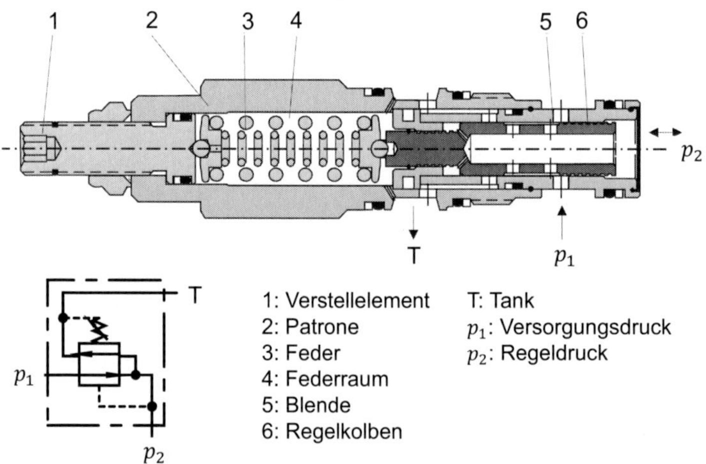

Bild 5.4-11: Direkt betätigtes 3-Wege-Druckminderventil (Sun Hydraulics)

5.5 Stromventile

Die Hauptfunktion von Stromventilen ist die Steuerung oder Regelung eines Volumenstroms unabhängig vom Arbeitsdruck. Dies erfolgt entweder durch eine Anpassung des Durchflussquerschnitts oder durch Änderung der Druckdifferenz an einem Drosselquerschnitt. Die Vorteile von Steuerung oder Regelung mit Stromventilen sind ein einfacher Aufbau, eine hohe Genauigkeit und Betriebssicherheit sowie eine gute Dynamik. Dem stehen Energieverluste im Stromventil gegenüber. Diese sind zum einen lastabhängige Drosselverluste im Ventil und zum anderen stromabhängige Verluste im Nebenkreislauf.

Stromventilen werden als Stromregel- und Stromteilerventile ausgeführt und nachfolgend behandelt.

5.5.1 Stromregelventile

Aufgabe der Stromregelventile ist es, einen Volumenstrom unabhängig von der am Ventil anliegenden Druckdifferenz und der Temperatur des Druckmediums konstant zu halten. Um diese Aufgabe erfüllen zu können, haben Stromregelventile einen internen Regelkreis.

Bild 5.5-1 zeigt die prinzipielle Funktionsweise und den schematischen Aufbau eines **2-Wege-Stromregelventils**. Der Volumenstrom wird durch die sich einstellende Druckdifferenz an einer Messblende sensiert. Ein als Druckfühler oder -waage ausgeführter Kolben stellt eine Blende (Stellglied) derart ein, dass der Volumenstrom über die Messblende konstant bleibt. Die Stirnseiten des Kolbens fühlen die Druckdifferenz über die Messblende und die Kolbenbewegung wirkt in Richtung reduzierter Abweichung des Ist-Volumenstromwertes vom Sollwert. Bei Gleichgewicht entspricht der Druckabfall an der Messblende dem durch die Federkraft F_F eingestelltem Druck. Damit lässt sich der Sollwert über die Verstellung der Messblende einstellen. Fühler und Stellglied bilden zusammen die Druckwaage, die mit der Messblende in Reihe geschaltet ist. Dabei kann die Druckwaage vor- oder nachgeschaltet werden. Im Allgemeinen gilt die Regel, dass die Messblende an der Seite mit den stärksten Druckschwankungen liegen soll.

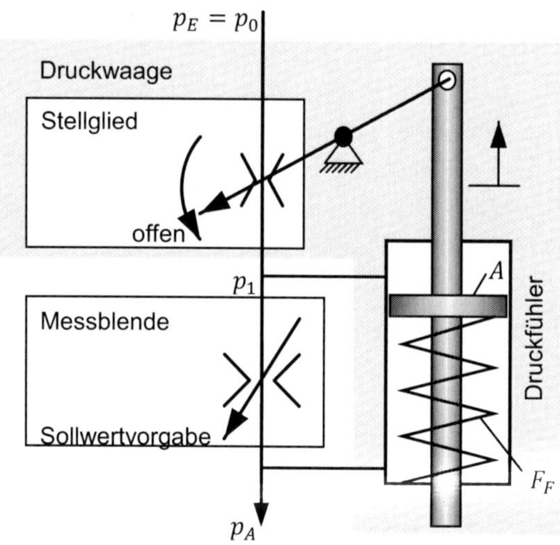

Bild 5.5-1: Prinzipielle Funktionsweise und Aufbau eines 2-Wege-Stromregelventils mit vorgeschalteter Druckwaage

In **Bild 5.5-2** ist ein 2-Wege-Stromregler mit **vorgeschalteter Druckwaage** schematisch und symbolisch dargestellt.

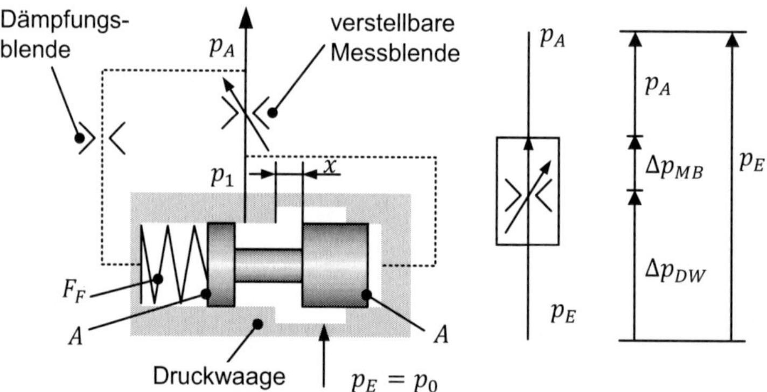

Bild 5.5-2: 2-Wege-Stromregler mit vorgeschalteter Druckwaage

Bei Vernachlässigung der Strömungs- und Reibkräfte gilt für das Gleichgewicht an der Druckwaage

$$p_1 \, A = p_A \, A + F_F \tag{5.5-1}$$

$$\Delta p_{MB} = p_1 - p_A = \frac{F_F}{A} \approx const. \qquad (5.5\text{-}2)$$

Wenn die Druckdifferenz an der Messblende (Δp_{MB}) konstant ist, ist auch der Volumenstrom über die Messblende konstant. 2-Wege-Stromregler mit vorgeschalteter Druckwaage werden im Zulauf zum Verbraucher angeordnet, weil dann die Druckwaage auf Laständerungen des Verbrauchers schnell reagieren kann. Der Ausgangsdruck p_A (i. d. R. der Lastdruck p_L) wirkt direkt auf die Druckwaage. Eine Dämpfungsblende dient dazu, ungewollte Eigenschwingungen des Schiebers zu verhindern.

Bild 5.5-3 zeigt einen 2-Wege-Stromregler mit **nachgeschalteter Druckwaage** in schematischer und symbolischer Darstellung. Werden wieder Strömungs- und Reibungskräfte vernachlässigt, so ergibt sich das Gleichgewicht an der Druckwaage zu

$$p_E A = p_1 A + F_F \qquad (5.5\text{-}3)$$

$$\Delta p_{MB} = p_E - p_1 = \frac{F_F}{A} \approx const. \qquad (5.5\text{-}4)$$

Der Vorteil dieser Bauart liegt in der guten Ansprechempfindlichkeit auf Druckänderungen des vorgeschalteten Gerätes. Daher werden 2-Wege-Stromregler mit nachgeschalteter Druckwaage bevorzugt im Rücklauf vom Verbraucher eingesetzt. Der Eingangsdruck $p_E = p_0 - p_L$ wirkt direkt auf die Druckwaage.

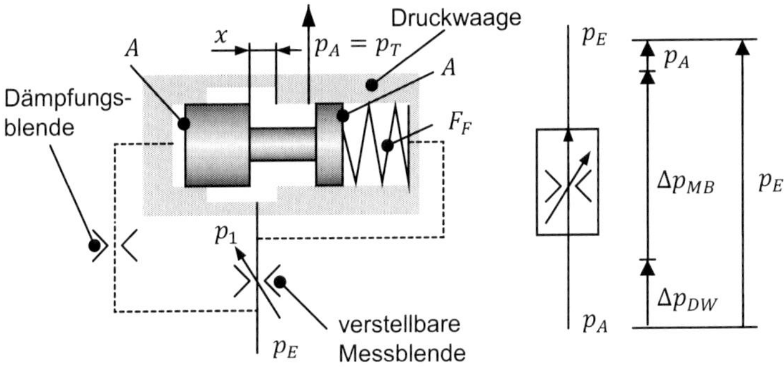

Bild 5.5-3: 2-Wege-Stromregler mit nachgeschalteter Druckwaage

Eine konstruktive Ausführung eines 2-Wege-Stromreglers mit nachgeschalteter Druckwaage ist in **Bild 5.5-4** zu sehen.

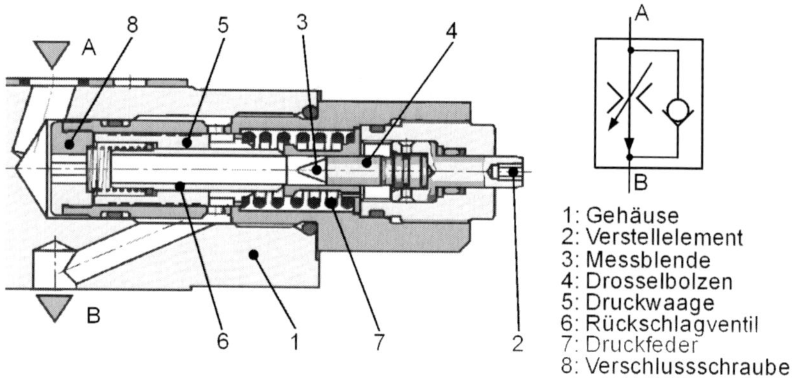

Bild 5.5-4: **2-Wege-Stromregler mit nachgeschalteter Druckwaage (Bosch Rexroth)**

Die Regelung des Volumenstroms von A nach B erfolgt an der Messblende (3). Der Öffnungsquerschnitt der Messblende wird durch Drehen des Verstellelementes (2) eingestellt, indem der Drosselbolzen (4) verschoben wird. Die Druckwaage (5) wird durch eine Druckfeder (7) gegen eine Verschlussschraube (8) gedrückt und ist somit bei nicht durchströmtem Ventil offen. Wird das Ventil durchströmt, übt der im Anschluss A anstehende Druck eine Kraft auf die Druckwaage aus. Diese geht in Regelstellung, bis ein Kräftegleichgewicht vorliegt. Steigt der Druck im Anschluss A an, bewegt sich die Druckwaage so lange in Schließrichtung, bis wieder ein Kräftegleichgewicht vorliegt. Durch den zuvor ausführlich beschriebenen Regelvorgang wird ein konstanter Volumenstrom erreicht. Ein freier Rückstrom von Anschluss B nach Anschluss A erfolgt über ein Rückschlagventil (6).

Das **statische Verhalten** eines 2-Wege-Stromreglers ist in **Bild 5.5-5** dargestellt. Aufgetragen ist der Volumenstrom Q als Funktion der am Ventil anliegenden Druckdifferenz $\Delta p = p_0 - p_2$ mit dem Einstellwert E an der Messblende als Parameter. Es können drei Funktionszonen unterschieden werden.

Im Bereich I ist die Druckdifferenz an der Druckwaage kleiner als die Federvorspannung. Der Stromregler verhält sich wie ein konstanter Widerstand. Der Bereich II ist der Arbeits- und Regelbereich des Stromreglers. Die Kennlinie ist abhängig von dem Verhältnis zwischen Strömungskraft und Federkraft an der Druckwaage. Bei kleinen Volumenströmen dominiert die Federkraft und die Steigung ist positiv. Bei hohen Volumenströmen überwiegt die Strömungskraft und die Steigung wird negativ. Im Bereich III fährt der Kolben in die Begrenzung und der Regelbereich wird verlassen. Der Gesamtwiderstand des Reglers bleibt konstant. Damit verliert der Stromregler seine Funktionsfähigkeit und stellt einen konstanten Widerstand dar.

Für normale Stromreglerbauarten ist Δp_{min} etwa 3 % bis 6 % von Δp_{max}, wobei Δp_{max} ca. 300 bar beträgt. Fehlereinflüsse auf die Funktion von Stromregelventilen sind die Temperatur - aufgrund nicht ideal blendenförmiger Widerstände - sowie die Reaktionskräfte der Strömung auf den Schieber der Druckwaage. Ebenso verursacht trockene Reibung eine Hysterese. Geschwindigkeitsabhängige Reibung und Dämpfung begrenzen die Ansprechgeschwindigkeit des Ventils bei Druckschwankungen [5.15].

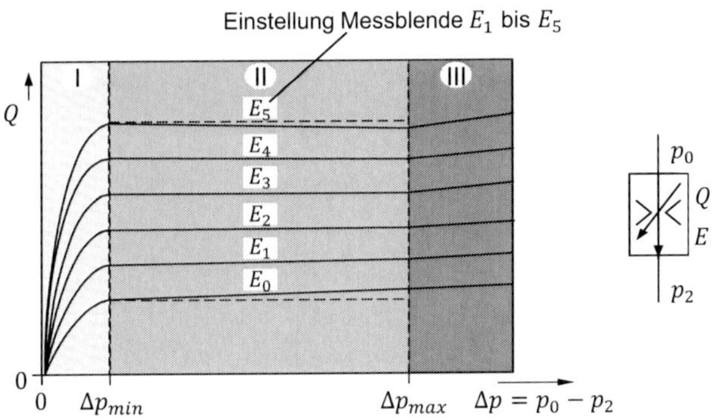

Bild 5.5-5: Statisches Verhalten eines 2-Wege-Stromreglers

Bei **dynamischen Zustandsänderungen** ergibt sich eine zeitliche Abhängigkeit. Den Versuchsaufbau zur Untersuchung des dynamischen Verhaltens von Stromreglern zeigt **Bild 5.5-6** links. Durch Betätigen des Wegeventils V_1 kann die Druckdifferenz $p_0 - p_2$ sprungförmig geändert und damit ein Lastsprung simuliert werden. Bei geschlossenem Ventil V_1 ist zunächst eine konstante Druckdifferenz $p_0 - p_2$ und damit auch ein, der gewählten Einstellung entsprechender, konstanter Volumenstrom Q vorhanden. Bei $t = 150\,ms$ wird durch das plötzliche Schalten/Öffnen des Wegeventils eine sprungförmige Änderung der Druckdifferenz $p_0 - p_2$ am Stromregler erzeugt. Dies entspricht einem Lastabfall am Verbraucher. Der Steuerschieber der Druckwaage kann nicht augenblicklich die entsprechende Regelposition erreichen, da der zum Verschieben des Steuerkolbens nötige Volumenstrom durch eine Dämpfungsblende gering gehalten wird (vgl. **Bild 5.5-2**). Bis der Steuerkolben die Regelposition erreicht, fließt durch die zu weit geöffnete Steuerkante der Druckwaage ein gegenüber dem Sollwert erhöhter Volumenstrom zum Verbraucher.

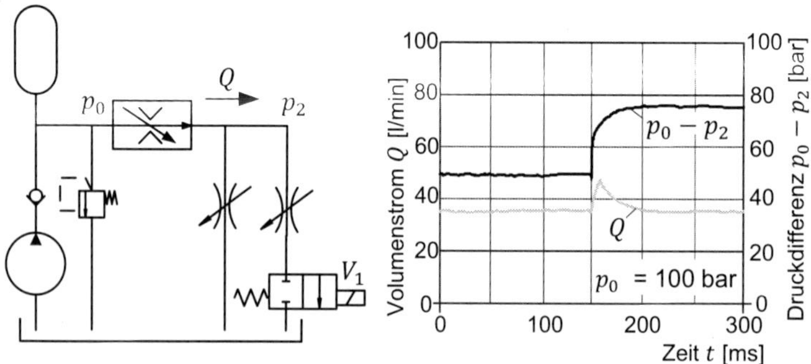

Bild 5.5-6: Dynamisches Verhalten von Stromregelventilen mit vorgeschalteter Druckwaage

Wird die Sprungweite erhöht, d.h. der Betrag, um den der Lastdruck p_2 sprungförmig verändert wird, so nimmt die kurzfristige Abweichung des Volumenstroms Q vom Sollwert Q_{soll} zu. Die größtmögliche Abweichung ergibt sich bei Zustandsänderungen, deren Ausgangszustand durch einen gesperrten Verbraucheranschluss gekennzeichnet ist. Da keine Druckdifferenz zwischen Ventileingang und -ausgang vorhanden ist, befindet sich der Schieber der Druckwaage durch die Federkraft in seiner Endlage (siehe linken Teil von **Bild 5.5-7**). Wird nun der Verbraucher, also das Wegeventil, zugeschaltet, ergibt sich ein ungewollt großer Volumenstrom über das Stromregelventil, bis die Druckwaage die Regelposition erreicht (siehe rechten Teil des **Bild 5.5-7**). Hierdurch wird der Verbraucher stärker beschleunigt als vorgesehen. Dieser Vorgang wird als **Anfahrsprung**. genannt. Da dieses dynamische Fehlverhalten prinzipbedingt ist, kann es nur durch schaltungstechnische Maßnahmen vermieden werden.

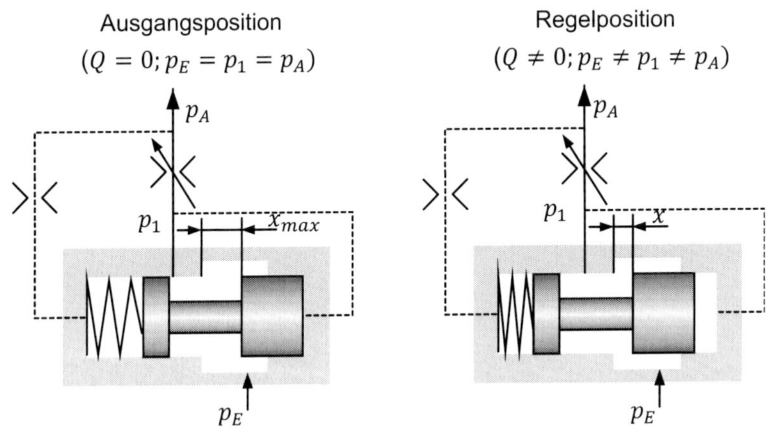

Bild 5.5-7: **Positionen des Steuerschiebers eines Stromregelventils beim Anfahrsprung**

Bild 5.5-8 zeigt den Volumenstrom und die Druckdifferenz als eine Funktion der Zeit für einen Anfahrsprung. Bis zum Zeitpunkt $t = 0$ ms ist das Ventil V_1 geschlossen, die Druckdifferenz $p_0 - p_2$ und der Volumenstrom Q also gleich Null. Zum Zeitpunkt $t = 0$ ms öffnet das Ventil V_1. Druckdifferenz und Volumenstrom ändern sich sprungförmig, wobei der Volumenstrom kurzzeitig zu große Werte annimmt. Erst nach ca. 100 ms erreicht der Volumenstrom seinen Einstellwert.

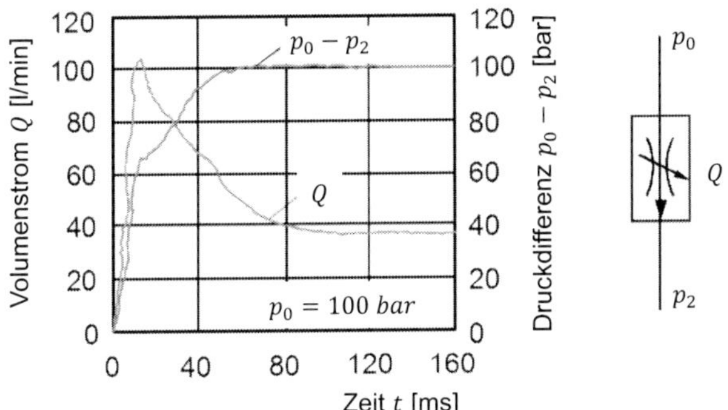

Bild 5.5-8: **Dynamisches Verhalten von Stromregelventilen mit vorgeschalteter Druckwaage beim Anfahrsprung**

In **Bild 5.5-9** ist ein **3-Wege-Stromregler** schematisch und symbolisch dargestellt. Hierbei handelt es sich um eine Parallelschaltung von zwei

Strömungswiderständen, einer Druckwaage und einer Messblende. Der zufließende Ölstrom wird in einen geregelten Ausgangsstrom über die Messblende und in einen Reststrom über die Druckwaage aufgeteilt. Der Eingangsdruck p_E ist lastabhängig, da die Messblende für eine gewählte Einstellung einen konstanten Widerstand darstellt.

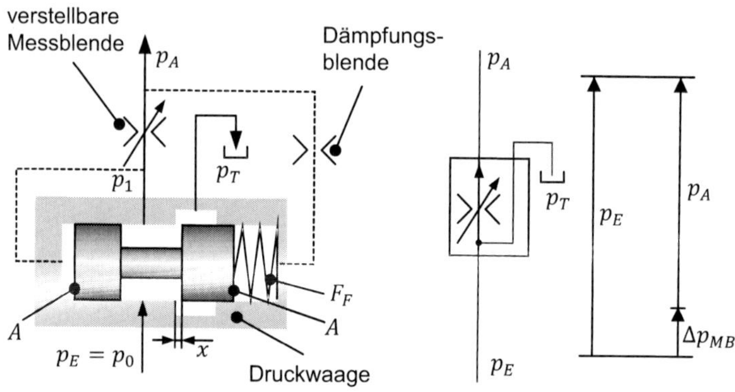

Bild 5.5-9: 3-Wege-Stromregler

Eine Parallelschaltung mehrerer 3-Wege-Stromregler ist nicht möglich, da die Eingangsdrücke p_0 aller Stromregler durch den Stromregler mit dem geringsten Druck p_E bestimmt würden. Der Volumenstrom könnte nicht an jedem Anschluss geregelt werden und Verbraucher mit höherem Druckbedarf würden stehen bleiben. Gegenüber dem 2-Wege-Stromregler ist der 3-Wege-Stromregler energetisch effizienter aufgrund der Vermeidung eines Steuerwiderstandes im Hauptstrom. Überschüssiges Öl wird nicht zusätzlich gedrosselt, sondern bei Arbeitsdruck in den Tank geleitet.

5.5.2 Stromteilerventile

Stromteilerventile teilen unabhängig von den Ausgangsdrücken einen Eingangsvolumenstrom in zwei Ausgangsvolumenströme in einem festgelegten Verhältnis. Dies ermöglicht zum Beispiel einen Synchronlauf von zwei Verbrauchern.

Bild 5.5-10 zeigt das Gerätebild, die Widerstandsdarstellung und die Druckbilanz für ein Stromteilerventil. Es besteht aus zwei

Widerstandshalbbrücken [vgl. 5.14]. Jede Halbbrücke wird aus einem Konstantwiderstand (Messblende) und einem veränderlichen Steuerwiderstand (Stellglied) gebildet. Die Steuerwiderstände R_1 und R_2 sind in einer Druckwaage vereinigt. An den beiden Konstantwiderständen MB_1 und MB_2 liegt der Eingangsdruck p_0 an. Es wird zunächst angenommen, dass die Widerstände MB_1 und MB_2 gleich sind. Die Zwischendrücke p_1 und p_2 werden anhand der Druckwaage verglichen. Ist p_1 ungleich p_2, bewegt sich der Steuerschieber und verändert die Steuerwiderstände R_1 und R_2, sodass $p_1 = p_2 = p$ wird. Infolgedessen liegt an den beiden Konstantwiderständen die gleiche Druckdifferenz $\Delta p = p_0 - p$ an. Die Volumenströme zu den beiden Verbrauchern M_1 und M_2 sind damit auch bei ungleichen Drücken p_{L1} und p_{L2} gleich groß. Die Druckbilanz in beiden Verbraucherzweigen zeigt, dass die Summe der Druckabfälle in Konstantwiderstand, Steuerwiderstand und Verbraucher jeweils gleich der gesamten verfügbaren Druckdifferenz p_0 ist.

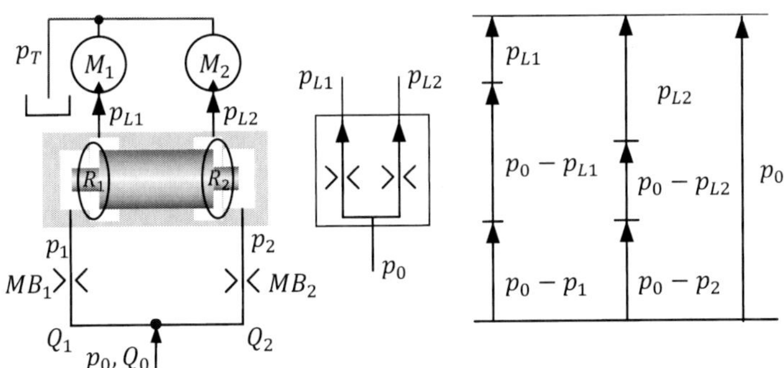

Bild 5.5-10: Stromteilerventil

Der zur Verfügung stehende Volumenstrom kann auch in jedem anderen Verhältnis durch das gezeigte Stromteilerventil aufgeteilt werden, wenn die Querschnittsflächen der Konstantwiderstände in dem gewünschten Verhältnis ausführt werden. Die Genauigkeit der Stromaufteilung hängt von der Reibung des Regelkolbens, insbesondere von der trockenen Reibung, von den Reaktionskräften der Ölströmung auf den Regelkolben, von der Druckdifferenz zwischen p_{L1} und p_{L2} und von der Änderungsgeschwindigkeit der Drücke p_{L1} und p_{L2} ab.

5.6 Kräfte am Längsschieberventil

Der Betätigung eines Steuerschiebers wirken mehrere Kräfte entgegen, welche nachfolgend mit ihren Bestimmungsgleichungen angegeben sind.

Die Beschleunigungskraft folgt aus dem Newton'schen Gesetz,

$$F_a = m\,\ddot{x} \qquad (5.6\text{-}1)$$

die Coulomb'sche Reibung (Festkörperreibung) aus

$$F_{RC} = r \cdot sign(\dot{x}) \qquad (5.6\text{-}2)$$

und die Newton'sche Reibung (Flüssigkeitsreibung, viskositäts- und geschwindigkeitsabhängig) aus

$$F_{RN} = d \cdot \dot{x} \qquad (5.6\text{-}3)$$

Die Federkraft (proportional zum Hub) wird folgendermaßen berechnet

$$F_F = c \cdot x \qquad (5.6\text{-}4)$$

die Strömungskräfte nach

$$F_{Str} = f(Q, \dot{Q}) \qquad (5.6\text{-}5)$$

und die Druckkräfte gemäß

$$F_p = A \cdot \Delta p \qquad (5.6\text{-}6)$$

5.6.1 Strömungskraft

Unter den oben aufgeführten Kräften auf den Steuerschieber haben die **Strömungskräfte** eine relativ hohe Bedeutung. Sie resultieren aus der Geschwindigkeitsänderung der strömenden Druckflüssigkeit in Betrag und Richtung beim Durchströmen der Ventilkammer. Ihre Berechnung erfolgt durch Anwendung des Impulssatzes aus Gleichung (2.2-7). Da der Schieber im Gehäuse geführt wird, werden nur die Axialkomponenten der Kräfte betrachtet.

In **Bild 5.6-1** ist die Strömungskraft an einem vereinfacht dargestellten 2/2-Wegeventil aufgeführt, das aus einem ideal scharfkantigen Schieber und einer Hülse mit Umlaufnuten besteht. In diesem Fall wirkt der stationäre Anteil der Strömungskraft in Schließrichtung unabhängig von der Durchflussrichtung.

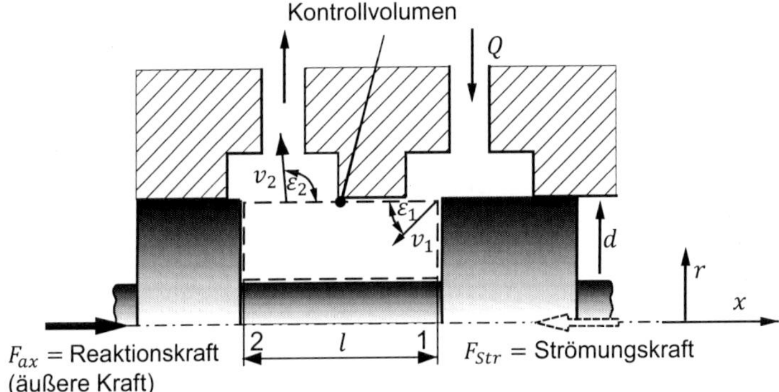

Bild 5.6-1: Reaktionskräfte an einem Steuerschieber

Damit der Steuerschieber im statischen Zustand verharrt, erfordert die Strömungskraft F_{Str} eine entgegengerichtete, äußere axiale Reaktionskraft F_{ax}, die das Betätigungselement des Ventils aufbringen muss.

$$\sum F_x = 0 = F_{ax} - F_{Str} \tag{5.6-7}$$

Für die Herleitung der Strömungskraft wird die Schieberkammer als Kontrollvolumen betrachtet, welches außen durch eine Kontrolfläche abgegrenzt wird. Weiterhin werden konstante Drücke vor und hinter dem Ventil unabhängig von der Stellung des Steuerschiebers, eindimensionale Ein- und Austritte auf der Kontrollfläche, Kontinuitätsgleichung und ideal symmetrische zylindrische Kontrollfläche angenommen. Der Radialspalt zwischen dem Schieber und der Hülse wird vernachlässigt.

Betrachtet wird das Öffnen bzw. das Schließen des Steuerschiebers in einem **Konstantdrucksystem**, das heißt ein konstanter Druck liegt vor dem Ventil an. Bei einem öffnenden Steuerschieber stellt die Steuerkante eine Einströmkante dar und die Flüssigkeitsmasse im Schieberraum muss in negative Koordinatenrichtung beschleunigt werden. Der Volumenstrom ergibt sich aus der Druckdifferenz und dem Öffnungsquerschnitt. Anhand der in Kapitel 2 getroffenen Annahmen wird der Impulssatz für die auf die Kontrolfäche wirkenden Kräfte aufgestellt.

$$\sum F = \frac{d}{dt}\vec{I} = \frac{d}{dt}m\vec{v} \tag{5.6-8}$$

Wird ein unbewegliches Kontrollvolumen unveränderlicher Form angenommen, wird Gleichung (5.6-8) anhand des Reynolds'schen Transporttheorems überführt. Nach weiterer Vereinfachung ergibt sich Gleichung (5.6-9).

$$F_{ax} = \underbrace{-\rho Q v_2 \cos\varepsilon_2 + \rho Q v_1 \cos\varepsilon_1}_{stationär} - \underbrace{\rho l \frac{\partial Q}{\partial t}}_{instationär} \tag{5.6-9}$$

Damit folgt die Gleichung für die äußere **Reaktionskraft** an der Einströmkante aus Gleichung (5.6-10) zu

$$F_{Str} = -\rho\, Q\, v_2 \cos(\varepsilon_2) + \rho\, Q\, v_1 \cos(\varepsilon_1) - \rho\, l\, \frac{\partial Q}{\partial t} \tag{5.6-10}$$

Wird für das betrachtete Beispiel die Durchströmungsrichtung umgekehrt, so wird die Ausströmkante zur Steuerkante und es folgt

$$F_{Str} = -\rho\, Q\, v_2 \cos(\varepsilon_2) + \rho\, Q\, v_1 \cos(\varepsilon_1) + \rho\, l\, \frac{\partial Q}{\partial t} \tag{5.6-11}$$

wobei nun mit v_1 die Geschwindigkeit im Ausströmquerschnitt gemeint ist.

Der instationäre Anteil der Strömungskraft ändert sein Vorzeichen in Abhängigkeit von der Durchflussrichtung und der Veränderung des Durchflusses über der Zeit. Wird der Steuerschieber z. B. geöffnet und die Steuerkante bildet die Einströmkante, so muss die Flüssigkeitsmasse im Schieberraum in negative x-Richtung beschleunigt werden, d. h. $\partial Q/\partial t > 0$, so wirkt diese Beschleunigungskraft in positive x-Richtung auf den Steuerschieber. Sie versucht also den Steuerschieber weiter zu öffnen.

Die bisherigen Betrachtungen gelten für eine konstante Druckdifferenz über dem Ventilschieber. Diese Bedingung kann jedoch durch äußere Einflüsse verletzt werden. Eine Beschleunigung oder Verzögerung der Flüssigkeitsmasse im Ventil, d. h. ein $\partial Q/\partial t$, kann bei konstanter Ventilöffnung von außen auf den Steuerschieber einwirken, indem sich die Drücke vor oder hinter dem Ventil ändern. Ferner können sich die Volumenstromänderungen durch

Druckvariation und durch das Öffnen oder Schließen des Steuerschiebers überlagern.

Die über den Impulssatz berechnete Wirkung der Reaktionskraft am Steuerschieber bei stationärer Strömung ergibt sich anschaulich anhand der Druckverteilung auf den Ringflächen des Steuerschiebers **(Bild 5.6-2)**. Die im Bereich der Steuerkante hohe Strömungsgeschwindigkeit bedingt nach der Bernoulli'schen Gleichung (2.2-15) einen niedrigeren statischen Druck, der dann auf den Steuerschieber in der betreffenden Zone einwirkt. Der Druck auf dem linken Schieberbund erzeugt eine größere stationäre Kraft nach links. Der resultierenden Kraft (stationäre Strömungskraft) muss eine äußere Kraft entgegenwirken, damit der Schieber in seiner Position verbleibt [5.12].

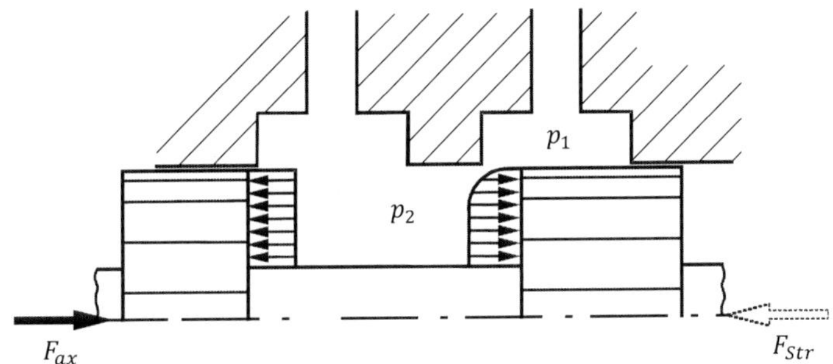

Bild 5.6-2: Druckverteilung an den Ringflächen eines Steuerschiebers (stationärer Druckanteil)

Diese Überlegungen werden nun auf ein Steuerventil, das von einer Konstantpumpe mit Druckbegrenzungsventil versorgt wird, angewendet. Bei kleiner Steuerventilöffnung liefert die Pumpe mehr Volumenstrom als verbraucht wird, sodass der Versorgungsdruck vom Druckbegrenzungsventil konstant gehalten wird (**Konstantdrucksystem, Bild 5.6-3**; linker Teil).

Bei großer Öffnung wird der volle Pumpenstrom verbraucht, der sich auch bei weiterem Öffnen nicht erhöhen kann (**Konstantstromsystem, Bild 5.6-3**; rechter Teil).

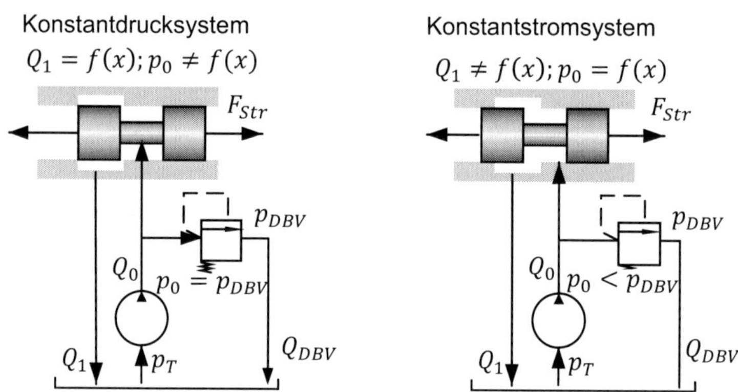

Bild 5.6-3: Stationäre Strömungskraft F_{Str} an einer Steuerkantenöffnung x bei einem Wegeventil

Die **Kraft-Weg-Funktion** ist daher in zwei Bereiche unterteilt, die im Folgenden erläutert werden. Wird der instationäre Term des Impulssatzes vernachlässigt, so ergibt sich der stationäre Teil der Strömungskraft an einer Steuerkante zu

$$F_{Str} = -\rho\, Q\, v_2\, cos(\varepsilon_2) + \rho\, Q\, v_1 cos(\varepsilon_1) \tag{5.6-12}$$

Die Geschwindigkeit v_i kann wie folgt substituiert werden.

$$v_i = \frac{Q}{A_i \cdot sin(\varepsilon_i)} \tag{5.6-13}$$

Dabei ist $A_i \cdot \sin(\varepsilon_i)$ der Anteil der durchströmten Fläche A_i, der senkrecht zum Geschwindigkeitsvektor steht. Oder anders betrachtet: Nur die senkrecht durch die Fläche A_i strömende Komponente $v_i \cdot \sin(\varepsilon_i)$ des Geschwindigkeitsvektors $\vec{v_i}$ trägt zum Volumenstrom bei. Somit ergibt sich:

$$F_{Str} = -\rho \cdot \frac{Q^2}{A_2} \cdot \frac{cos(\varepsilon_2)}{sin(\varepsilon_2)} + \rho \cdot \frac{Q^2}{A_1} \cdot \frac{cos(\varepsilon_1)}{sin(\varepsilon_1)} \tag{5.6-14}$$

Bei **konstantem Druck** ($p_0 = p_{DBV}$) und kleiner Ventilöffnung - es fließt weniger Volumenstrom über das Ventil, als die Pumpe liefert - hängt der Volumenstrom durch die Steuerkantenöffnung von der Schieberposition (x) ab und ist nach Gleichung .

$$Q = \alpha_D \, A_1 \sqrt{\frac{2\Delta p}{\rho}} \tag{5.6-15}$$

Mit der Abwicklung der Ringfläche

$$A_1 = \pi \cdot d \cdot x \tag{5.6-16}$$

Eingesetzt ergibt sich die Strömungskraft

$$F_{Str} = 2\alpha_D^2 \cdot \pi \cdot d \cdot x \, \Delta p \left(\frac{cos(\varepsilon_1)}{sin(\varepsilon_1)} - \frac{A_1}{A_2} \frac{cos(\varepsilon_2)}{sin(\varepsilon_2)} \right) \cdot \tag{5.6-17}$$

mit

$$\Delta p = p_1 - p_2 = const. \tag{5.6-18}$$

Bei großer Ventilöffnung ist statt des Druckes der **Volumenstrom konstant**. Durch Einsetzen von Gleichung (5.6-16) in Gleichung (5.6-14) ergibt sich die folgende Beziehung für die Strömungskraft.

$$F_{Str} = \frac{\rho \cdot Q^2}{\pi \cdot d \cdot x} \left(\frac{cos(\varepsilon_1)}{sin(\varepsilon_1)} - \frac{A_1}{A_2} \frac{cos(\varepsilon_2)}{sin(\varepsilon_2)} \right) \tag{5.6-19}$$

Die Strömungskraft ist also zu Beginn der Steuerkantenöffnung linear von x abhängig. Sobald die Öffnung so groß ist, dass ein Konstantstromsystem vorliegt, fällt die Strömungskraft hyperbelförmig mit x ab. **Bild 5.6-4** zeigt schematisch diese Zusammenhänge. Aus dem linken Teil dieses Bildes kann außerdem entnommen werden, wie das Maximum der Strömungskraft bei größeren Pumpenströmen ansteigt, wenn der eingestellte Maximaldruck konstant bleibt. Im rechten Bildteil ist gezeigt, wie das Kraftmaximum bei konstantem Pumpenstrom ansteigt, wenn der Maximaldruck erhöht wird.

Die Gleichung (5.6-17) und Gleichung (5.6-19) sind äquivalent und können mittels Gleichung (5.6-15) ineinander umgewandelt werden. Welche Beziehung im Einzelnen zweckmäßiger anzuwenden ist, hängt jeweils von den gegebenen Größen ab.

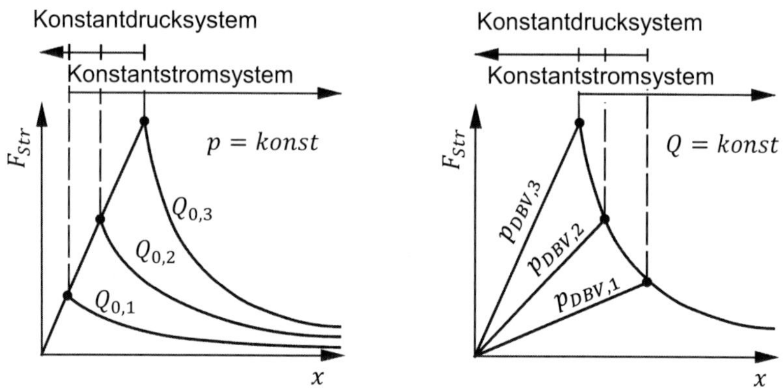

Bild 5.6-4: Schematischer Verlauf der stationären Strömungskraft F_{Str} als Funktion der Steuerkantenöffnung x bei einem Wegeventil

5.6.2 Radial- und Axialkräfte

Neben den Strömungskräften führen auch einseitig statische Druckbelastungen in radialer oder axialer Richtung zu erhöhten Betätigungskräften am Steuerschieber. Um diese zu vermeiden, werden konstruktiv Entlastungsmaßnahmen vorgesehen.

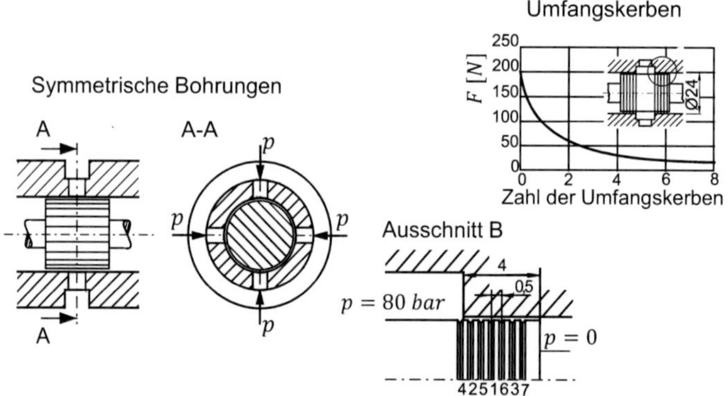

Bild 5.6-5: Radiale Entlastung eines Steuerschiebers

Radialkräfte auf den Steuerschieber können zum Klemmen führen und entstehen durch eine ungleichmäßige Druckverteilung über dem Schieberumfang, die unter anderem aus einer asymmetrischen Anströmung resultieren kann. Als Gegenmaßnahmen werden die Bohrungen an den Ein- und

Auslässen der Ventilkammern symmetrisch angeordnet und Umfangskerben in den Steuerschieber eingebracht, siehe **Bild 5.6-5**.

Formfehler, die eine Abweichung des Schiebers von der zylindrischen Form zur Folge haben, können ebenfalls Ursache für radiale Klemmkräfte an Steuerschiebern sein, wie in **Bild 5.6-6** dargestellt ist.

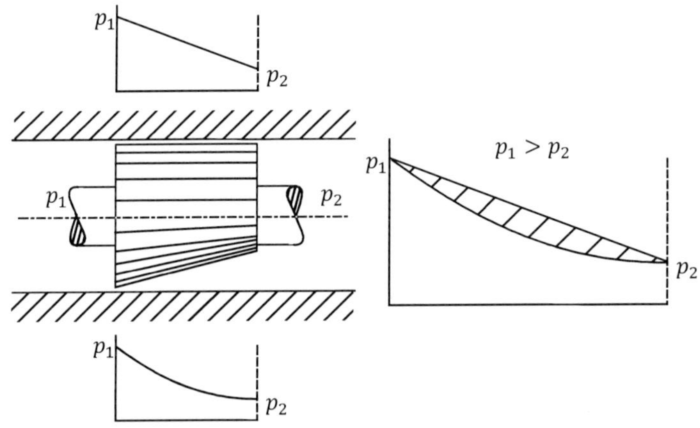

Bild 5.6-6: Formfehler an einem Steuerschieber

Axialkräfte werden unter anderem durch ungleiche Flächen (A_1, A_2) hervorgerufen, siehe **Bild 5.6-7**. Nimmt in dem dargestellten Beispiel der Rückdruck p_R große Werte an, wird auch die resultierende Axialkraft groß. Abhilfe kann hier durch zusätzliche Leckölleitungen geschaffen werden, die tote Schieberräume entlasten (5-Kammer-Ventil).

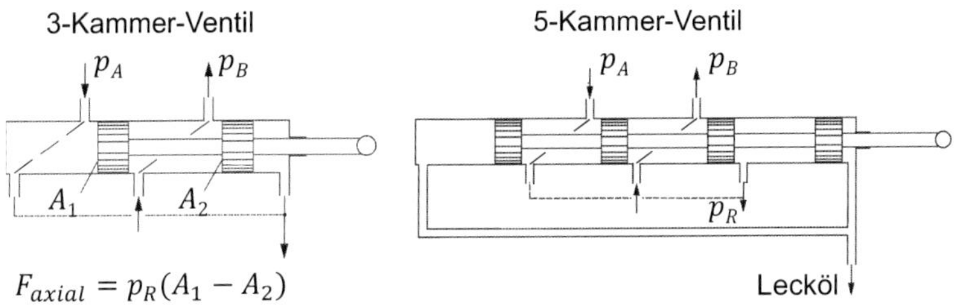

Bild 5.6-7: Axiale Entlastung eines Schiebers

5.7 Betätigung

Ventile können entweder schaltend oder stetig verstellt werden, siehe Bild 5.0-2. In der Symboldarstellung wird eine stetige Ventilfunktion durch zwei zum Ventilgrundsinnbild parallele Linien angedeutet.

Schaltventile haben ein diskretes Verhalten. Sie sind entweder geschlossen oder geöffnet. Schaltende Verstellungen werden bei allen Ventiltypen angewandt, wobei es Sperrventile nur als Schaltventile gibt.

Ventile, die aufgrund eines Eingangssignals den Energiefluss in einem Hydrauliksystem in seinem Auslegungsbereich stetig verstellen, werden als **Stetigventile** bezeichnet. Sie werden bevorzugt als elektro-hydraulische Umformer in Regelkreisen oder zur manuellen Steuerung eingesetzt. Stetigventile lassen sich nach ihrem stationären Verhalten wie nachfolgend aufgezeigt in diese Ventiltypen untergliedern:

- Wegeventile sind Stetigventile, bei denen die Stellung y des Steuerschiebers dem Eingangssignal i proportional ist ($y \sim i$).
- Druckventile sind Stetigventile, bei denen der Lastdruck p_{L}am Arbeitsanschluss proportional zum Eingangssignal i am Ventil ist ($p_{\mathrm{L}} \sim i$).
- Stromventile sind Stetigventile, bei denen der Volumenstrom Q durch das Ventil proportional zum Eingangssignal i ist ($Q \sim i$).

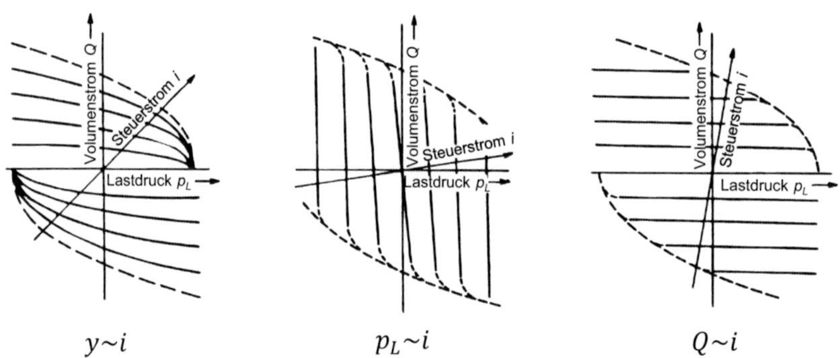

Bild 5.7-1: Stationäres Verhalten von Stetigventilen

Die stationären Kennlinien $Q = \mathrm{f}(p_L, i)$ dieser drei Ventiltypen sind in **Bild 5.7-1** gegenübergestellt. Die strichpunkartigen Linien stellen die Begrenzung bei maximaler Schierberöffnung.

Das statische und das dynamische Verhalten von Stetigventilen sowie die mathematische Modellierung des Verhaltens wird in der Lehrveranstaltung „Servohydraulik" [5.14] umfassend darstellt.

Bild 5.7-2 zeigt eine erweiterte Übersicht der unterschiedlichen Möglichkeiten zur Betätigung von Ventilen und die zugeordneten Schaltzeichen (vgl. **Bild 5.0-2**). Ventile werden oft elektrisch angesteuert, was zur Automatisierung von Bewegungsabläufen genutzt wird. Zur Überwindung hoher Betätigungskräfte werden Ventile fluidisch (vorwiegend hydraulisch) betätigt.

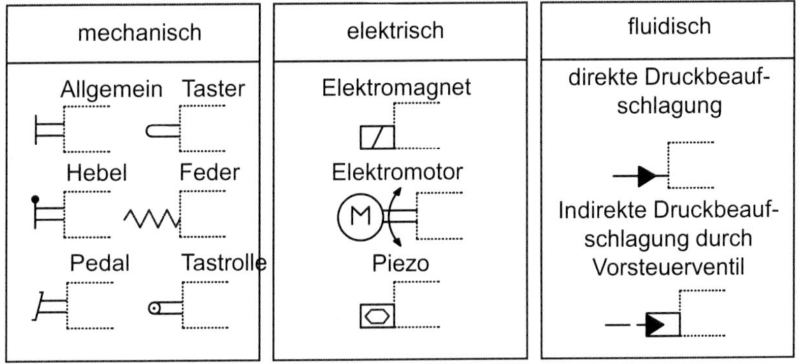

Bild 5.7-2: Schaltsymbole für verschiedene Betätigungsarten [5.6]

Nachfolgend wird auf die Betätigungsarten einzeln eingegangen.

5.7.1 Mechanisch

Zu den mechanischen Betätigungsmitteln zählen Taster, Pedale, Hebel, Rollenhebel, Griffe, Stößel, Federn etc. Sie stellen die einfachste Art der Betätigung dar. Von Nachteil ist, dass sie über begrenzte Betätigungskräfte verfügen und für viele Steuerungsaufgaben zu ungenau und langsam sind. Aufgrund dessen werden sie überwiegend für einfache Steuerungen verwendet, insbesondere bei mobilen Arbeitsmaschinen. Des Weiteren wird die mechanische Betätigung zur Erfüllung von Sicherheitsfunktionen eingesetzt.

In **Bild 5.7-3** ist beispielhaft die Handbetätigung mit einem Hebel dargestellt, der über den Mitnehmer den Ventilschieber bewegt. Mit zwei Schrauben auf der linken Seite des Gehäuses wird der Hub des Ventilschiebers in beide Richtungen begrenzt und eingestellt.

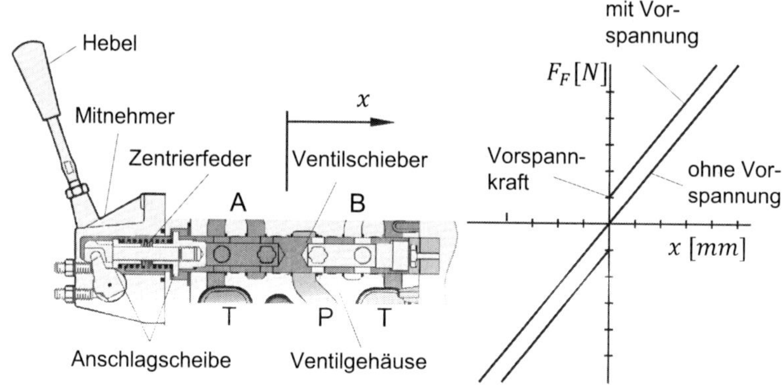

Bild 5.7-3: Prinzip der Federzentrierung und Hebelbetätigung (Sauer-Danfoss)

Eine Besonderheit der mechanischen Betätigungsmittel stellt die Federzentrierung dar, die aus einer oder zwei Federn geringer Steifigkeit aufgebaut werden kann. Bei einem Aufbau mit nur einer Feder (**Bild 5.7-3**, links) wird diese zwischen zwei Anschlagscheiben über eine Schraubenverbindung vorgespannt eingebaut. Je nach Richtung der Auslenkung wird entweder die eine oder die andere Anschlagscheibe im Gehäuse festgehalten und so eine Rückstellkraft anhand der Feder erzeugt. Für die Auslenkung des Ventilschiebers aus der Mittellage muss gegebenenfalls eine Vorspannkraft überwunden werden (**Bild 5.7-3**, rechts). Der Ventilschieber wird so bei Nichtbetätigung sicher in einer definierten Mittellage positioniert.

5.7.2 Elektromechanisch

Elektrisch angesteuerte Ventile sind mechatronische Geräte, die analog oder digital über Bussysteme angesteuert werden können und so zu dynamisch hochwertigen elektro-hydraulischen Antriebslösungen führen. In **Bild 5.7-4** und **Bild 5.7-5** sind die gängigen elektromechanischen Betätigungsaktoren dargestellt. Am häufigsten wird in der Hydraulik die elektromagnetische

Betätigung von Ventilen eingesetzt. In hochdynamischen Regelkreisen, wie sie in der Servohydraulik vorkommen, werden Tauchspulen, Linear- und Torquemotoren sowie piezoelektrische Aktoren (Common Rail Dieseleinspritzung) verwendet. Aufbau und Anwendungen werden an dieser Stelle nicht vertieft, da sie in der Vorlesung Servohydraulik ausführlich beschrieben werden.

elektrom. Wandler	Schaltmagnet	Proportionalmagnet	Tauchspule
Ausführungsbeispiel	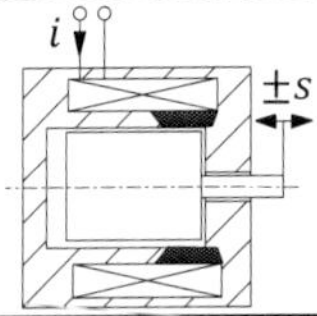	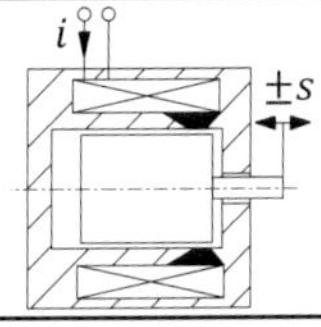	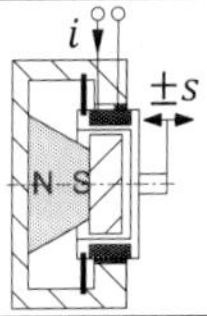
Kennfeldcharakteristik	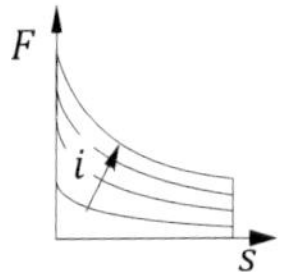	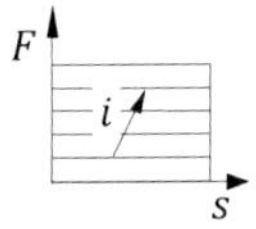	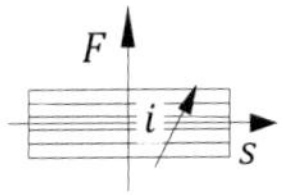
erreichbare Hübe	3...8,5 mm	2...4,5 mm	> 2 mm
Maximalkräfte	55...220 N	45...200 N	> ± 100 N
Hubarbeit	75...850 Nmm	70...800 Nmm	> 300 Nmm
Hubarbeit / Bauvolumen	2,1...3,8 Nmm/cm³	1,3...3,5 Nmm / cm³	ca. 1,2 Nmm/cm³
Hysterese	k. A.	gesteuert < 4 %	gut
Linearität	Korrekturregelung erf.	gut	auch gesteuert gut
erreichbare Dynamik	k. A.	< 200 Hz	typ. 350 Hz
Eingangsleistung	16...42 W	15...40 W	< 100 W
Bauaufwand	ohne Regelung gering	mäßig (Steuerkonus)	teurer Permanentmagnet
Druckfestigkeit	Standardausführung	Standardausführung	druckfester Stecker erf.
Bemerkung	unüblich für Stetigventile	kein fail-safe	geringe Kraftdichte

Bild 5.7-4: Elektromechanische Umformer, Teil 1

Elektromagnete zeichnen sich dadurch aus, dass sie sehr robust sind, relativ hohe Kräfte realisieren können, eine gute Kraftdichte aufweisen und ein akzeptables dynamisches Verhalten erreichen [5.9]. Dieses wird begrenzt durch eine üblicherweise hohe Induktivität der Erregerspule und eine vergleichsweise große bewegte Masse. Allerdings ist eine relativ große elektrische Ansteuerleistung vonnöten und es kann nur eine Kraft in eine Richtung erzeugt werden, sodass stets gegen eine Rückstellfeder gearbeitet werden muss.

Sie werden als Gleichstrom- oder Wechselstrommagnete ausgeführt, wobei für die Ansteuerung von Hydraulikventilen üblicherweise **Gleichstrommagnete** (mit Versorgungsspannung von 12 und 24 V) eingesetzt werden. Sie haben eine hohe Betriebssicherheit und ermöglichen einen weichen Schaltvorgang. Ferner eignen sie sich für hohe Schalthäufigkeiten.

<table>
<tr><th>elektrom. Wandler</th><th>Linearmotor</th><th>Torquemotor</th><th>piezoel. Wandler</th></tr>
<tr><td>Ausführungsbeispiel</td><td> 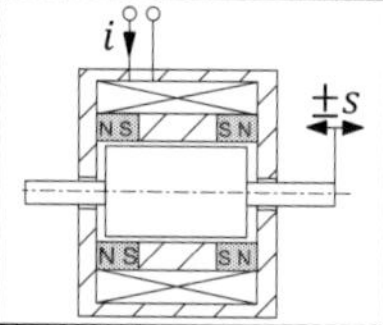i, ±s, N S, S N</td><td> 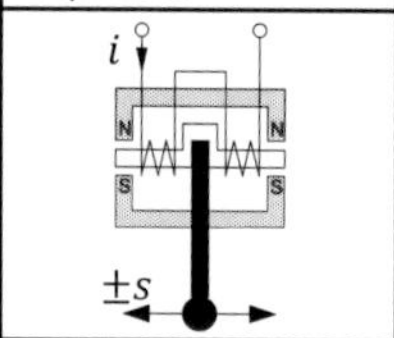i, N, S, ±s</td><td> 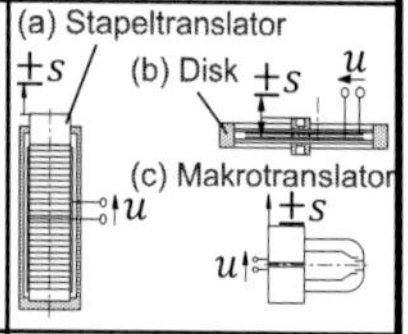(a) Stapeltranslator, ±s, u
(b) Disk, ±s, u
(c) Makrotranslator, ±s, u</td></tr>
<tr><td>Kennfeldcharakteristik</td><td> 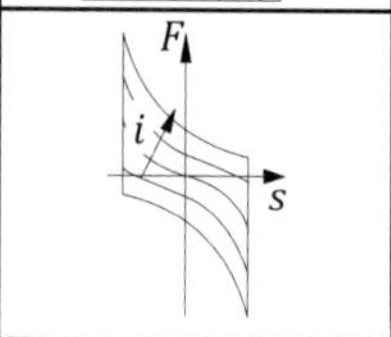F, i, s</td><td> 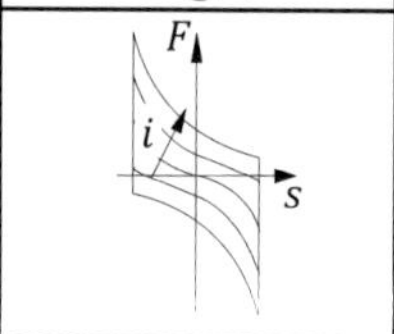F, i, s</td><td> 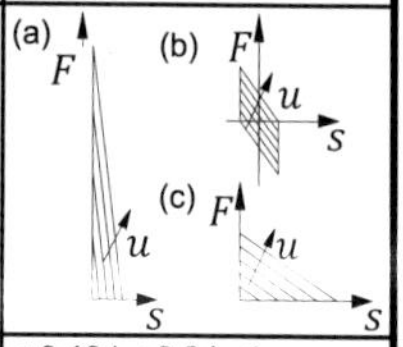(a) F, u, s
(b) F, u, s
(c) F, u, s</td></tr>
<tr><td>erreichbare Hübe</td><td>0,7...2 mm</td><td>Hebel: ± 0,25 .. 0,8 mm
Prallpl.: ± 0,035 mm</td><td>< 0,18 | < 0,2 | <1 mm</td></tr>
<tr><td>Maximalkräfte</td><td>± 100...± 300 N</td><td>< 70 N</td><td>3500 | 35 | 50 N</td></tr>
<tr><td>Hubarbeit</td><td>140...780 Nmm</td><td>2...40 Nmm</td><td>> 400 | 7 | 50 Nmm</td></tr>
<tr><td>Hubarbeit / Bauvolumen</td><td>1,5...2,5 Nmm/cm³</td><td>k. A.</td><td>ca. 5 | 0,25 | 1 Nmm/cm³</td></tr>
<tr><td>Hysterese</td><td>k. A.</td><td>< 3% gesteuert</td><td>nur mit Regelung gering</td></tr>
<tr><td>Linearität</td><td>ohne Regelung mäßig</td><td>< 5% gesteuert</td><td>nur mit Regelung gut</td></tr>
<tr><td>erreichbare Dynamik</td><td>ca. 260 Hz</td><td>100 ...1000 Hz</td><td>> 2000 | 1100 | 100 Hz</td></tr>
<tr><td>Eingangsleistung</td><td>7,2...65 W</td><td>0,02 ...7,5 W</td><td>typ. 50 W</td></tr>
<tr><td>Bauaufwand</td><td>teure Permanentmagnete</td><td>teure Permanentmagnete</td><td>hoch (präzise Teile erf.)</td></tr>
<tr><td>Druckfestigkeit</td><td>ja</td><td>ja</td><td>k. A.</td></tr>
<tr><td>Bemerkung</td><td></td><td></td><td>teuer und (a) baut lang</td></tr>
</table>

Bild 5.7-5: Elektromechanische Umformer, Teil 2

Bild 5.7-6 zeigt den Aufbau eines einfachen **Gleichstrom-Schaltmagneten** für den direkten Anbau an ein Ventil. Die Hauptbestandteile sind ein Anker, ein Eisenkern und eine Erregerspule. Um das Fluidvolumen ab- bzw. zuzuführen, welches durch die Bewegung des Ankers verdrängt wird, sind Ausgleichsbohrungen eingebracht. Mit dem Einschalten der Erregerspule werden die Stirnflächen des Ankers und der Eisenkern polarisiert. Dies resultiert über dem Luftspalt in einer Anziehungskraft, die bewirkt, dass sich der Anker nach rechts bewegt, bis er auf eine Ankerklebescheibe trifft. Sobald der Strom abgeschaltet wird, bewegt sich der Anker z. B. durch eine Federkraft zurück in seine Ausgangslage.

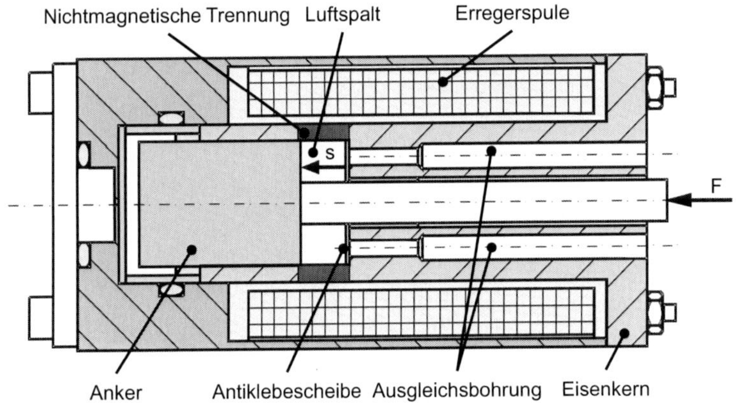

Bild 5.7-6: Schaltmagnet (Magnet-Schultz)

Zur Realisierung von Steuerungs- oder Regelfunktionen ist eine stufenlose Verstellung des Ventilschiebers erforderlich. Für solche Zwecke werden in der Regel **Proportionalmagnete** verwendet. Ein proportionaler Zusammenhang zwischen Spulenstrom und Magnetkraft wird ermöglicht, indem der Verlauf der Magnetfeldlinien durch nicht magnetisierbares Material in einem so genannten Steuerkonus an die jeweilige Aufgabe angepasst wird (s. **Bild 5.7-7**). Mithilfe einer Feder kann ferner eine Proportionalität zwischen dem Spulenstrom und dem Ankerhub erreicht werden. Je nach Steuer- und Regeleinrichtung kann zwischen kraftgesteuerten, weggesteuerten und lagegeregelten Proportionalventilen unterschieden werden. Beim abgebildeten Proportionalmagneten handelt es sich um eine Ausführung mit frei tragendem Tubus. Dies bedeutet, dass die Spule ohne Öffnen des hydraulischen Kreises ausgetauscht werden kann. Das druckdichte Ankerrohr lässt hohe Drücke zu und lässt sich einfach fertigen, so dass dies heute Stand der Technik geworden ist.

Bei den in **Bild 5.7-6** und **Bild 5.7-7** dargestellten Magneten handelt es sich um so genannte **„nasse“ Magnete**, bei denen sich der Anker in der Druckflüssigkeit bewegt. Dadurch werden ein geringer Verschleiß, ein gedämpfter Ankeranschlag und eine gute Wärmeübertragung erzielt. Darüber hinaus sind die Innenteile vor Korrosion geschützt (insbesondere von Vorteil bei Anlagen im Freien und/oder feuchtem Klima). Diese Bauart wird überwiegend bei Wegeschieberventilen eingesetzt [5.3]. Bei **„trockenen“**

Magneten wird der Flüssigkeitsraum des Ventils gegen den Magneten abgedichtet und der Anker schaltet in Luft. Von Nachteil sind die Reibungsverluste an Dichtungen.

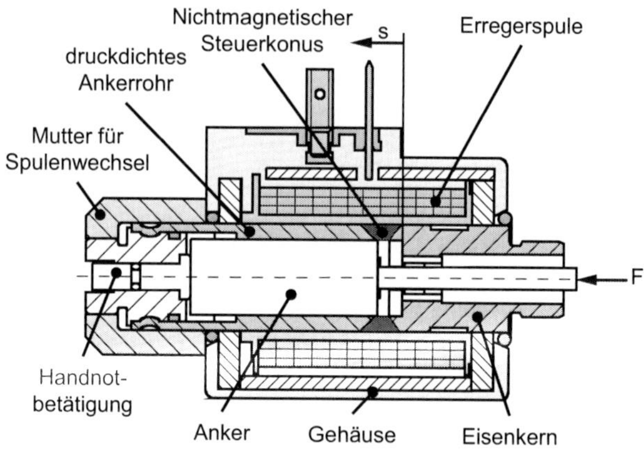

Bild 5.7-7: Proportionalmagnet (Magnet-Schultz)

Der Unterschied zwischen einem Schalt- und einem Proportionalmagneten ist in **Bild 5.7-8** durch den Vergleich der Magnetkraft-Hubkennlinien dargestellt. Die Diagramme zeigen für die beiden Magnettypen die resultierende Magnetkraft F für unterschiedliche Stromstärken i in Abhängigkeit des Ankerhubes s.

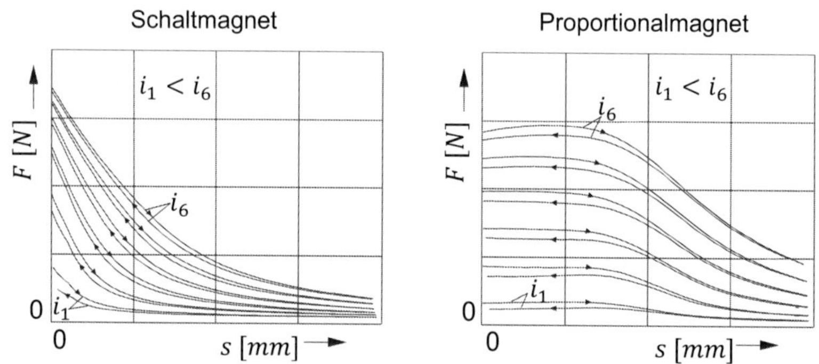

Bild 5.7-8: Magnetkraft-Hubkennlinien (statisch)

Die sichtbaren Hysteresen sind werkstoff- und reibungsbedingt (magnetische und mechanische Hysterese). Beim Schaltmagneten wird die Magnetkraft größer, je kleiner der Ankerhub wird. Dies ist darin begründet, dass der magnetische Fluss größer wird, je kleiner der Spalt zwischen Anker und Eisenkern ist. Durch den speziellen Steuerkonus beim Proportionalmagnet wird der magnetische Fluss bei kleiner werdendem Ankerhub so reduziert, dass die Magnetkraft im optimalen Fall hubunabhängig ist. Dabei werden große Anteile der magnetischen Feldlinien radial aus dem Anker herausgeführt, sodass diese keine axiale Kraftkomponente erzeugen. Der Nachteil einer dieser hubunabhängigen Kennlinie ist, dass bei gleicher Baugröße die maximale Haltekraft eines Proportionalmagneten geringer ist, als die eines Schaltmagneten.

Bei den in Bild 5.7-8 dargestellten Messkurven handelt es sich um statische Kennlinien, d. h. die Kräfte wurden in der Ruhelage des Ankers für den jeweiligen Magnethub gemessen. Durch die Bewegung des Ankers kommt es jedoch zu einer Änderung des magnetischen Flusses in der Erregerwicklung, die eine der angelegten Spannung entgegenwirkende Spannung induziert (Gegeninduktion). Hierdurch sinkt der Strom durch die Spule und somit die Magnetkraft in Abhängigkeit der Hubgeschwindigkeit (**Bild 5.7-9**).

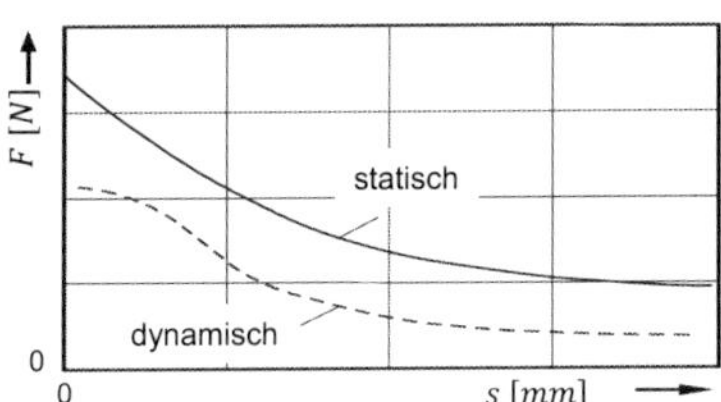

Bild 5.7-9: **Statische und dynamische Kennlinie eines Gleichstrom-Schaltmagneten**

In **Bild 5.7-10** sind für einen Gleichstrommagneten Spannung, Strom und Ankerhub in Abhängigkeit der Zeit bei einem Ein- und Ausschaltvorgang dargestellt. Wie aus dem Stromverlauf zu erkennen ist, erreicht der Magnet seinen Nennstrom, gebremst durch die Gegeninduktion, erst erhebliche Zeit nach dem Einschalten. Die Gegeninduktion ist nur während der Zeit der Ankerbewegung t_1 wirksam. Zu Beginn des Schaltvorgangs (t_R) besitzt das System die Induktivität L_0. Durch die Bewegung des Ankers und die neue Position am Ende der Bewegung verändert sich die Induktivität des Systems und erreicht den Wert L_S.

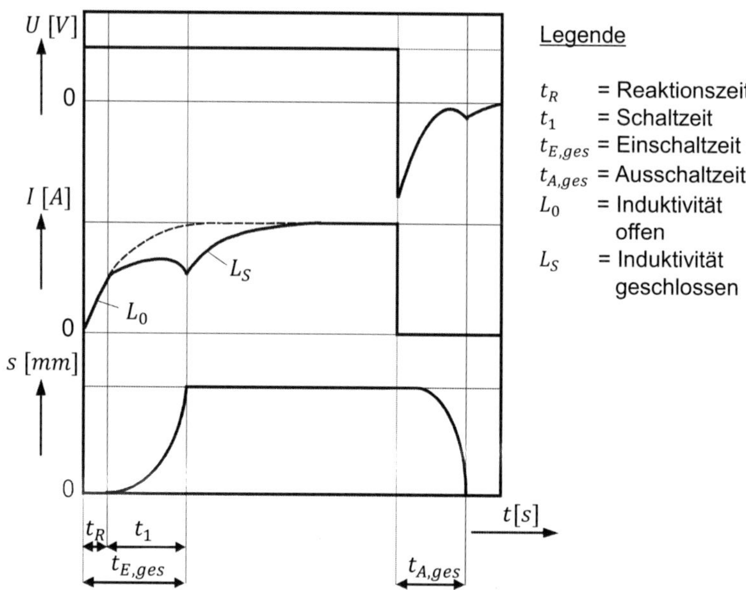

Bild 5.7-10: Schaltvorgang eines Gleichstrommagneten

Das Wirkprinzip von **Wechselstrommagneten** (i. d. R. 230 V und 50 Hz) ist gleich dem der Gleichstrommagneten. Da bei Wechselstrommagneten der Strom der Spule nicht durch den ohmschen Widerstand (Gleichstrommagnet), sondern durch die Induktivität bestimmt wird, schalten Wechselstrommagnete erheblich schneller als Gleichstrommagnete. Allerdings sind Wechselstrommagnete nicht geräuschlos und es kann passieren, dass sie durchbrennen, wenn der Anker während eines Schaltvorganges nicht seine Endlage erreicht. Wechselstrommagnete werden heute hauptsächlich bei pneumatischen Anwendungen eingesetzt [5.9, 5.11].

5.7.3 Hydraulisch-mechanisch

Die hydraulische Betätigung bewirkt eine Kraft auf die Stirnseite von Ventilschiebern aufgrund einer derartigen Druckänderung. Dies ermöglicht eine Bereitstellung großer Betätigungskräfte. Weiterhin ist die Dynamik hydraulischer Betätigung besser als bei mechanischer Betätigung und eine Fernübertragung ist möglich. Eine pneumatische Betätigung wird in der Hydraulik selten realisiert.

Wirkt ein elektro-mechanischer Umformer unmittelbar auf einen Ventilschieber bzw. ein Absperrelement, so wird von **direkt betätigten** Ventilen (einstufig) gesprochen. **Indirekt betätigte** Ventile bestehen in der Regel aus zwei Stufen. Die erste Stufe wird Vorsteuerventil genannt. Sie leitet einen Steuervolumenstrom bzw. -druck, der auf das Steuerelement der zweiten Stufe (Hauptstufe) wirkt. Zur Betätigung der Hauptstufe reichen kleine Volumenströme aus. Somit sind nur geringe Kräfte zur Bewegung des Vorsteuerventils erforderlich. Aufgrund dessen können sowohl elektrisch betätigte Ventile als auch Druckregel- oder Druckbegrenzungsventile kleiner Nenngröße als Vorsteuerventile eingesetzt werden. Die großen Kräfte, die auf den Ventilschieber der Hauptstufe wirken, in Verbindung mit den kleinen, bewegten Massen bewirken eine gute Dynamik. Außerdem eignen sich vorgesteuerte Ventile insbesondere für Systeme mit hohen Drücken und großen Volumenströmen.

Für die Wandlung eines mechanischen Eingangssignals aus einem elektro-mechanischen Umformer in ein hydraulisches Signal werden im Wesentlichen zwei physikalische Prinzipien genutzt. Zum einen die Drosselung eines Ölstroms mit steuerbaren mechanischen Widerständen (Steuerschieber) und zum anderen die Umwandlung der kinetischen Energie eines Ölstroms in Druck (Düse-Prallplatte und Strahlrohr). Die drei Hauptbauformen sind in **Bild 5.7-11** in vereinfachter Darstellung skizziert. Im Folgenden wird die Funktionsweise eines Steuerschiebers anhand eines zweistufigen Schaltventils erläutert. Die Betätigung mit Düse-Prallplatte und Strahlrohr wird in Servoventilen verwendet und in der Vorlesung Servohydraulik [5.14] ausführlich beschrieben.

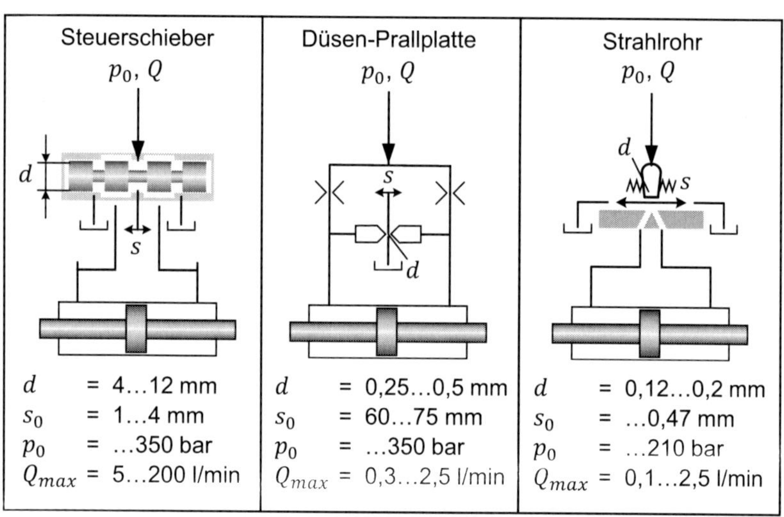

Bild 5.7-11: Mechanisch-hydraulische Wandler

In **Bild 5.7-12** ist ein federzentriertes, elektro-hydraulisch betätigtes 4/3-Wege-Schaltventil dargestellt. Bei dem Vorsteuerventil handelt es sich um ein elektrisch betätigtes, federzentriertes Schaltventil kleiner Nenngröße. Es beaufschlagt die Steuerkammern der Hauptstufe mit einem Steuervolumenstrom. Dieser kann entweder intern (P) oder extern (X) bereitgestellt werden. Schaltet zum Beispiel der Schaltmagnet 1, so wird der Ventilschieber der Vorsteuerstufe nach rechts ausgelenkt. Die rechte Steuerkammer wird mit Druck beaufschlagt und die linke Steuerkammer wird zum Tank (T) oder zu Y hin entspannt. Daraufhin wird der Ventilschieber des Hauptventils nach links ausgelenkt. Dies hat zur Folge, dass die Anschlüsse P und A sowie B und T verbunden werden. Sobald der Schaltmagnet abgeschaltet wird, kehrt der Ventilschieber des Vorsteuerventils durch die Federkräfte in die Mittellage zurück. In den Steuerkammern stellt sich Tankdruck ein und der Ventilschieber der Hauptstufe wird auch anhand seiner Zentrierfedern in die Mittellage positioniert.

Wird in **Bild 5.7-12** das Vorsteuerventil durch eine entsprechende Steuerplatte ersetzt, so stehen die Steueranschlüsse X und Y an der Hauptstufe dazu zur Verfügung. Die Steuerdrücke können in diesem Fall extern über Druckminderventile, Druckbegrenzungsventile oder andere Prinzipien erzeugt werden. Hierbei wird von einer hydraulischen Fernsteuerung gesprochen, die z. B. in der Mobilhydraulik eingesetzt wird.

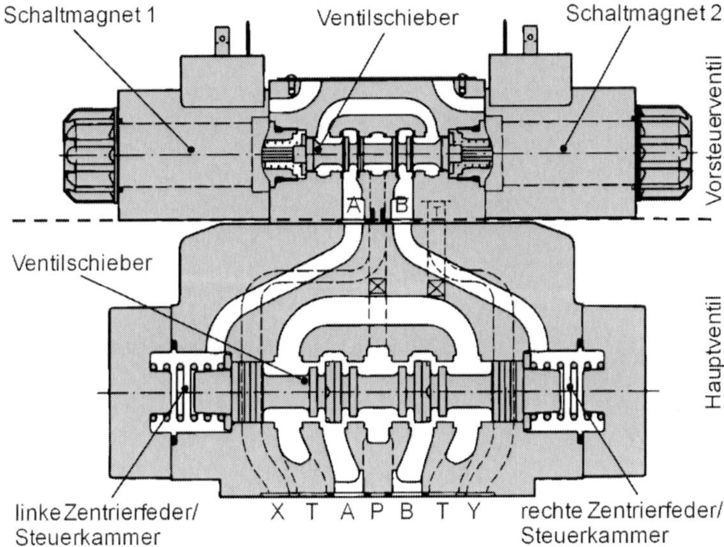

Bild 5.7-12: Zweistufiges 4/3-Wege-Schaltventil (Parker Hannifin)

5.8 Literatur zu Kapitel 5

Allgemeine weiterführende Hinweise zum vertiefenden Studium befinden sich zum Beispiel in [5.4, 5.13 und 5.17] und den Normen [5.5 sowie 5.7].

5.1	Backé, W.	Grundlagen der Ölhydraulik, Umdruck zur Vorlesung an der RWTH Aachen, 1972
5.2	Brodowski, W.	Beitrag zur Klärung des stationären und dynamischen Verhaltens direktwirkender Druckbegrenzungsventile, Dissertation RWTH Aachen, 1973
5.3	Exner, H. et al.	Hydraulik. Grundlagen und Komponenten, 3. Ausgabe, Hg. Bosch Rexroth AG, Omegon Fachliteratur, Ditzingen, 2004
5.4	Findeisen, D. Helduser, S.	Ölhydraulik – Handbuch für hydrostatische Leistungsübertragung in der Fluidtechnik, 6. Auflage, Springer, Berlin, 2015
5.5	N. N.	Hydraulische Stetigventile - Begriffe Zeichen Einheiten, Norm DIN 24311, 1992
5.6	N. N.	Fluidtechnik - Graphische Symbole und Schaltpläne – Teil 1: Graphische Symbole für konventionelle und datentechnische Anwendungen, Norm DIN ISO 1219-1, 2018
5.7	N. N.	Fluidtechnik – Vokabular, Norm DIN ISO 5598, 2004
5.8	Geißler, G.	Optimierung und Einsatzgrenzen von Druckventilen, Dissertation TU Dresden, 2002
5.9	Kallenbach, E. et al.	Elektromagnete - Grundlagen, Berechnung, Entwurf und Anwendung, Springer Vieweg, Wiesbaden, 2018
5.10	Latour, C.	Strömungskraftkompensation in hydraulischen Sitzventilen, Dissertation RWTH Aachen, 1996
5.11	Murrenhoff, H.	Grundlagen der Fluidtechnik - Teil 2: Pneumatik, Umdruck zur Vorlesung, 2. korrigierte Auflage, 2014
5.12	Lu, Y.-H.	Entwicklung vorgesteuerter Proportionalventile mit 2-Wege-Einbauventil als Stellglied und mit geräteinterner Rückführung, Dissertation RWTH Aachen, 1981
5.13	Matthies, H. J. Renius, K. Th.	Einführung in die Ölhydraulik, 8. Auflage, Wiesbaden, 2014
5.14	Murrenhoff, H.	Servohydraulik, Umdruck zur Vorlesung, 4. Auflage 2012
5.15	Schlayer, H.	Druck- und Temperaturregelung bei ölhydraulischen Mengenregelventilen, Dissertation TU Stuttgart, 1959
5.16	Schmidt, M.	Dichtheit als Entwicklungsschwerpunkt für Sitzventile hochdynamischer schaltender Zylinderantriebe, Dissertation, RWTH Aachen, 2009
5.17	Will, D. Gebhardt, N.	Hydraulik – Grundlagen, Komponenten, Schaltungen, 6. Auflage, Springer, Berlin, 2014
5.18	Murrenhoff, H. Eckstein, L.	Fluidtechnik für mobile Anwendungen, Umdruck zur Vorlesung, 6. Überarbeitete Auflage, 2014

6 Dichtungen

neu bearbeitet von Julian Angerhausen, M.Sc., M.Sc., Niklas Bauer, M.Sc.

Dichtungen dienen in der Fluidtechnik zur Trennung von Druckräumen. Sie ermöglichen den Druckaufbau in fluidtechnischen Komponenten und verhindern den Austritt von Fluid in die Umwelt. Zur Erfüllung dieser Primärforderung müssen einige Sekundärforderungen erfüllt werden:

- Verträglichkeit mit dem Druckmedium
- Ausgleich von Formabweichungen durch Formelastizität
- Funktionsfähigkeit im gesamten Arbeitstemperaturbereich
- Abriebfestigkeit und minimale Reibung
- Handhabungsfreundlichkeit beim Einbau und Austausch

Das Versagen einer Dichtung kann einerseits zu potenziell umweltschädlicher Leckage führen. Zudem kann ungewollter Druckabfall in Teilen des Systems auch zu Gefahr für Leib und Leben durch unkontrollierte Maschinenbewegungen führen. Dichtungen sind somit ein komplexes Konstruktionselement, welches vom Konstrukteur bereits frühzeitig bei der Entwicklung von Komponenten beachtet werden sollte.

Dichtungen für die Fluidtechnik unterteilen sich in dynamische und statische Dichtungen, wobei sich die dynamischen noch einmal nach ihrer Bewegungsform in translatorisch und rotatorisch wirkende Dichtungen unterscheiden lassen (**Bild 5.8-1**).

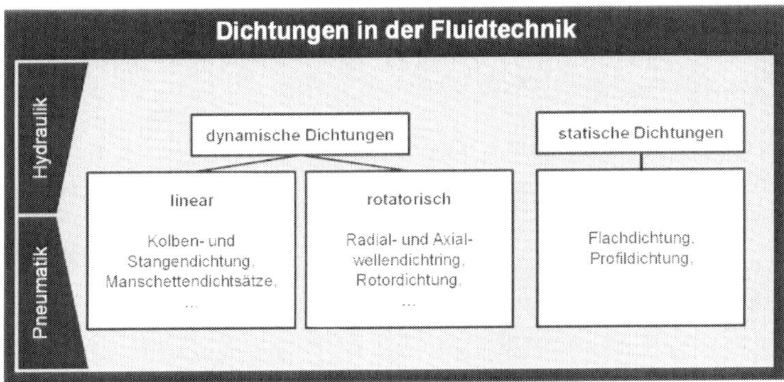

Bild 5.8-1: Einteilung der berührenden Dichtungen

In diesem Kapitel werden die am häufigsten eingesetzten berührenden Dichtungen behandelt. Der Dichtmechanismus sowohl statischer, als auch dynamischer Dichtungen wird erläutert und die komplexen Wechselwirkungen zwischen Parametern wie Reibkraft, Temperatur oder Bewegungsverhalten werden diskutiert.

6.1 Dichtsysteme

Bei der Auslegung von Dichtungssystemen werden in der Regel zwei konträre Auslegungsziele verfolgt: Neben möglichst geringer Reibung und somit geringem Verschleiß wird ein dynamisch dichtes System ohne externe Leckage gefordert. Da nicht beide Ziele zugleich erreichbar sind, muss für jede Abdichtaufgabe eine Kompromisslösung gefunden werden. Eine Kombination verschiedener Dichtungstypen ist üblich, wie exemplarisch für einen Hydraulikzylinder in **Bild 6.1-1** dargestellt. Diese Typen unterscheiden sich in Bezug auf das Material, als auch bezüglich ihrer Geometrie.

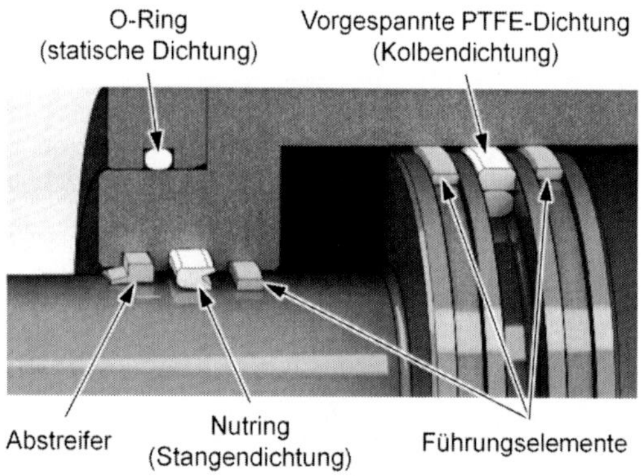

Bild 6.1-1: Dichtsystem eines Hydraulikzylinders

Statische Dichtungen dienen zur Vermeidung von Leckage zwischen Bauteilen, die sich nicht relativ zueinander bewegen. Liegt eine Relativbewegung vor, sind **dynamische Dichtungen** einzusetzen. Ein **Nutring** wirkt einseitig und verhindert den Austritt von Fluid in die Umwelt. Die **Kolbendichtung** hat eine symmetrische Geometrie und wirkt daher doppelseitig. Dies ist notwendig, da beide Kammern des Zylinders im Betrieb alternierend unter Druck stehen. Die Leckage ist hier tendenziell größer als bei einem Nutring. Häufig werden die Anforderungen an die Dichtung auf mehrere

Dichtungselemente aufgeteilt, die entsprechend ihrer Aufgabe optimiert sind. Bei der Abdichtung von Kolbenstangen werden häufig Dichtsysteme, die sich in Primär-, Sekundärdichtung und Abstreifer untergliedern, eingesetzt. Als **Primärdichtung** wird ein Element, das auch bei hohem Druck mit wenig Reibung abdichtet, also meist eine durch ein Elastomer vorgespannte PTFE-Stufendichtung, eingesetzt. Die dabei entstehende Leckage wird durch die **Sekundärdichtung**, die nur gegen einen sehr niedrigen Druck abzudichten braucht, zurückgehalten. Aufgrund des niedrigen an der Sekundärdichtung anliegenden Drucks ist deren Reibung gering. Ein **Abstreifer** verhindert den Schmutzeinzug und schützt die Dichtungen vor Beschädigungen. Da die Dichtungen selbst nicht in der Lage sind Querkräfte aufzunehmen, müssen diese in **Führungselementen** abgestützt werden.

6.2 Statische Dichtungen

Das klassische statische Dichtelement ist der **O-Ring** (DIN 3771 und DIN ISO 3601). Er ist die am weitesten verbreitete Dichtung, weil er kostengünstig sowie leicht zu montieren und zu warten ist und wenig Einbauraum benötigt. Durch die Montage wird, aufgrund einer radialen Verpressung des Dichtelements, eine Vorspannung erzeugt, mit einem maximalen Kontaktdruck p_v (**Bild 6.2-1**).

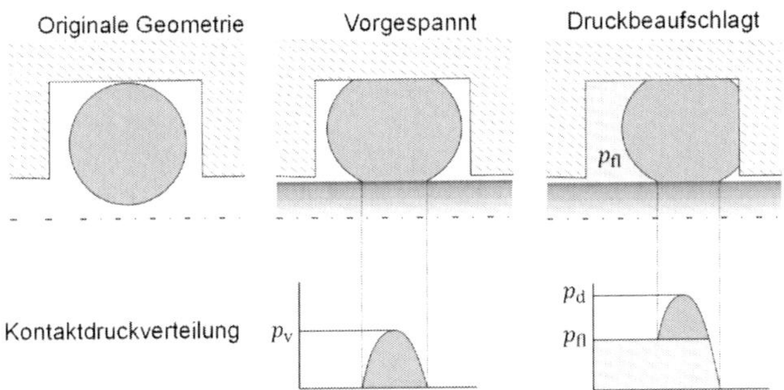

Bild 6.2-1: Funktionsweise statischer Dichtungen

Ein selbstverstärkender Effekt sorgt dafür, dass sich die näherungsweise inkompressible Dichtung bei Druckbeaufschlagung mit einem Fluiddruck p_{fl} stärker gegen die Gegenflächen presst und somit Dichtheit garantiert. Der maximale Kontaktdruck der Dichtung p_d ist immer größer als der Fluiddruck p_{fl}:

$$p_d \approx p_v + p_{fl} \tag{6.2-1}$$

Kritisch sind schnelle Druckänderungen, Spaltaufweitungen oder Betriebstemperaturen außerhalb der Werkstoffspezifikationen. Während eine Spaltaufweitung und somit ein Verlust der Vorspannung bei einer Auslegung der Nutgeometrie nach Herstellervorgaben vermieden wird [6.1], ist der Werkstoff auf sämtliche auftretenden Betriebszustände und insbesondere auf Materialkompatibilität mit dem abzudichtenden Fluid optimiert auszuwählen.

Um Spaltextrusion, also dem Eindringen der Dichtung aus der Nut in den Dichtspalt, bei großen Dichtspalten oder hohen Systemdrücken zu erschweren, kann der O-Ring zusammen mit einem **Stützring** eingesetzt werden. Das Verdrillen des O-Ringes in der Nut lässt sich mit den Bauformen Rechteck- und Quadring verhindern **(Bild 6.2-2)**.

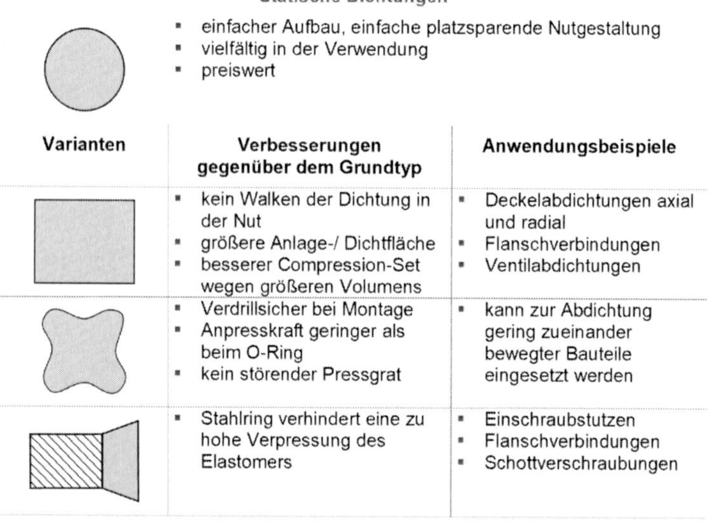

Statische Dichtungen

- einfacher Aufbau, einfache platzsparende Nutgestaltung
- vielfältig in der Verwendung
- preiswert

Varianten	Verbesserungen gegenüber dem Grundtyp	Anwendungsbeispiele
	▪ kein Walken der Dichtung in der Nut ▪ größere Anlage-/ Dichtfläche ▪ besserer Compression-Set wegen größeren Volumens	▪ Deckelabdichtungen axial und radial ▪ Flanschverbindungen ▪ Ventilabdichtungen
	▪ Verdrillsicher bei Montage ▪ Anpresskraft geringer als beim O-Ring ▪ kein störender Pressgrat	▪ kann zur Abdichtung gering zueinander bewegter Bauteile eingesetzt werden
	▪ Stahlring verhindert eine zu hohe Verpressung des Elastomers	▪ Einschraubstutzen ▪ Flanschverbindungen ▪ Schottverschraubungen

Bild 6.2-2: Auswahl statischer Dichtungen

In Steuergeräten, wie z. B. Ventilen, kommen neben O- und Rechteckring oft spezielle Dichtringe zum Einsatz, die teilweise auch gewebeverstärkt angeboten werden. Schrauben oder Sensoren werden zum Teil mit Dichtungen aus einem metallischen Grundkörper mit einem anvulkanisierten Elastomer (z. B. USIT-Ring) abgedichtet.

6.3 Dynamische Dichtungen

Tritt eine Relativbewegung zwischen Dichtung und Gegenfläche auf, so ist eine dynamische Dichtung einzusetzen. Das Grundprinzip einer solchen Dichtung ist in **Bild 6.3-1** exemplarisch für eine Stangendichtung dargestellt.

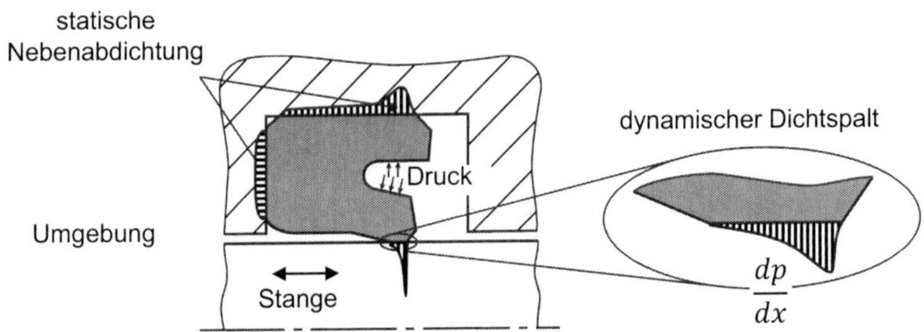

Bild 6.3-1: Prinzip einer berührenden Dichtung

An der Gegenfläche (Stange) liegt im Einbauzustand eine durch die geometrischen Abmessungen der Dichtkante definierte Flächenpressung vor. Diese verhindert die Leckage über die Stange und ermöglicht somit den Druckaufbau in der Zylinderkammer. Zwischen Dichtungsrücken und Nutwand sowie Außendurchmesser und Nutgrund befinden sich statische Nebenabdichtungen. Diese verhindern einen Ölfluss über den Nutgrund und hemmen eine axiale Bewegung der Dichtung in der Nut. Bei Druckbeaufschlagung kommt ein selbstverstärkender Effekt aufgrund der Dichtungskonstruktion zum Tragen: Steigender Druck führt zu einer stärkeren Anpressung der Dichtung und somit zur Leckagevermeidung. Eine ruhende Dichtung verhindert Leckage, sofern die Dichtung schadensfrei ist und richtig ausgelegt wurde. Dies ist unabhängig vom Systemdruck. In diesem Fall wird von **statischer Dichtheit** gesprochen. Bei der Bewegung einer Stangendichtung treten andere physikalische Dichtmechanismen (Elastohydrodynamik) auf. Von entscheidender Bedeutung ist die Vermeidung eines Trockenlaufs der zu einer erhöhten Reibung und zu starkem Verschleiß führt. Bei Dichtungen in hydraulischen Systemen ist ein ständiger Schmierfilm im Dichtspalt notwendig. Dieser Dichtspalt liegt typischerweise im Bereich von einigen hundert Nanometern. **Dynamische Dichtheit** liegt dann vor, wenn die beim Ausfahren der Stange hinausgeförderte Leckagemenge beim Einfahren zurückgefördert wird.

Dies wird durch einen möglichst dreieckförmigen Pressungsverlauf zwischen Dichtung und Stange erreicht. Der maximale Druckgradient dp/dx muss zur Seite des Systemdrucks deutlich steiler als zur Umgebungsseite ausgeführt sein (**Bild 6.3-2**). Prinzipiell kann der dynamische Dichtmechanismus mit Hilfe der eindimensionalen Reynoldsgleichung (6.3-1) erklärt werden [6.2,7.3]. Diese entsteht durch Vereinfachung der Navier-Stokes-Gleichung und beschreibt die Strömung in engen Spalten. Die Lösung der Reynoldsgleichung liefert die Verteilung des Fluiddrucks im Dichtspalt $p(x)$, bei dem Druck- und Schleppströmung im Dichtkontakt im Gleichgewicht sind.

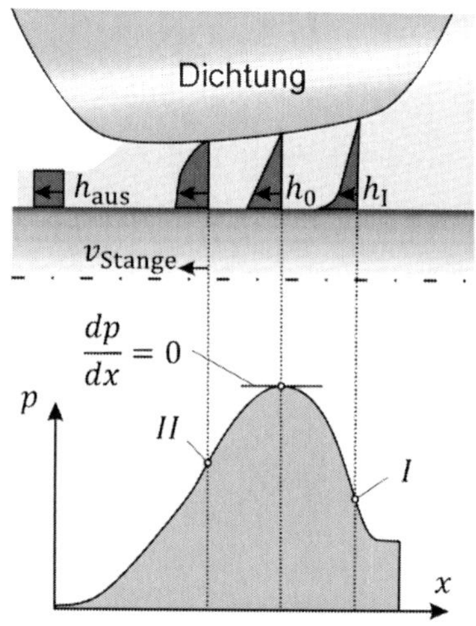

Bild 6.3-2: Funktionsweise dynamischer Dichtungen

Zunächst wird der Festköperkontakt zwischen Dichtung und Gegenfläche vernachlässigt und eine vollständige Trennung durch den Fluidfilm angenommen. Weiterhin sei der Verlauf der Kontaktpressung (bspw. aus einer FE-Berechung) bekannt, da angenommen wird, dass die makroskopischen Verformungen der Dichtung infolge der Hydrodynamik vernachlässigbar sind. Über die Höhe des Dichtspalts kann der Druck als konstant angenommen werden. Bei bekannter Viskosität η und Geschwindigkeit der Kolbentange v_{Stange} bleibt die Höhe h des Schmierspalts die einzige Unbekannte. In diesem Zusammenhang wird von der **Inversen**

Reynoldsgleichung gesprochen, da nicht der Druck, sondern die Spalthöhe berechnet wird.

$$\frac{d}{dx}\left(\frac{h^3}{\eta}\frac{dp}{dx}\right) = 6v_{Stange}\frac{dh}{dx} \tag{6.3-1}$$

Auflösen und Umstellen der Gleichung führt zum Ausdruck

$$h^3\frac{d^2p}{dx^2} + \frac{dh}{dx}\left(3\,h^2\frac{dp}{dx} - 6\,\eta\,v_{Stange}\right) = 0 \tag{6.3-2}$$

Am Wendepunkt I (siehe Bild 6.3-2) ist die Krümmung des Druckverlaufs $d^2p/dx^2 = 0$. Weiterhin ist die Spalthöhe in x-Richtung hier nicht konstant ($dh/dx \neq 0$). Somit folgt aus (6.3-2) für die Höhe des Dichtspalts an der Stelle I:

$$h_I = \sqrt{\frac{2\,\eta\,v_{aus}}{\left[\frac{dp}{dx}\right]_I}} \tag{6.3-3}$$

Durch Integration der Reynoldsgleichung (6.3-1) und mit der Definition, dass an der Position 0, dem Maximum des Kontaktdruckverlaufs ($dp/dx = 0$), die Spalthöhe h_0 beträgt, ergibt sich:

$$h^3\frac{dp}{dx} - 6\eta v_{Stange}(h - h_0) = 0 \tag{6.3-4}$$

In diesen Ausdruck kann nun die Beziehung für die Höhe h_I am Wendepunkt (6.3-3) eingesetzt werden. Daraus folgt die Schmierspalthöhe an der Stelle 0, dem Maximum des Druckverlaufs:

$$h_0 = \sqrt{\frac{8}{9}\frac{\eta\,v_{aus}}{\left[\frac{dp}{dx}\right]_I}} = \frac{2}{3}h_I \tag{6.3-5}$$

An der Stelle 0 liegt kein Differenzdruck vor. Entsprechend ist hier von einer reinen Schleppströmung auszugehen – der Verlauf der Fluidgeschwindigkeit ist dreiecksförmig. Auch im Bereich hinter der Dichtstelle liegt reine Schleppströmung vor. Für die Höhe des ausgeschleppten Fluidfilms gilt daher:

$$h_{aus} = \frac{1}{2} h_0 = \sqrt{\frac{2}{9} \frac{\eta\, v_{aus}}{\left[\frac{dp}{dx}\right]_I}} \tag{6.3-6}$$

Daraus kann der Fluidstrom berechnet werden, der beim Ausfahren einer Kolbenstange mit einem Durchmesser *d* an die Umgebung gefördert wird:

$$Q_{aus} = \pi\, d\, h_{aus}\, v_{aus} \tag{6.3-7}$$

Äquivalent gilt für den eingeschleppten Fluidstrom:

$$Q_{ein} = \pi\, d\, h_{ein}\, v_{ein} \tag{6.3-8}$$

Für die maximale Höhe des eingeschleppten Fluidfilms ist hier aber die Steigung an der Stelle II relevant:

$$h_{ein} = \frac{1}{2} h_0 = \sqrt{\frac{2}{9} \frac{\eta\, v_{ein}}{\left[\frac{dp}{dx}\right]_{II}}} \tag{6.3-9}$$

Ist im Betrieb der theoretisch einschleppbare Fluidfilm Q_{ein} größer als der ausgeschleppte Fluidfilm Q_{aus}, wird von dynamischer Dichtheit gesprochen. Dies ist eben insbesondere dann der Fall, wenn der maximale Druckgradient d*p*/d*x* an der Seite des Systemdrucks (Position I) deutlich steiler als an der Umgebungsseite (Position II) ist.

In Realität gilt die Annahme eines vollständig ausgeprägten Schmierfilms häufig nicht, zumal Oberflächenrauheiten der Gegenfläche in der selben Größenordnung wie die Höhe des Schmierfilms liegen (siehe Kapitel 6.4). Neben der Topografie der Gegenfläche [6.5] haben viele weitere Parameter und Größen Einfluss auf den komplexen dynamischen Abdichtungsvorgang. Exemplarisch sind die Bauform der Dichtung und deren Werkstoff, die Art und die physikalischen, chemischen sowie tribologischen Eigenschaften des abzudichtenden Mediums und schließlich die Betriebsbedingungen wie Druck, Temperatur und Bewegungszustand zu nennen. Aufgrund dieser Komplexität ist es derzeit noch nicht möglich das Verhalten im Dichtkontakt analytisch zu beschreiben. Auf Forschungsebene bestehen verschiedene Ansätze zur dynamischen Simulation von Dichtungen [6.4, 6.6, 6.7, 6.8, 6.9]. Etabliert ist bislang ausschließlich die Simulation nicht bewegter Dichtungen mit hilfe der Finiten-Elemente-Methode (FEM). Für den Konstrukteur und Anwender sind daher experimentelle Untersuchungen unabdingbar. Zudem empfiehlt es sich, auf den langjährigen Erfahrungen der Dichtungshersteller aufzubauen. Diese spiegeln sich in den Gestaltungsrichtlinien und Auswahltabellen der Herstellerkataloge wider, siehe z. B. [6.11, 6.12, 6.13].

6.3.1 Translatorische Dichtungen

Dynamische Dichtungen für translatorische Bewegungen lassen sich in die Gruppen der Lippendichtungen und der Kompaktdichtungen unterteilen. Beide Dichtungsformen können sowohl in einer innendichtenden (Stange) als auch einer außendichtenden Variante (Kolben) vorliegen.

Die **Lippendichtungen** gliedern sich in Nutringe und in Dachmanschettensätze, siehe **Bild 6.3-3**. Durch die Montage verformt sich hauptsächlich die Dichtlippe, so dass die Vorpressung verhältnismäßig gering ist. Daher liegen im Niederdruckbereich relativ niedrige Reibkräfte vor. Durch Integration eines (anvulkanisierten) Backringes, der die Spaltextrusion verhindert, eignet sich dieser Dichtungstyp auch für höhere Drücke. Aus mehreren Lippendichtungen zusammengesetzte Dichtungssätze, sogenannte Dachmanschettensätze, zeigen eine sehr gute Dichtwirkung, sind robust sowie oft nachstellbar, sie gehen aber mit großen Reibkräften einher. Lippendichtungen werden zur Abdichtung von Kolben und Stangen eingesetzt. Als Kolbendichtung werden allerdings aufgrund der asymmetrischen Form zwei entgegengerichtete Dichtungen benötigt.

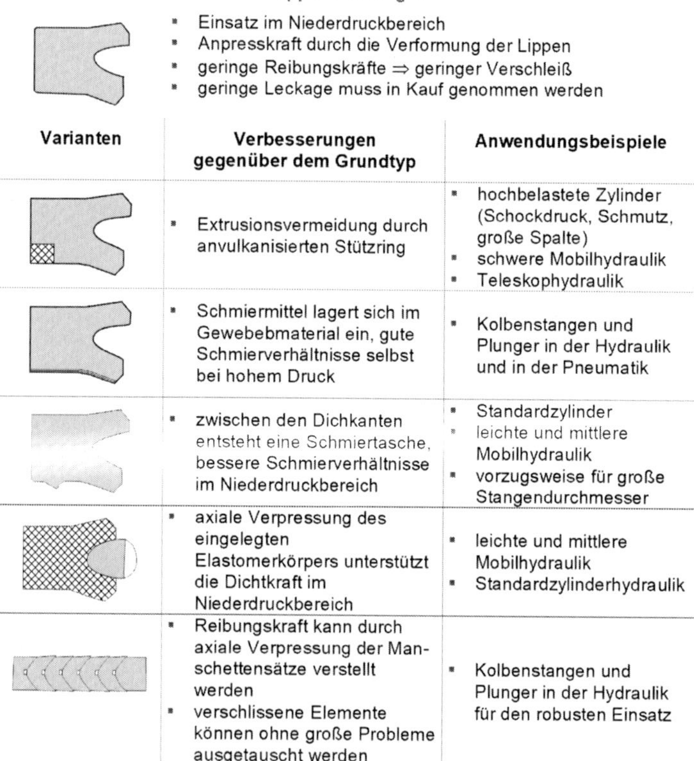

Lippendichtungen

- Einsatz im Niederdruckbereich
- Anpresskraft durch die Verformung der Lippen
- geringe Reibungskräfte ⇒ geringer Verschleiß
- geringe Leckage muss in Kauf genommen werden

Varianten	Verbesserungen gegenüber dem Grundtyp	Anwendungsbeispiele
	▪ Extrusionsvermeidung durch anvulkanisierten Stützring	▪ hochbelastete Zylinder (Schockdruck, Schmutz, große Spalte) ▪ schwere Mobilhydraulik ▪ Teleskophydraulik
	▪ Schmiermittel lagert sich im Gewebebmaterial ein, gute Schmierverhältnisse selbst bei hohem Druck	▪ Kolbenstangen und Plunger in der Hydraulik und in der Pneumatik
	▪ zwischen den Dichkanten entsteht eine Schmiertasche, bessere Schmierverhältnisse im Niederdruckbereich	▪ Standardzylinder ▪ leichte und mittlere Mobilhydraulik ▪ vorzugsweise für große Stangendurchmesser
	▪ axiale Verpressung des eingelegten Elastomerkörpers unterstützt die Dichtkraft im Niederdruckbereich	▪ leichte und mittlere Mobilhydraulik ▪ Standardzylinderhydraulik
	▪ Reibungskraft kann durch axiale Verpressung der Manschettensätze verstellt werden ▪ verschlissene Elemente können ohne große Probleme ausgetauscht werden	▪ Kolbenstangen und Plunger in der Hydraulik für den robusten Einsatz

Bild 6.3-3: Auswahl Lippendichtungen

Kompaktdichtungen besitzen ein geschlosseneres Profil und rufen daher schon bei der Montage höhere Anpresskräfte hervor, siehe **Bild 6.3-4**. Ihr Anwendungsgebiet liegt im Hochdruckbereich. Auch hier finden sich zahlreiche Varianten, die zum Teil symmetrisch aufgebaut sind und somit auch als Kolbendichtung in Frage kommen. Als Sonderbauform der Kompaktdichtungen gelten auch die gummivorgespannten PTFE-Dichtungen, die in der Regel aus einem z. B. mit Bronze gefüllten PTFE-Dichtring und einem Elastomer-Vorspannelement bestehen. Diese Dichtungen verursachen sehr wenig Reibung, verhindern aber nicht vollständig die Leckage. Hier finden sich sowohl symmetrische Bauformen als auch unsymmetrische Stufendichtungen.

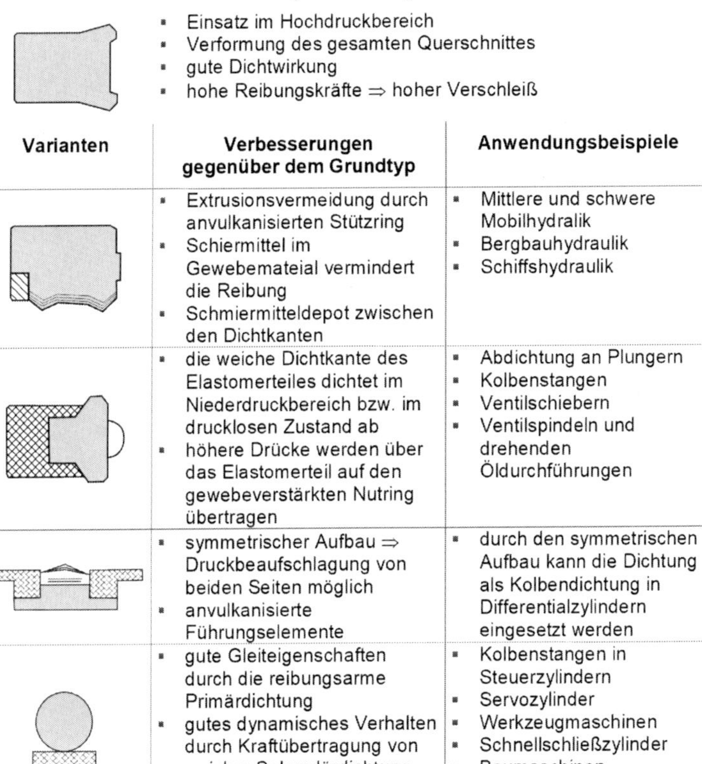

Kompaktdichtungen

- Einsatz im Hochdruckbereich
- Verformung des gesamten Querschnittes
- gute Dichtwirkung
- hohe Reibungskräfte ⇒ hoher Verschleiß

Varianten	Verbesserungen gegenüber dem Grundtyp	Anwendungsbeispiele
	▪ Extrusionsvermeidung durch anvulkanisierten Stützring ▪ Schiermittel im Gewebemateial vermindert die Reibung ▪ Schmiermitteldepot zwischen den Dichtkanten	▪ Mittlere und schwere Mobilhydralik ▪ Bergbauhydraulik ▪ Schiffshydraulik
	▪ die weiche Dichtkante des Elastomerteiles dichtet im Niederdruckbereich bzw. im drucklosen Zustand ab ▪ höhere Drücke werden über das Elastomerteil auf den gewebeverstärkten Nutring übertragen	▪ Abdichtung an Plungern ▪ Kolbenstangen ▪ Ventilschiebern ▪ Ventilspindeln und drehenden Öldurchführungen
	▪ symmetrischer Aufbau ⇒ Druckbeaufschlagung von beiden Seiten möglich ▪ anvulkanisierte Führungselemente	▪ durch den symmetrischen Aufbau kann die Dichtung als Kolbendichtung in Differentialzylindern eingesetzt werden
	▪ gute Gleiteigenschaften durch die reibungsarme Primärdichtung ▪ gutes dynamisches Verhalten durch Kraftübertragung von weicher Sekundärdichtung (O-Ring) auf Primärdichtung bei Druckanstieg	▪ Kolbenstangen in Steuerzylindern ▪ Servozylinder ▪ Werkzeugmaschinen ▪ Schnellschließzylinder ▪ Baumaschinen

Bild 6.3-4: Auswahl Kompaktdichtungen

6.3.2 Rotationsdichtungen

Die Rotationsdichtungen können in Radial- und Axialwellendichtringe sowie Dichtungen für Schwenkbewegungen (Rotordichtungen) unterteilt werden, **Bild 6.3-5**. Radialwellendichtringe eignen sich zur Abdichtung von Räumen mit geringem Druckunterschied und hohen Relativgeschwindigkeiten. Sie finden sich in sehr vielen Variationen, sind aber keine speziell für die Fluidtechnik entwickelten Dichtungen. Eine Sonderform der Radialwellendichtringe stellen die Axialwellendichtringe dar. Im Gegensatz zu anderen Rotationsdichtungen erfolgt der Abdichtvorgang bei diesen durch axiale Abstützung der Dichtlippe.

Dichtungen für Schwenkbewegungen dienen zur Abdichtung von Drehdurchführungen wie sie z. B. in mobilen Anwendungen benötigt werden. Von diesen Dichtungen wird verlangt, dass sie auch bei hohen Druckunterschieden und geringen Relativgeschwindigkeiten zuverlässig abdichten, ohne hohen Verschleiß hervorzurufen [6.14].

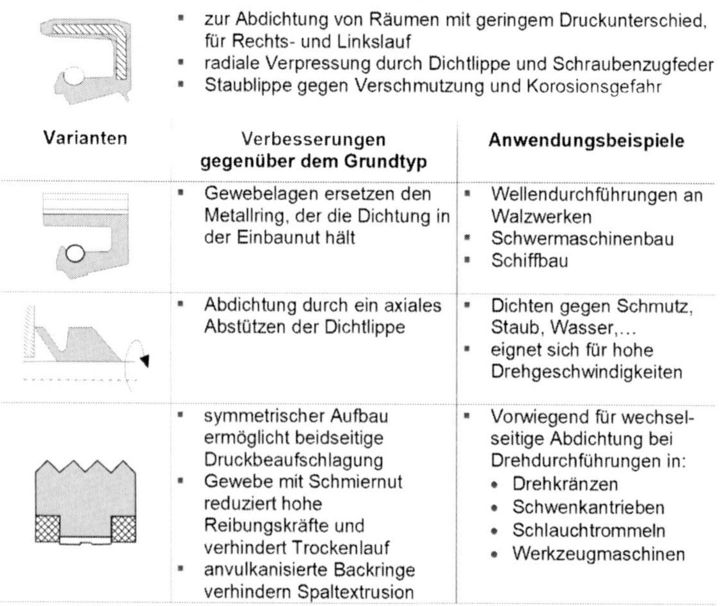

Rotationsdichtungen

- zur Abdichtung von Räumen mit geringem Druckunterschied, für Rechts- und Linkslauf
- radiale Verpressung durch Dichtlippe und Schraubenzugfeder
- Staublippe gegen Verschmutzung und Korosionsgefahr

Varianten	Verbesserungen gegenüber dem Grundtyp	Anwendungsbeispiele
	▪ Gewebelagen ersetzen den Metallring, der die Dichtung in der Einbaunut hält	▪ Wellendurchführungen an Walzwerken ▪ Schwermaschinenbau ▪ Schiffbau
	▪ Abdichtung durch ein axiales Abstützen der Dichtlippe	▪ Dichten gegen Schmutz, Staub, Wasser,... ▪ eignet sich für hohe Drehgeschwindigkeiten
	▪ symmetrischer Aufbau ermöglicht beidseitige Druckbeaufschlagung ▪ Gewebe mit Schmiernut reduziert hohe Reibungskräfte und verhindert Trockenlauf ▪ anvulkanisierte Backringe verhindern Spaltextrusion	▪ Vorwiegend für wechselseitige Abdichtung bei Drehdurchführungen in: • Drehkränzen • Schwenkantrieben • Schlauchtrommeln • Werkzeugmaschinen

Bild 6.3-5: Auswahl rotatorischer Dichtungen

6.4 Reibung und Verschleiß

Zwischen relativ zueinander bewegten Bauteilen entsteht Reibung. Diese führt einerseits zu einer Verlustleistung, die den Wirkungsgrad einer Anlage verschlechtert, und andererseits zu Verschleiß. **Reibung** ist von vielen Faktoren abhängig. Exemplarisch sind dies Betriebsgrößen wie Relativgeschwindigkeit und Beschleunigungen zwischen den Reibpartnern, die Betriebstemperatur und der Systemdruck. Auch spielen die Topografie der Oberflächen sowie die Materialeigenschaften eine Rolle.

Die Reibung einer Fluiddichtung setzt sich aus einem Festkörper- und einem Fluidanteil zusammen. Bei niedrigen Geschwindigkeiten befindet sich nur ein dünner Fluidfilm zwischen Dichtung und Stange (6.3-3), der kleiner als die Rauheit der Stangenoberfläche ist. Es dominiert die Festkörperreibung. Mit steigender Relativgeschwindigkeit wächst der Fluidfilm an, die Oberflächen von Dichtung und Gegenkörper werden stärker voneinander getrennt. In diesem Mischreibungsgebiet fällt die Reibkraft mit zunehmender Geschwindigkeit ab. Ist die Geschwindigkeit ausreichend hoch, liegt schließlich kein Festkörperkontakt mehr vor. Wird die Relativgeschwindigkeit in diesem Bereich der reinen **Fluidreibung** weiter gesteigert, so steigt die Reibung aufgrund der Viskosität des Fluids wieder an. Der beschriebene Mechanismus ist als Stribeck-Effekt bekannt.

Die Physik der **Festkörperreibung** zwischen einer Dichtung aus einem Elastomer und einer rauen, harten Oberfläche, wie etwa einer Kolbenstange, ist komplex und Gegenstand aktueller Forschung [6.4, 6.5]. Grundsätzlich lässt sich die Festkörperreibung von Gummi in einen Anteil durch Adhäsion zwischen Elastomer und Gegenfläche und einen aufgrund von Deformation des Elastomers an Rauheitsspitzen aufteilen.

Festkörperreibung entsteht in Bereichen des realen Kontakts, der auch bei ungeschmierten Kontakten meist deutlich kleiner als die scheinbare, makroskopische Kontaktfläche ist. Mit steigender Normalkraft wächst die reale Kontaktfläche an, was in einer steigenden Reibkraft resultiert. Dabei ist die Reibung zunächst unabhängig von der scheinbaren Ausdehnung der Kontaktfläche. Für viele Kontaktpaare, insbesondere bei Metallen, ist der Zusammenhang zwischen Normalkraft und realer Kontaktfläche näherungsweise linear. Daraus folgt das zweite Amontonssche Gesetz, wonach die Reibkraft F_R der Normalkraft F_N direkt proportional ist:

$$F_R = \mu \, F_N \qquad (6.4\text{-}1)$$

Der Proportionalitätsfaktor μ wird als Reibkoeffizient bezeichnet. Für den Dichtkontakt, also einem Kontakt zwischen Elastomer und Stahl, gilt dieses Gesetzt nur eingeschränkt. In **Bild 6.4-1** ist das geschwindigkeits- und normalkraftabhängige Verhalten des Reibkoeffizienten für eine NBR-Dichtungsprobe im Gebiet der Mischreibung dargestellt.

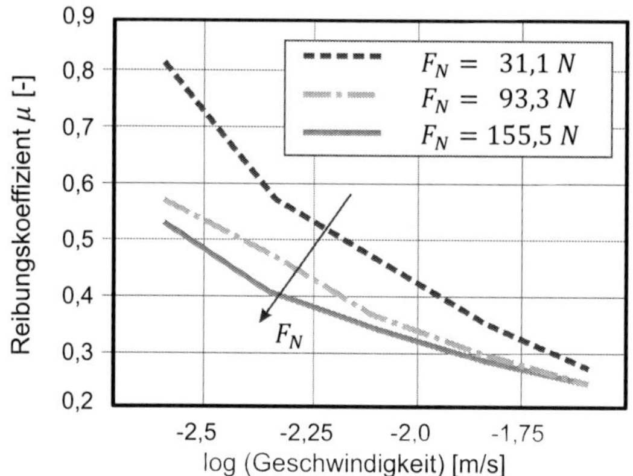

Bild 6.4-1: Reibkoeffizient einer geschmierten NBR-Dichtung für unterschiedliche Normalkräfte und Relativgeschwindigkeiten [6.5]

Bereits bei verhältnismäßig kleiner Normalkraft ist die reale Kontaktfläche in der selben Größenordnung wie die scheinbare Kontaktfläche. Das Wachstum der realen Kontaktfläche bei steigender Normalkraft nimmt asymptotisch ab, die Reibkraft steigt zwar, der Anstieg ist aber nicht mehr linear. Der Reibkoeffizient sinkt daher bei zunehmender Normalkraft. Die Angabe eines fixen Reibkoeffizienten für eine Dichtung ist somit nicht möglich.

Ein geschwindigkeits- und druckabhängiger Verlauf der Reibung einer PTFE-Stufendichtung ist in **Bild 6.4-2** dargestellt. Typische Reibungscharakteristiken sind erkennbar. So sind der als Stribeck-Effekt bekannte Abfall der Reibung bei steigender Geschwindigkeit im Mischreibungsgebiet und der anschließende Reibkraftanstieg bei Flüssigkeitsreibung beobachtbar. Zudem sind verschiedene Hystereseeffekte zu erkennen. Bei steigender Geschwindigkeit ist das Reibkraftniveau höher als bei fallender Geschwindigkeit. Neben diesem Verhalten tritt bei Bewegungsumkehr aufgrund von Nachgiebigkeiten im Reibkontakt eine zusätzliche Hysterese auf. Zusammenfassend ist ersichtlich, dass die Reibung nicht nur vom aktuell vorliegenden Betriebszustand abhängt, sondern auch maßgeblich von den zuvor vorherrschenden Zuständen beeinflusst wird. Insbesondere die Deformation der Dichtung und der dynamische Aufbau des hydrodynamischen Schmierfilms sind dabei relevant. Dies betrifft nicht nur die aufgezeigten Kurzzeit- sondern auch Langzeiteffekte durch Wechselwirkungen zwischen Reibung und Verschleiß bzw. Alterung. Die messtechnische Ermittlung der Leistungsfähigkeit eines Dichtungssystems kann z. B. anhand ISO 7986 oder VDMA 24577 erfolgen.

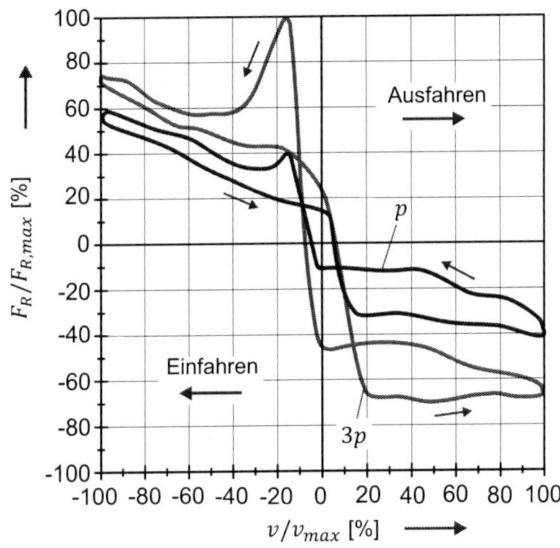

Bild 6.4-2: Druck- und Geschwindigkeitsabängigkeit der Reibkraft einer PTFE-Stufendichtung

Neben den zuvor vorgestellten Einflussgrößen besteht auch eine Abhängigkeit der Reibung von der Temperatur. Die Temperatur führt zu einer Volumenänderung der Dichtung aufgrund von Wärmedehnung und zu Änderungen der physikalischen Reibungseigenschaften, unter anderem durch die Änderung der Elastizität des Dichtungsmaterials und der Viskosität des Fluids. Im Vergleich zum Druckeinfluss ist der Temperatureinfluss allerdings meist geringer.

Bei berührenden Dichtungen sind neben der Reibung auch der **Verschleiß** und die Änderung der Gebrauchseigenschaften von Bedeutung. Die Gebrauchseigenschaften unterliegen einer durch chemische und physikalische Vorgänge (vgl. Kapitel 6.5) bedingten Änderung, wohingegen der Verschleiß als ein Materialabtrag definiert ist. Üblicherweise ist die Lebensdauer des

Dichtungssystems geringer als die Nutzungsdauer der Gesamtkomponente, sodass Wartungsarbeiten notwendig sind [6.15].

Die Nutzungsdauer eines Dichtungssystems ist durch viele Einflussfaktoren bestimmt. Typische **Ausfallursachen** betreffen Fehler in der konstruktiven Gestaltung des Dichtungssystems, unsachgemäße Montage sowie Überbeanspruchung durch hohen Druck oder extreme Temperaturen sowie die Wahl eines mit dem Fluid inkompatiblen Dichtungsmaterials.

Bei bewegten Dichtungen ist der Topographie der Gegenfläche eine erhöhte Aufmerksamkeit entgegenzubringen. Eine zu raue Oberfläche wirkt abrasiv, wohingegen eine sehr glatte Oberfläche ungünstige Schmierungsbedingungen verursachen kann. An hartverchromten Stangen von Hydraulikzylindern zeigt sich zudem häufig bei einer hohen Partikelbelastung des Öls oder der Umgebung ein abrasiver Verschleiß. Allgemeine Hinweise zur konstruktiven Gestaltung können [6.15, **Fehler! Verweisquelle konnte nicht gefunden werden.**, 6.2] entnommen werden.

6.5 Dichtungsmaterialien

Berührende Dichtungen bestehen häufig aus Polymerwerkstoffen. Um die technischen Eigenschaften der Basispolymere zu optimieren, werden im Herstellprozesses Zusatzstoffe hinzugemischt. Für eine zu lösende Dichtungsaufgabe kann aus einer großen Vielfalt dieser Compounds ausgewählt werden. Meist ist die Verträglichkeit des Dichtungsmaterials mit dem abzudichtenden Fluid bei den vorkommenden Temperaturen das entscheidende Auswahlkriterium.

Die am häufigsten eingesetzte Untergruppe der Polymerwerkstoffe sind die **Elastomere**. Diese sind aufgrund verschiedener physikalischer Eigenschaften für Anwendungen in der Dichtungstechnik prädestiniert [6.2]. Elastomere weisen im Gebrauchstemperaturbereich eine Querkontraktionszahl von knapp unter 0,5 auf, d. h. sie sind inkompressibel. Dies führt dazu, dass ein auf die Dichtung wirkender hydrostatischer Druck gleichmäßig in alle Richtungen übertragen und in die Dichtflächen geleitet wird. Ein kleiner Elastizitätsmodul in Kombination mit einer großen Bruchdehnung von bis zu mehreren hundert Prozent toleriert große Maßabweichungen bei der Herstellung der Dichtung und der Einbauräume. Schließlich führt ein kleiner Schubmodul dazu, dass sich die

Elastomerdichtung bei Druckbeaufschlagung nahezu vollständig in beliebig geformte Einbauräume anlegt.

Einschränkungen in der Nutzung von elastomeren Dichtungen ergeben sich aufgrund der zulässigen **Temperaturbereiche**. Speziell tiefe Temperaturen (< -10 °C) sind äußerst kritisch, da unterhalb der Glasübergangstemperatur einige reversible Eigenschaftsänderungen eintreten: Das Elastomer geht in einen spröden glasartigen Zustand über und der Verlust der Kompressibilität tritt ein. Dies führt dazu, dass die Dichtung nicht mehr in der Lage ist, Spaltaufweitungen aufgrund von schnellen Druckänderungen zu folgen und den Druck hydrostatisch zu übertragen. Das eintretende Überströmen der Dichtung (Blow-By) führt zwangsläufig zum Versagen der Gesamtkomponente. Bekanntes Beispiel für diese Art des Dichtungsversagens ist der Absturz des Space Shuttles Challenger im Jahr 1986.

Nachteilig sind zudem die chemischen Reaktionen des Dichtungswerkstoffs mit dem zu dichtenden Medium. Dies kann in Form einer reversiblen Absorption des Mediums in der Dichtung (Quellung, verringerte Härte) oder in Form einer irreversiblen Extraktion von löslichen Bestandteilen (z. B. Weichmacher) geschehen. Eine gute **Elastomerverträglichkeit** ist dann gegeben, wenn bei beiden parallel ablaufenden Prozessen der Vorgang der Volumenquellung dominiert, da dieser meist unkritischer ist. Als Richtwerte sind für statische Anwendungen Quellraten von –5 % bis 25 % und für dynamische Anwendungen –5 % bis 10 % akzeptabel. Prüfmethoden zur Bestimmung der Materialverträglichkeit (z. B. Einlagerungsversuche) sind u. a. in der DIN ISO 1817 beschrieben. Speziell für Hydrauliköle kann ein Elastomerverträglichkeitsindex (EVI) nach ISO 6072 zur Beurteilung herangezogen werden. Generelle Aussagen zur Materialverträglichkeit lassen sich nur eingeschränkt treffen. Der am häufigsten eingesetzte Acrylnitril-Butadien-Kautschuk (NBR) ist für Mineralöle geeignet, Fluor-Kautschuk (FPM nach ASTM D 1418 bzw. FKM nach DIN ISO 1629) hingegen eignet sich tendenziell für Anwendungen mit HE-Fluiden.

Als eine zweite Untergruppe finden **thermoplastische Polymere** Anwendung in der Dichtungstechnik. Polytetrafluoethylen (PTFE) weist gegenüber vielen Medien eine gute chemische sowie eine hohe thermische Beständigkeit (-200°C bis 250°C) auf. Ein weiterer Vorteil sind die guten Reibungseigenschaften. Da reines PTFE nicht verschleißresistent und druckfest ist, werden üblicherweise Glasfasern, Kohlefasern, Graphit oder Bronze beigemischt. Der Massenanteil der Füllstoffe kann bis zu 40 % betragen.

6.6 Literatur zu Kapitel 6

6.1	Jongebloed, H.	Statische Hydraulikdichtungen unter dynamischer Belastung. RWTH Aachen, Diss., 1998
6.2	Müller, H. K.; Nau, B. S.	Fachwissen Dichtungstechnik. URL: http://www.fachwissen-dichtungstechnik.de
6.3	Haas, W.	Basics der Dichtungstechnik, Universität Stuttgart, 2016
6.4	Angerhausen, J. et al.	Influence of transient effects on the behaviour of translational hydraulic seals. In: Proceedings of the 11th International Fluid Power Conference (IFK), Aachen, 2018, S. 562-573
6.5	Scaraggi, M. et al.	Influence of anisotropic surface roughness on lubricated rubber friction: Extended theory and an application to hydraulic seals, In: Wear 410-411 (2018), S. 43-62
6.6	Heipl, O. et al.	Modellbildung dynamischer Dichtungen: Ein Ansatz zur Berechnung der Reibkraft unter Mischreibung. In: Ölhydraulik und Pneumatik 54 (2010), Nr. 3, S. 76-80
6.7	Wohlers, A.	Tribologische Simulationsmodellbildung dynamischer Dichtungen, RWTH Aachen, Diss., 2012
6.8	Thatte, A.; Salant, R. F.	Visco-Elastohydrodynamic Model of a Hydraulic Rod Seal During Transient Operation. In: Journal of Tribology 132 (2010), Nr. 4, S. 041501 (13 S.)
6.9	Schmidt, T. et al.	A transient 2D-finite-element approach for the simulation of mixed lubrication effects of reciprocating hydraulic rod seals. In: Tribology International 43 (2010), Nr. 10, S. 1775-1785
6.10	Achenbach, M.	Numerische Simulation von Dichtungseigenschaften. In: Proceedings of the 12th International Sealing Conference (ISC), Stuttgart, 2002, S. 381-401
6.11	N.N.	Präzisions-Dichtungen für die Hydraulik. Parker-Hannifin GmbH, Prädifa-Packing Division, Produktkatalog, 2008
6.12	N.N.	Dichtungen für die Fluidtechnik. Freudenberg Simrit, Produktkatalog, 2007
6.13	N.N.	Hydraulikdichtungen – linear. Trelleborg Sealing Solutions, Produktkatalog, 2007
6.14	Goerres, M.	Rotordichtungen mit Ondulierung der Dichtkante zur Verbesserung der Reibungseigenschaften. In: Ölhydraulik und Pneumatik 44 (2000), Nr. 8, S. 518-523
6.15	N.N.	Dichtsysteme für fluidtechnische Anwendungen – Schadensatlas und Lehrmaterial. Frankfurt a. M., VDMA, 2005

7 Weitere Komponenten

Neben den bisher behandelten Bauelementen sind zur Funktion eines Hydraulikkreislaufes noch weitere Komponenten, wie Kühler, Hydrospeicher, Verbindungselemente und Sensoren erforderlich. Diese werden in den folgenden Abschnitten erläutert.

7.1 Thermomanagement

Die Betriebstemperatur in stationären hydraulischen Anlagen sollte 50 °C bis 60 °C nicht überschreiten, da eine höhere Temperatur größere innere und äußere Leckage, eine geringe Nutzungsdauer der Dichtungen und eine schnellere Alterung der Druckflüssigkeit bedeutet [7.3]. In der Mobilhydraulik werden auch Temperaturen bis 80 °C akzeptiert, weil damit der Kühler entweder vermieden oder zumindest verkleinert werden kann.

7.1.1 Wärmetauscher

In vielen Fällen lässt sich die obere Temperaturgrenze durch die richtige Wahl des Behälters und durch möglichst geringe Verluste im Kreislauf auch ohne Kühler einhalten. Bei Anlagen mit Drosselsteuerungen, z. B. in der Servohydraulik, wo hohe Verlustleistungen entstehen, ist der Einbau eines Kühlers meist unumgänglich. Für diese Aufgabe kommen Öl-Luft- oder Öl-Wasserkühler in Frage. **Bild 7.1-1** zeigt einen wassergekühlten sowie einen luftgekühlten Ölkühler. Beim abgebildeten wassergekühlten Kühler fließt das Druckmedium durch Rohre mit Turbulenzeinlagen zur Erhöhung des Wärmeübergangs. Diese Rohre werden in Gegenrichtung vom Kühlwasser umflossen. Alternativ sind Plattenwärmetauscher gebräuchlich. Diese bestehen aus in Pakete zusammengefassten und miteinander verschraubten oder gelöteten Profilplatten. Jede zweite Platte ist dabei um 180° gedreht, so dass zwei Strömungsräume entstehen, die zum einen durch das zu kühlende Öl und zum anderen Kühlwasser im Gegenstrom durchströmt werden. Beim luftgekühlten Kühler hingegen sorgt ein Ventilator für einen Luftstrom durch den Kühler. Diese Form wird in stationären Anlagen meist nur für kleine Kühlleistungen eingesetzt. Bei Luftkühlung ist in der Regel mit einer geringeren erreichbaren Temperaturdifferenz zwischen Kühlmittel und Druckmedium zu rechnen.

Bild 7.1-1: Wassergekühlter (links, Universal Hydraulik) bzw. luftgekühlter Ölkühler (rechts, Bühler Mess- und Regeltechnik)

Tabelle 7.1-1 stellt Vor- und Nachteile einer Wasser- bzw. Luftkühlung gegenüber.

Tabelle 7.1-1: **Vorteile und Nachteile von luft- und wassergekühltem Ölkühler**

	Wasserkühlung	Luftkühlung
Vorteile	geringer Platzbedarf, geringe Anschaffungskosten, gute Regelbarkeit, geräuschloser Betrieb	geringe Betriebskosten, Leckage sofort sichtbar, geringer Installationsaufwand
Nachteile	teures Wasser, aufwendige Installation, Folgeschäden bei Korrosion für Anlage und Umwelt	hohe Anschaffungskosten, Ventilatorgeräusch und Zugluft, größerer Platzbedarf, in Räumen häufig Frischluft- und Abluftführung notwendig

Ist die Einhaltung einer Betriebstemperatur für die Funktion der Maschine wichtig, so wird zweckmäßigerweise mit einem Temperaturregler, der z. B. bei Wasserkühlung den zufließenden Wasserstrom in Abhängigkeit von der Temperatur des Mediums regelt, gearbeitet.

Eine Heizung ermöglicht auch bei geringer Anlagenbelastung oder beim Anfahren der Anlage das Einhalten einer definierten Betriebstemperatur. Es ist dafür zu sorgen, dass an den Heizstäben keine örtliche Überhitzung des Druckmediums auftritt. Bei Verwendung einer Umwälzpumpe darf die eingebrachte flächenbezogene Heizleistung 2 W/cm² nicht überschritten werden, ohne Pumpe sind maximal 0,5 W/cm² zulässig [7.4].

7.1.2 Erwärmung und Abkühlung eines hydraulischen Systems

Mit Kenntnis der Wirkungsgrade der Verdrängereinheiten kann die Leistungsbilanz des gesamten Hydrauliksystems aufgestellt werden, einschließlich der Verluste in Leitungen und Ventilen. Die Kenntnis der Verlustleistung ist wichtig für die Berechnung der Wärmebelastung des Kreislaufs.

Ermittlung der Verlustleistung

Das **Bild 7.1-2** zeigt die Leistungsbilanz einer Hydraulikanlage. Alle Geräte zur Umformung, Übertragung und Steuerung der Energie arbeiten mit Verlusten, die dem Energiestrom auf dem Weg von der Antriebsmaschine zur Arbeitsmaschine entzogen und in Wärme umgewandelt werden.

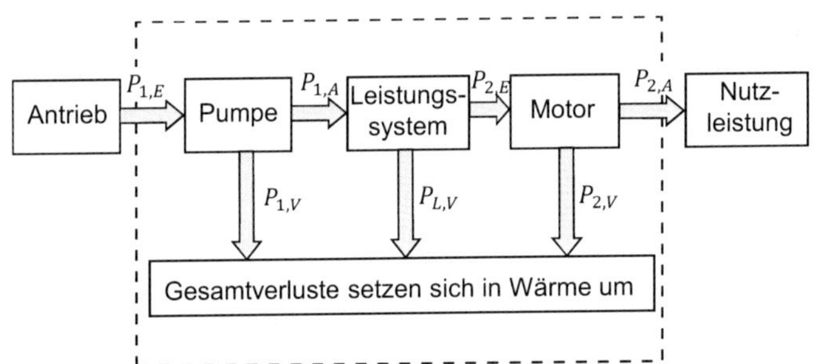

Bild 7.1-2: Verluste in einem Hydrauliksystem

Die hydraulische Ausgangsleistung einer Pumpe beträgt

$$P_{1A} = \Delta p_1 \cdot Q_{1eff} \tag{7.1-1}$$

Die Verlustleistung ist

$$P_{1V} = \Delta p_1 \cdot Q_{1eff} \cdot \left(\frac{1}{\eta_{1ges}} - 1 \right) \tag{7.1-2}$$

In den von der Pumpe zum Verbraucher und zurückführenden Übertragungselementen treten Druckverluste auf, die in Rohrleitungen mit

$$\Delta p^{'} = \sum \lambda \cdot \frac{l}{d} \cdot \frac{\rho}{2} \cdot v^2 \tag{7.1-3}$$

in Krümmern oder Querschnittsverengungen mit

$$\Delta p'' = \sum \xi \cdot \frac{\rho}{2} \cdot v^2 \tag{7.1-4}$$

berücksichtigt werden. Wird angenommen, dass bei einer Anlagenauslegung die Druckverluste $\Delta p'$ und $\Delta p''$ in den Rohrleitungen einen Anteil b_1 der an der Pumpe auftretenden Druckdifferenz Δp_1 ausmachen, so ist die am Motor auftretende Druckdifferenz

$$\Delta p_2 = \Delta p_1 - \Delta p' - \Delta p'' = (1 - b_1) \cdot \Delta p_1 \tag{7.1-5}$$

Wird vom Volumenstrom ein Anteil b_2 durch ein Stromregelventil abgezweigt, gilt

$$Q_{2eff} = (1 - b_2) \cdot Q_{1eff} \tag{7.1-6}$$

Die Gesamtverluste der Leitung betragen somit

$$P_{LV} = \Delta p_1 \cdot Q_{1eff} \cdot \left(1 - (1 - b_1) \cdot (1 - b_2)\right) \tag{7.1-7}$$

Die Verluste des Motors betragen

$$P_{2V} = \Delta p_2 \cdot Q_{2eff}\left(1 - \eta_{2ges}\right) \tag{7.1-8}$$

$$P_{2V} = \Delta p_1 \cdot Q_{1eff} \cdot (1 - b_1) \cdot (1 - b_2) \cdot \left(1 - \eta_{2ges}\right) \tag{7.1-9}$$

Damit sind alle auftretenden Verluste erfasst, und die **Gesamtverlustleistung** beträgt

$$P_{Vges} = P_{1E} - P_{2A} = P_{IV} + P_{LV} + P_{2V} \tag{7.1-10}$$

$$P_{Vges} = \Delta p_1 \cdot Q_{1eff} \left[\frac{1}{\eta_{1ges}} - (1 - b_1) \cdot (1 - b_2) \cdot \eta_{2ges}\right] \tag{7.1-11}$$

Wärmebilanz

Die **Gesamtverlustleistung** fällt im Hydrauliksystem in Form von Wärme an, die teilweise in der Anlage gespeichert, teilweise an die Umgebung abgeführt wird. Der Erwärmungsvorgang hängt also massgeblich von folgenden drei Faktoren ab: der Gesamtverlustleistung, dem **Wärmeabgabevermögen** und dem **Wärmespeichervermögen**.

Das Wärmeabgabevermögen wird mit B bezeichnet. Es berechnet sich nach

$$B = \sum k_i \cdot A_i = \left[\frac{\mathrm{W}}{\mathrm{K}}\right] \tag{7.1-12}$$

mit A_i, der wärmeabgebenden Fläche und k_i, der Wärmedurchgangszahl. Das Wärmespeichervermögen trägt die Bezeichnung C und berechnet sich nach

$$C = \sum c_i m_i = \left[\frac{\mathrm{J}}{\mathrm{K}}\right] \tag{7.1-13}$$

mit c_i, der spezifischen Wärme der wärmespeichernden Masse m_i.

Die Zusammenhänge lassen sich in einer Wärmebilanz erfassen:

$$P_{Vges}\mathrm{d}t = C\mathrm{d}\theta + (\theta - \theta_\mathrm{A})B\mathrm{d}t \tag{7.1-14}$$

Dies ist eine Differenzialgleichung der über der Zeit t veränderlichen Temperatur θ, mit der Umgebungstemperatur θ_A. Die Lösung der Differenzialgleichung lautet

$$\theta = \theta_A + \frac{P_{Vges}}{B}\left(1 - e^{-t/\tau}\right) \tag{7.1-15}$$

mit der Zeitkonstanten

$$\tau = \frac{C}{B} = \frac{Wärmespeichervermögen}{Wärmeabgabevermögen} = [\mathrm{s}] \tag{7.1-16}$$

Die Endtemperatur für $t \to \infty$ ergibt sich zu

$$\theta_\mathrm{E} = \theta_\mathrm{A} + \frac{P_{Vges}}{B} \tag{7.1-17}$$

Bild 7.1-3 zeigt die Übergangsfunktion eines Erwärmungsvorganges.

Der Temperaturanstieg zu Beginn des Erwärmungsvorganges ist:

$$\frac{\mathrm{d}\vartheta}{\mathrm{d}t}(t = 0) = \frac{P_{Vges}}{B} \cdot \frac{1}{\tau} = \frac{P_{Vges} \cdot B}{B \cdot C} = \frac{P_{Vges}}{C} \tag{7.1-18}$$

Dabei kann angenommen werden, dass die in der Anlage befindliche Flüssigkeit bei Beginn des Erwärmungsvorgangs allein die auftretende Verlustwärme aufnimmt.

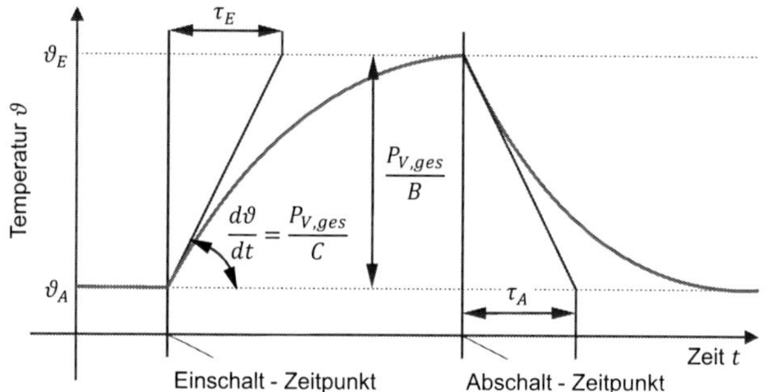

Bild 7.1-3: Erwärmungs- und Abkühlungskurve eines Hydrauliksystems

Das Wärmespeicherungsvermögen wird beschrieben durch

$$C = c_{Fl} \cdot m_{Fl} \tag{7.1-19}$$

$$C = c_{fl} \cdot \rho \cdot V_A \tag{7.1-20}$$

mit dem in der Anlage vorhandenen Flüssigkeitsvolumen V_A. Dieses wird meist nach dem Förderstrom der Pumpe derart gewählt, dass es innerhalb von 2,5 min bis 5 min einmal von der Pumpe umgewälzt werden kann:

$$V_A = T_{Umwälz} \cdot Q_{1eff} \tag{7.1-21}$$

mit $T_{Umwälz}$ = 2,5 min bis 5 min.

$$C = c_{fl} \cdot \rho \cdot T_{Umwälz} \cdot Q_{1eff} \tag{7.1-22}$$

Der Temperaturanstieg beim Einschalten der Anlage ergibt sich zu

$$\frac{d\theta}{dt}(t = 0) = \frac{\frac{1}{\eta_{1ges}} - (1 - b_1) \cdot (1 - b_2) \cdot \eta_{2ges}}{c_{fl} \cdot \rho \cdot T_{Umwälz}} \cdot \Delta p \tag{7.1-23}$$

Werden beispielsweise die folgenden Werte angenommen

$$\eta_{1ges} = 0{,}9;\; c_{fl} = 2{,}1 \cdot 10^3 \frac{J}{kg \cdot K}$$

$$\eta_{2ges} = 0{,}85;\; \rho = 850 \frac{kg}{m^3}$$

$$b_1 = 0{,}1;\; T_{Umwälz} = 240s \qquad b_2 = 0;\; \Delta p = 100bar$$

$$\frac{\mathrm{d}\theta}{\mathrm{d}t} = \frac{\frac{1}{0{,}9} - (1 - 0{,}1) \cdot 0{,}85 \cdot 100bar}{2{,}1 \cdot 10^3 \frac{J}{kg \cdot K} \cdot 850 \frac{kg}{m^3} \cdot 240s} \tag{7.1-24}$$

ergibt sich eine Temperaturanstiegsgeschwindigkeit beim Einschalten der Anlagen von

$$\frac{\mathrm{d}\theta}{\mathrm{d}t}(t = 0) \approx 0{,}5 \frac{K}{min} \tag{7.1-25}$$

Neben der Temperaturerhöhung durch die Verlustleistung erfährt das Druckmedium auch einen Temperaturanstieg bei Kompression. Dieser Vorgang ist reversibel, d. h. bei Entspannung zieht sich dieser Anteil der Temperaturänderung von dem Temperaturanstieg durch Verluste ab.

Bei Mineralöl liegt die adiabate Temperaturänderung bei Kompression und Expansion bei etwa 1,3 K pro 100 bar Druckänderung. Diese Zusammenhänge können ausgenutzt werden, um den Gesamtwirkungsgrad von hydraulischen Anlagen nur durch Temperatur- und Druckdifferenzmessungen zu bestimmen. Dieses Verfahren wird **thermodynamische Wirkungsgradbestimmung** genannt [8.4, 8.6].

Ein weiteres Rechenbeispiel gibt die Temperaturerhöhung der durch ein Drosselventil strömenden Flüssigkeit wieder. Da keine mechanische Arbeit nach außen abgeführt wird, muss die gesamte Druckdifferenz am Ventil zur Erhöhung der Flüssigkeitstemperatur beitragen.

Verlustleistung:

$$P_V = Q \cdot \Delta p \tag{7.1-26}$$

Wärmespeichervermögen:

$$C = c_{Fl} \cdot m_{Fl} = c_{Fl} \cdot \rho \cdot Q \cdot \Delta t \qquad (7.1\text{-}27)$$

Verlustenergie in der Zeitspanne Δt:

$$C \cdot \Delta\theta = P_V \cdot \Delta t \qquad (7.1\text{-}28)$$

Temperaturdifferenz:

$$\Delta\theta = \frac{P_V \cdot \Delta t}{C} = \frac{\Delta p}{c_{fl} \cdot \rho} \qquad (7.1\text{-}29)$$

Die Temperaturerhöhung hängt also nicht von der Größe des Flüssigkeitsstromes Q ab. Für die Temperaturerhöhung folgt mit den Werten $\Delta p = 100 bar$, der Wärmekapazität $c_{fl} = 2{,}1 \cdot 10^3\, \mathrm{J/(kg \cdot K)}$ sowie der Dichte $\rho = 850\, \mathrm{kg/m^3}$.

$$\Delta\theta = \frac{\Delta p}{c_{fl} \cdot \rho} = \frac{10^7\, N/m^2}{2{,}1 \cdot 10^3 \frac{J}{kg \cdot K} \cdot 850 \frac{kg}{m^3}} = 5{,}6K$$

Als Faustformel gilt, dass sich Mineralöl um 5 K bei einer Drosselung um 100 bar erwärmt. Korrekterweise müsste der Kompressionsanteil noch abgezogen werden, welches jedoch meistens wegen der Abschätzung zur sicheren Seite hin unterlassen wird.

7.2 Hydrospeicher

Hydropneumatische Druckspeicher dienen in der Ölhydraulik dazu, ein bestimmtes Flüssigkeitsvolumen unter Druck aufzunehmen und mit geringen Verlusten wieder abzugeben, ohne dazu eine Hilfsenergie zu benötigen. Typische Aufgabengebiete sind:

- Deckung eines kurzfristigen hohen Leistungsbedarfs
- Verkürzung von Arbeitszyklen
- Betrieb von Nebenkreisen
- Notversorgung bei Störungen
- Kompensation von Leckage
- Dämpfung von Druckstößen

7.2.1 Bauarten

Da Hydraulikflüssigkeiten im Vergleich zu Gasen nahezu inkompressibel sind, erfolgt die Speicherung der hydraulischen Energie durch Verdichten eines vorgespannten Gasvolumens. Ein Speicher besteht prinzipiell aus einem druckfesten Gehäuse, der Gasfüllung, die meistens aus **Stickstoff** besteht, und einem Trennelement, d. h. einem Kolben oder einem Elastomer. In **Bild 7.2-1** sind drei verschiedene Speicherbauarten dargestellt, die in Hydrauliksystemen eingesetzt werden.

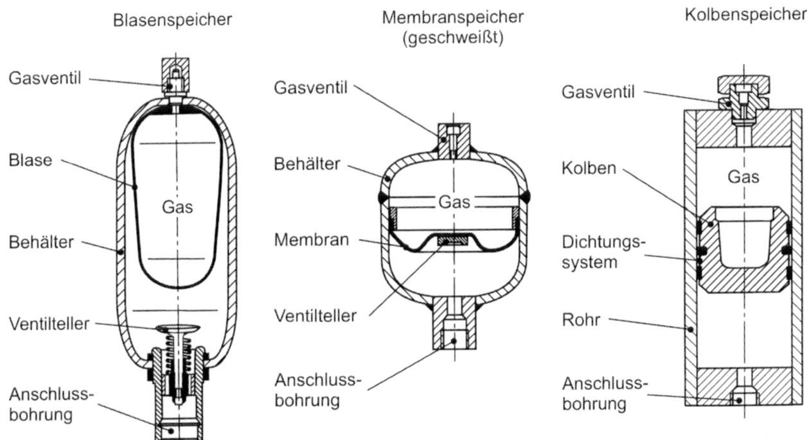

Bild 7.2-1: Bauarten von Hydrospeichern

In der Ölhydraulik ist der **Blasenspeicher** am weitesten verbreitet. Die Funktionsweise wird in **Bild 7.2-2** verdeutlicht. Der größte Anwendungsbereich liegt bei 5 l bis 50 l Gesamtvolumen. Er ist kompakt und wartungsarm, unterliegt jedoch wegen der Elastomerblase Einschränkungen im Betrieb. Um die Blase nicht zu sehr zu dehnen, sollte das charakteristische Druckverhältnis zwischen max. Betriebsdruck p_2 und Gasfülldruck p_0 nicht größer als 3 bis 4 sein (mit Relativdrücken zu berechnen). Ein kleines Verhältnis erhöht die Lebensdauer der Blase. Aus dem gleichen Grund soll auch das Ölvolumen nicht ganz entnommen werden. Blasenspeicher reagieren sehr trägheitsarm, sie sind daher sehr gut für schnelle Austauschvorgänge geeignet. Der senkrechte Einbau ist zu bevorzugen. Ein waagerechter Einbau ist möglich, allerdings reduziert sich dann das Nutzvolumen und der maximal zulässige Volumenstrom.

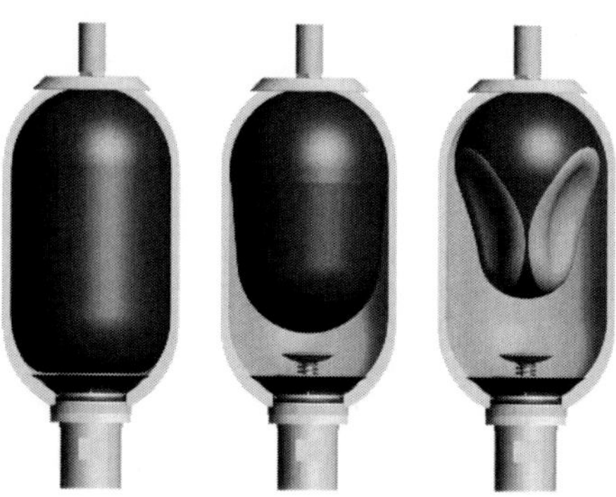

Bild 7.2-2: Funktionsweise eines Blasenspeichers (Olaer)

Der **Membranspeicher** ist die übliche Bauform für kleine Gesamtvolumina (< ca. 2 l). Er zeichnet sich durch gute Dichtheit und lange Lebensdauer aus. Membranspeicher können beliebig orientiert eingebaut werden und arbeiten praktisch trägheitsfrei. Sie eignen sich daher gut als Pulsations- und Stoßdämpfer und sind zudem sehr preiswert.

Dagegen ist der **Kolbenspeicher** durch die gehonte Innenfläche konstruktiv am aufwendigsten. Durch die Masse des Kolbens und die Reibung der Dichtung ist seine Reaktionszeit größer. Auch verursacht die Dichtungsreibung eine Verringerung des nutzbaren Druckes um 2 bis 10 bar. Bei sehr kleinen Volumenströmen in den oder aus dem Speicher können Stick-Slip-Erscheinungen auftreten. Die Kolbengeschwindigkeit ist in der Regel auf ca. 2 bis 3,5 m/s beschränkt (in Sonderanwendungen bis zu 10 m/s) und begrenzt damit den maximalen Volumenstrom. Sein Vorteil liegt bei den großen Nutzvolumina, die vollständig entnommen werden können, sowie der großen potentiellen Volumenströme von bis zu 1000 l/s. Der Kolbenspeicher ist der geeignete Speicher für nachgeschaltete Gasflaschen. Nachteiliyg ist unter anderem eine erhöhte Geräuschemission durch reiberregte Schwingungen.[7.7]

Die spezifischen Eigenschaften (**Tabelle 7.2-1**) beeinflussen zusammen mit anderen Kenngrößen die Speicherauswahl.

Tabelle 7.2-1: Bauarten von Hydrospeichern

	Blasenspeicher	Membran-speicher geschraubt	Membran-speicher geschweißt	Kolben-speicher
Baugröße [l]	0,2 … 450	0,1 … 10	0,2 … 2	0,5 … 1200
max. Druck [bar]	1000	750	250	800
Volumenstrom [l/s]	< 140	< 150	< 150	< 1000
max. Druckverhältnis p_2/p_0	4/1	10/1	8/1	keine Einschränkung
Nutzungsgrad	< 0,7	< 0,9	< 0,75	< 0,9
Austauschbarkeit des Trenngliedes	austauschbar	austauschbar	nicht austauschbar	austauschbar
Wartung	wartungsarm	wartungsfrei	wartungsfrei	wartungs-intensiv

7.2.2 Kenngrößen für die Speicherauslegung

Zwischen verschiedenen Betriebszuständen des Hydrospeichers wird unterschieden. In **Bild 7.2-3** sind diese für einen Kolbenspeicher verdeutlicht. Im Zustand "0" hat der Hydrospeicher ein Gasvolumen von V_0, dem maximalen Gasvolumen. In diesem Zustand herrscht der Vorfüll- oder auch Vorspanndruck p_0, der für eine Temperatur $\theta_0$angegeben wird. Der untere Arbeitsdruck wird mit p_1 und der obere Arbeitsdruck mit p_2 bezeichnet. Mit der Bezeichnung p_3 ist der höchste Systemdruck benannt, also der Druck, bei welchem das Sicherheitsventil öffnet.

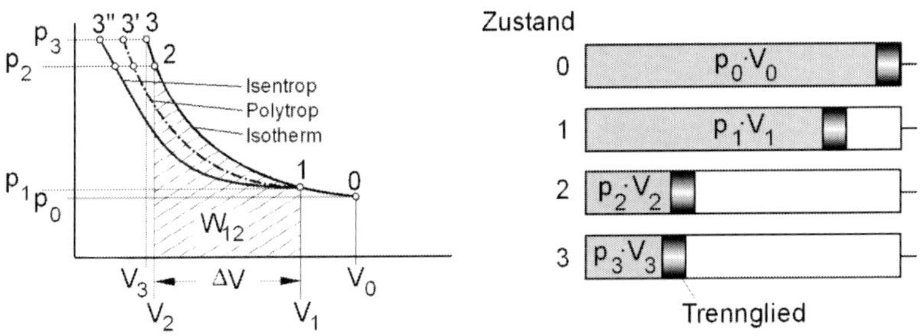

Bild 7.2-3: Betriebszustände und -kenngrößen eines Hydrospeichers

Zur Bestimmung des **Vorfülldrucks** von Kolbenspeichern gilt die Faustformel

$$p_0 = p_1 - (2 \ldots 5 \text{ bar}) \tag{7.2-30}$$

Bei Blasen- und Membranspeichern gilt hingegen je nach Anwendungsgebiet

$$p_0 = 0{,}65 \ldots 0{,}9 \cdot p_1 \tag{7.2-31}$$

Im Gegensatz zur Energiespeicherung ist für die Pulsationsdämpfung ein geringerer Vorfülldruck erwünscht. Bei der Berechnung sind Relativdrücke und die maximale Betriebstemperatur zugrunde zu legen. Für den **Maximaldruck** wird als überschlägige Auslegungsgröße verwendet:

$$p_3 = 1{,}1\, p_2 \tag{7.2-32}$$

Im **Arbeitsdruckbereich**

$$\Delta p = p_2 - p_1 \tag{7.2-33}$$

kann dem Speicher ein **Nutzvolumen** entnommen bzw. zugeführt werden:

$$\Delta V = V_1 - V_2 (\text{Expansion}) \tag{7.2-34}$$

$$\Delta V = V_2 - V_1 \ (\text{Kompression}) \tag{7.2-35}$$

7.2.3 Zustandsänderungen des Speichergases

Die Größe des austauschbaren Nutzvolumens richtet sich nach der Art der Zustandsänderung des Speichergases. Bei einer **schnellen, adiabaten** Expansion sinkt die Temperatur und der Druck fällt bei gleicher Entnahmemenge weiter ab als bei einer **langsamen, isothermen** Expansion (**Bild 7.2-4**).

Die Zustandsänderung eines realen Hydrospeichers geht polytrop vonstatten und liegt zwischen den idealisierten Grenzen. Grundlage für die Berechnung der Zustandsänderung des Speichergases bildet die allgemeine Zustandsgleichung für ein ideales Gas

$$p\,V = m\,R\,T \tag{7.2-36}$$

Unter Berücksichtigung des Polytropenexponenten n folgt die Bedingung

$$p_0 V_0^n = p_1 V_1^n = p_2 V_2^n = \text{const.} \tag{7.2-37}$$

wobei für isotherme Zustandsänderungen $n = 1$ und adiabaten Zustandsänderungen $n = \kappa$ gilt. Der Isentropenexponent ist abhängig von Druck, Temperatur und Art des Gases. Für ideale zweiatomige Gase (z. B. Stickstoff) beträgt der Isentropenexponent im Normzustand $\kappa = 1{,}4$ [7.13].

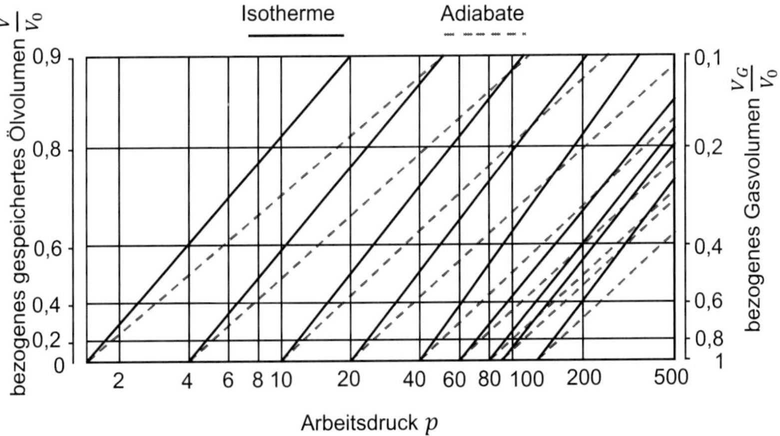

Bild 7.2-4: Arbeitsdiagramm eines Hydrospeichers

Bei einer langsamen Zustandsänderung kann ein vollständiger Wärmeaustausch zwischen Gas und Umgebung stattfinden, die Gastemperatur bleibt konstant. Für diesen **isothermen** Fall folgt die Bestimmungsgleichung für die Öl-Entnahmemenge ΔV:

$$\Delta V = V_0 \left(\frac{p_0}{p_1} - \frac{p_0}{p_2} \right) \tag{7.2-38}$$

Unter der Annahme, dass die Flüssigkeit schnell entnommen wird, ist die Annahme einer konstanten Temperatur allerdings falsch. Wenn keine Energie zwischen Speichergas und Umgebung ausgetauscht wird, handelt es sich um eine **adiabate** Zustandsänderung. Für den reibungsfreien Fall (isentrop = adiabat und reibungsfrei) gilt für die Öl-Entnahmemenge:

$$\Delta V = V_0 \left[\left(\frac{p_0}{p_1} \right)^{\frac{1}{\kappa}} - \left(\frac{p_0}{p_2} \right)^{\frac{1}{\kappa}} \right] \tag{7.2-39}$$

Die Reibungsfreiheit ist eine idealisierende Annahme, daher muss in der Praxis mit dem experimentell zu ermittelnden Polytropenexponenten n gerechnet werden. Der Polytropenexponent ist abhängig von den Druckzuständen, Temperaturen, Lade- bzw. Entladezeit, dem Speichervolumen und dessen geometrische Ausführung. Da die allgemeine Zustandsgleichung für ideales Gas bei höheren Drücken oder niedrigen Temperaturen keine Gültigkeit mehr besitzt, muss außerdem das Realgasverhalten berücksichtigt werden. Dieses geschieht entweder durch Korrekturfaktoren aus den Katalogen der Hersteller oder durch Verwendung eines gemittelten Isentropenexponenten aus **Bild 7.2-5.**

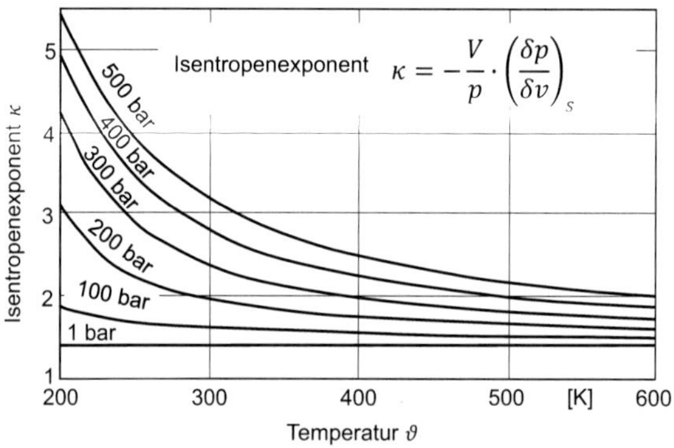

Bild 7.2-5: Isentropenexponent von Stickstoff

Die Änderung der Temperatur für eine isentrope Zustandsänderung kann nach der Beziehung

$$\theta_2 = \theta_1 \left(\frac{p_2}{p_1}\right)^{\frac{\kappa-1}{\kappa}} = \theta_1 \left(\frac{V_1}{V_2}\right)^{\kappa-1} \qquad (7.2\text{-}40)$$

bestimmt werden.

Im Falle einer adiabaten bzw. isentropen Zustandsänderung sowohl beim Lade- als auch beim Entladevorgang ist das verfügbare Volumen bei vorgegebener Druckdifferenz kleiner als bei isothermer Zustandsänderung, weil die Temperaturänderung eine gleichzeitige Druck- bzw. Volumenänderung bewirkt. Speicher sollten daher aus Sicherheitsgründen unter der Annahme einer isentropen Zustandsänderung ausgelegt werden.

7.2.4 Nutzungsgrad

Soll an einem Speicher möglichst viel Arbeit bei einer vorgesehenen Baugröße V_0 und zulässigem oberen Arbeitsdruck p_2 verrichtet werden, ist der Druck p_1, bei dem die Zustandsänderung am zweckmäßigsten beginnt, zu ermitteln. Die an einem Gasvolumen geleistet Volumenänderungsarbeit bestimmt sich nach:

$$W_{12} = -\int_{V_1}^{V_2} p\, dV \qquad (7.2\text{-}41)$$

Unter Verwendung des Zusammenhanges zwischen Druck und Volumen folgt für eine isotherme Zustandsänderung

$$W_{12} = p_1 V_1\, ln\left(\frac{p_2}{p_1}\right) \qquad (7.2\text{-}42)$$

und für eine isentrope Zustandsänderung

$$W_{12} = \frac{p_1 V_1}{\kappa - 1}\left[\left(\frac{p_2}{p_1}\right)^{\frac{\kappa-1}{\kappa}} - 1\right] \qquad (7.2\text{-}43)$$

In der grafischen Darstellung von Gleichung (7.2-42), ist ein Maximum des Druckverhältnisses p_1/p_2 deutlich erkennbar **(Bild 7.2-6)**.

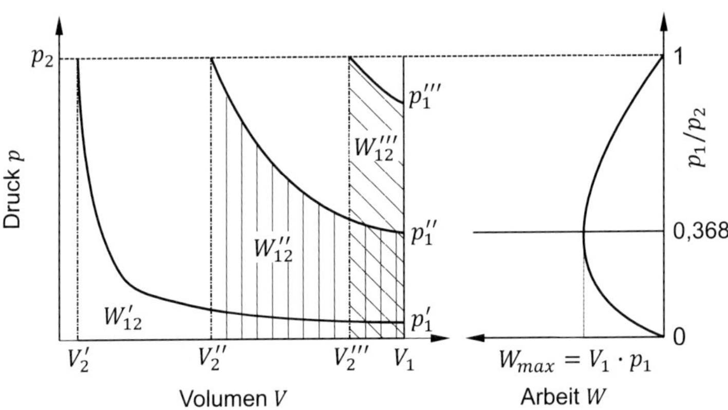

Bild 7.2-6: Volumenänderungsarbeit in Abhängigkeit des unteren Arbeitsdruckes p_1 für eine isotherme Zustandsänderung

Die analytische Bestimmung erfolgt durch partielle Differentiation der Gleichungen (7.2-42) bzw. (7.2-43) nach p_1 und die anschließende Berechnung der Nullstellen:

$$\frac{\partial W_{12}}{\partial (p_1/p_2)} = 0 \tag{7.2-44}$$

Für eine isotherme Zustandsänderung berechnet sich das optimale Druckverhältnis zu

$$\left(\frac{p_1}{p_2}\right)_{\mathrm{opt}} = \frac{1}{e} = 0{,}368 \tag{7.2-45}$$

mit der aufgenommenen Arbeit

$$W_{12} = 0{,}368\, p_2\, V_1 \tag{7.2-46}$$

Für eine isentrope Zustandsänderung mit $\kappa = 1{,}4$ hingegen zu

$$\left(\frac{p_1}{p_2}\right)_{opt} = 0{,}308 \tag{7.2-47}$$

mit der aufgenommenen Arbeit

$$W_{12} = 0{,}308 \cdot p_2\, V_1 \tag{7.2-48}$$

Diese Gleichungen zeigen, dass ein Speicher mehr Energie aufnehmen oder auch abgeben kann, wenn er langsam, d. h. isotherm betrieben wird.

7.2.5 Dynamik von Hydrospeichern

Werden Speicher eingesetzt, um bei einem plötzlich ansteigenden oder abfallenden Volumenstrombedarf eine Druckänderung in der Versorgung zu dämpfen, so ist die Eigendynamik des Speichers von entscheidender Bedeutung. Diese Eigendynamik wird von zwei Größen maßgeblich beeinflusst, der **Kapazität** des Speichers und der **Induktivität** der angeschlossenen Rohrleitung. In guter Näherung berechnet sich die Eigenkreisfrequenz des Speichersystems im Arbeitspunkt zu

$$\omega_0 = \sqrt{\frac{1}{L_H C_H}} \tag{7.2-49}$$

mit der Speicherkapazität (mittlerer Arbeitsdruck p_m und mittleres Gasvolumen V_m)

$$C_H = \frac{1}{\kappa}\frac{V_m}{p_m} \tag{7.2-50}$$

sowie der Rohrinduktivität

$$L_H = \frac{\rho \cdot l}{A} \tag{7.2-51}$$

In Gleichung (7.2-51)wird mit ρ die Dichte des Druckmediums, mit l die Länge und mit A die Querschnittsfläche der Anschlussleitung bezeichnet. Die wahre Rohrinduktivität ist speziell bei kleinen Rohrdurchmessern größer als nach Gleichung (7.2-51) berechnet, was zu einer etwas geringeren Eigenkreisfrequenz führt. Die Rohrinduktivität bei Verkettung von Rohrabschnitten unterschiedlichen Durchmessers ergibt sich durch Superposition der Teilabschnitte. Die Flüssigkeitsfüllung des Speichers wird genau wie die Flüssigkeit in den Rohrleitungen berücksichtigt. Sie kann jedoch oft wegen der meist sehr großen Querschnittsfläche gegenüber der Rohrfüllung vernachlässigt werden. In **Bild 7.2-7** sind die Ergebnisse einer Messung der Eigenkreisfrequenz dargestellt.

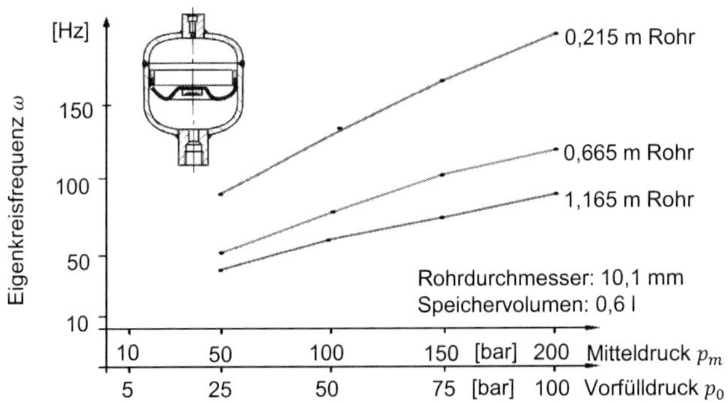

Bild 7.2-7: Eigenfrequenzen eines Hydrospeichers mit angeschlossener Rohrleitung

Bei Kolbenspeichern kann die Masse des Kolbens m_K ebenfalls in eine Induktivität umgerechnet werden. Dieses geschieht mit der Gleichung

$$L_{H,Kolben} = \frac{m_K}{A_K^2} \tag{7.2-52}$$

7.2.6 Anwendungen von Hydrospeichern

Nachfolgend sind einige Schaltungsbeispiele zur Verdeutlichung der Anwendungen von Hydrospeichern aufgeführt. In der in **Bild 7.2-8** gezeigten Schaltung werden Schaltstöße, wie sie bei der Umkehr der Bewegung auftreten können, gedämpft. Das Drosselrückschlagventil in der Speicherzuleitung dient der Leistungsbegrenzung beim Entleeren des Speichers.

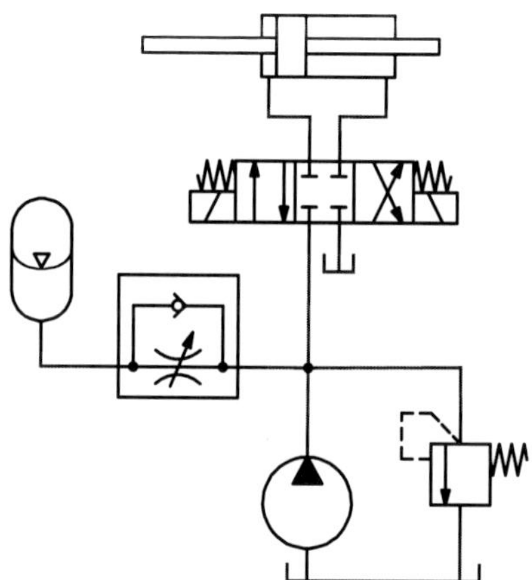

Bild 7.2-8: Speicher zum Abbau von Stößen

In **Bild 7.2-9** ist der Speicher zur Aufrechterhaltung eines Druckes eingesetzt. Die Pumpe fördert nach dem Spannen in den Speicher. Nachdem der Spanndruck erreicht ist, fördert die Pumpe drucklos über das Abschaltventil in den Tank. Die auftretenden Leckagen werden vom Speicher gedeckt. Diese Speicherladeschaltung sorgt für eine hohe Energieeffizienz.

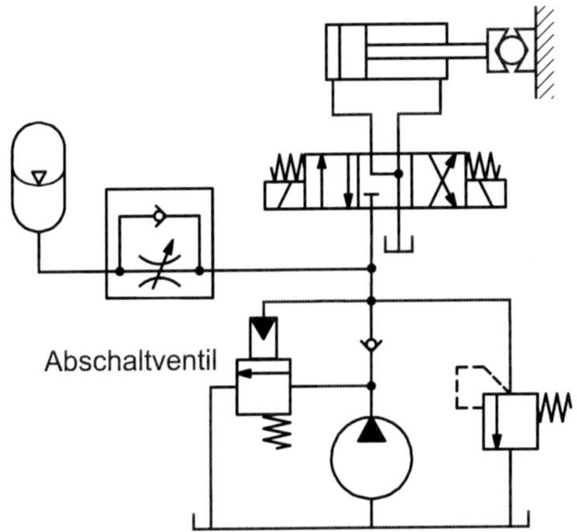

Bild 7.2-9: Speicher zur Aufrechterhaltung eines Druckes

Die Deckung eines kurzfristigen hohen Druckflüssigkeitsbedarfs, wie er beispielsweise in Vorschubeinheiten im Eilgang auftritt, kann ebenfalls mittels eines Speichers erfolgen (**Bild 7.2-10**).

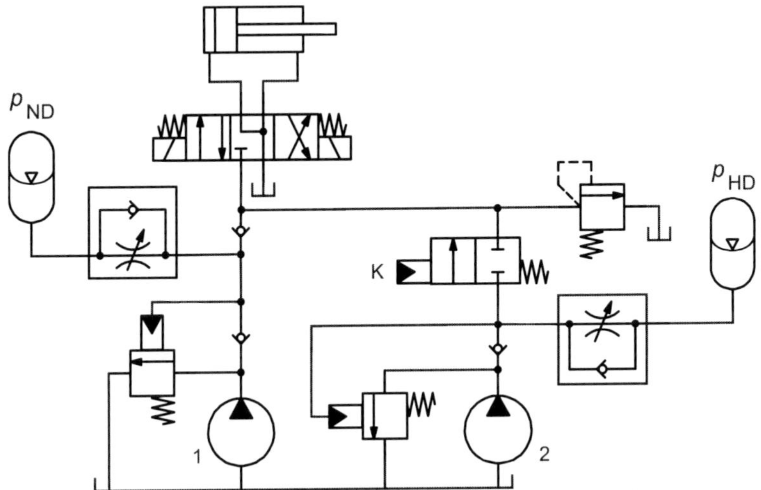

Bild 7.2-10: Speicher für kurzzeitigen hohen Druckflüssigkeitsbedarf

Pumpe 1 sowie der Niederdruckspeicher stellen den für den Eilgang notwendigen hohen Volumenstrom bereit. Nachdem Ventil K geschaltet wurde, erfolgt die Volumenstromversorgung des Zylinders durch Pumpe 2 sowie den

Hochdruckspeicher. Ein Rückschlagventil trennt nun den Niederdruck vom Hochdruck und der Niederdruckspeicher wird wieder für den nächsten Eilgang über Pumpe 1 aufgeladen. Die Verlustleistung, die zu einer unnötigen Erwärmung des Öles führt, wird auch hier durch Speicherladeschaltungen stark reduziert [7.14].

In mobilhydraulischen Anwendungen kommen Hydrospeicher zur Rekuperation zum Einsatz.

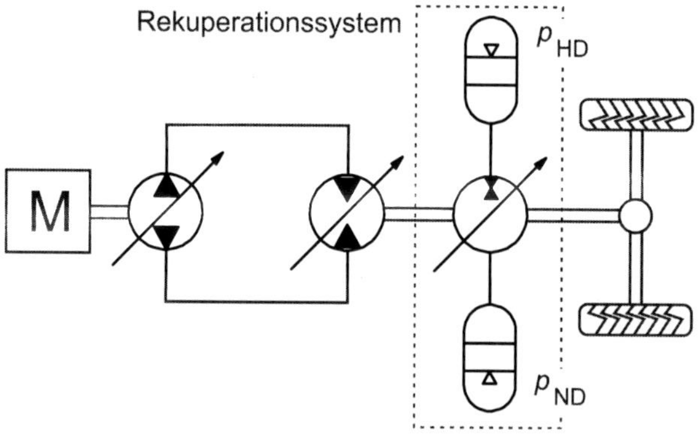

Bild 7.2-11: Speicher zur Rekuperation

In **Bild 7.2-11** ist ein hydraulischer Parallelhybrid dargestellt [7.19]. Während der Hochdruckspeicher bei Bremsvorgängen geladen wird, findet in der Beschleunigungsphase eine Drehmomentüberlagerung zwischen konventionellem hydrostatischen Fahrantrieb und Rekuperationssystem statt. Dieser Parallelhybrid kann auch bei mechanischen Getrieben eingesetzt bzw. nachgerüstet werden.

7.2.7 Speicherladeschaltung

Die Speicherladeschaltung besteht aus einer Konstantpumpe, einem Druckspeicher und einem Speicherladeventil, das in **Bild 7.2-12** in der strichpunktierten Umrandung dargestellt ist. Diese Schaltung ist vor allem dort angebracht, wo ein stark schwankender Volumenstrombedarf den Einsatz eines Speichers sinnvoll macht, und wo gleichzeitig für annähernd konstanten Versorgungsdruck gesorgt werden soll. Da es sich um einen schaltenden Zweipunkt-Regler handelt, schwankt der Druck ständig innerhalb der frei einstellbaren Grenzen p_0 und p_U.

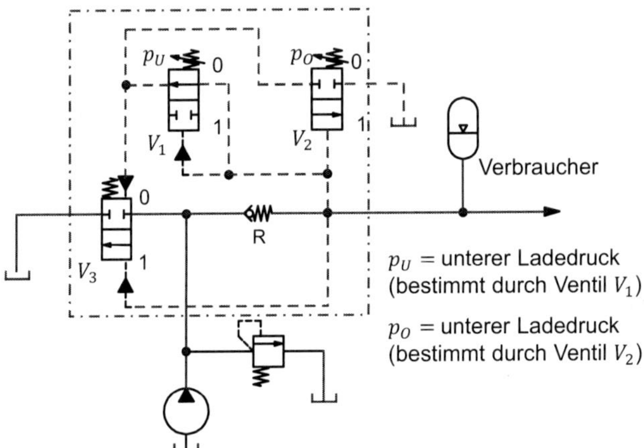

Bild 7.2-12: Speicherladeventil

Die Wirkungsweise des Speicherladeventils ist wie folgt: Beim Laden steigt der Druck p im Speicher und im System an. Bei $p > p_U$ schaltet Ventil V_1 in Stellung 1 (**Bild 7.2-12**), bei $p > p_O$ schaltet Ventil V_2 in Stellung 1. Dadurch nimmt Ventil V_3 die Stellung 1 ein, und die Pumpe fördert drucklos in den Tank. Das Rückschlagventil R sperrt die Verbindung vom Speicher zum Tank.

Entlädt sich der Speicher zum Verbraucher, so fällt der Druck p ab. Bei $p < p_O$ schaltet V_2 in Stellung 0, bei $p < p_U$ schaltet V_1 in Stellung 0 und dadurch V_3 in Stellung 0. Die Pumpe fördert wieder über R zum Verbraucher und Speicher.

Eine Alternative zum Speicherladeventil ist das automatische Ein- und Ausschalten des die Pumpe antreibenden Elektromotors über einen Druckschalter. Diese Möglichkeit ist bei kleinen Motorleistungen interessant, also da, wo das Anfahren von E-Motor und Pumpe nicht weiter stört. Auch hier ist ein Rückschlagventil zwischen Pumpe und Speicher vorzusehen.

7.2.8 Sicherheitsbestimmungen

Da von Hydrospeichern Energie in sehr kurzer Zeit freigesetzt werden kann, muss der Unfallverhütung besondere Aufmerksamkeit gewidmet werden. Die Gasseite, in der Regel inerter Stickstoff zur Verringerung der Explosionsgefahr, ist aufgrund der Kompressibilität deutlich kritischer zu bewerten als die Ölseite.

Die **Druckgeräterichtlinie** 2014/68/EU [7.8] regelt die Themen Auslegung, Konstruktion und Bau von Druckgeräten. Druckgeräte, die unter die DGRL fallen, müssen einem Konformitätsbewertungsverfahren unterzogen werden. Anhand eines in **Bild 7.2-13** exemplarisch dargestellten Konformitätsbewertungsdiagramms für eine bestimmte Fluidart wird in Abhängigkeit des Produkts aus maximal zulässigem Druck *PS* und Speichervolumen *V* eine Kategorisierung vorgenommen.

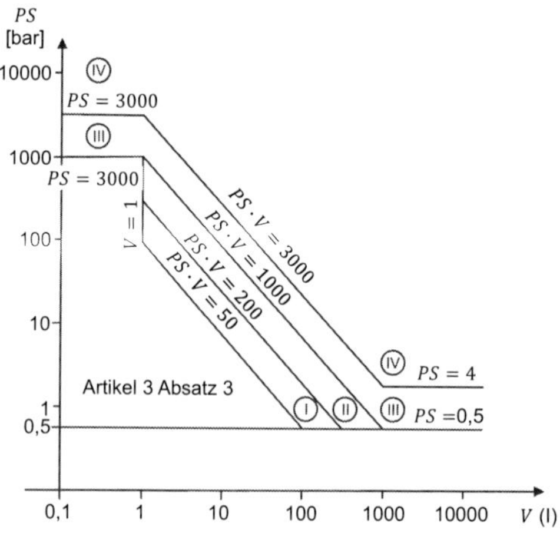

Bild 7.2-13: Konformitätsbewertungsverfahren für Behälter für Gase (Diagramm 2 nach Anhang II der DGRL) [7.8]

In Abhängigkeit der Kategorisierung I bis IV ist die Beachtung unterschiedliche Konformitätsbewertungsmodule nachzuweisen. Unterhalb eines maximal zulässigen Drucks von 0,5 bar unterliegt das Druckgerät nicht der DGRL. Druckgeräte, die ein Volumen nicht größer als 1 Liter und einen maximalen zulässigen Druck von 1000 bar bzw. ein Produkt $PS \cdot V$ kleiner als 50 bar · l aufweisen, sind ausschließlich nach guter Ingenieurpraxis (Artikel 3 Absatz 3) auszulegen. Anhaltspunkte für gute Ingenieurspraxis liefern beispielsweise die Normen DIN EN 13445 und DIN EN 14359 und das Regelwerk AD-2000 [7.9]. Die Umsetzung der DGRL in deutsches Recht regelt die Vierzehnte Verordnung zum Geräte- und Produktsicherheitsgesetz (**Druckgeräteverordnung**) (14. GPSGV) [7.10].

Der Betrieb von Hydrospeichern unterliegt der **Betriebssicherheitsverordnung** (BetrSichV) [7.11]. Insbesondere regelt diese die Prüfung vor

Inbetriebnahme sowie die wiederkehrende Prüfung und Überwachung. Die Prüfintervalle ergeben sich anhand der Kategorisierung nach der DGRL. So muss beispielsweise bei Hydrospeichern der Kategorien III und IV im Diagramm 2 nach Anhang II der DGRL (Bild 6.5-3) alle 2 Jahre eine äußere Prüfung, alle 5 Jahre eine innere Prüfung und alle 10 Jahre eine Festigkeitsprüfung erfolgen. Weitere sicherheitstechnische Aspekte werden in der Maschinenrichtlinie (MRL) 2006/42/EG [7.12] und den Normen DIN EN 982 und DIN EN ISO 4413 behandelt.

7.3 Literatur zu Kapitel 7

7.1	Will, D.; Gebhardt, N.	Hydraulik: Grundlagen, Komponenten, Schaltungen. 6., neu bearbeitete Auflage. Berlin, Springer, 2014
7.2	Kempermann, C.	Ausgewählte Maßnahmen zur Verbesserung der Einsatzbedingungen umweltschonender Druckübertragungsmedien. RWTH Aachen, Diss., 1999
7.3	Göhler, C.	Alterungsuntersuchungen und Methoden zur Alterungsvorhersage für umweltverträgliche Schmierstoffe in neu gestalteten Tribosystemen. RWTH Aachen, Diss., 2007
7.4	N.N.	O+P Konstruktionsjahrbuch 2004/2005, Vereinigte Fachverlage GmbH, Mainz, 2004
7.7	Findeisen, D.; Helduser, H.	Ölhydraulik: Handbuch der hydraulischen Antriebe und Steuerungen. 6. Auflage, Berlin, Springer, 2015
7.8	N.N.	Richtlinie 2014/68/EU des Europäischen Parlaments und des Rates vom 15. Mai 2014 zur Harmonisierung der Rechtsvorschriften der Mitgliedstaaten über die Bereitstellung von Druckgeräten
7.9	N.N.	AD 2000-Regelwerk. Beuth, 2009
7.10	N.N.	Vierzehnte Verordnung zum Geräte- und Produktsicherheitsgesetz (Druckgeräteverordnung) (14. GPSGV). 2002
7.11	N.N.	Verordnung über Sicherheit und Gesundheitsschutz bei der Bereitstellung von Arbeitsmitteln und deren Benutzung bei der Arbeit, über Sicherheit beim Betrieb überwachungsbedürftiger Anlagen und über die Organisation des betrieblichen Arbeitsschutzes. 2002
7.12	N.N.	Richtlinie 2006/42/EG des europäischen Parlaments und des Rates vom 17. Mai 2006 über Maschinen und zur Änderung der Richtlinie 95/16/EG. 2006
7.13	Murrenhoff, H.	Grundlagen der Fluidtechnik, Teil 2: Pneumatik. 2. Auflage. Aachen : Shaker, 2006

7.14	Rotthäuser, S.	Verfahren zur Berechnung und Untersuchung hydropneumatischer Speicher. RWTH Aachen, Diss., 1993
7.15	Lange, K.	Flüssiges Gold: Fluidmanagement, der Schlüssel zur vorbeugenden Instandhaltung von Spritzgießmaschinen, ISBN 978-3-7785-3025-2, Hüthig Verlag, 2003
7.16	N.N.	Filterfibel, HYDAC INTERNATIONAL GmbH, D7.011.1/08.151, Stand August 2018, www.hydac.com
7.17	N.N.	Filterleitfaden: Tipps und Informationen zur optimalen Auswahl von Hydraulikfiltern, ARGO-HYTOS GmbH, Stand August 2018, www.argo-hytos.com
7.18	Dahmann, P.	Untersuchungen zur Wirksamkeit von Filtern in hydraulischen Anlagen, Dissertation, RWTH Aachen University, 1992
7.19	Bauer, F.; Feld, D.; Grün, S.	Doppelkolbenspeicher – Innovativer Hydraulikspeicher für mobile Arbeitsmaschinen. In: Hybridantriebe für mobile Arbeitsmaschinen, Karlsruhe, 2011, S. 137-149

8 Fluidtechnische Antriebssysteme

neu bearbeitet von Johannes Sprink, M.Sc.

Fluidtechnische Antriebssysteme sind in den meisten Fällen ein Teilsystem einer größeren, komplexen Gesamtanlage oder Maschine und werden sowohl in stationären als auch mobilen Anwendungen eingesetzt. Innerhalb dieser Anwendungen steht das hydraulische Antriebssystem in direkter Interaktion mit mechanischen und elektrischen Komponenten. Zur Gestaltung und Dimensionierung des fluidtechnischen Systems und seiner Komponenten ist es zu Beginn erforderlich, die zum gewünschten Maschinenverhalten erfoderlichen Leistungsdaten des motorischen Teils zu definieren.

Dazu sind für Linearantriebe die maximal notwendigen Kräfte und Wege sowie für Rotationsantriebe die maximal notwendigen Momente und Winkel in den jeweiligen Bewegungsrichtungen festzulegen. Mit den aus den vorigen Kapiteln gegebenen Gleichungen lassen sich damit für jeden einzelnen hydraulischen Verbraucher seine geometrischen Kenngrößen in Abhängigkeit des anzustrebenden Systemdrucks berechnen. Die Wahl des Systemdrucks ist wiederum von mehreren Faktoren abhängig. Generell führt ein hoher Systemdruck zu kompakten Verbraucherabmessungen und wird daher vor allem in der Mobilhydraulik angestrebt (Druckbereiche zwischen 300 – 450 bar). Wie in Kapitel 4 erläutert, sind jedoch nicht alle hydraulischen Verdrängerbauarten für einen derart hohen Druck geeignet, stellen aber kostengünstigere Alternativen dar. Somit ist die Wahl des Systemdrucks häufig nicht direkt im Vorfeld möglich, sondern wird nach ersten Dimensionierungs- als auch Kalkulationsschritten ggf. iterierend festgelegt.

Dynamisch anspruchsvolle Systeme, bei denen die Eigenfrequenzen des hydraulischen Antriebs kritisch sind, stellen zusätzliche Anforderungen an die Wahl der passenden Kompontendimensionen als auch der erforderlichen Druckniveaus. Berechnungsgrundlagen für dieses Themengebiet werden in der weiterführenden Vorlesung „Servohydraulik“ behandelt.

8.1 Allgemeiner Aufbau und Konzept der Digitalhydraulik

Der allgemeine Aufbau hydraulischer Systeme, siehe auch Kapitel 2.4 besteht aus der Versorgung / Speisung des Systems, dem konduktiven Teil der

Leistungsübertragung und dem Aktor, der mit der Umgebung in Interaktion steht, siehe **Bild 8.1-1**.

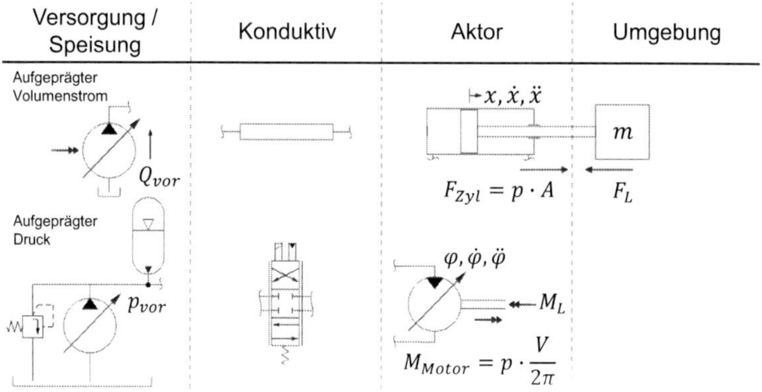

Bild 8.1-1: Konzepte zur Speisung hydraulischer Systeme

Bei der Versorgung hydraulischer Systeme kann zwischen Systemen mit aufgeprägtem Volumenstrom und aufgeprägtem Druck unterschieden werden. Gemeinsam mit den zwei grundlegenden Steuerungsarten hydraulischer Systeme (Widerstandssteuerung und Verdrängersteuerung) ergeben sich die vier Grundschaltungsarten der Hydraulik, siehe Kapitel 2.4.1 und Bild 2.4-3.

Neben den bereits vorgestellten analogen Möglichkeiten der Verstellung existiert auch das Prinzip der Digitalhydraulik. Ziel dabei ist es, die Wirkungsgradeinbußen im Teillastbereich zu umgehen durch zu- und abschalten einzelner Komponenten.

Bild 8.1-2 zeigt systematisch Beispiele für unterschiedliche Versorgungskonzepte; horizontal in Druck- oder Volumenstromaufprägung und vertikal in analoge und digitale Konzepte unterteilt.

Konstantpumpen benötigen eine variable Eingangsdrehzahl für die Volumenstromversorgung oder müssen bei konstanter Drehzahl verstellbar sein. Eine analoge Druckversorgung erfordert bei Verwendung einer Konstantpumpe ein Regel- oder Überdruckventil. Bei einer Verstelleinheit wird ein Druckregler zur Schwenkwinkelregelung benötigt. Dieser kann an einer einzelnen Pumpe zur Steuerung des Leitungsdrucks (mittlere Darstellung) oder an einem rotarischen Transformator (rechte Darstellung) verwendet werden, der über eine zusätzliche Druckleitung p_{HD} gespeist wird.

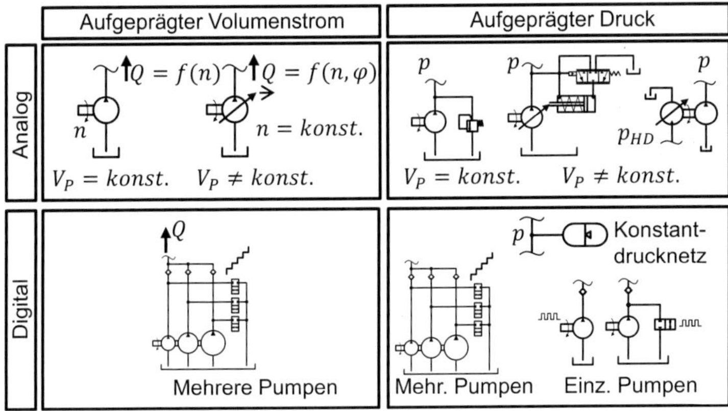

Bild 8.1-2: Konzepte zur Speisung hydraulischer Systeme

Der untere Teil von Bild 8.1-2 zeigt digitale Lösungen für die beiden Hauptkategorien. Die Idee besteht hier darin, die teureren variablen Verdrängereinheiten durch einfache feste Verdrängereinheiten zu ersetzen. Dies führt zu niedrigeren Kosten und einer verbesserten Komponenteneffizienz. Es sind zwei Grundtypen von digitalen Lösungen möglich, die sogenannte Pulscodemodulation (PCM) und die Pulsweitenmodulation (PWM). PCM verwendet eine parallele Anordnung mehrerer Schaltkomponenten, die mit einer bestimmten Schaltungsabfolge betrieben werden, um eine proportionale Charakteristik zu approximieren. Auf der anderen Seite verwendet PWM nur eine schnelle Schaltkomponente, die typischerweise mit einer variablen Impulsbreite (Tastverhältnis) als Steuereingang und einer weitgehend konstanten Schaltfrequenz betrieben wird [8.7]. Im Vergleich zu PCM-Schaltungen leiden PWM-Verfahren unter erheblicher Pulsation.

Nachdem in **Bild 8.1-2** die Versorgungskonzepte dargestellt wurden, sind in **Bild 8.1-3** Beispiele für unterschiedliche Steuerungskonzepte dargestellt. Die bereits diskutierten Steuerungskonzepte (primär, konduktiv und sekundär) sind mit analogen Beispielen im oberen und digitalen Realisierungen im unteren Teil der Abbildung dargestellt.

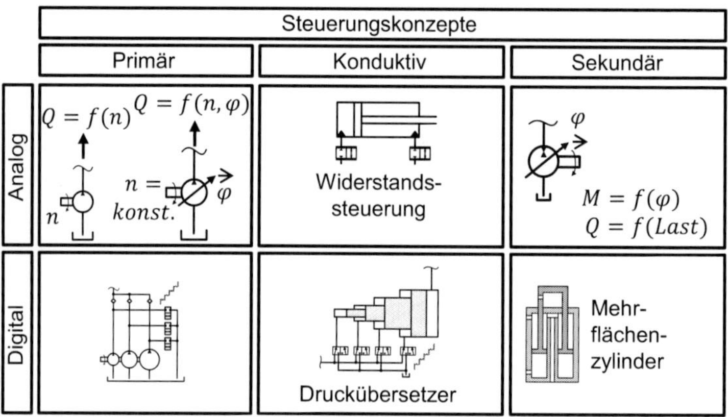

Bild 8.1-3: Konzepte zur Steuerung hydraulischer Systeme

Bei der analogen Primärregelung ist die Regelgröße an der Pumpe entweder die Eingangsdrehzahl oder der Schwenkwinkel der Pumpe [8.8]. Eine Kombination von beiden ist ebenfalls möglich. Die digitale Steuerung schaltet Pumpen über Ventile zur Hauptleitung oder leitet einen Teil des Durchflusses über ein Umschaltventil zum Tank.

Die analoge Steuerung im konduktiven Teil eines Hydraulikkreises wird hauptsächlich durch stetig verstellbare Ventile erreicht, welche die klassischen Widerstandssteuerungen darstellen. Eine digitale Lösung ist ein Motor/Zylinder mit mehreren Übersetzungsstufen, die mit Schaltventilen ausgewählt werden können, und somit eine Anpassung an den aktuellen Lastdruck des Verbrauchers ermöglichen. Eine analoge Sekundärregelung ist lediglich mit Verstellmotoren möglich [8.7, 8.9]. Zur digitalen Steuerung sind Motoren mit schaltbaren Kolben sowie Zylinder mit Mehrkammersteuerung, sogenannte Mehrflächenzylinder bekannt [8.1].

8.2 Antriebe hydraulischer Systeme

Bisher wurde nur die eigentliche Hydraulik betrachtet und außer Acht gelassen, dass den jeweiligen Systemen auch Energie zugeführt werden muss. In diesem Abschnitt wird daher erläutert, welche verschiedenen Antriebsarten für hydraulische Systeme existieren.

Der Antrieb der Pumpe findet im Allgemeinen durch einen Dieselmotor oder einen Elektromotor statt, wobei Elektromotoren entweder mit Netzfrequenz oder Frequenzumrichtern betrieben werden können. Der gewählte Antrieb liefert verschiedene Randbedingungen beispielsweise an die Steuerung des Systems und das Design der Pumpe. Bei der Auswahl des Antriebs stellt sich außerdem die Frage der Zuführung der Energie. Insbesondere im Bereich der mobilen Arbeitsmaschinen zeichnet sich ein Dieseltank durch hohe Leistungsdichte aus. Aber auch ist hier der Betrieb mittels eines Stromkabels ist möglich. Neuere Alternativen zur Speisung eines Elektromotors sind dabei eine Batterie oder zukünftig ein Wasserstofftank in Kombination mit einer Brennstoffzelle.

Welches Antriebssystem für eine Anwendung gewählt wird, hängt von den spezifischen Anforderungen des Systems ab. Für Betreiber mobilhydraulischer Maschinen stehen dabei die Erfüllung der gesetzlichen Vorschriften und die Kosteneffizienz im Vordergrund. Auch eine gute Steuerbarkeit des Systems und eine hohe Produktivität sind wichtig, während die Energieeffizienz bisher oftmals nachrangig betrachtet wird. Dies steht allerdings im Widerspruch zu den ökologischen Anforderungen, da eine Reduzierung von Treibhausgasemissionen und Umweltbelastungen insbesondere durch Wirkungsgradsteigerungen erreicht werden kann.

Je nach ausgewähltem Antrieb ergeben sich unterschiedliche Möglichkeiten und Notwendigkeiten beim Aufbau des Hydrauliksystems. Dieselmotoren sowie Elektromotoren mit Netzfrequenz verfügen eine größtenteils konstante Drehzahl sowie feste Drehrichtung. Die Steuerung der Leistung im System wird dabei durch hydraulische Widerstände oder verstellbare Verdrängereinheiten realisiert. Durch den Einsatz von Frequenzumrichtern können Elektromotoren auch mit variabler Drehzahl und Drehrichtung betrieben werden. Hieraus ergeben sich weitergehende Möglichkeiten der Steuerung und Kombination von Systemen. An die verwendeten Pumpen folgen dabei neue Randbedingungen, nämlich der Betrieb bei veränderlichen Drehzahlen insbesondere auch nahe dem Stillstand.

Eine **servohydraulische Achse** umfasst einen Hydraulikzylinder, der mit einem Servoventil und entsprechender Elektronik zur dynamischen Regelung ausgestattet ist. Die Energieversorgung dieses widerstandsgesteuerten Systems erfolgt dabei dudurch eine externe Druckversorgung. Vorteilhaft hierbei ist neben der kompakten Bauweise, die gute erzielbare Dynamik, die durch kurze Ölleitungen (Kapazitäten) erreicht wird. Eine weitere kompakte Bauform einer hydraulischen Achse stellt die **elektrohydraulische Achse** dar. Bei dieser wird ein Elektromotor und ein vollständiges Aggregat (Pumpe, Filter, Tank, Sicherheitsventile) unmittelbar mit dem Zylinder in einer kompakten Einheit integriert. Durch dieses verdrängergesteuerte System werden bessere Wirkungsgrade ermöglicht und es entstehen dezentralisierte und flexibel erweiterbare Systeme, die sich schnell und ohne hydraulisches Fachwissen in Baugruppen integrieren lassen. Nachteilhaft sind aktuell noch der Preis und die vergleichsweise schwierige Wartung, die meistens einen Austausch der ganzen Achse erfordert.

8.3 Hydrostatische Getriebe

Dienen eine hydraulische Steuerung und deren hydraulische Versorgung zusammen der Übertragung oder Wandlung von Energie oder Bewegungen, so wird dieses System hydrostatisches Getriebe genannt. Der hydraulischen Druckversorgung, der Pumpe, kommt dabei die Aufgabe zu, mechanische Energie in hydraulische umzuformen. In einem Motor wird die hydraulische Energie wiederum in mechanische zurückgewandelt. Die Steuerungen von Pumpe und Motor entscheiden in welchem Verhältnis Energie gewandelt wird. Die meisten hydraulischen Schaltungen zählen zu den hydrostatischen Getrieben, da sie der Wandlung und dem Transport mechanischer Energie dienen.

Bei hydrostatischen Getrieben im engeren Sinn ist eine direkte Wechselwirkung zwischen Pumpe und Motor gegeben, ohne dass Regelventile im Leistungszweig angeordnet sind. Diese Getriebe lassen sich ohne Berücksichtigung der unterschiedlichen Verdrängerprinzipien nach **fünf Hauptmerkmalen** unterscheiden.

- Die **Verschaltung** kann im offenen Kreislauf oder im geschlossenen Kreislauf erfolgen.
- Die **räumliche Anordnung** der Komponenten erlaubt die Einteilung in Kompaktgetriebe und Ferngetriebe.

- Die **Verstellung** erfolgt als Pumpenverstellung, Motorverstellung oder Verbundstellung.
- Die **Leistungsabgabe** geschieht durch Einzelantrieb, Parallelschaltung mehrerer Verbraucher oder durch Reihenschaltung mehrerer Verbraucher.
- Der **Leistungsfluss** kann vollhydrostatisch oder teilhydrostatisch (leistungsverzweigt) erfolgen.

Im Gegensatz zu dem bei der Herleitung der Grundlagen herangezogenen Modell eines idealen Getriebes ist das reale hydrostatische Getriebe verlustbehaftet. Die Verluste an Geschwindigkeit durch Leckage und Kompressionseffekte werden durch den **volumetrischen Wirkungsgrad η_{vol}**, die Verluste an Kraft oder Moment durch Reibung durch den **hydraulisch-mechanischen Wirkungsgrad η_{hm}** beschrieben. Die Definition der Wirkungsgrade kann der Darstellung in **Bild 8.3-1** entnommen werden. Die auftretenden Verluste und die dabei anfallende Wärme wurden bereits in Kapitel 7.1.2 genauer behandelt.

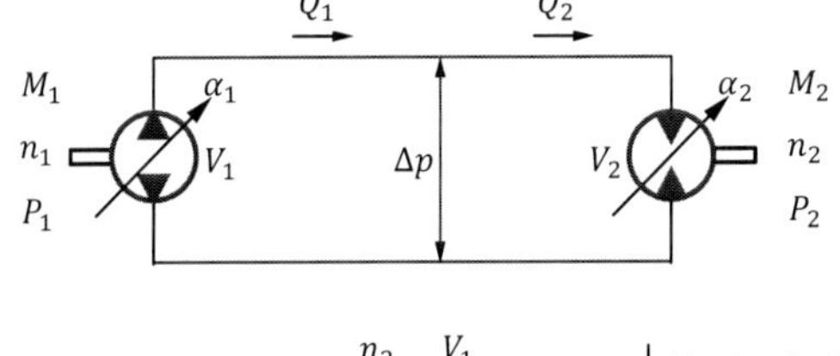

Drehzahlverhältnis	$\nu = \frac{n_2}{n_1} = \frac{V_1}{V_2} \cdot \eta_{1,2\,vol}$	Ideales Getriebe $\eta_{1,2\,hm} = 1$
Momentenwandlung	$\mu = \frac{M_2}{M_1} = \frac{V_2}{V_1} \cdot \eta_{1,2\,hm}$	$\eta_{1,2\,vol} = 1$
Wirkungsgrad	$\eta = \frac{P_2}{P_1} = \eta_{1,2\,vol} \cdot \eta_{1,2\,hm} = \eta_{ges}$	
Drehmoment	$M_i = \frac{V_i}{2\pi} \cdot \Delta p_i$	

Bild 8.3-1: Wandlereigenschaften des hydrostatischen Getriebes

Verschaltung

Hauptunterscheidungsmerkmal der verschiedenen Schaltungen ist, ob ein offener, ein geschlossener oder ein halb offener bzw. halb geschlossener

Kreislauf vorliegt. Die Möglichkeiten sind in **Bild 8.3-2** schematisch gegenübergestellt.

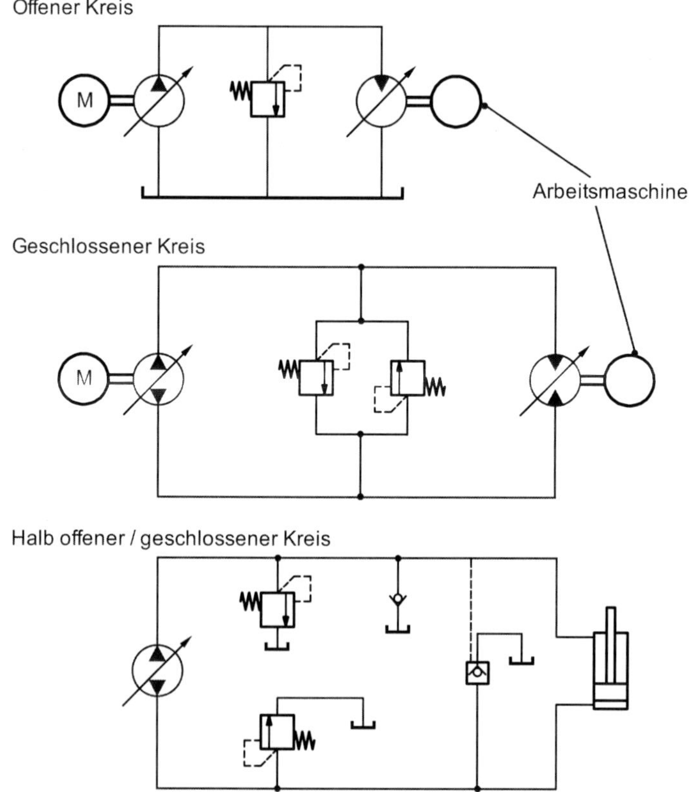

Bild 8.3-2: Verschaltungsmöglichkeiten

Die Pumpe im Getriebe mit offenem Kreislauf (**Bild 8.3-2**, oben) entnimmt den gesamten Förderstrom dem Tank, während im geschlossenen Kreislauf (**Bild 8.3-2**, mitte) das Rücköl vom Motor, vermindert um das Leck- und Spülöl, der Pumpe wieder zugeführt wird. Weil der Ölmotor im geschlossenen Kreislauf hydraulisch eingespannt ist, kann mit ihm auch gebremst werden. Die Bremsleistung wird über die Pumpe zum Antriebsmotor zurückgespeist. Auch eine Drehrichtungsumkehr mit negativ ausschwenkbarer Verstellpumpe ist möglich. Die Kombination dieser Betriebsmodi ermöglicht einen **Vierquadrantenbetrieb**.

Beide Leitungen müssen beim geschlossenen Kreislauf druckfest ausgeführt sein. Deshalb sollen die zum Dauerbetrieb erforderlichen Zusatzgeräte wie Filter, Kühler und Ausgleichsbehälter nicht im Hauptkreislauf angeordnet werden, da deren druckfeste Ausführung problematisch und teuer ist. Sie werden in einem zusätzlichen, über eine Speisepumpe betriebenen Nebenkreislauf untergebracht. Durch **Speise- und Spülventile** wird ein ständiger Austausch der Flüssigkeit im Hauptkreislauf gewährleistet.

Ein geschlossener Kreislauf erfordert den Einsatz eines symmetrischen Verbrauchers. Ein symmetrischer Verbraucher ist eine Maschine, die in beide Bewegungsrichtungen einen gleich großen Volumenstrom schluckt. Beispiele hierfür sind gleichflächige Zylinder oder Rotationsmotoren.

Fährt ein Differentialzylinder aus, wird mehr Flüssigkeit in die große Zylinderkammer gepumpt als aus der kleinen Zylinderkammer angesaugt werden kann. In der Saugleitung der Pumpe fällt der Druck ab. An der Pumpe drohen Kavitationsschäden. Um dies zu verhindern, wird über ein Nachsaugventil Flüssigkeit in den Kreislauf gefördert. Fährt der Differentialzylinder ein, wird aus der großen Zylinderkammer mehr Flüssigkeit verdrängt als in die kleine Kammer gefördert werden kann. Über ein entsperrbares Rückschlagventil kann die überschüssige Flüssigkeit abfließen. Daher ist ein unsymmetrischer Verbraucher nur in einem halb offenen (halb geschlossenen) Kreislauf einsetzbar (**Bild 8.3-2**, unten). Durch den ständigen Volumenstromaustausch mit dem Tank kann auf eine zusätzliche Spülung verzichtet werden.

Bild 8.3-3 zeigt den Schaltplan eines im geschlossenen Kreislauf arbeitenden hydrostatischen Getriebes mit Verstellpumpe 1 und Verstellmotor 2. Die Speisepumpe 3 führt dem Hauptkreislauf Fluid zu. Gegen zu hohen Druck ist die Speisepumpe durch das Ventil 4 gesichert. Aus dem Kreislauf wird über das Spülventil 7 und das Druckbegrenzungsventil 5 Fluid zum Tank abgeführt. Kühlung und Filterung werden typischerweise im Rücklauf hinter dem Druckbegrenzungsventil 5 eingebaut, sodass die Filter und Kühler nur auf niedrigen Druck ausgelegt werden müssen. Gegen unzulässig hohe Druckdifferenzen ist der Hauptkreislauf durch die beiden Druckbegrenzungsventile 6 abgesichert.

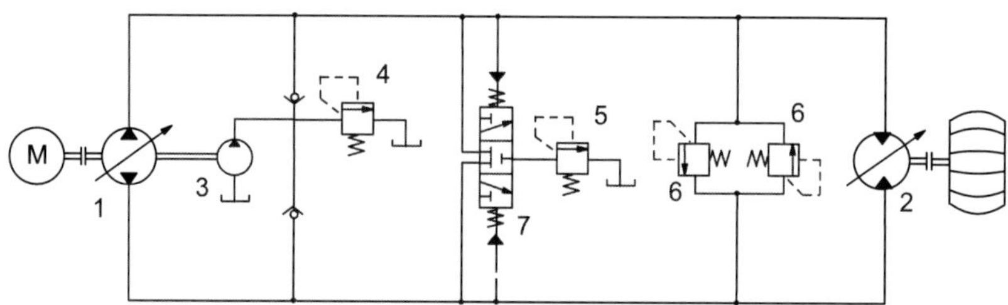

Bild 8.3-3: Hydrostatisches Getriebe im geschlossenen Kreislauf

Räumliche Anordnung

Bei der räumlichen Anordnung eines Getriebes wird zwischen Kompakt- und Ferngetriebe unterschieden. Bei **Kompaktgetrieben** sind Motor und Pumpe in einem Gehäuse untergebracht. Hier wird die Hydrostatik wegen der einfachen und verschleißarmen Steuerbarkeit zur Wandlung mechanischer Größen eingesetzt.

Bei **Ferngetrieben** sind Pumpe und Motor über längere Leitungen verbunden. Dabei kommen zusätzliche Vorteile der Hydraulik zum Tragen, wie platzsparende und leichte Bauweise, flexibler Aufbau, Verwendung von Serienbauelementen sowie Überbrückung mittlerer Entfernungen. Das Ferngetriebe ist besonders dort anzutreffen, wo eine Pumpe mehrere Verbraucher (Hydromotoren und -zylinder) mit Energie versorgt.

Verstellung

Bei einfachen Getrieben kleinerer Leistung kann die Drehzahlwandlung durch Stromteilung erfolgen, die durch Drosselung im Hauptstrom zum Motor und Nebenstrom zum Tank erreicht wird. Die Bypassdrosselung ist stark verlustbehaftet und wird daher hier nicht weiter behandelt. Getriebe höherer Leistung arbeiten daher mit Pumpen- bzw. Motorverstellung.

Die Pumpenverstellung oder auch **Primärverstellung** hat den Vorteil, dass der Pumpenförderstrom, und damit die Abtriebsdrehzahl n_2, proportional dem eingestellten Hubvolumen V_1 ist **(Bild 8.3-4)**. Stillstand und Rückwärtslauf können einfach realisiert werden.

Bei der Motorverstellung, auch **Sekundärverstellung** genannt, wird der Schwenkwinkel am Motor so eingestellt, dass der Motor das gewünschte

Drehmoment beziehungsweise die gewünschte Drehzahl liefert. Entsprechend fließt nur so viel Öl durch die Leitungen, wie zur Erzeugung des benötigten Drehmoments notwendig ist. Strömungsverluste in den Leitungen werden damit gegenüber einer Pumpenverstellung im Teillastbetrieb deutlich vermindert. Es können auch mehrere Motoren, die von einer gemeinsamen Pumpe versorgt werden, einzeln beeinflusst werden. Ein Nachteil ist, dass die Motordrehzahl n_2 bei gegebenem Volumenstrom umgekehrt proportional dem eingestellten Schluckvolumen V_2 ist (**Bild 8.3-4**), so dass eine Steuerung zu niedrigen Drehzahlen und Drehzahlumkehr durch Verstellen des Motorschluckvolumens nicht möglich ist. Bei kleinen Schwenkwinkeln und ohne äußeres Drehmoment kann der Motor unzulässig hohe Drehzahlen erreichen. Der Einsatz einer Drehzahlüberwachung bzw. Drehzahlregelung ist daher grundsätzlich notwendig.

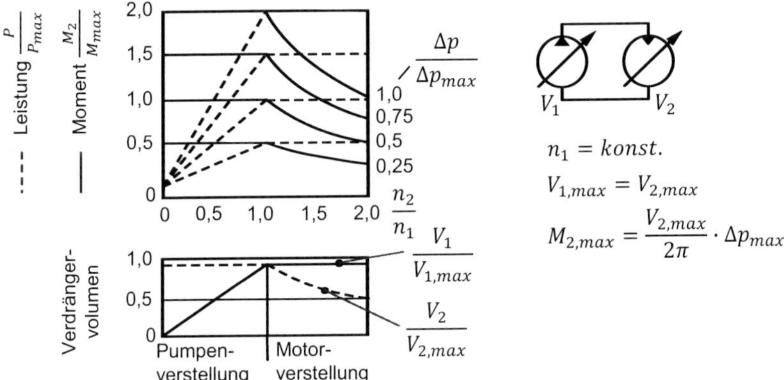

Bild 8.3-4: Kennlinienfeld eines verlustlosen hydrostatischen Getriebes bei Einzelverstellung

Beide Verstellmöglichkeiten können kombiniert werden, um einen großen Stellbereich bei guter Auslastung zu erreichen. Bei Getrieben mit getrennter Pumpen- oder Motorverstellung wird, ausgehend vom Stillstand der Abtriebswelle, die Pumpe von Nullförderung auf vollen Förderstrom geschwenkt. Zur weiteren Drehzahlerhöhung wird der Motor vom maximalen Schluckvolumen zum minimalen Schluckvolumen hin verstellt (**Bild 8.3-4**).

Bei gleichzeitiger Verstellung von Pumpen- und Motorverdrängervolumen spricht man von **Verbundverstellung (Bild 8.3-5)**.

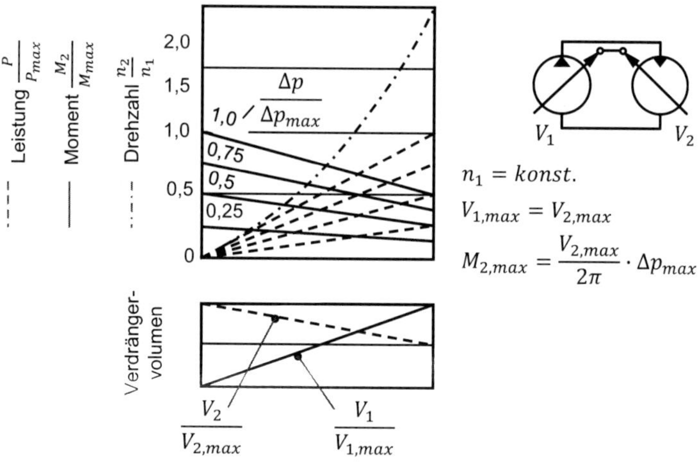

Bild 8.3-5: Kennlinienfeld eines verlustlosen hydrostatischen Getriebes bei Verbundvestellung

Kennlinienfelder und Wirkungsgrad

Die Verluste von hydrostatischen Getrieben setzen sich zusammen aus den Verlusten von Pumpe und Motor. Im Kennlinienfeld eines hydrostatischen Getriebes (**Bild 8.3-6**) mit getrennter Pumpen- und Motorverstellung ergeben sich die resultierenden Kennlinien aus dem Verlustverhalten von Motor und Pumpe. Für Wirkungsgrade von einzelnen Pumpen und Motoren sei auf Kapitel 4 verwiesen.

Hierbei ist das Ausgangsmoment M_2 über der Abtriebsdrehzahl n_2 aufgetragen. Die mechanischen Verluste kennzeichnen den Momentenverlauf über der Drehzahl. Wegen der Verluste im Bereich der Mischreibung bei kleinen Motordrehzahlen fällt hier das Abtriebsmoment M_2 ab. Durch die volumetrischen Verluste ist der Drehzahlabfall über der Belastung bei konstanter Einstellung der Verdrängervolumina bedingt.

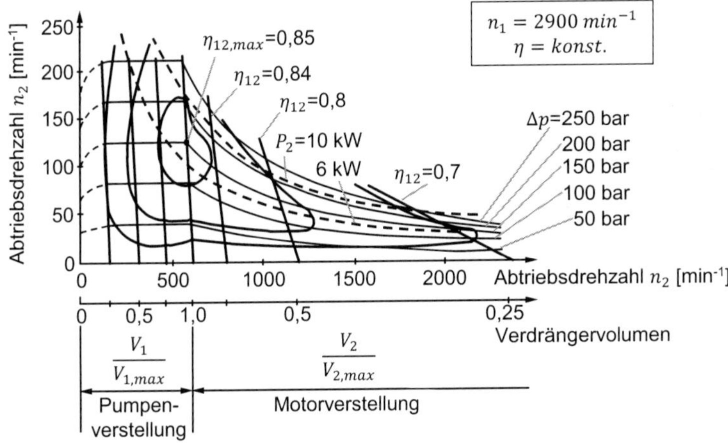

Bild 8.3-6: Kennlinienfeld eines hydrostatischen Getriebes mit Einzelverstellung

8.4 Leistungsverzweigte Getriebe

In vielen Fällen ist es vorteilhaft, mehrere Motoren durch eine gemeinsame Pumpe anzutreiben. Da die verschiedenen Verbraucher normalerweise nicht alle gleichzeitig die maximale Leistung beanspruchen, kann so die installierte Leistung geringer gehalten werden. Zwei verschiedene Grundschaltungen werden hier kurz vorgestellt, die Reihenschaltung oder Serienschaltung, und die Parallelschaltung. Sie sind in **Bild 8.4-1** gegenübergestellt.

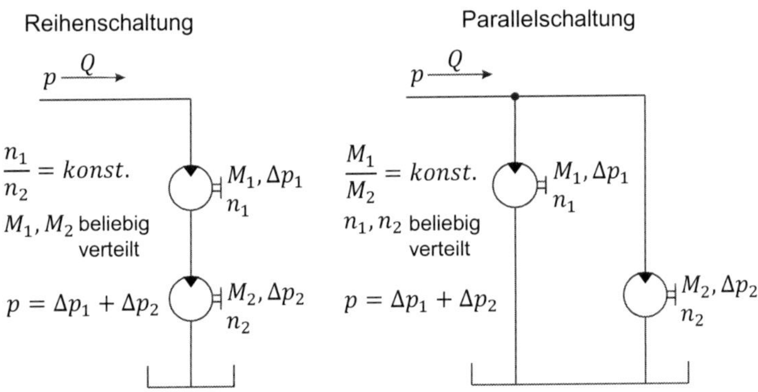

Bild 8.4-1: Reihen- und Parallelschaltung von Motoren

Bei der Reihenschaltung sind die Drehzahlen der Motoren starr gekoppelt, bei der Parallelschaltung gilt dies für die Drehmomente. Betriebstechnisch bieten beide Schaltungsarten spezifische Vorteile. Bei Stillstand eines Motors muss bei der Serienschaltung für eine Umgehung durch ein Ventil mit Neutralumlauf gesorgt werden, da sonst auch die anderen Motoren nicht laufen können. Die Parallelschaltung kann einfach um zusätzliche Verbraucher erweitert werden.

Getriebe mit aufgeprägtem Strom

Hydrostatische Getriebe arbeiten mit aufgeprägtem Volumenstrom, d. h. dass die Pumpe einen durch Drehzahl und Verstellung vorgegebenen Volumenstrom liefert, der sich mit dem Systemdruck nur geringfügig ändert. Systeme dieser Art lassen sich durch Verstellung der Drehzahl oder des Fördervolumens der Pumpe leicht in der Abtriebsdrehzahl oder -geschwindigkeit steuern.

Mit dem aufgeprägten Strom kann man problemlos eine Serienschaltung von Motoren erzeugen. Die Drehzahlen stellen sich entsprechend der Schluckvolumina der Motoren ein ($Q = V_1 \cdot n_1 = V_2 \cdot n_2 = ...$). Der Gesamtdruck ist gleich den durch die Lastmomente an den Motoren angeforderten Einzeldruckdifferenzen:

$$p_0 = M_1 \cdot \frac{2 \cdot \pi}{V_1} + M_2 \cdot \frac{2 \cdot \pi}{V_2} + ... \tag{8.4-1}$$

Parallelgeschaltete Motoren können nur durch einen aufgeprägten Strom gespeist werden, wenn sie eine gemeinsame Last treiben, über die sie form- oder kraftschlüssig gekoppelt sind.

Getriebe mit aufgeprägtem Druck

Ein hydrostatisches Getriebe kann auch als ein System mit aufgeprägtem Druck ausgelegt werden. Der Systemdruck kann mit Druckventilen durch eine Widerstandssteuerung oder mit einer Pumpenverstellung durch eine Verdrängersteuerung konstant gehalten werden. Soll in diesem Fall mit dem Motor statt eines konstanten Moments eine konstante Geschwindigkeit bei vorgegebenem Systemdruck realisiert werden, so ist eine zusätzliche Regelung am Motor notwendig. Diese Regelung kann als Widerstandssteuerung mit Servo-, Proportional- oder Stromregelventilen oder als Verdrängersteuerung durch eine Verstellung des Schluckvolumens verwirklicht werden.

Der Vorteil des Systems mit aufgeprägtem Druck ist die größere Gestaltungsfreiheit. Es können ohne weiteres Parallelschaltungen mehrerer Verbraucher vorgenommen werden, wie es bei Zentralhydraulikanlagen genutzt wird. Außerdem stehen **Hydrospeicher** zur Entkoppelung von angebotener und verbrauchter Leistung zur Verfügung, die bei intermittierendem Betrieb zur **Bremsenergierückgewinnung** eingesetzt werden.

Nachteilig ist, dass durch die Drehzahlregelung z. B. bei niedrigen Lastmomenten die Verstellmotoren bei sehr kleinen Schluckvolumina und damit bei niedrigem Wirkungsgrad gefahren werden. Außerdem muss durch geeignete Regelungen und Überwachungen sichergestellt werden, dass die zulässige Drehzahl des Motors bzw. der davon angetriebenen Komponenten nicht überschritten wird.

Leistungsfluss

Bei den vollhydrostatischen Getrieben wird die gesamte Leistung hydraulisch übertragen. Im Gegensatz dazu wird bei teilhydrostatischen Getrieben nur ein Teil in hydraulische Leistung umgewandelt, um dann vom Motor wieder in mechanische Leistung transformiert zu werden. Der andere Teil wird direkt über mechanische Übertragungsglieder geleitet, um am Getriebeausgang wieder mit dem hydraulisch übertragenen Teil vereinigt zu werden. Das Getriebe besteht folglich aus einer Aufteilung (Verzweigung), mehreren parallelen Leistungsflüssen und einer Zusammenführung (Summierung).

Auf diese Weise können Vorteile der rein mechanischen und rein hydrostatischen Getriebe vereinigt werden. Mechanische Zahnrad-Getriebe bieten typischerweise einen sehr guten Wirkungsgrad ermöglichen aber nur feste Übersetzungen. Hydrostatische Getriebe hingegen einen guten Wirkungsgrad bei variabler Übersetzung. Das Gesamtgetriebe bietet bei geeigneter Ausführung eine variable Übersetzung bei guten Wirkungsgraden über einen breiten Betriebsbereich. Die Getriebe lassen sich in solche mit innerer und äußerer Leistungsverzweigung unterteilen. Im Folgenden werden die Getriebe mit äußerer Leistungsverzweigung näher erläutert.

Äußere Leistungsverzweigung

Die äußere Leistungsverzweigung erfordert ein Verzweigungsgetriebe, in einem der Leistungsflüsse ein Verstellgetriebe, sowie ein Summiergetriebe, um je nach Übersetzungsverhältnis einen Teil der Leistung durch das hydrostatische Verstellgetriebe zu übertragen.

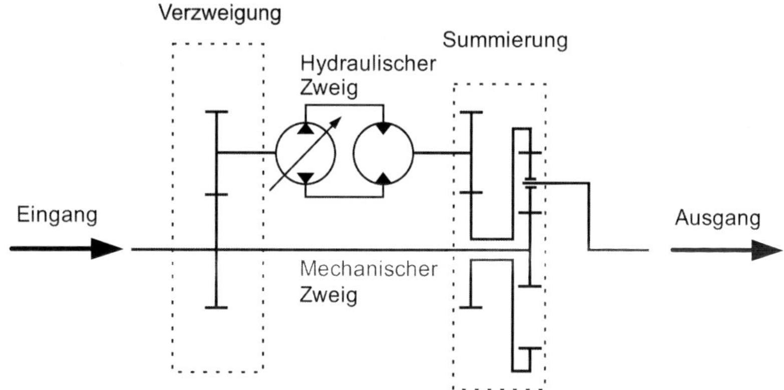

Bild 8.4-2: Eingangsseitig gekoppeltes teilhydrostatisches Getriebe

In dem Getriebe in **Bild 8.4-2** treibt die Eingangswelle den mechanischen Zweig direkt und den hydraulischen Zweig über ein Getriebe an. Die Drehzahlen der Getriebeeingangswelle, der Pumpe und des mechanischen Zweiges sind starr miteinander verbunden. Daher wird eine solche Getriebekonfiguration auch als **eingangsseitig gekoppelt** bezeichnet. Im Summiergetriebe hingegen stellt sich entsprechend der Übersetzung immer ein festes Verhältnis der Drehmomente zueinander ein. Die Drehzahlen der drei Wellen des Planetengetriebes sind hingegen variabel.

Beim **ausgangsseitig gekoppelten Leistungsverzweigungsgetriebe** sind hingegen die Drehzahlen des Hydromotors, des mechanischen Leistungsflusses und der Ausgangswelle miteinander gekoppelt (**Bild 8.4-3**). Hierbei stellt sich in der Leistungsverzweigung ein konstantes Drehmomentenverhältnis ein. Außerdem gibt es noch Leistungsverzweigungsgetriebe mit gekoppelten Planetengetrieben am Getriebeausgang und -eingang. Eine detaillierte Übersicht über Leistungsverzweigungsgetriebe bietet [8.5].

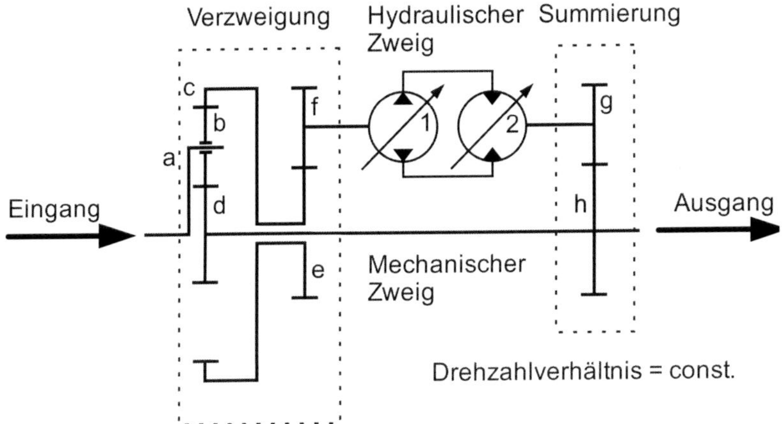

Bild 8.4-3: Ausgangsseitig gekoppeltes teilhydrostatisches Getriebe

Als Getriebe für Landmaschinen und Baumaschinen haben sich Leistungsverzweigungsgetriebe bewährt. Als Beispiel sei das Vario-Getriebe von Fendt genannt.

Das Übersetzungsverhältnis lässt sich folgendermaßen nach **Bild 8.4-3** bestimmen:

$$Q_1 = \frac{\alpha_1}{\alpha_{1max}} V_1 n_e \frac{r_e}{r_f} = \alpha_1^* V_1 n_e \frac{r_e}{r_f} \; ; \; mit \; \alpha_1^* = \frac{\alpha_1}{\alpha_{1max}} \tag{8.4-2}$$

$$Q_2 = \frac{\alpha_2}{\alpha_{2max}} V_2 n_h \frac{r_h}{r_g} = \alpha_2^* V_2 n_h \frac{r_h}{r_g} \; ; \; mit \; \alpha_2^* = \frac{\alpha_2}{\alpha_{2max}} \tag{8.4-3}$$

$$Q_1 = Q_2$$

$$n_h = n_e \frac{\alpha_1^*}{\alpha_2^*} \cdot \frac{V_1}{V_2} \cdot \frac{r_e}{r_f} \cdot \frac{r_g}{r_h} \tag{8.4-4}$$

$$n_a = \frac{n_h r_d + n_e r_c}{2 r_a} \tag{8.4-5}$$

$$r_a = \frac{r_c + r_d}{2} \tag{8.4-6}$$

$$n_h = \frac{\alpha_1^*}{\alpha_2^*} \cdot \frac{V_1}{V_2} \cdot \frac{r_e}{r_f} \cdot \frac{r_g}{r_h} \frac{n_a(r_c + r_d) - n_h r_d}{r_c} \tag{8.4-7}$$

Dabei lassen sich zwei Betriebsbereiche unterscheiden.

Bereich I: $$n_a < \frac{r_d}{r_c + r_d} n_h \tag{8.4-8}$$

Bereich II: $$n_a > \frac{r_d}{r_c + r_d} n_h \tag{8.4-9}$$

Im Bereich I wirkt Einheit 2 als Pumpe und Einheit 1 als Motor. Die Hydraulik überträgt eine kreisende Blindleistung (**Bild 8.4-4**). Teil c hat die entgegengesetzte Drehrichtung wie Teil d.

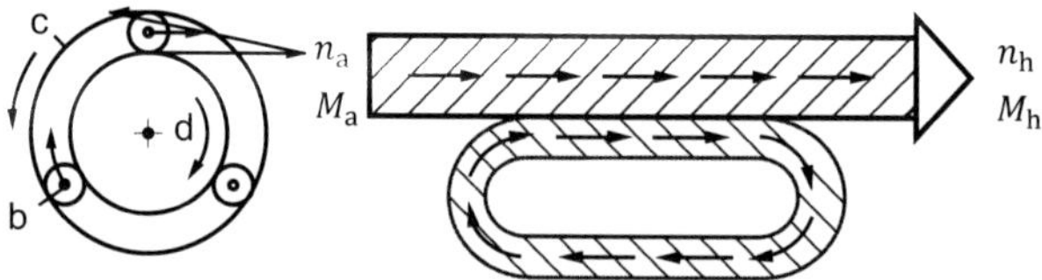

Bild 8.4-4: Leistungsfluss bei hydraulischer Blindleistung

Bei der Grundübersetzung ist Einheit 1 auf $\alpha_1 = 45°$ verstellt. Das äußere Hohlrad c des Planetengetriebes steht allerdings still. Die Einheit 2 ist auf 0° verstellt und ist an die Drehzahl des Antriebes gekoppelt. Die Leistung wird rein mechanisch übertragen. Das Getriebe arbeitet mit bestem Wirkungsgrad.

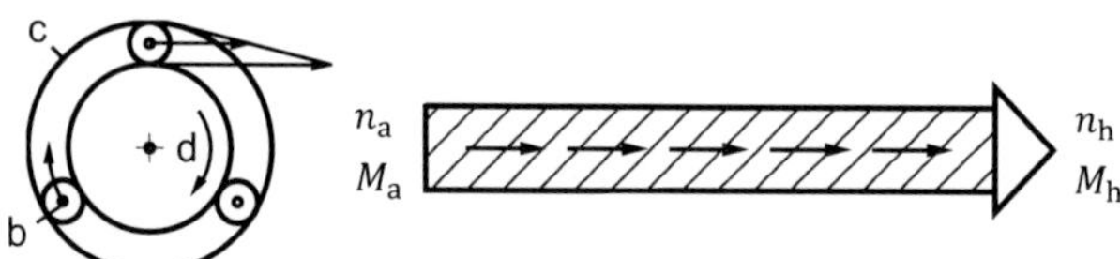

Bild 8.4-5: Rein mechanischer Leistungsfluss

Im Bereich II wirkt Einheit 1 als Pumpe, Einheit 2 als Motor. Die Hydraulik überträgt einen Teil der zu übertragenden Leistung. Teil c und Teil d haben die gleiche Drehrichtung.

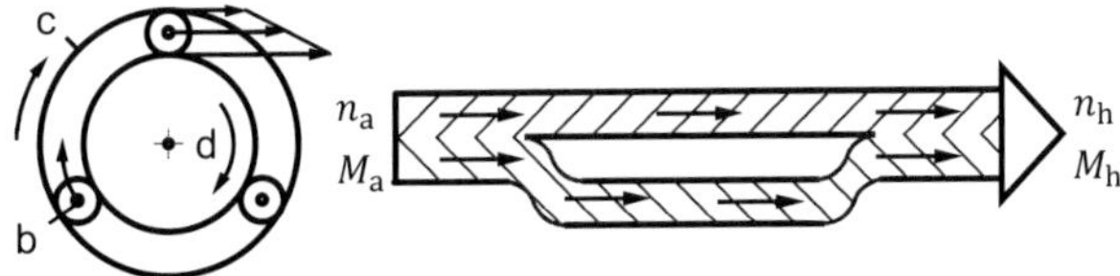

Bild 8.4-6: Leistungsfluss mit hydraulischer Wirkleistung

8.5 Hydraulische Steuerung von Linearantrieben

In diesem Abschnitt werden verschiedene Schaltungen vorgestellt, die zur Steuerung von hydraulischen Linearantrieben genutzt werden können.

8.5.1.1 Primär gesteuerter Differentialzylinder

Eine Möglichkeit zur Steuerung von Linearantrieben stellt die Verwendung von Pumpen mit Verdrängersteuerung dar. Hierbei wird in der Regel jeder Verbraucher durch eine eigene Pumpe versorgt. Die Pumpen liefern den geforderten Volumenstrom. Der Druck jedes Antriebs wird durch seine Last bestimmt. Der prinzipielle Aufbau zum Betrieb von zwei Differenzialzylindern mit Verstellpumpen ist **Bild 8.5-1** zu entnehmen.

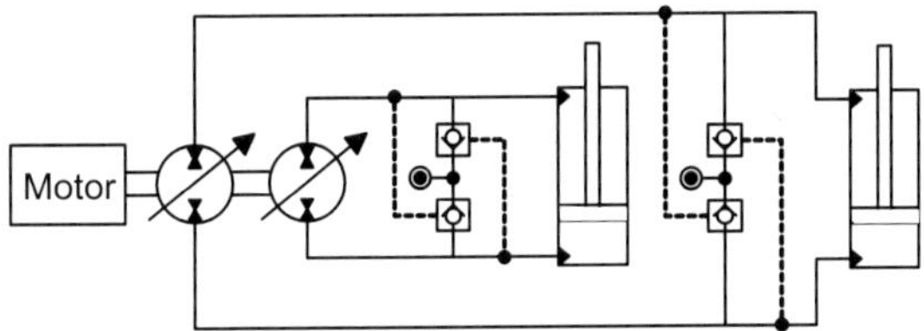

Bild 8.5-1: Verdrängergesteuerter Differentialzylinder

Es treten bei dieser Schaltung abgesehen von Leitungsverlusten keine prinzipbedingten Drosselverluste auf, da jeder Aktor von seiner eigenen Pumpe gespeist wird. Eine Energierückgewinnung über die Antriebswelle ist ebenfalls möglich, jedoch muss jede Verstellpumpe entsprechend der maximalen Leistung ihres entsprechenden Verbrauchers dimensioniert sein, was einen häufigen Betrieb bei Teillastwirkungsgraden verursacht und daher auf diesem Weg höhere Komponenntenverluste erzeugt. Aufgrund der großen Anzahl benötigter verstellbarer Pumpen sind die Investitionskosten sehr hoch.

Eine weitere bereits vorgestellte Lösung zur primären Steuerung von Differentialzylindern sieht einen drehzahlvariablen Antrieb mit einer Konstantpumpe vor. Diese Antriebsachsen werden vermehrt als kompakte elektrohydraulische Achse, siehe Kapitel 8.2, von vielen Herstellern entwickelt und vermarktet und finden zunehmende Anwendung im industriellen Umfeld. Dieser Trend wird begünstigt durch die sinkenden Preise der Leistungselektronik.

8.5.1.2 Zylindersteuerung mit aufgeprägtem Volumenstrom

Bei den hier vorgestellten Schaltungen stellt sich die Geschwindigkeit des Zylinders aufgrund des vorgegebenen Förderstromes der Pumpe ein.

Schaltung für gleiche Geschwindigkeiten mit Differentialzylinder

Bei Verwendung eines Differentialzylinders ist zur Erzielung der gleichen Geschwindigkeit in beiden Bewegungsrichtungen ein Verhältnis der beiden Kolbenflächen von $A_1 : A_2 = 2 : 1$ notwendig.

Beim Ausfahren des Zylinders gilt

$$v = \frac{Q}{A_1 - A_2} = \frac{Q}{A_1/2} = 2\frac{Q}{A_1} \tag{8.5-1}$$

und beim Einfahren gilt

$$v = \frac{Q}{A_2} = \frac{Q}{A_1/2} = 2\frac{Q}{A_1} \tag{8.5-2}$$

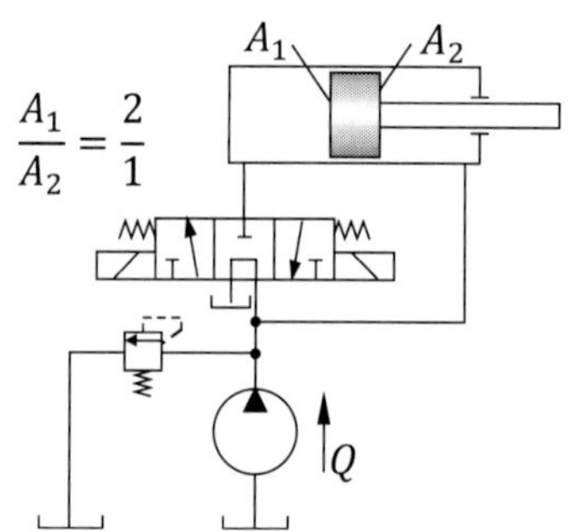

Bild 8.5-2: Differentialzylinder für gleiche Geschwindigkeiten

In beiden Bewegungsrichtungen ist die gleiche Last möglich.

$$F = p\frac{A_1}{2} \tag{8.5-3}$$

Zum Umschalten der Bewegungsrichtung ist ein 3/3-Wegeventil notwendig (**Bild 8.5-2**).

Eilgangschaltung mit Differentialzylinder

Eine Eilgangschaltung für einen Differentialzylinder lässt sich mit der in **Bild 8.5-3** gezeigten Schaltung realisieren. Mit dem Ventil V_2 wird die Bewegungsrichtung bzw. der Stillstand vorgegeben. Der Eilgang wird durch Schalten von Ventil V_1 in Schaltstellung 1 bewirkt.

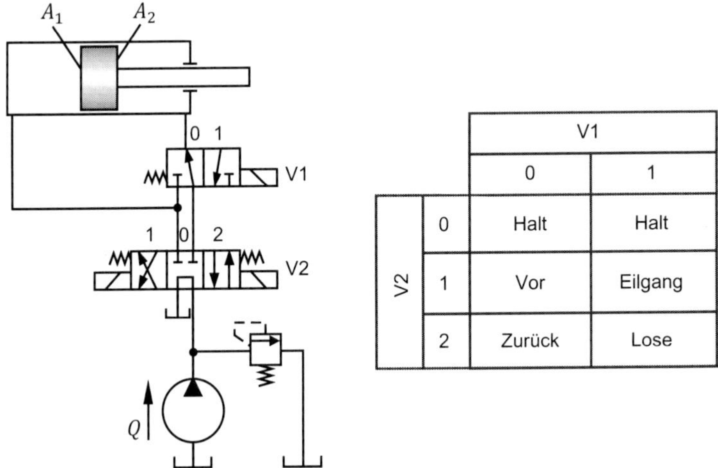

V2		V1: 0	V1: 1
	0	Halt	Halt
	1	Vor	Eilgang
	2	Zurück	Lose

Bild 8.5-3: Differentialzylinder mit Eilgangschaltung

Die Geschwindigkeit für vorwärts beträgt

$$v = \frac{Q}{A_1} \tag{8.5-4}$$

für rückwärts

$$v = \frac{Q}{A_2} \tag{8.5-5}$$

und für den Eilgang

$$v = \frac{Q}{A_1 - A_2} \tag{8.5-6}$$

Zum Aufbau einer Eilgangschaltung mit Differentialzylinder lässt sich das in **Bild 8.5-3** gezeigte 4/3-Wegeventil auch durch zwei 3/2-Wegeventile oder vier 2/2-Wegeventile ersetzen.

Eilgangschaltung mit Niederdruckpumpe mit Differentialzylinder

Eine weitere Möglichkeit, eine Eilgangschaltung für einen (Differential-) Zylinder zu verwirklichen, ist in **Bild 8.5-4** gezeigt. Durch Parallelschalten einer Hochdruckpumpe mit niedrigem Förderstrom, der Pumpe B in **Bild 8.5-4**, und einer Niederdruckpumpe mit hohem Förderstrom, Pumpe A, können verschiedene Geschwindigkeiten geschaltet werden.

Im Eilgang fördern die Pumpen A und B zum Zylinder. Im Arbeitsgang wird durch ansteigenden Druck Ventil C geöffnet, und der Volumenstrom von Pumpe A fließt drucklos in den Tank. Es fördert nur die Hochdruckpumpe zum Zylinder. Eine derartige Schaltung kann beispielsweise für einen Press- oder Nietvorgang eingesetzt werden.

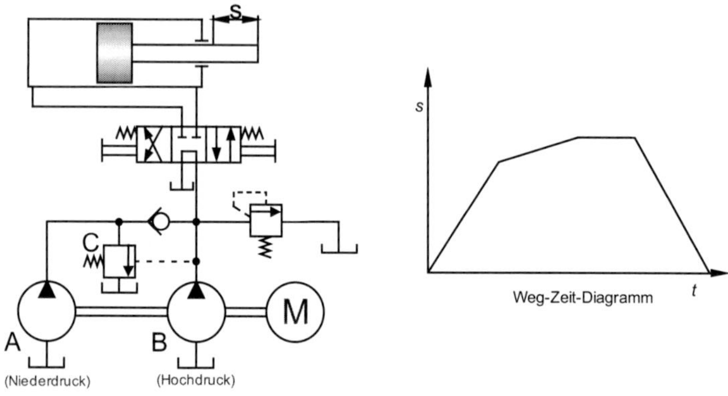

Bild 8.5-4: Eilgangschaltung mit Niederdruckpumpe

8.5.1.3 Geschwindigkeitsregelung durch Stromventile

In vielen Fällen soll ein Zylinder auch unter wechselnden Lasten mit konstanter Geschwindigkeit bewegt werden. Aus verschiedenen Gründen, insbesondere der in der Realität nicht zu vernachlässigenden Kompressibilität des Fluids ist hierzu der Einbau weiterer Komponenten notwendig. Es bietet sich der Einsatz von Stromregelventilen an, die unabhänigig vom Differenzdruck einen weitestgehend konstanten Volumenstrom ermöglichen. Hierzu sind verschiedene Schaltungen realisierbar, wobei diese jeweils auch auf die Verwendung eines Motors statt eines Zylinders übertragbar sind.

Beim Einsatz von Stromregelventilen ist zu beachten, dass das Flüssigkeitsvolumen zwischen Ventil und Motor so klein wie möglich gehalten wird, da die Kompressibilität bei Laständerungen eine erhöhte Regelabweichung bewirkt. Lufteinschlüsse müssen vermieden werden, und zwischen Ventil und Motor dürfen keine Schläuche, sondern sollten möglichst nur kurze, dickwandige Rohre verwendet werden. Zur Minimierung der Schlupfverluste sollten keine leckagebehafteten Ventile zwischen Stromregelventil und Motor angeordnet werden. Beim Anfahren mit dem Stromregler wird der Zylinder sprungförmig in Bewegung gesetzt, da bei $p_2 = p_1 = 0$ der Kolben der Druckwaage durch die Feder in die Endstellung gedrückt wird und ein Anfahrsprung erfolgt.

Im Folgenden werden verschiedene Einbauformen von Stromregelventilen dargestellt und erläutert.

Zuflussstromregelung

Bei der Zuflussstromregelung nach **Bild 8.5-5** ist der Kolben nicht hydraulisch eingespannt.

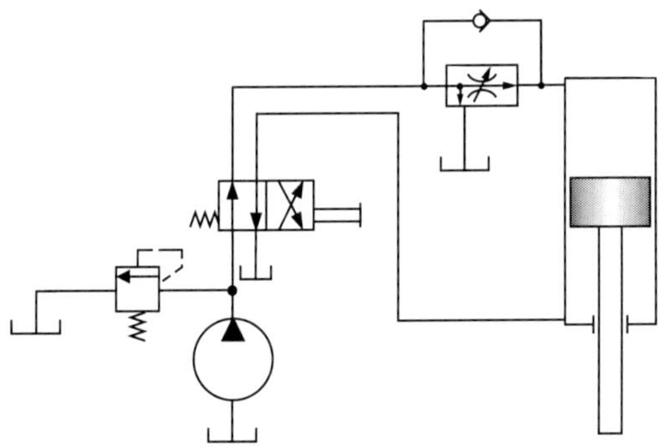

Bild 8.5-5: Stromregler im Verbraucherzufluss

Er neigt zum Springen, wenn keine äußere Last wirkt. Eine Stromregelung im Zufluss kann nur dann erfolgen, wenn Lasten nur in drückender Richtung wirksam sind. Bei Einsatz eines 3-Wege-Stromreglers baut sich der Druck nur so hoch auf, wie es die Last erfordert.

Abflussstromregelung

Bei der Abflussstromregelung nach **Bild 8.5-6** ist der Kolben zwischen zwei Drücken eingespannt. Es treten kaum Geschwindigkeitsänderungen bei Wechselkräften auf. Die Geschwindigkeit ist durch das 2/2-Wegeventil in zwei Stufen variierbar.

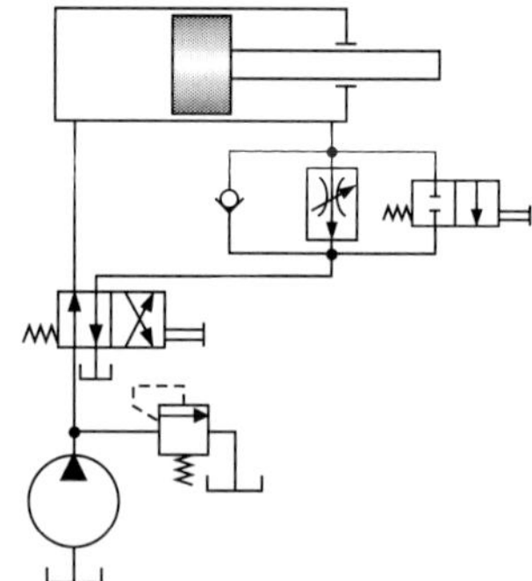

Bild 8.5-6: Stromregler im Verbraucherrücklauf

Stromregelventil in Graetz-Brücke

Wenn ein Stromregelventil für beide Richtungen eingesetzt werden soll, damit die gleiche Vor- und Rücklaufgeschwindigkeit beim gleichflächigen Kolben

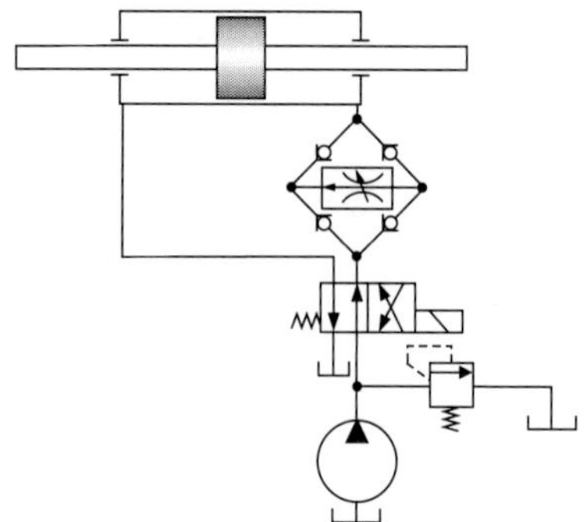

Bild 8.5-7: Stromregelventil in Graetz-Brücke

erzielt werden kann, kann die in **Bild 8.5-7** dargestellte hydraulische Graetz-Schaltung eingesetzt werden.

Bypasstromregelung

Die Geschwindigkeitseinstellung durch einen Regler im Bypass **(Bild 8.5-8)** ist nicht so genau, weil der Pumpenschlupf zusätzliche Fehler bewirkt, aber in beiden Richtungen gleichwertig. Der Pumpendruck ist nur so hoch, wie es die Last erfordert.

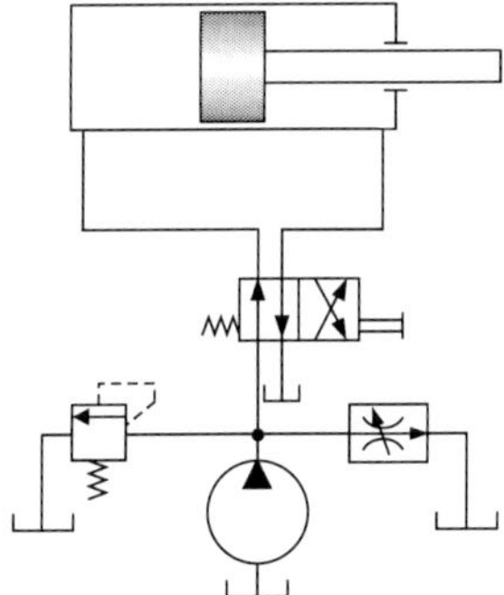

Bild 8.5-8: Stromregler im Bypass

8.5.1.4 Pressensteuerung

Eine einfache Pressensteuerung erfolgt unter Ausnutzung des Pressenkolbengewichtes. In **Bild 8.5-9** sind zwei Bauarten gegenübergestellt.

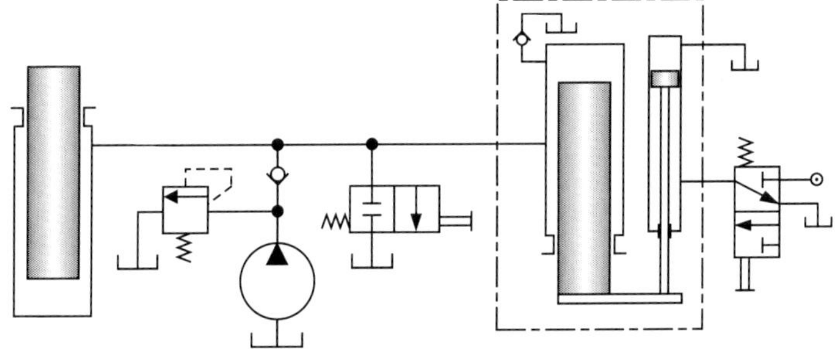

Bild 8.5-9: Einfache Pressensteuerung

Bei der **Unterkolbenpresse** erfolgt der Rücklauf durch das Eigengewicht des Kolbens. Bei der **Oberkolbenpresse** dagegen wird durch das Eigengewicht die Presse geschlossen. Aus einem hochliegenden Behälter wird der Zylinder über ein Nachsaugventil gefüllt. Der Rücklauf wird mit einem getrennten Rückzugzylinder durchgeführt.

8.5.1.5 Gleichlaufsteuerung

Der Gleichlauf zweier oder mehrerer Zylinder bzw. Motoren ist eine häufig auftretende Aufgabe in der Hydraulik. Dabei kommt es darauf an, die Unsymmetrie der Lasten, Reibungs- und Leckageverluste und deren gegenseitige Beeinflussung ganz oder teilweise durch entsprechende Maßnahmen auszugleichen.

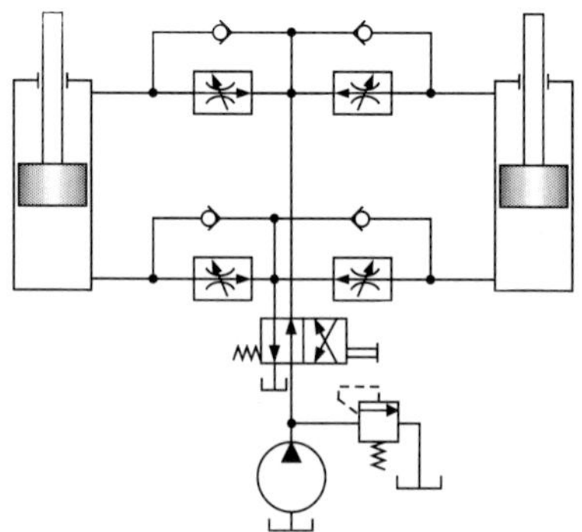

Bild 8.5-10: Gleichlaufsteuerung mit Stromregelventilen im Rücklauf

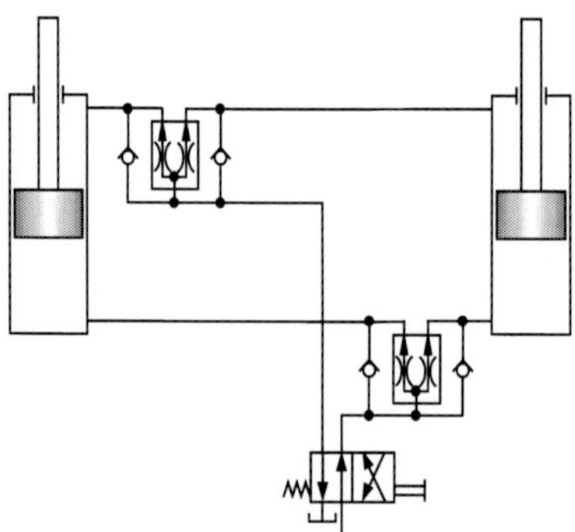

Bild 8.5-11: Gleichlaufsteuerung mit Stromteiler im Vorlauf

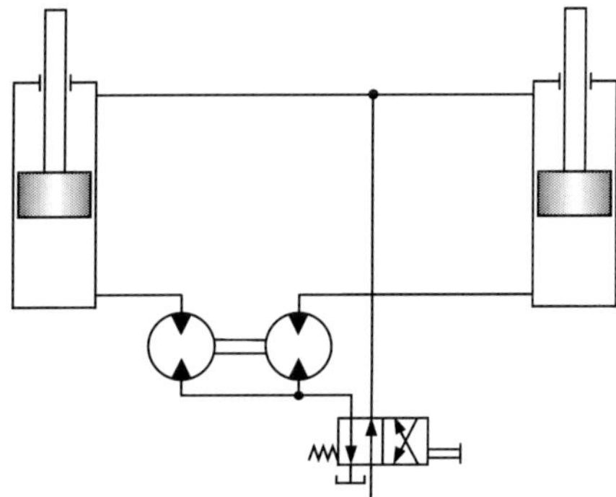

Bild 8.5-12: Gleichlaufsteuerung mit mechanisch gekoppelten Motoren

Die in den **Bild 8.5-10** bis **Bild 8.5-12** gezeigten Gleichlaufsteuerungen sind durch Leckage und Kompressibilität fehlerbehaftet. Die auftretenden Fehler werden nicht korrigiert. Daher ist ein Anwachsen der Fehler, z. B. durch Vergrößerung des Leckageanteils, durchaus möglich. Zum Abbau des Gleichlauffehlers, unabhängig von der Größe der Störungen, ist eine Regelung des Gleichganges erforderlich.

Bei einer solchen Gleichlaufregelung werden die Wege oder Drehwinkel gemessen. Die Regelabweichung, gebildet aus der Differenz der Messwerte beider Maschinen, wird zur Ansteuerung eines Gleichgangventils, einer Differenzpumpe oder einer regelbaren Hauptpumpe benutzt, womit eine Verringerung des Gleichlauffehlers erzielt wird.

8.6 Energierückgewinnung

In Kapitel 2.4.1 wurde bereits im Zusammenhang der allgemeinen Struktur hydraulischer Systeme der Unterschied zwischen Regeneration und Rekuperation erläutert. In **Bild 8.6-1** ist hierauf aufbauend eine Sammlung von Energierückgewinnungskonzepten dargestellt. Sie ist horizontal in Beispiele für geschlossene und offene Kreisläufe unterteilt und unterscheidet zwischen Rekuperation und Regeneration auf der vertikalen Achse [8.15].

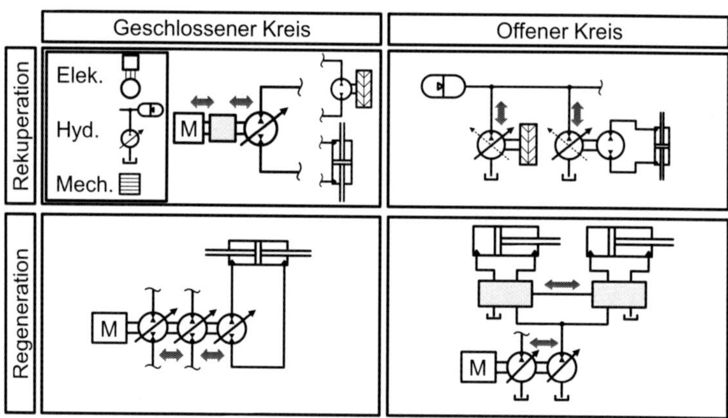

Bild 8.6-1: Konzepte zur Energierückgewinnung

Für Anwendungen mit geschlossenem Kreislauf, wie z. B. herkömmliche hydrostatische Antriebe, befindet sich die Rekuperationsvorrichtung zwischen dem Antriebsmotor und der Pumpenwelle [8.10, 8.11]. Elektrische, hydraulische und mechanische Lösungen (Schwungrad) werden in der grauen Box angezeigt. Im Gegensatz dazu ist eine Regeneration in mehreren Pumpenantrieben möglich [8.12]. Hier kann überschüssige Energie von einem Antrieb durch einen benachbarten Antrieb auf derselben Welle verwendet werden.

Offene Kreise ermöglichen die direkte Rückgewinnung von Energie in einen Hydrospeicher. Die Verdrängereinheiten können durch Null in Gegenrichtung ausschwenken, wodurch sich die Strömungsrichtung zur Energierückgewinnung ändert. Energieregeneration in offenen Kreisläufen erfolgt entweder über Ventile im konduktiven Teil der Schaltung oder auch durch eine Momenteverteilung auf derselben Antriebswelle, wie im geschlossenen Kreis [8.13].

8.7 Literatur zu Kapitel 8

8.1 Linjama, M. Digital Fluid Power – State of the art, 12th Scandinavian International Conference on Fluid Power, Tampere, Finland, 2011

8.2	Vukovic, M., Sgro, S., Murrenhoff	STEAM – a holistic approach to designing excavator systems, 9th International Fluid Power Conference, Aachen, 2014
8.3	Murrenhoff, H.	Servohydraulik – Geregelte hydraulische Antriebe, Umdruck zur Vorlesung an der RWTH Aachen; 4. Auflage 2012
8.4	Matthies, H. J.; Renius, K. Th.	Einführung in die Ölhydraulik, 8. Auflage, Wiesbaden 2014
8.5	Kohmäscher, T.	Modellierung, Analyse und Auslegung hydrostatischer Antriebsstrangkonzepte, Dissertation RWTH Aachen, 2008
8.6	Welschof, B.	Analytische Untersuchungen über die Einsatzmöglichkeit einer sauggedrosselten Hydraulikpumpe zur Leistungssteuerung, Dissertation RWTH Aachen, 1992
8.7	Scheidl, R., Kogler H.	Hydraulische Schaltverfahren: Stand der Technik und Herausforderungen, O+P Journal 2, 2013
8.8	Rühlicke, I.	Elektrohydraulische Antriebssysteme mit drehzahlveränderbaren Pumpen, Dissertation Technische Universität Dresden, Shaker Verlag, 1997
8.9	Bishop, E	Digtial hydraulic transformer – approaching theoretical perfection in hydraulic drive efficiency, 11th Scandinavian International Conference on Fluid Power, Linköping, Schweden, 2009
8.10	Renz, K., Vogl, K., Brand, M.	Hydraulic energy storage for hydrostatic travel drives, ATZoffhighway, September, 2013
8.11	Kliffken, M. G., Ehret, C., Beck, M., Stawiarski, R.	Put the Brake on Costs and Preserve the Environment with Hydraulic Hybrid Drive, ATZoffhighway, März, 2009a
8.12	Williamson, C.A.	Power management for multi-actuator mobile machines with displacement controlled actuators, Ph.D. thesis, Purdue University, 2010
8.13	Shenouda, A.	Quasi-Static Hydraulic Control Systems and Energy Savings Potential Using Independent Metering Four-Valve Assembly Configuration, Ph.D. thesis, Woodruff School of Mechanical Engineering, Georgia Institute of Technology, 2006
8.14	Hippalgaonkar, R., Ivantysynova, M., Zimmerman, J.	Fuel savings of a mini-excavator through a hydraulic hybrid displacement controlled system,8th International Fluid Power Conference, Dresden, 2012
8.15	Murrenhoff, H., Sgro, S., Vukovic, M.	An Overview of Energy Saving Architectures for Mobile Applications, 9th International Fluid Power Conference, Aachen, 2014

9 Digitalisierte hydraulische Systeme

Neu bearbeitet durch Malte Becker, M.Sc., Simon Hucko, M.Sc., Faried Makansi, M.Sc.

Moderne hydraulische Systeme zeichnen sich durch eine zunehmende Durchdringung digitaler Möglichkeiten auf. Der aktuellen Entwicklung wird in diesem Kapitel rechnung getragen.

9.1 Simulation und digitale Zwillinge

Im Entwicklungsprozess sind simulative Ansätz mittlerweile weit verbreitet. Der klassische, gradlinige Konstruktionsprozess wandelt sich vermehrt zu hin zur Modelbasierten Entwicklungsmethode, bei der ein virtueller Prototyp bestehend aus Konstruktion und Simulation ein fester Bestandteil des Produktentstehungsprozesses ist, siehe **Bild 9.1-1**. Die Abbildung des virtuellen Prototyps erfolgt in mehreren physikalischen Domänen im Modell und basiert auf Konstruktions- und Werkstoffdaten. Eine ganzheitliche Simulation ermöglicht die rechnerunterstütze Gesamtoptimierung, wo früher Erfahrungswissen der Konstrukteure gefordert war und reduziert maßgeblich den experimentellen Aufwand [9.1].

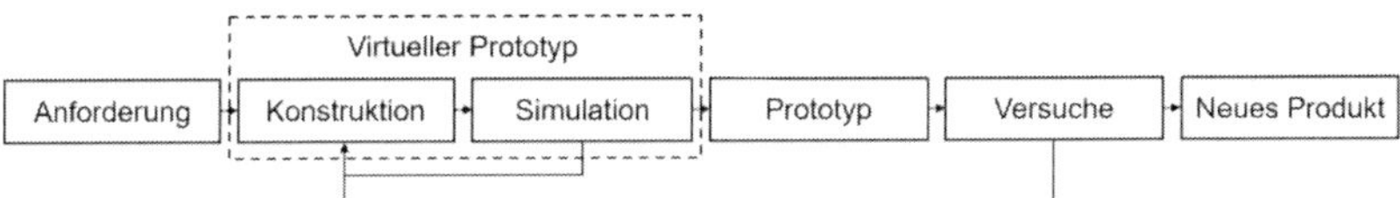

Bild 9.1-1: Modellbasierter Entwicklungsprozess

Insbesondere die immer komplexer werdende Schnittstelle zwischen den verschiedenen Disziplinen Mechanik, Elektrik und Fluidtechnik erfordert komplexe simulative Ansätze, die bestenfalls im gesamten Produktlebenszyklus Verwendung finden, siehe **Bild 9.1-2**. Somit werden simulative Ansätze nicht nur während der Produktentwicklung eingesetzt, sondern auch im Rahmen der Inbetriebnahme und des Betriebs der realen Maschine wie beispielsweise zur virtuellen Durchführung der Inbetriebnahme, zur Zustandsüberwachung oder im Rahmen von Redesign.

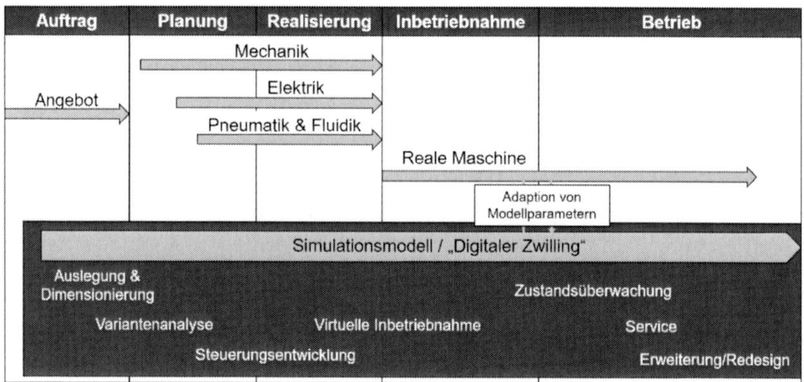

Bild 9.1-2: Simulationen im Produktlebenszyklus

Simulationsmodelle unterscheiden sich stark hinsichtlich ihrer Abbildungsgenauigkeit, der Zielsetzung der Modellierung und dem zeitlichen Aufwand. Nach der VDI 3633 sind Simulationen „Nachbildungen eines Systems mit seinen dynamischen Prozessen […], um zu Erkentnissen zu gelangen, die auf die Wirklichkeit übertragbar sind.“ [9.2]. In der Fluidtechnik werden Simulationen meistens zur detaillierten Komponentenauslegung und zur Analyse des dynamischen Systemverhaltens komplexer Systeme und Maschinen verwendet. Je nach Aufgabenstellung und Zielsetzung der Modellierung bieten sich unterschiedliche Simulationswerkzeuge an.

Diese Ansätze reichen von sehr schnell durchzuführenden 0-dimensionalen oder 1-dimensionalen Systemsimulationen, mit denen große und komplexe Systeme zeiteffizient berechnet und optimiert werden können – bis hin zu 3-dimensionalen Simulationen, mit denen Komponentendetails akurrat aufgelöst werden können (beispielweise in FEM- oder CFD-Simulationen) [9.3]. Die unterschiedlichen Simulationsansätze sind in **Bild 9.1-3** in Bezug auf Schnelligkeit und Abbildungstiefe gegenübergestellt.

Die mehrdimensionalen Simulationen werden auch als verteilt-parametrische Simulation bezeichnet, die eine orts- und zeitabhängige Auflösung der Zustandsgrößen ermöglichen. Die Beschreibung erfolgt durch partielle Differenzialgleichungen, die numerisch mithilfe der Diskretisierung gelöst werden. Hierdurch können lokale Phänomene aufgelöst werden, wie beispielsweise Strömungspfade, Druck- und Spannungsverteilungen etc. Da der Diskretisierungsaufwand sehr hoch ist und mit der Größe des zu betrachtenden

Gebiets wächst, werden verteilt-parametrische Simulationen meistens dazu verwendet, um lokalen Phänomene einzelner Komponenten genau zu modellieren und analysieren.

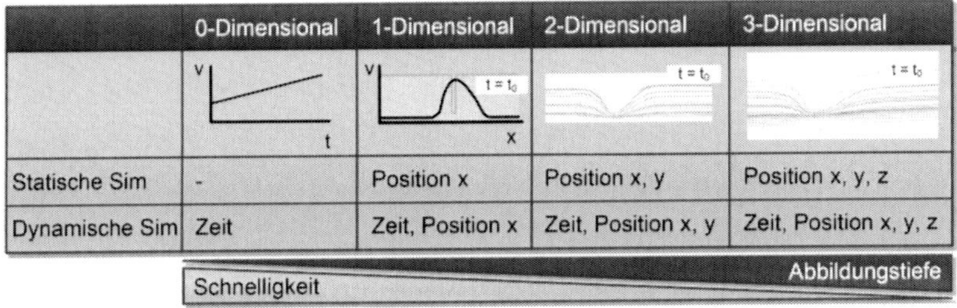

Bild 9.1-3: Unterschiedliche Simulationsansätze

Klassische Beispiele sind die FEM- (Finite-Elemente-Methode) / FEA- (Finite Element Analysis) Berechnung zur Festigkeitsuntersuchung von Festkörpern und die CFD- (Computational Fluid Dynamics) Simulation bei Strömungsfragestellungen. Gängige Software sind unter anderem Ansys Mechanical, Abaqus FEA, Ansys Fluent, STAR-CCM+, OpenFOAM, etc.

Sollen komplexere Systeme abgebildet werden, wird oft auf konzentriert-parametrische Simulationen zurückgegriffen, indem ein System in gröbere Teilelemente zerlegt wird. Die mathematische Beschreibung der Teilelemente erfolgt ohne innere örtliche Auflösung. Beispielsweise wird die Strömung durch eine Blende mittels Blendengleichung beschrieben, ohne die Strömung im Inneren exakt abzubilden. Häufig werden Kennfelder oder mathematische Vereinfachungen zur Hilfe genommen, um die Teilelemente möglichst präzise abzubilden. Auch hier resultiert die mathematische Modellierung in Differenzialgleichungssystemen, die numerisch gelöst werden können. Die konzentriert-parametrische Simulation ist aufgrund der Schnelligkeit und der Möglichkeit, auch sehr komplexe Systeme abbilden zu können, sehr gut geeignet für dynamische Systemsimulationen. Aufgrund der Zerlegung in bekannte und immer wiederkehrende Teilelemente ist die Erstellung von Modellbibliotheken zur physikalisch-mathematischen Beschreibung der Komponenten möglich. Die Grundmodelle lassen sich anwendungsspezifisch durch die Einstellung von Modellparametern parametrisieren, welche oftmals auf Schätzwerten, Erfahrungswerten oder auf experimenteller Ermittlung beruhen. Darüber hinaus besteht oftmals die Möglichkeit, eigene Komponenten durch die Vorgabe von Verhaltensmodellen zu modellieren. Der Aufbau von konzentriert-parametrischen Simulationen in der Fluidtechnik ähnelt dem Aufbau von fluidtechnischen Schaltplänen. Die einzelnen Komponenten werden oftmals durch Knoten verknüpft, in denen jeweils der Druckaufbau über die zu- und abfließenden Volumenströme der angeschlossenen Komponenten berechnet wird. Die den Simulationen zugrunde liegende Modellbildung wurde bereits in Kapitel 2.5 erläutert und in Kapitel 2.5.4 an einem Beispiel gezeigt. Gängige Software für diese Simulationen sind unter anderem AMESim, DSHplus, SimulationX. Die beschriebene verteilt-parametrische Simulation und die beschriebene konzentriert-parametrische Simulation sind exemplarisch in **Bild 9.1-4** gezeigt.

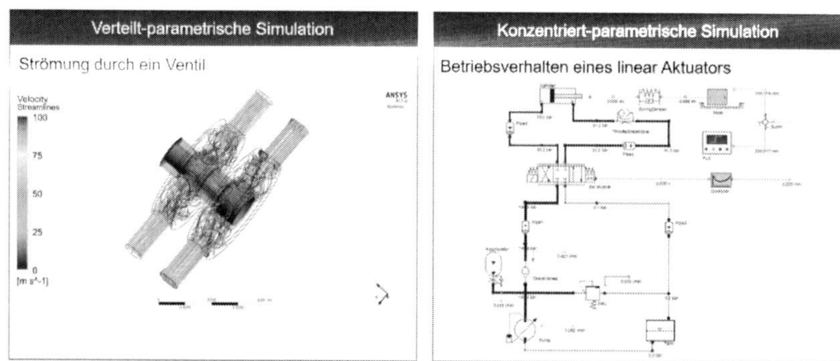

Bild 9.1-4: Exemplarische Darstellung verteilt-parametrische und konzentriert-parametrische Simulation

Je nach Detaillierungsgrad kann die Simulation zu einem digitalen Zwilling oder digitalen Schatten der Maschine oder der Komponente durch die Verknüpfung mit realen Sensordaten erweitert werden. Bei der Begrifflichkeit muss allerdings beachtet werden, dass „digitaler Zwilling“ kein definierter Begriff ist, sodass dieser Begriff oftmals unterschiedlich aufgefasst wird.

9.2 Datenerfassung

Sensoren werden in der Hydraulik zur Steuerung und Regelung von Antrieben, zur Zustandsüberwachung (Condition Monitoring), und zum Schalten von Sicherheitsfunktionen eingesetzt. Des Weiteren kommen diese zur Bestimmung von Komponentenkennwerten wie dem Wirkungsgrad von Hydromotoren, der Signalverstärkung von Ventilen oder der Reibung von Zylindern zum Einsatz.

In den meisten geregelten Systemen stellen Sensoren einen zentralen Bestandteil des Regelkreises dar, mit dem die Rückführung der Regelgröße realisiert wird, siehe Kapitel 9.3.

Wie in **Bild 9.2-1** gezeigt, werden die zu messenden Größen mit Hilfe von Sensoren gewandelt (zumeist in ein elektrisches Signal), verstärkt und bei Bedarf digitalisiert. Anschließend können diese dann ausgewertet oder weiterverarbeitet werden. Die Übermittlung kann analog oder digital erfolgen.

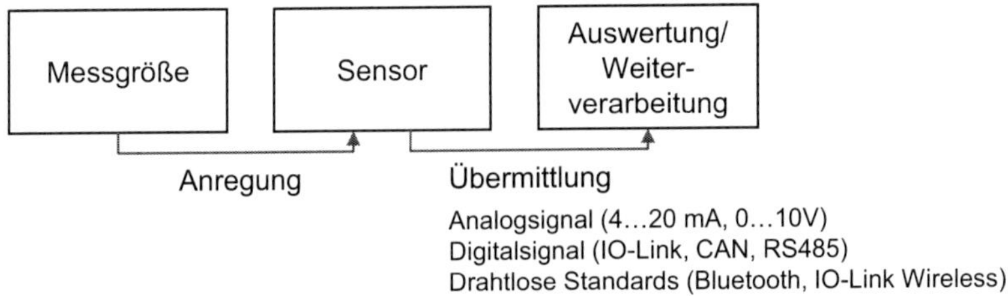

Bild 9.2-1: Messkette zur Datenerfassung

Im Versuchsbereich wird meist mit analogen **spannungsproportionalen** Werten von 0 bis 10 V gearbeitet. In Industrieanwendungen werden häufig **stromproportionale** Signale verwendet, die im Bereich von 4 bis 20 mA liegen. Das Gleichstromsignal hat den Vorteil einer höheren Betriebssicherheit und einer Unabhängigkeit von Leitungslängen und Übergangswiderständen sowie die Möglichkeit der Detektion eines Kurzschlusses oder Kabelbruchs.

Im Folgenden werden für die in der Fluidtechnik oft anzutreffenden Messgrößen, Druck, Volumenstrom, Position und Temperatur ein kurzer Überblick über die genutzen Messprinzipien gegeben.

Drucksensoren

Neben heute gängigen elektrischen Drucksensoren sind mechanische Druckmessgeräte, oder Manometer in fast jeder hydraulischen Anlage vertreten. Manometer sind einfache, leicht ablesbare und fremdenergiefreie Messmittel. Bei der üblichen Ausführungsform wird der Biegeradius einer Rohrfeder in Abhängigkeit des Drucks geändert, woraus eine Zeigerbewegung resultiert (Bild 9.2-2, links). Das Messprinzip zeichnet sich durch einen großen realisierbaren Messbereich von 0 bis 10.000 bar aus, erlaubt aber nur die Detektion langsamer Druckänderungen.

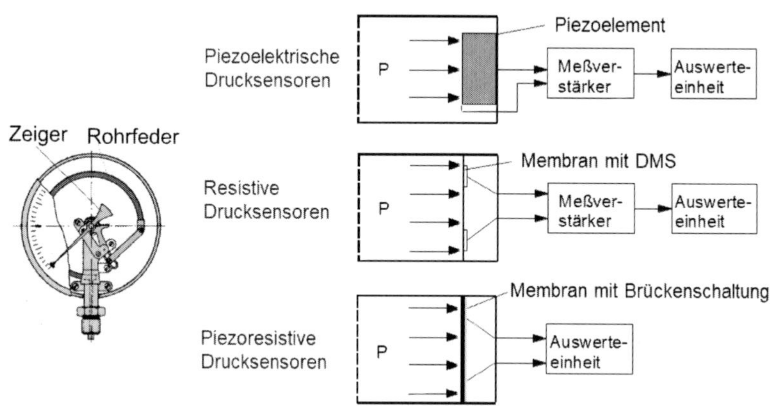

Bild 9.2-2: Funktionsweise von Drucksensoren

Für eine schnellere und genauere Erfassung von Drücken oder Druckverläufen werden **elektrische Druckaufnehmer** verwendet. Für die Umsetzung des Druckes in ein elektrisches Signal werden im Wesentlichen drei unterschiedliche Grundprinzipien angewendet. Diese sind in Bild 9.2-2, rechts dargestellt.

Piezoelektrische Drucksensoren arbeiten mit Isolatoren (z. B. Quarzkristalle), die vom Druck gestaucht werden, so dass sich entgegengerichtete Flächen positiv und negativ aufladen. Die dadurch anliegende Spannung ist dem Druck proportional.

Beim Prinzip des **resistiven Drucksensors** wirkt der Druck der Flüssigkeit auf eine Membran, wodurch diese verformt wird. Die Verformung führt zu einer Längen- und Querschnittsflächenänderung von aufgeklebten Dehnmessstreifen (DMS) wodurch sich deren Widerstand ändert. Vier DMS werden zu einer Wheatstone'schen Brücke verschaltet und liefern somit eine druckproportionale Spannung.

Der **piezoresistive Drucksensor** unterscheidet sich vom resistiven Sensor dadurch, dass seine Membran aus einem Halbleiter (z. B. Silizium) mit einer als Mikrostruktur integrierten Brückenschaltung besteht. Eine Druckänderung bewirkt eine Änderung des spezifischen Widerstands, wodurch sich der elektrische Widerstand ähnlich zu DMS ändert. Die piezoresitive

Widerstandsänderung ist um den Faktor 10 bis 100 größer als die resistive Änderung.

Volumenstromsensoren

Messgeräte zur Bestimmung des Volumenstroms können in invasive und nichtinvasive Verfahren eingeteilt werden. Bei invasiven Verfahren wird ein Widerstand in den Fluidstrom eingebracht, um den Volumenstrom zu messen. Dies kann z. B. eine Turbine sein, die vom Fluidstrom angetrieben wird, oder eine Messblende. Nichtinvasive Verfahren hingegen basieren auf einer indirekten Messung. Der Volumenstrom wird z. B. von der Laufzeit eines Ultraschallsignals abgeleitet. Zur Messung des Volumenstromes in der Hydraulik werden meist invasive Sensoren wie Messturbinen oder Zahnrad- / Spindelsensoren eingesetzt.

Bei der **Messturbine** wird durch den Volumenstrom eine Axialturbine in Drehung versetzt, **Bild 9.2-3** links. Ein kontaktloser Näherungsschalter gibt bei einer Umdrehung mehrere Impulse ab. Die Auswertung der Impulse erfolgt durch einen elektronischen Frequenz-Spannungs-Umsetzer. Das Messverfahren verursacht einen geringen Druckabfall und ist auch in verschmutzten Druckflüssigkeiten verwendbar. Das Verhältnis zwischen dem kleinsten und dem größten zu messenden Volumenstrom bei einer Turbine beträgt etwa 1:10. Beim Einbau der Turbine ist zu beachten, dass ein ausreichend langes gerades Rohrstück zur Beruhigung der Strömung vorgeschaltet werden muss.

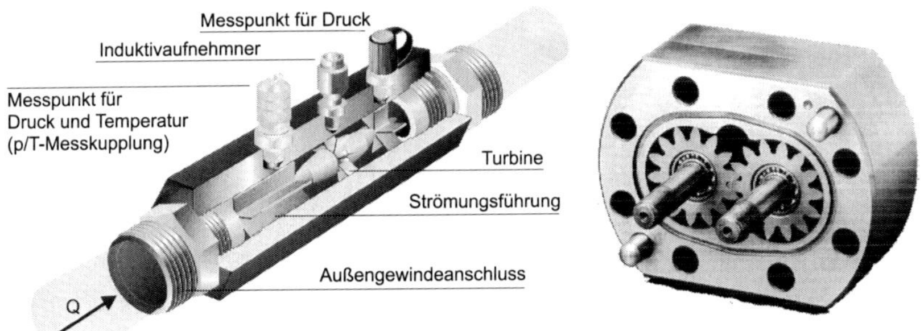

Bild 9.2-3: Messturbine (Hydrotechnik) links, Zahnradmessmotor (VSE) rechts

Mit **Zahnradvolumenstromsensoren** können sehr große Volumenstrombereiche (1:300) erfasst werden. Zwei versetzte Näherungsschalter ermöglichen oft die Ermittlung der Drehrichtung und damit durch Integration des Volumenstroms auch die Berechnung der Volumenbilanz. Eine Sonderform des Messprinzips Zahn stellt der **Schraubenspindelzähler** dar. Zwei Schraubenprofile befinden sich hier im Eingriff, wobei die Messkammer durch die Spindelflanken begrenzt wird. Da die Strömungsumlenkung im Ein- und Auslauf im Gegensatz zum Zahnradmessmotor günstiger ist, sind die Druckverluste geringer. Eine Messspanne von (1:150) ist möglich.

Wegsensoren

Zur Positionsbestimmung von beispielsweise Zylindern, Schwenkantrieben und Ventilschiebern sind verschiedene Sensorprinzipien gebräuchlich. Im Folgenden werden induktive, inkrementelle und potentiometrische Messprizipien vorgestellt. Daneben gibt es noch magnetostriktive, ultraschallbasierte, kapazitive und optische Messprinzipien.

Induktiven Wegsensoren (Bild 9.2-4) arbeiten zumeist nach dem System des Differenzialtransformators (Linear Variable Differential Transformer, abgekürzt LVDT). Die Primärspule wird mit einer Wechselspannung gespeist, wodurch in den zwei Sekundärspulen eine Induktionsspannung entsteht. Da diese Spulen gegeneinander geschaltet sind, heben sich die Spannungen auf. Wird in den Transformator ein ferromagnetischer Kern gebracht, so vergrößern sich an seiner Position in den Sekundärspulen die Induktionsspannungen. Im Nennmessbereich ist die Änderung der Gesamtinduktivität proportional zur Position des Kerns.

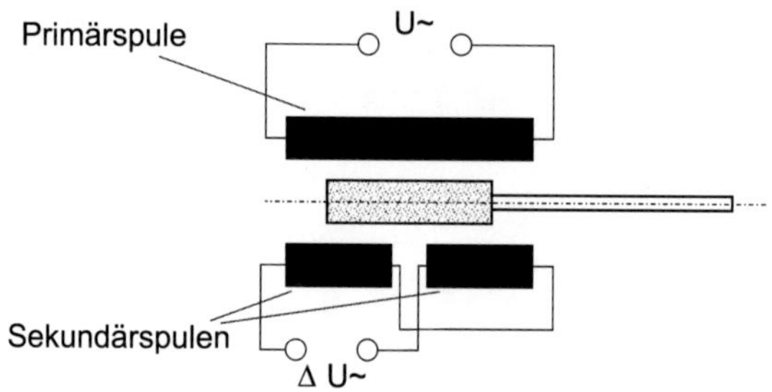

Bild 9.2-4: Induktiver Wegaufnehmer

Potentiometrische Wegaufnehmer dienen zur Messung einer Absolutposition. Bei dem in **Bild 9.2-5** dargestellten Linearpotentiometer wird der Spannungsabfall bis zum Schleifer des Potentiometers gemessen (Spannungsteiler). Nach Verstärkung des Signals errechnet sich daraus die Position des Schleifers.

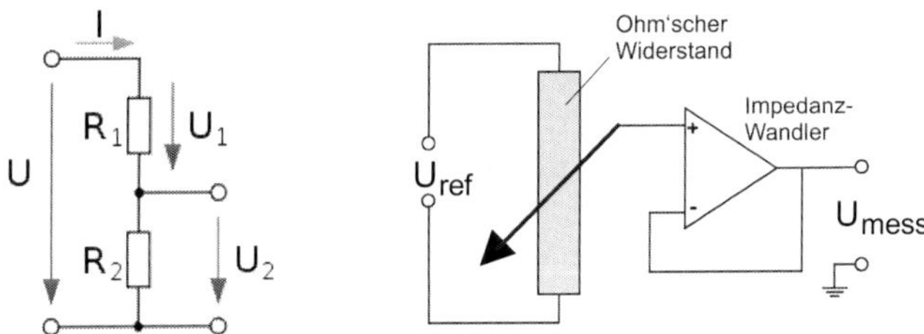

Bild 9.2-5: Potentiometrischer Wegaufnehmer

Inkrementelle Wegsensoren dienen zur Bestimmung einer Linear- oder Winkelposition. Wie in **Bild 9.2-6** dargestellt werden über einen Maßstab in zwei Messzellen jeweils um 90° phasenverschobene Rechtecksignale erzeugt. Mittels eines angeschlossenen Zählers wird auf die Position geschlossen. Darüber hinaus lässt sich die Bewegungsrichtung anhand der Phasenlage bestimmen.

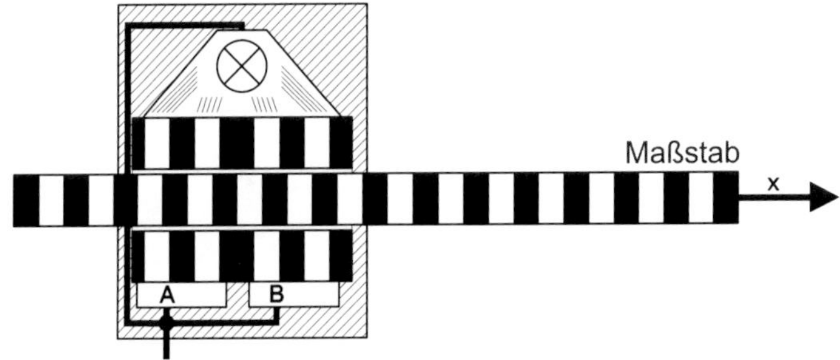

Bild 9.2-6: Prinzip eines inkrementellen Wegsensors

Temperatursensoren

Temperatursensoren sind häufig in Kombination mit anderen Sensoren, z. B. Füllstand oder Ölzustand, verbaut. Zwei gängige Prinzipien werden unterschieden: Widerstandsthermometer und Thermoelemente.

Die Temperaturmessung mit **Widerstandsthermometern** basiert auf der Temperaturabhängigkeit des spezifischen Widerstandes eines Materials. Kaltleiter (PTC, positiv temperature coefficient) weisen bei hohen Temperaturen eine niedrigere Leitfähigkeit als bei geringen Temperaturen auf, Heißleiter hingegen besitzen einen negativen Temperaturkoeffizienten (NTC, negativ temperature coefficient). Bei den häufig verwendeten Sensoren mit einem Halbleiterelement sind zwei sehr kleinflächige Elektroden auf ein Siliziumplättchen mit definierter Leitfähigkeit (PT100: Nennwiderstand 100 Ω bei 0 °C) aufgebracht. Die so gebildete Widerstandsstrecke ist stark temperaturabhängig. Durch die Verwendung möglichst kleiner Gehäuse ist es möglich, die Ansprechzeit gering zu halten.

Thermoelemente stellen aktive Sensoren dar. Ihre Wirkungsweise beruht auf dem Seebeck-Effekt wonach an der Kontaktstelle verschiedener Metalle und Legierungen eine temperaturabhängige Thermospannung auftritt. Thermoelemente werden bei schnellen Temperaturänderungen und kleinen geforderten Ansprechzeiten eingesetzt. In **Bild 9.2-7** ist der prinzipielle Aufbau eines Thermoelementes gezeigt. Die Auswahl der Materialien hängt von der zu messenden Temperatur und von der geforderten Auflösung ab. Am gebräuchlichsten ist der Typ K.

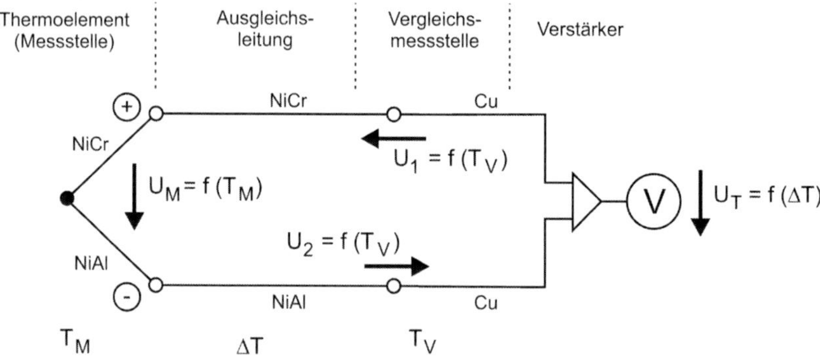

Bild 9.2-7: Aufbau eines Thermoelementes vom Typ K

9.3 Datennutzung – Regelung und Zustandsüberwachung

9.3.1 Regelung hydraulischer Systeme

Der Funktionsrahmen eines fluidtechnischen Systems ist weitestgehend durch die Verschaltung von Komponenten vorgegeben. Die Erfüllung bestimmter gewünschter Funktionen erfolgt jedoch meist durch die zusätzliche Integration einer Steuerung oder eines Reglers. Hierbei besteht ein Unterschied zwischen einer Steuerung und einer Regelung, wie **Bild 9.3-1** zeigt.

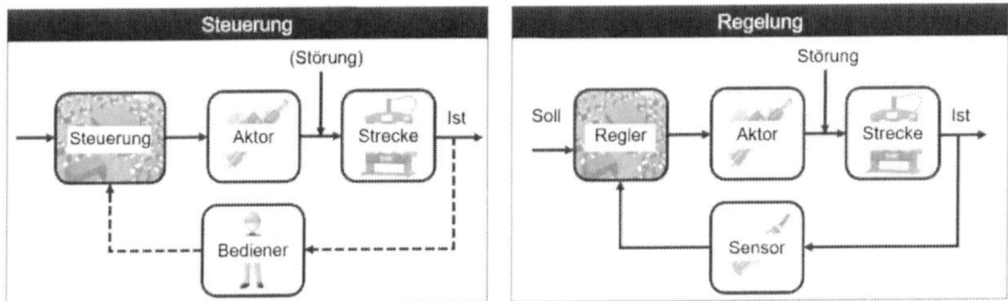

Bild 9.3-1: Steuerung vs. Regelung

In beiden Fällen wird der für die gewünschte Funktion erforderliche Systemzustand durch die Vorgabe eines Soll-Werts vorgegeben. Der Soll-Wert wird auch als **Führungsgröße** bezeichnet. Abhängig von der Führungsgröße wird dann in der Steuerung oder im Regler der Steuer- oder Reglerausgang bestimmt, welches das Betätigungssignal für den Aktor darstellt (z. B. Steuerstrom für die elektrische Betätigung eines Ventils). Entsprechend des Steuer- oder Reglerausgangs stellt sich der Zustand des Aktors ein, welcher als **Stellgröße** bezeichnet wird und schließlich den Zustand des Fluidsystems beeinflusst (z. B Schieberposition eines Ventils). Das betrachtete System ohne Aktor wird als Steuer- oder Regelstrecke bezeichnet.

Bei einer Steuerung ergibt sich die Stellgröße direkt aus der Führungsgröße. Die direkte Umrechnung von Führungsgröße in Steuerausgang bzw. Stellgröße kann entweder auf Basis einer expliziten Rechenvorschrift oder eines Kennfelds erfolgen. Dabei wird nicht geprüft, ob der tatsächlich eingestellte Systemzustand, auch Ist-Wert genannt, dem vorgegebenen Soll-Wert entspricht. Im Gegensatz zur Steuerung, wird bei der Regelung nicht die Führungsgröße zur Bestimmung von Reglerausgang und Stellgröße genutzt, sondern die Abweichung zwischen Soll- und Ist-Wert herangezogen. Das erfordert, dass der Ist-Zustand des Systems erfasst und zum Regler zurückgeführt wird. In der Folge können mit einer Regelung leichte Änderungen der Systemeigenschaften und auf das System wirkende Störgrößen kompensiert werden, die im Falle einer Steuerung zu einer deutlichen Abweichung zwischen Soll- und Ist-Wert führen können.

Steuerungen und Regler werden heutzutage in den weitaus meisten Fällen elektronisch ausgeführt. Das heißt, dass Führungsgrößen sowie Steuer- und Reglerausgang elektrische Signale sind, die über eine programmierbare elektronische Schaltung verarbeitet werden. In historischen Lösungen oder in Sonderfällen werden auch rein fluidisch-mechanische Steuer- und Regeleinrichtungen genutzt. Der Aktor, auch Stelleinrichung oder Stellglied genannt, dient der Beeinflussung der Regelstrecke gemäß der Führungsgröße. In widerstandsgesteuerten hydraulischen Systemen stellen Ventile die Aktoren dar. Bei verdängergesteuerten hydraulischen Systemen können es Verstellpumpen, Verstellmotoren oder über einen Elektromotor drehzahlgeregelte Konstantpumpen sein.

Sollen in hydraulischen Energieübertragungen mechanische Größen nach Betrag und Richtung variiert werden, werden hierzu die Größen Volumenstrom und Druck durch das Stellglied verändert. Darüber hinaus kann das Produkt aus diesen Größen, die Leistung, geregelt werden.

Mit Hilfe von Servoventil (Widerstandsteuerung) und Zylinder oder mit einer hochdynamischen Servopumpe (Verdrängersteuerung) und einem Zylinder, können genaue und schnelle Lageregelungen aufgebaut werden. Die Positionsmessung und Signalverarbeitung kann mechanisch oder elektrisch erfolgen. Einsatzbereiche sind die Luftfahrt- und Raumfahrttechnik, der Werkzeug- und Schwermaschinenbau und die Handhabungstechnik mit Industrierobotern für schwere Lasten sowie Sondergebiete, wie beispielsweise Prüfmaschinen.

Neben der Lageregelung sind Kraft-, Momenten-, Druckregelungen sowie Geschwindigkeitsregelungen stark verbreitet. Die Auslegung einer hydraulischen Achsregelung kann dabei anhand unterschiedlicher Zielsetzungen erfolgen, wie z. B. hoher Systemdynamik, hoher Systemdämpfung, gutem Führungs- oder gutem Störverhalten. Diese

Anforderungsgrößen sind teilweise widersprüchlich und erfordern daher häufig Kompromisslösungen.

Wegen der hohen Ansprüche an Genauigkeit und Geschwindigkeit ist im Zusammenhang mit den unterschiedlichen Regelungsarten ein vertieftes Verständnis der regelungstechnischen Grundlagen notwendig, die in der weiterführenden Vorlesung Servohydraulik [9.4] behandelt werden.

9.3.2 Zustandsüberwachung

Im Laufe der Lebensdauer von Maschinen kommt es zwangsläufig zu Verschleißerscheinungen an verschiedenen Komponenten des Systems. Um dennoch eine hohe Maschinenverfügbarkeit und Prozessqualität zu gewährleisten, sind Instandhaltungsmaßnahmen erforderlich. Um Instandhaltungsmaßnahmen effizient zu planen und drohende Ausfälle frühzeitig zu erkennen, können Methoden der Zustandsüberwachung (engl. Condition Monitoring) eingesetzt werden. Ziel der Zustandsüberwachung ist es, durch die automatisierte Auswertung von Betriebsdaten einer Maschine eine Einschätzung des aktuellen Maschinenzustandes zu erhalten [9.5]. Grundlage für eine Zustandsüberwachung ist, dass relevante Betriebsdaten vorliegen, die etwa durch Sensoren aufgenommen werden. In fluidtechnischen Systemen fallen üblicherweise Druck-, Volumenstrom-, Temperatur-, Positions-, Endlagenschalter-, sowie verschiedene Steuersignale an.

Die Auswertung von Sensorsignalen zur Zustandsüberwachung kann auf verschiedenen Wegen erfolgen, siehe **Bild 9.3-2**.

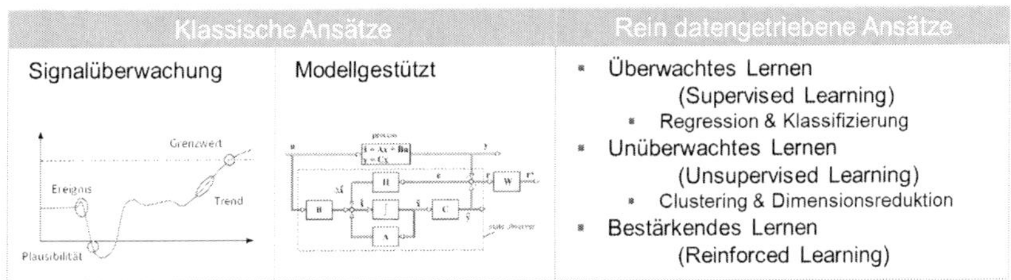

Bild 9.3-2: Ansätze der Datenauswertung zur Zustandsüberwachung

Ein konventioneller Ansatz der Zustandsüberwachung besteht in der **Überwachung einzelner Sensorsignale**. Händisch werden Grenzwerte für einzelne Sensorsignale festgelegt, dessen Überschreiten das Vorliegen einer

Anomalie im System andeutet. Dabei können auch Grenzwerte für den Signaltrend oder mehrstufige Entscheidungsregeln definiert werden. Vorteilhaft ist bei den signalgestützen Ansätzen, dass sie relativ einfach in die Maschinensteuerung implementiert werden können. Allerdings steigen Aufwand und erforderliches Wissen über die jeweilige Maschine überproportional mit steigender Komplexität der Entscheidungsregeln.

Des Weiteren gibt es die Klasse **modellgestützter Ansätze zur Zustandsüberwachung**. Diese basieren neben den aufgezeichneten Sensorsignalen auf einem mathematisch-physikalischen Modell des zu überwachenden Systems. Die an der realen Maschine vorliegende Betriebssituation wird im Systemmodell simuliert und das resultierende Systemverhalten mit dem des realen Systems abgeglichen. Abweichungen zwischen realem und simuliertem Betriebsverhalten deuten dann auf eine Anomalie im System hin. Mit speziellen Verfahren der Signalverarbeitung (z. B. recursive least squares filter oder Kalman-Filter) kann dann eine detektierte Abweichung auf veränderte Modellparameter zurückgeführt werden, was zusätzlich zur Detektion einer Veränderung auch eine Diagnose der Ursachen ermöglicht [9.6]. Damit liefern modellgestützte Ansätze eine potenziell hohe Erkennungsgüte und Diagnosetiefe. Allerdings hängt die erzielbare Güte der Zustandsüberwachung mit modellgestützten Ansätzen letztlich stark von der Güte des Systemmodells und der Qualität der Sensorsignale ab. Folglich sind erforderlicher Entwicklungsaufwand und erforderliches Systemverständnis für diese Form der Zustandsüberwachung als hoch einzustufen.

Als dritte Klasse von Ansätzen zur Zustandsüberwachung haben sich in der jüngsten Vergangenheit **rein datengetriebene Methoden** etabliert. Diese Methoden werden häufig unter dem Begriff des maschinellen Lernens zusammengefasst und basieren auf Algorithmen zur automatisierten Musterekennung. Ähnlich wie signalgestützte Ansätze, werden bei datengetriebenen Ansätzen Regeln abgeleitet, mithilfe derer bestimmte Signalausprägungen und -muster als Anomalien identifiziert werden können. Im Gegensatz zu signalgestützten Ansätzen werden die Entscheidungsregeln jedoch nicht manuell definiert, sondern algorithmisch auf der Grundlage einer vorliegenden Datenbasis abgeleitet. Die eingesetzten Algorithmen sind weitestgehend universell anwendbar und oft in Form von open-source Code-Bibliotheken nutzbar. Im Vergleich zu signalgestützten und modellbasierten

Methoden verringern sich mit datengetriebenen Ansätzen der händische Implementierungsaufwand und das erforderliche Verständnis des betrachteten Systems. In der Folge bieten datengetriebene Ansätze potenziell eine effiziente Entwicklung und hohe Skalierbarkeit. Als Voraussetzung ist jedoch in der Regel eine umfangreiche Datenbasis erforderlich, die möglichst alle relevanten Betriebs- und Fehlerszenarien des betrachteten Systems umfasst. Nachteilig ist die Entstehung von reinen Black-Box Modellen, die keine Rückschlüsse auf die Entstehung von Entscheidungen zulassen.

9.4 Fluidtechnik und Industrie 4.0

Die fortschreitende Digitalisierung, globale Vernetzung und Aggregation von Daten ganzer Systeme sowie deren einzelnen Komponenten haben Einzug in die produzierende Industrie gefunden. Durch die zunehmende informations- und kommunikationstechnische Vernetzung von Maschinen und die Virtualisierung ihrer Daten und Funktionalitäten entstehen flexible Produktionssysteme, sogenannte cyberphysische Produktionssysteme. Die resultierende virtuelle Repräsentation der Systeme steigert die Transparenz der Prozesse und ermöglicht es, weitere Analysen, Optimierungen und Berechnungen zu integrieren. Dadurch kann zusätzliches technisches und wirtschaftliches Potenzial (z. B. sinkende Produktionskosten) freigesetzt werden.

In diesem Kontext hat sich der Begriff Industrie 4.0 (I4.0) etabliert, welcher auf einer Initiative der Bundesregierung beruht und die vierte industrielle Revolution beschreibt. Im Rahmen dieser wird durch die Digitalisierung der Produktion und somit durch die Vernetzung von Menschen, Maschinen und Abläufen eine Steigerung der Produktivität, der Effizienz und der Flexibilität sowie der Raum für neue skalierbare Geschäftsmodelle angestrebt [9.7]. Da fluidtechnische Systeme aufgrund von hohen Kräften und Dynamiken bei gleichzeitig geringen Abmessungen elementare Bestandteile gegenwärtiger und zukünftiger Produktionssysteme sind, muss ein Wandel hin zu Industrie 4.0-konformen fluidtechnischen Systemen vollzogen werden.

Industrie 4.0 ermöglicht es, den im Maschinenbau durch die Globalisierung vorherrschenden Herausforderungen entgegenzuwirken. Dazu zählen eine zunehmende Dynamik und eine erforderliche Flexibilität im

Produktentstehungsprozess, steigende Qualitätsanforderungen, eine hohe Variantenvielfalt sowie immer spezialisiertere Maschinen.

Eine Folge von Industrie 4.0 ist ein industrieller Paradigmenwechsel, welcher in **Bild 9.4-1** gezeigt ist. Durch den Paradigmenwechsel wird das klassische zentrale und hierarchische Leitsystem in ein verteiltes und dezentrales System mit Service orientierter Architektur (SoA) überführt.

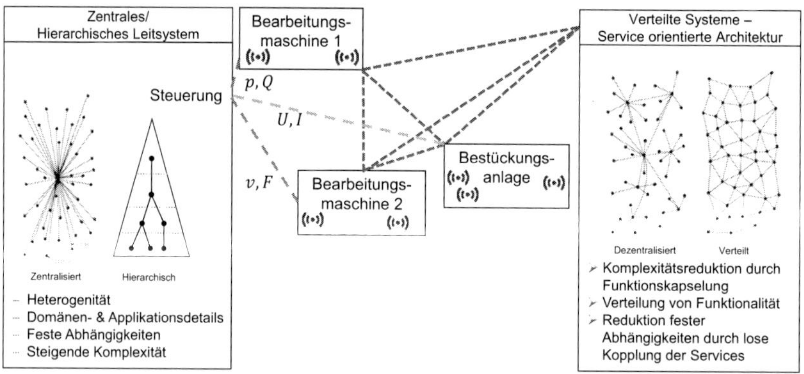

Bild 9.4-1: Paradigmenwechsel bei Industrie 4.0

Das klassische Leitsystem kann durch die Automatisierungspyramide verdeutlicht werden. Die unterste Ebene der Automatisierungspyramide ist die Sensor- und Aktuatoren-Ebene, in welcher Daten über Sensoren erfasst werden und die Aktorik ausgeführt wird. In dieser Ebene liegen zum Beispiel hydraulische, pneumatische oder elektrische Aktoren vor, welche über Feldbustechnik wie beispielsweise Profibus DB, CANopen oder Real-Time Ethernet von der darüber liegenden Maschinenregelungsebene angesteuert werden. Die Maschinenregelungsebene ist wiederum beispielsweise über Ethernet, PLC, IPC oder CNC mit der Unternehmensressourcen-Planung verbunden. Jede Ebene setzt sich somit aus den Teilsystemen der nächstuntergeordneten Ebene der Automatisierungspyramide zusammen, siehe **Bild 9.4-2**. Dadurch weisen die Teilsysteme feste Abhängigkeiten untereinander auf, sodass die Anpassung oder der Austausch eines Teilsystems häufig nur unter Anpassung der interagierenden Systeme zu realisieren ist. Zusätzlich weisen die Komponenten und die Kommunikationspfade aufgrund von fehlenden oder unzureichenden Standardisierungen sowie aufgrund von

Domänen- und Applikationsdetails eine hohe Heterogenität auf. Die Folgen sind eine eingeschränkte Flexibilität und eine hohe Komplexität.

Durch eine Service orientierte Architektur entsteht ein anpassbares, flexibles Architekturmuster im Bereich verteilter Systeme, bei welchem der Gesamtprozess wie beispielsweise die Inbetriebnahme einer Maschine in Teilprozesse zerlegt wird, siehe Bild 9.4-2. Die Teilprozesse werden von einzelnen Teilsystemen bearbeitet, welche ihre Funktionalitäten in gekapselter Form als sogenannte Services eigenständig zur Verfügung stellen, wodurch die festen Abhängigkeiten untereinander aufgelöst werden. Neben einer losen Kopplung können sich die Teilsysteme eigenständig verwalten, wodurch einzelne Teilsysteme flexibel hinzugefügt oder ausgetauscht werden können. Darüber hinaus wird durch die Kapselung der Funktionalitäten eine Komplexitätsreduktion erreicht, da individuelle technische Details service-intern berücksichtigt werden und für den Nutzer nach außen verborgen bleiben.

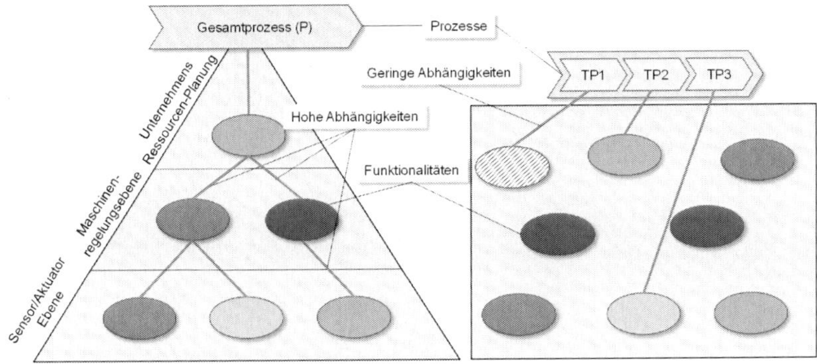

Bild 9.4-2: Automatisierungspyramide (links) und Service orientierte Architektur (rechts)

Industrie 4.0-Komponente

Das zentrale Element von Industrie 4.0 ist die Industrie 4.0-Komponente, welche aus einer Verwaltungsschale (engl. Asset Administration Shell, AAS) und einem Gegenstand (engl. Asset) besteht, siehe **Bild 9.4-3**.

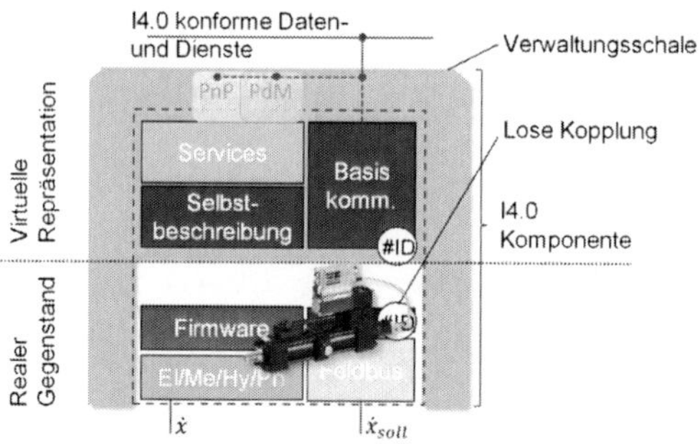

Bild 9.4-3: Industrie 4.0-Komponente und das Prinzip der Verwaltungsschale

Als Assets werden alle Gegenstände bezeichnet, die in physischer oder digitaler Form benötigt werden und dementsprechend einen Wert einer Organisation darstellen. Bezogen auf die Fluidtechnik stellt beispielsweise ein Zylinder oder eine Pumpe ein mögliches Asset dar. Die Verwaltungsschale ist eine virtuelle Repräsentation eines Assets und beinhaltet die virtuellen Aspekte Selbstbeschreibung, Services, Basiskommunikation und Interoperabilität. [9.8] Durch eine gegenseitige Referenz auf eindeutige Bezeichner (engl. Identifier, ID) wird eine Verbindung zwischen Asset und Verwaltungsschale geschaffen, wodurch das Asset im virtuellen Raum alle I4.0-konformen Aspekte besitzt.

Über die Selbstbeschreibung werden relevante Informationen für die Nutzung des Assets wie beispielsweise eine eindeutige Identifikation, relevante Daten und Parameter und anwendungsspezifische Informationen bereitgestellt. Diese können beispielsweise Aufschluss darüber geben, wie eine bestimmte Komponente in Betrieb zu nehmen ist, wie sie zu produzieren ist oder wie sie zu überwachen und zu warten ist. Informationen der Selbstbeschreibung stehen der Komponente selbst und den anderen Systemteilnehmern zur Verfügung. Über die Services werden Funktionalitäten und Informationen des Assets gekapselt und ein einheitlicher Zugriff auf dessen Fähigkeiten und Eigenschaften ermöglicht. Beispielhafte Services sind Plug-and-Produce (PnP) oder Predictive Maintenance (PdM), siehe Bild 9.4-3. Über die Basiskommunikation werden Informationen I4.0-konform ausgetauscht und Services eingeleitet. Die Interoperabilität wird über eindeutige Semantik und Standardisierungen erreicht und ermöglicht eine branchen-, system- und herstellerübergreifende Nutzung der I4.0-Komponente.

Das Potenzial der Verwaltungsschale wird anhand des Entwicklungsprozesses in **Bild 9.4-4** verdeutlicht. Durch die virtuelle Repräsentation von Technologien und Abläufen wird eine zunehmende Vernetzung erreicht. Informationen und Services werden direkt von den Verwaltungsschalen der Assets bereitgestellt.

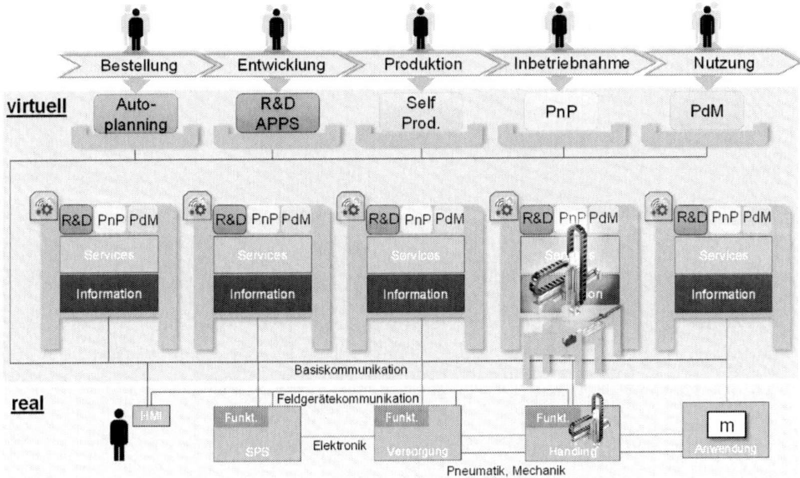

Bild 9.4-4: Verknüpfung von cyberphysischen Systemen

Insbesondere für die Inbetriebnahme bietet die Verwaltungsschale im Rahmen von Industrie 4.0 ein hohes Potenzial. Dazu werden die klassische, die virtuelle und die hybride Inbetriebnahme gegenübergestellt.

Klassische und virtuelle Inbetriebnahme

Bei der Inbetriebnahme wird in der Regel ein Anlagenbauer mit dem Bau einer neuen Anlage von einem Anlagenbetreiber beauftragt. Der Anlagenbauer entwickelt und montiert die Anlage und bezieht die Anlagenkomponenten oftmals von verschiedenen Zulieferern. Nach der Auslieferung der Anlage und Integration in das Gesamtsystem wird diese vom Anlagenbetreiber in Betrieb genommen. Der Zulieferer und der Anlagenbauer werden bei der klassischen Inbetriebnahme in der Regel nicht oder nur noch geringfügig in die Inbetriebnahme eingebunden. Die Inbetriebnahme ist zeitlich und örtlich an die realen Komponenten gebunden und erfolgt in einer linearen Abfolge von Prozessschritten.

Die virtuelle Inbetriebnahme erfolgt auf Basis von Simulationsmodellen und ermöglicht eine Parallelisierung und Vorverlagerung von Inbetriebnahmeschritten, wodurch prinzipiell die Inbetriebnahmezeit verkürzt werden kann. Dies ist beispielsweise bei der klassischen Inbetriebnahme nicht möglich, da diese erst durchgeführt werden kann, wenn alle Komponenten vor Ort vorliegen und zusammengebaut wurden. Beispielsweise bieten Simulationsmodelle die Möglichkeit, Parametrisierungen und Ablauftests virtuell durchzuführen. Im Weiteren ist eine Reduzierung der realen Sensorik möglich, da gesuchte Größen simulativ ermittelt werden können. Für die virtuelle Inbetriebnahme müssen alle relevanten Simulationsmodelle zur Verfügung stehen. Darüber hinaus ermöglicht auch die virtuelle Inbetriebnahme keine bessere Einbindung der Zulieferer und des Anlagenbauers. Durch die Ansätze von Industrie 4.0 besteht zwar die Möglichkeit, die klassische Inbetriebnahme sowie die virtuelle Inbetriebnahme zu verbessern. Das größte Potenzial besteht jedoch darin, beide Varianten durch die hybride Inbetriebnahme auf Basis von Industrie 4.0 zu kombinieren.

Hybride Inbetriebnahme mit verteilten Komponenten

Die hybride Inbetriebnahme erfolgt auf Basis von realen Komponenten und virtuellen Komponenten (Simulationsmodellen) und ist in **Bild 9.4-5** am Beispiel eines Aggregats (engl. Hydraulic Power Unit, HPU) und eines linear-hydraulischen Antriebs (engl. Linear Hydraulic Actuator, LHA) dargestellt. Im Kontext von Industrie 4.0 liegen autarke Komponenten vor, welche sich real und virtuell vernetzen und über Services eine flexible Inbetriebnahme ermöglichen. Es besteht somit eine hohe Durchgängigkeit von Informationen, wodurch eine Einbindung relevanter Stakeholder ermöglicht wird. Inbetriebnahmeschritte können wegfallen oder stark verkürzt werden, da Informationen genutzt werden können, die beim Komponentenhersteller bereits erfasst wurden und eindeutig mit der zugehörigen realen Komponente verknüpft sind.

Bei der hybriden Inbetriebnahme besteht durch die Einbindungen von Simulationsmodellen ebenfalls die Möglichkeit, dass Inbetriebnahmeschritte parallelisiert und vorverlagert werden können. Im Gegensatz zur virtuellen Inbetriebnahme bietet die hybride Inbetriebnahme jedoch eine höhere Flexibilität, da Inbetriebnahmeschritte sowohl virtuell als auch an der realen

Komponente durchgeführt werden können. Eine Möglichkeit, um Simulationsmodelle im Rahmen der hybriden Inbetriebnahme auszutauschen, sind die auf dem Functional Mock-up Interface Standard beruhenden Functional Mock-up Units (FMUs) , über welche domänen- und simulationstoolunabhängig Simulationsmodelle gekapselt ausgetauscht und gekoppelt werden können [9.9].

Aktuelle Herausforderungen bei der hybriden Inbetriebnahme bestehen beispielsweise durch logische und strukturelle Abhängigkeiten im Bereich Steuerung und Simulation, durch einen hohen Integrationsaufwand, beispielsweise aufgrund von fehlenden Lösungen für die automatisierte Parametrisierung von Simulationsmodellen sowie durch Einschränkungen bezüglich der Echtzeitfähigkeit.

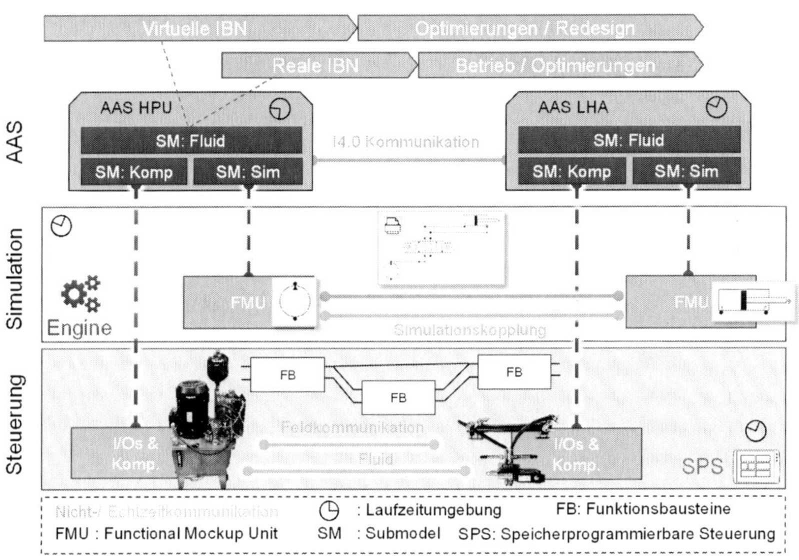

Bild 9.4-5: Hybride Inbetriebnahme eines Systems

9.5 Literatur zu Kapitel 9

9.1	Findeisen, D., Helduser, S.	Ölhydraulik. Handbuch der hydraulischen Antriebe und Steuerungen, 6. Auflage, Springer Vieweg, 2015
9.2	VDI Verein Deutscher Ingenieure	VDI 3633. Simulation von Logistik-, Materialfluss- und Produktionssystemen, 2018
9.3	Schrank, K.	Eindimensionale Hydrauliksimulation mehrphasiger Fluide, Dissertation RWTH Aachen, 2015
9.4	Murrenhoff	Servohydraulik – Geregelte hydraulische Antriebe, Umdruck zur Vorlesung an der RWTH Aachen; 4. Auflage 2012
9.5	VDMA	VDMA 24582:2014
9.6	Stammen, C.	Condition-Monitoring für intelligente hydraulische Linearantriebe, Dissertation RWTH Aachen, 2005
9.7	Bundesministerium für Wirtschaft und Energie	Industrie 4.0. Volks- und betriebswirtschaftliche Faktoren für den Standort Deutschland. Eine Studie im Rahmen der Begleitforschung zum Technologieprogramm AUTONOMIK für Industrie 4.0, 2015
9.8	DIN Deutsches Institut für Normung e.V.	DIN SPEC 91345. Referenzarchitekturmodell Industrie 4.0 (RAMI4.0), 2016
9.9	Modelica Association Info Service	FMI Standard. URL: https://www.fmi-standard.org/

10 Grundlagen der Pneumatik

10.1 Aufbau pneumatischer Systeme und Eigenschaften

Unter Pneumatik versteht man die Übertragung von Kraft, Signalen oder Energien durch Luft als Druckmedium. Damit unterscheidet sie sich signifikant von der Hydraulik, wo flüssige Druckmedien verwendet werden.

Vorteile des Druckmediums Luft liegen auf der Hand. Luft ist kostenfrei verfügbar, es ist kein Tank im System erforderlich und die Wartung des Druckmediums entfällt ebenso wie eine Rücklaufleitung zum Tank. In Kombination mit vergleichsweise geringen Systemdrücken wird der Systemaufbau deutlich einfacher, beispielsweise durch Nutzung von flexiblen Kunststoffschläuchen und Einsteckverschraubungen und resultiert in einer Antriebstechnologie mit äußerst geringen Gestehungskosten.

Zusätzliche Vorteile von Luft liegen in der Umweltverträglichkeit und der Eigenschaft nicht brennbar und unempfindlich gegenüber hohen Temperaturen zu sein. Vergleicht man die Eigenschaften von Luft mit Hydraulikflüssigkeit, ist die geringe Visksität und die große Kompressibilität entscheident. Wie in der Hydraulik bereits gezeigt und diskutiert verfügt auch die Pneumatik über die Vorteile einer einfachen Realisierung von Linearbewegungen und einfacherer Realisierung von Überlastsicherheit. Mittels Pneumatik lassen sich Antriebe mit großer Leistungsdichte bei gleichzeitig guter Steuerbarkeit und hohen Arbeitsgeschwindigkeiten realsieren. Zudem ist das Halten von Lasten ohne permanentes Einbringen von Leistung möglich.

Aufgrund der Kompressibilität des Druckmediums Luft werden pneumatische Systeme zumeist bei 6 bar Druckluft betrieben. Einzelne Anwenungen im Sondermaschinenbau sind im Druckbereich bis zu 40 bar zu finden.

Pneumatische Systeme sind wie andere fluidtechnische Systeme analog aufgebaut, siehe **Bild 10.1-1**. Im ersten Schritt findet die Wandlung einer mechanischen Leistung in die fluidische Leistung statt. In der Pneumatik wird hierzu ein zentraler Kompressor verwendet, um die Druckluft zu erzeugen und mechanische Leistung in pneuamtische Leistung zu wandeln. Um eine konstante Luftqualität sicherstellen zu können, folgt im 2. Schritt die Filterung und Trocknung der Luft, bevor die pneumatische Leistung im 3. Schritt verteilt und im 4. Schritt mittel Linear- oder Rotationmotoren in eine Arbeitsbewegung umgewandelt wird.

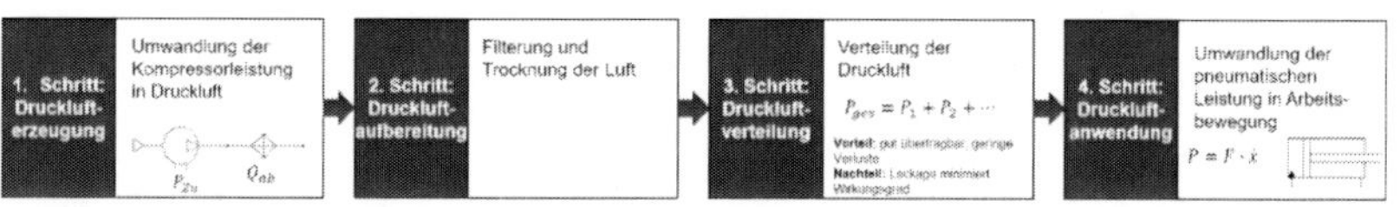

Bild 10.1-1: Prinzipieller Aufbau pneumatischer Systeme

Als Aktoren stehen verschiedene Verbraucher zur Verfügung:

- Pneumatikzylinder
- Pneumatische Rotationsantriebe
- Pneumatische Schwenkantriebe
- Pneumatische Werkzeuge
- Pneumatische Muskeln und Bälge
- Pneumatische Greifer
- Vakuumgreifer

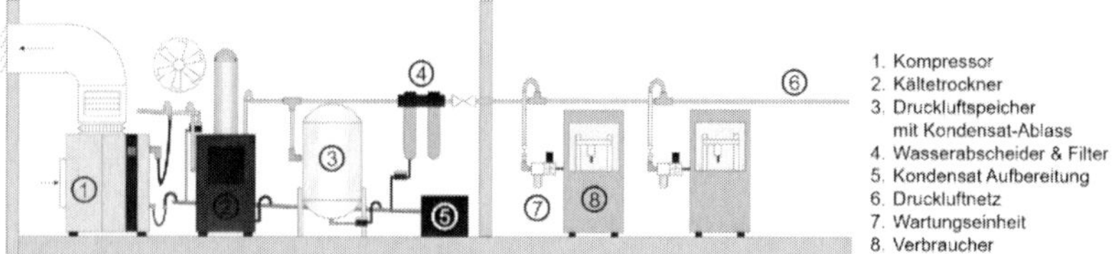

Bild 10.1-2: Schematischer Aufbau pneumatischer Systeme

Im Gegensatz zu hydraulischen Systemen besteht ein pneumatisches System im Allgemeinen immer aus einem Druckluftnetz, in das eine zentrale Drucklufterzeugungsanlage Druckluft hineinfördert, sodass der Druck näherungsweise konstant bleibt. Alle Verbraucher entnehmen die notwendige Druckluft aus diesem einheitlichen Netz. Daher wird im Schaltplan pneumatischer Verbraucher die Drucklufterzeugung als pneumatische Leistungsquelle häufig nicht dargstellt, sondern durch das vereinfachte Schaltsymbol für ein Konstantdrucknetz, ähnlich einem Stromnetz in der Elektrotechnik, repräsentiert, siehe Bild 10.1-3. Die Verbraucher haben im allgemeinen große Ähnlichkeit mit den korrespondierenden Komponenten in der Hydraulik, sind allerdings aufgrund des deutlich geringeren Drucks immer aus anderen Materialien, in anderen Größenordnungen und mit anderen Toleranzen und Details gefertigt.

Eine Rücklaufleitung entfällt in der Pneumatik und die Luft wird nach Beendigung des Arbeitsvorgangs in die Umgebung abgelassen. Hierbei dissipiert die freie Expansion von Druckluft in die Umgebung ungenutzte Energie und führt zu signifikanten Schallemissionen. Daher werden Schalldämpfer eingesetzt, die die Rückströmung in die freie Umgebung geräuschtechnisch optimieren. Ohne Schalldämpfer würden Arbeitsplatzgrenzwerte in der Praxis deutlich überschritten. Die Schalldämpfer sorgen für eine Beruhigung der Strömung am Auslass des Systems durch den Einsatz von porösem Material. Dieses kann Sintermetall (insbesondere Sinterbronze), gesinterte Kunststoffe, Kunststoffgrantulat-Füllung oder Metallgewebe sein. Ziel ist eine möglichst laminare Ausströmung der Luft.

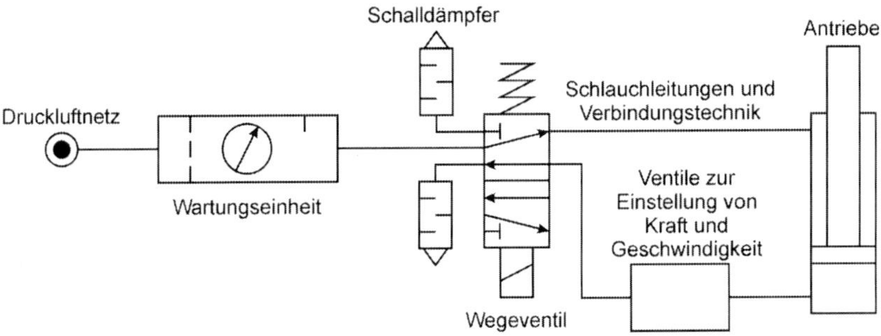

Bild 10.1-3: Prinzipieller Schaltplan eines pneumatischen Systems

Beispielanwendungen der Pneumatik sind in der Medizintechnik (Dentalstation in der Zahnmedizin, Ophthalmologie in der Chirurgie, Sauerstoff-Beatmungstherapie, …), der Softrobotik, der Fahrzeugtechnik (Bremssystem, Fahrwerkstechnik, …) und der industriellen Automatisierungstechnik (Greifer, Handlingssysteme, …) zu finden. Tabelle 10.1-1 zeigt nochmal eine Gegenüberstellung der verschiedenen Antriebstechnologien Pneuamtik, Hydraulik und Elektromechanik.

Um die Energieeffizienz pneumatischer Systeme zu steigern stehen verschiedene Maßnahmen zur Verfügung. Die bei der Kompression der Druckluft entstehende Wärme am Kompressor, die der Leistung seines Antriebsmotors entspricht, kann bei sinnvoller Verschaltung zu 95% rekuperiert werden. Die Temperaturen liegen in der Regel bei 60-70 °C, sodass eine Nutzung in Heizsystemen, für die Warmwassergewinnung und als Prozesswärme gut möglich ist.

Tabelle 10.1-1: Vergleich Pneumatik mit Hydraulik und Elektromechanik

	Pneumatik	Hydraulik	Elektromechanik
Beschaffungskosten	Gering	Hoch	Mittel
Kraftdichte	Hoch	Sehr hoch	Mittel
Positionierung	Gegen Anschläge / Endlagen	Positionierbetrieb (servohydraulisch)	Positionierbetrieb
Überlastsicherheit	Sehr gut (da nachgiebig)	Gut (mittels DBV begrenzt)	Formschluss → schlecht Reibschluss → mittel
Energiebedarf beim Lasthalten	Ohne	Ohne	Kontinuierlich (Erwärmung!)
Energiebedarf bei der Bewegung	Eher groß	Abhängig von Systemarchitektur	Eher gering
Planungsaufwand	Gering	Hoch (Rohrleitungsbau, Schnittstellen, etc.)	Mittel (Schaltschrankbau)
Umwelteinflüsse	Gering	Kontaminationsrisiko	EMV? ATEX?
Systemkomplexität	Gering	Hoch	Mittel - Hoch
Kompatibilität unter verschiedenen Herstellern	Sehr gut	Sehr gut	Mäßig
Inbetriebnahme	Relativ einfach	Komplex (insb. Servohydraulik)	Komplex (falls nicht alles aus einer Hand)
Wartung	Ohne besondere Auflagen bzgl. Schulung (Achtung Schutz vor ungewollter Bewegung!)	Fachwissen erforderlich (Hochdruck, Gefahren durch Druckstrahl, Kontaminationsrisiko,...)	Elektrofachkraft erforderlich
Lieferzeiten	Üblicherweise wenige Tage (Zylinder, Standardventile,...)	Wochen bis Monate (Sonderanfertigungen)	vorkonfektionierte Standardsysteme sehr kurz

10.2 Berechnung pneumatischer Systeme

Bei der Berechnung pneumatischer Systeme muss der große Einfluss der hohen Kompressibilität des gasförmigen Mediums berücksichtig werden. Im Gegensatz zur Hydraulik, wo es zumeist um große Druckbereiche geht, muss der Begriff „Druck“ in der Pneumatik differenzierter betrachtet werden.

Der Druck in einem pneumatischen System stetzt sich zusammen aus dem atmosphärischen Druck sowie dem Überdruck im System. Der **atmosphärische Druck** p_U ist der am Messort ermittelte absolute Druck der Atmosphäre. Der Überdruck im System, auch als **Relativdruck** p_{rel} bezeichnet, beschreibt den Druck im pneumatischen System, wobei der atmosphärische Druck den Bezugspunkt (Nullpunkt) darstellt. Der Relativdruck wird bei der Berechnung von Zylinderkräften verwendet, da sich der atmosphärische Druck herauskürzt. Der **Absolutdruck** p_{abs} stellt den gemessenen Druck in Bezug auf ein absolutes Vakuum dar. Der Absolutdruck wird in allen thermodynamischen Zustandsgleichungen verwendet. Alle drei Drücke hängen zusammen:

$$p_{abs} = p_U + p_{rel} \qquad (10.2\text{-}1)$$

Luft als ideales Gas

Luft kann im Bereich geringer Drücke, wie sie in den meisten pneumatischen Anwendungen vorliegen, gut als ideales Gas modelliert werden (Quelle). Dieses besagt, dass das Produkt aus Druck p und Volumen V direkt proportional ist dem Produkt aus Masse m und Temperatur T. Der Proportionalitätsfaktor ist die spezifische Gaskonstante, für Luft $R_s = 287{,}058\ \frac{J}{kg \cdot K}$.

$$p \cdot V = m \cdot R_s \cdot T \quad \text{bzw.} \quad p \cdot v = R_s \cdot T \qquad (10.2\text{-}2)$$

Im Gegensatz zur Hydraulik, wo mit Volumenströmen gerechnet werden kann, muss in der Pneumatik aufgrund der Kompressibilität mit Massenströmen gerechnet werden. Allerdings ist schwer zu greifen, wie viel z. B. 1 kg Luft ist. Daher werden in der Pneumatik Durchflüsse mit Normvolumenströmen angegeben. Die Einheit ist dann „Normliter pro Minute [Nl/min] bzw. im englischen „Standard liters per minute [Sl/min].

Der technische Normzustand ist in ISO 6358 definiert, siehe **Tabelle 10.1-1**.

Tabelle 10.1-1: Technische Normzustand nach ISO 6358

$T_0 = 293{,}15\ K$	$p_0 = 1{,}0\ bar$	$\rho_0 = 1{,}185\ \frac{kg}{m^3}$	$R_0 = 288\ \frac{N\,m}{kg\,K}$
65 % Luftfeuchtigkeit			

Mit Hilfe des idealen Gasgesetzes lässt sich der Normvolumenstrom leicht berechnen. Bei bekanntem Massenstrom ist

$$Q_0[Nl/min] = \frac{\dot{m}}{\rho_0} = \frac{\dot{m} \cdot R_0 \cdot T_0}{p_0} \tag{10.2-3}$$

und bei bekanntem Volumenstrom $\dot{V}_1$

$$Q_0[Nl/min] = \dot{V}_1 \cdot \frac{\rho_1}{\rho_0} = \dot{V}_1 \cdot \frac{p_1 \cdot R_0 \cdot T_0}{p_0 \cdot R_1 \cdot T_1} \tag{10.2-4}$$

Erster Hauptsatz der Thermodynamik

In der Pneumatik gelten selbstverständlich die elementaren Gleichungen der Thermodynamik. Insbesondere der erste Hauptsatz der Thermodynamik findet oft Anwendung bei der Berechnung pneumatischer Systeme. Es kann hierbei unterschieden werden zwischen abgeschlossenen und offenen Systemen. Im Gegensatz zum offenen System erlaubt das abgeschlossene System keinen Luftmassenaustausch über die Systemgrenze hinweg.

In jedem System ist die Summe der über die Systemgrenzen zugeführten Energie oder an ihr verrichteten technischen Arbeit gleich der Änderung der Systemenergie.

Die Zufuhr von Energie kann durch das Einschieben von Masse, durch zugeführte technische Arbeit W oder durch zugeführte Wärme Q erfolgen. Eine Änderung der Systemenergie äußert sich durch eine Änderung der inneren Energie U oder der äußeren Energie E_a(kinetische Energie oder potentielle Energie).

Für ein geschlossenen System, siehe Bild 10.2-1 gilt:

$$Q_{12} + W_{12} = U_2 - U_1 + E_{a2} - E_{a1} \tag{10.2-5}$$

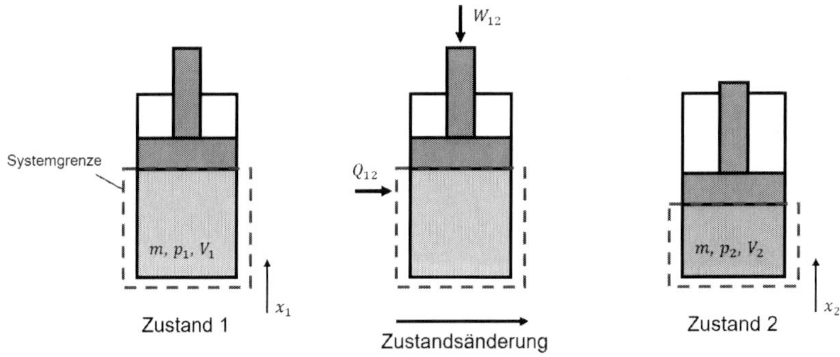

Bild 10.2-1: Zustandsänderung in einem geschlossenen System

Für ein offenes System mit zu- oder abfließenden Masse Δm_i, siehe

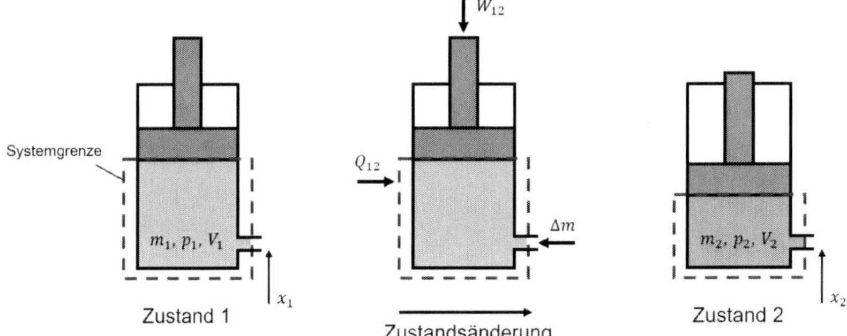

Bild 10.2-2 gilt:

$$\begin{aligned} W_{12} + Q_{12} + \sum_i \Delta m_i (h_i + e_{ai}) \\ = m_2(u_2 + e_{a2}) - m_1(u_1 + e_{a1}) \end{aligned} \tag{10.2-6}$$

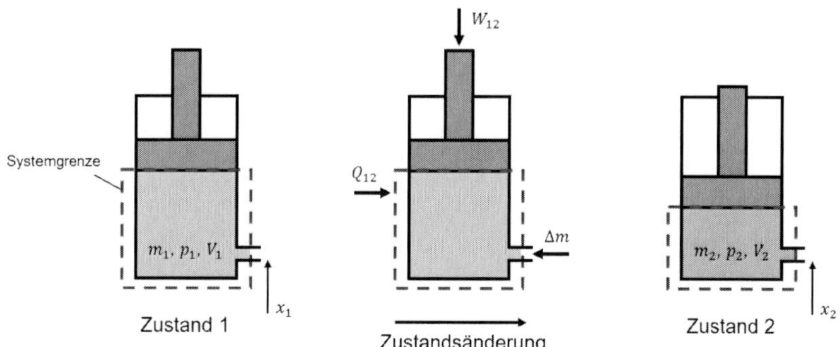

Bild 10.2-2: Zustandsänderung in einem offenen System

In pneumtischen Anwendungen treten beide Arten von Systemen auf. Eine weitere häufige Form der Zustandsänderungen betrifft die stationären Fließprozesse, siehe **Bild 10.2-3**. Der stationäre Fließprozess ist dabei so definiert, dass sich die Systemenergie und die Systemmasse nicht ändern. Dies ist beispielsweise bei einem Kompressor oder Druckluftmotor der Fall.

Daraus folgt, dass die Summer der zugeführten Energie- und Massenströme jeweils null sein muss.

$$W_{12} + Q_{12} + \Delta m \cdot (h_1 + e_{a1} - h_2 - e_{a2}) = 0 \tag{10.2-7}$$

Differenziert nach der Zeit ergibt sich

$$P_{t12} + \dot{Q}_{12} = \dot{m} \cdot (h_2 + e_{a2} - h_1 - e_{a1}) \tag{10.2-8}$$

mit h der spezifischen Enthalpie.

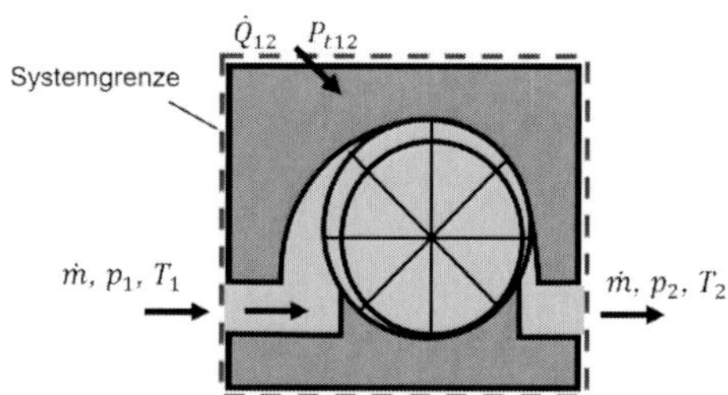

Bild 10.2-3: Zustandsänderung in einem stationären Fließprozess

So einfach die mathematische Beschreibung der Zustandsänderung ist, so schwierig ist ihre Anwendung in der Praxis. In technischen Anwendungen liegen selten zuverlässige Daten zur Modellierung des Wärmestroms vor und eine Abschätzung ist entsprechend fehlerbehaftet oder aufwendig. Deshalb werden Näherungsgleichungen zur Beschreibung des Temperaturverhaltens, die sogenannten Polytropenbeziehungen, genutzt.

$$p_1 v_1^n = p_2 v_2^n \Rightarrow T_2 = T_1 \cdot \left(\frac{p_2}{p_1}\right)^{\frac{n-1}{n}} \tag{10.2-9}$$

In Tabelle 10.1-2 sind die Berechnungsgleichungen für verschiedene Zustandsänderungen in einem stationären Fließprozess aufgeführt.

Tabelle 10.1-2: Berechnungsgleichungen der technischen Arbeit eines stationären Fließprozess

Zustandsänderung	Berechnungsgleichung
Isobar ($p = const.$)	$w_{12} = 0$
Isochor ($v = const.$)	$w_{12} = v \cdot (p_2 - p_1)$
Isotherm ($T = const.$)	$w_{12} = p_1 v_1 \ln\left(\frac{p_2}{p_1}\right)$
Polytrop ($pv^n = const.$)	$w_{12} = \frac{n}{n-1} \cdot R \cdot (T_2 - T_1)$
Isentrop ($pv^\kappa = const$) Adiabat und reibungsfrei	$w_{12} = \frac{\kappa}{\kappa - 1} \cdot R \cdot (T_2 - T_1)$

Eine weitere Limitierung des ersten Hauptsatzes der Thermodynamik geht von der geringen Aussagekraft der inneren Energie aus. Die innere Energie ist bei idealen Gasen nur temperaturabhängig, nicht jedoch druckabhähngig. Damit wird das Potenzial der Druckluft während der Dekompression Energie freizusetzen vernachlässigt. Besonders deutlich wird dies im folgenden Beispiel.

Enthalpie und Exergie

Wird ein Verdichter betrachtet, siehe Bild 10.2-4, so kann die Enthalpie der angesaugten Umgebungsluft mit

$$h_{ein} = u + RT_U = c_p \cdot T_U \tag{10.2-10}$$

beschrieben werden. Am Ausgang des polytropen Verdichters beträgt die Enthaltphie der Luft

$$h_1 = c_p \cdot T_1 = c_p \cdot T_U \cdot \left(\frac{p_1}{p_U}\right)^{\frac{n-1}{n}} \tag{10.2-11}$$

Wird die Luft nun isobar zurückgekühlt auf Umgebungstemperatur, beträgt die Enthaltphie der Luft

$$h_2 = c_p \cdot T_2 = c_p \cdot T_U = h_{ein} \tag{10.2-12}$$

Damit weist sie den gleichen Wert wie zu Beginn des Verdichtungsprozesses auf. Folglich fällt die gesamte Verdichter-Eingangsleistung als Abwärme an. Dies zeigt, dass die innere Energie und die Enthalpie keinen guten Bewertungsmaßstab zum Arbeitsvermögen von Druckluft darstellen, da die Druckluft im Zustand 2 im Gegensatz zur Umgebungsluft Arbeit verrichten kann.

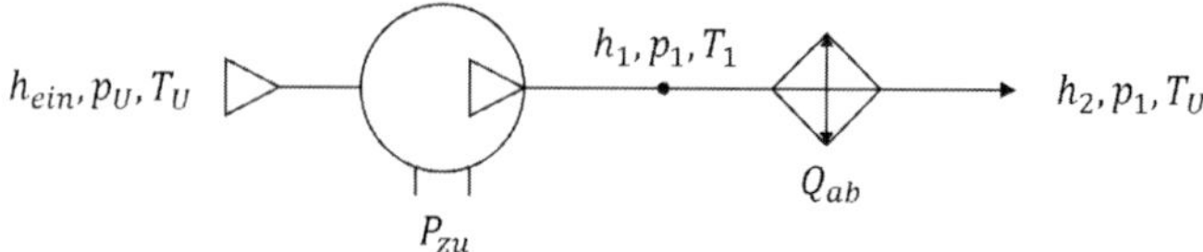

Bild 10.2-4: Beispiel Verdichtungsprozess mit 1. HS der Thermodynamik

Ein besserer Parameter zur Beurteilung des Arbeitsvermögens der Druckluft und folglich zur Beschreibung eines Wirkungsgrades eines Pneumatiksystems ist die Exergie. Die Exergie e_{ex} beschreibt die Qualität einer Energie in Form ihrer maximalen Arbeitsfähigkeit. Sie kann ausschließlich relativ zu einem (Umgebungs-)Zustand definiert werden. Im Gegensatz zur Energie ist sie keine Erhaltungsgröße und bei realen Energieumwandlungen wird Exergie vernichtet bzw. in sogenannte Anergie gewandelt.

$$e_{ex} = e_a + (h_1 - h_U) - T_U \cdot (s_1 - s_U) \tag{10.2-13}$$

Die Exergie setzt sich damit aus der äußeren Energie, der Differenz der spezifischen Enthalpie zu einem Umgebungszustand und der Differenz der spezifischen Entropie zu einem Umgebungszustand zusammen. Die spezische

Entropie und die Enthalpie können für das ideale Gas weiter ersetz werden, sodass sich die folgende Formel ergibt:

$$e_{ex} = e_a + c_p(T_1 - T_U) + T_U \cdot \left(R \cdot ln\left(\frac{p_1}{p_U}\right) - c_p \cdot ln\left(\frac{T_1}{T_U}\right) \right) \tag{10.2-14}$$

Wird nun das Beispiel von oben, der Verdichtungsprozess, erneut betrachtet, so ergibt sich unter Vernachlässigung der äußeren Energie beim Ansaugen der Umgebungsluft eine Exergie der Umgebungsluft von

$$e_{ein} = 0 \tag{10.2-15}$$

Am Ausgang des polytropen Verdichters beträgt die Exergie der Druckluft

$$e_1 = c_p \cdot T_U \cdot \left(\left(\frac{p_1}{p_U}\right)^{\frac{n-1}{n}} - 1 \right) + T_U \cdot \left(R \cdot ln\left(\frac{p_1}{p_U}\right) - c_p \cdot ln\left(\left(\frac{p_1}{p_U}\right)^{\frac{n-1}{n}} \right) \right) \tag{10.2-16}$$

und nach der Rückkühlung

$$e_2 = T_U \cdot \left(R \cdot ln\left(\frac{p_1}{p_U}\right) \right) \tag{10.2-17}$$

Die Exergie am Eingang des Verdichters ist nicht gleich der Exergie am Ausgang des Verdichters und beschreibt somit das Potential der Druckluft ihre innere Energie durch Abkühlung bei der Expansion in mechanische Arbeit zu wandeln.

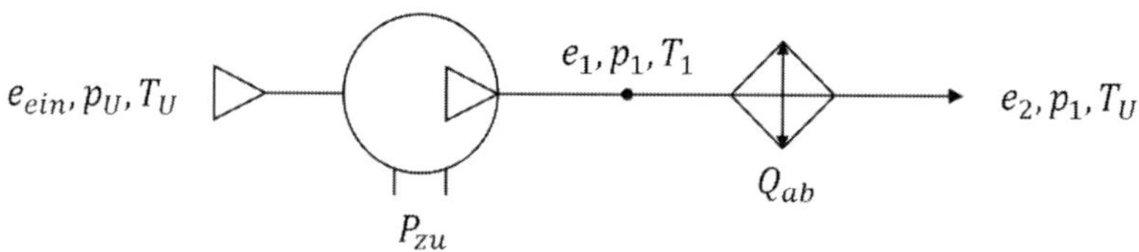

Bild 10.2-5: Beispiel Verdichtungsprozess mit exergetischer Betrachtung

10.3 Widerstandsgesteuerte Pneumatikantriebe

Pneumatische Systeme werden meistens als widerstandsgesteuerte Systeme ausgeführt. Beim Durchfluss durch Widerstände müssen die Besonderheiten des gasförmigen Druckmediums beachtet werden, weshalb sich die Durchflussgesetze maßgeblich von den mathematischen Beschreibungen der inkompressiblen Flüssigkeitsströmung unterscheiden.

10.3.1 Widerstände und Ventile

Durchfluss durch eine ideale Düse

Zunächst wird der ideale Prozess der Strömung aus einem Behälter mit dem Zustand 1 (p_1, T_1) in einen Behälter mit verstellbarem Druck p_2 durch eine gut gerundete Düse betrachtet, siehe Bild 10.3-1. Es wir eine reibungsfreie und adiabate (isentrope) quasistationäre Strömung vom Zustand 1 zum Zustand 3 angenommen und der Einfluss der potentiellen Energie wird vernachlässigt.

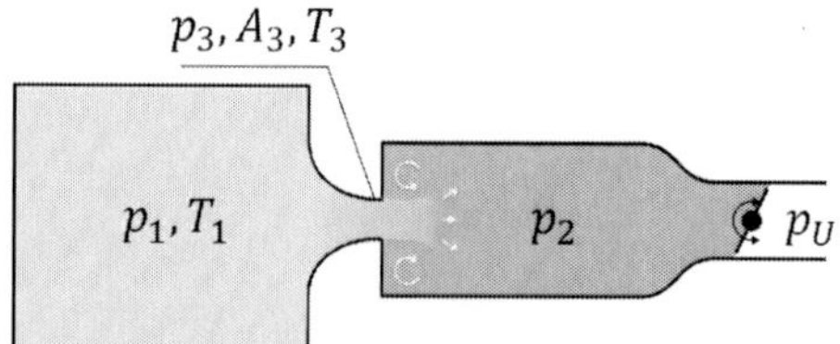

Bild 10.3-1: Durchfluss durch eine ideale Düse

Aus der Energiebilanz folgt, dass

$$h_3 - h_1 + \frac{v_3^2 - v_1^2}{2} = 0 \qquad (10.3\text{-}1)$$

Die Geschwindigkeit im Behälter ist deutlich geringer als in der Düse, sodass mit $v_1 \approx 0$ gilt

$$\frac{v_3^2}{2} = h_1 - h_3 = c_p(T_1 - T_3) \tag{10.3-2}$$

Mit $\frac{c_p}{R} = \frac{\kappa}{\kappa-1}$ und $\frac{T_3}{T_1} = \left(\frac{p_3}{p_1}\right)^{\frac{\kappa-1}{\kappa}}$ folgt für die Geschwindigkeit in der Düse:

$$v_3 = \sqrt{2\frac{\kappa}{\kappa-1}\frac{p_1}{\rho_1}\left[1-\left(\frac{p_3}{p_1}\right)^{\frac{\kappa-1}{\kappa}}\right]} \tag{10.3-3}$$

Der Massenstrom am Auslass der Düse lässt sich aus der Geschwindigkeit, der Fläche und der Dichte $\dot{m} = v_3 A_3 \rho_3$ und $\frac{\rho_3}{\rho_1} = \left(\frac{p_3}{p_1}\right)^{\frac{1}{\kappa}}$ berechnen zu

$$\dot{m} = A_3 \underbrace{\sqrt{\frac{\kappa}{\kappa-1}\left[\left(\frac{p_3}{p_1}\right)^{\frac{2}{\kappa}} - \left(\frac{p_3}{p_1}\right)^{\frac{\kappa+1}{\kappa}}\right]}}_{\text{Ausflussfunktion } \psi} \sqrt{2p_1\rho_1} \tag{10.3-4}$$

Vereinfacht lässt sich die Gleichung über die Ausflussfunktion ψ schreiben

$$\dot{m} = A_3 \psi p_1 \sqrt{\frac{2}{R_{L,0}T_1}} \tag{10.3-5}$$

Die Ausflussfunktion ist abhängig vom Druckverhältnis p_2/p_1 und lässt sich in zwei Bereiche, in den überkritschen und den unterkritischen Bereich, aufteilen, siehe Bild 10.3-2. Die Bereiche werden durch das kritische Druckverhältnis voneinander getrennt. Sobald die Strömung im engsten Querschnitt Schallgeschwindigkeit erreicht, ist eine weitere Steigerung der Geschwindigkeit und folglich des Massestroms nicht mehr möglich. Die Schallgeschwindigkeit von Luft lässt sich nach dem idealen Gasgesetz berechnen mit

$$c = \sqrt{\kappa \cdot \frac{p}{\rho}} \tag{10.3-6}$$

Für den technischen Normzustand liegt die Schallgeschwindigkeit bei $c = 343{,}5\, m/s$ und damit das kritische Druckverhältnis bei dem Schallgeschwindigkeit vorliegt bei etwa $\frac{p_2}{p_1} = 0{,}528$.

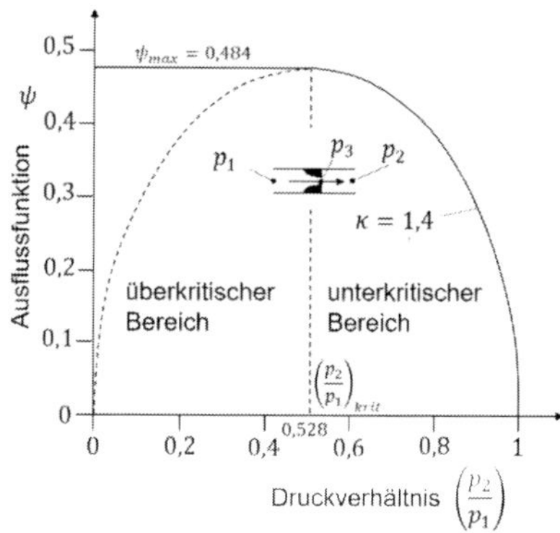

Bild 10.3-2: Ausflussfunktion ψ einer idealen Düsenströmung

Durchfluss durch technische Widerstände

Technische Widerstände stellen meist eine Kombination mehrerer Widerstände dar und verhalten sich deshalb nicht wie eine ideale Düse. Daher ist es zweckmäßig, vereinfachte Beschreibungen des Durchflusses zu finden, deren Parameter messtechnisch erfasst werden können. Der Durchfluss durch technische Widerstände, wie beispielsweise Ventile, wird daher in Abhängigkeit von dem pneumatischen Leitwert C und dem kritischen Druckverhältnis b angegeben. Hierbei kommt eine Näherungsgleichung der Ausflussfunktion zum Einsatz.

Für den Massenstrom einer unterkritischen Strömung ergibt sich dann

$$\dot{m} = C \cdot p_1 \cdot \rho_0 \sqrt{\frac{T_0}{T_1}} \sqrt{1 - \left(\frac{\frac{p_2}{p_1} - b}{1 - b}\right)^2} \quad \text{für} \quad b \le \frac{p_2}{p_1} \le 1 \qquad (10.3\text{-}7)$$

und für die überkritische Strömung

$$\dot{m} = C \cdot p_1 \cdot \rho_0 \sqrt{\frac{T_0}{T_1}} \qquad \text{für} \quad 0 \le \frac{p_2}{p_1} \le b \qquad (10.3\text{-}8)$$

Generell existieren zwei Methoden den Leitwert und das kritische Druckverhälntis durch Messungen zu bestimmen. Entweder wird der Vordruck konstant gehalten $p_1 = const.$ und der Gegendruck variiert, oder der Vordruck wird variiert und der Gegendruck konstant gehalten $p_2 = const.$

Wird der Vordruck konstant gehalten, so wird der Gegendruck immer weiter reduziert, bis sich der Massenstrom nicht weiter erhöht, sie **Bild 10.3-3** links. Dieser Punkt markiert das kritische Druckverhältnis und ab diesem Punkt herscht in der engsten Stelle des Widerstandes Schallgeschwindigkeit und es liegt eine überkritsche Strömung vor.

Wird der Gegendruck konstant gehalten, wird der Vordruck schrittweise erhöht, bis der Massenstrom proportional zum Vordruck steigt. Auch dieser Punkt markiert das kritische Druckverhältnis, siehe Bild 10.3-3 rechts. Ab diesem Punkt liegt eine überkritische Strömung vor und der Massenstrom lässt sich nur noch durch eine Erhöhung des Vordrucks steigern.

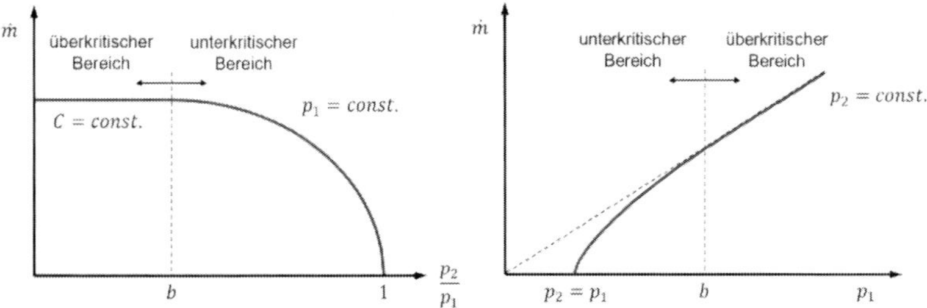

Bild 10.3-3: Bestimmung des Leitwerts *C* und des kritischen Druckverhältnisses *b* durch Messungen

Ventile in pneumatischen Systemen

Wie in hydraulischen Systemen auch, finden eine Vielzahl von Ventilen in pneumatischen Systemen Verwendung. Die Ventile können ihrer Ventilfunktion nach in Wegeventile, Sperrventile, Stromventile, Druckventile und Proportionalventile unterschieden werden, siehe Bild 10.3-4.

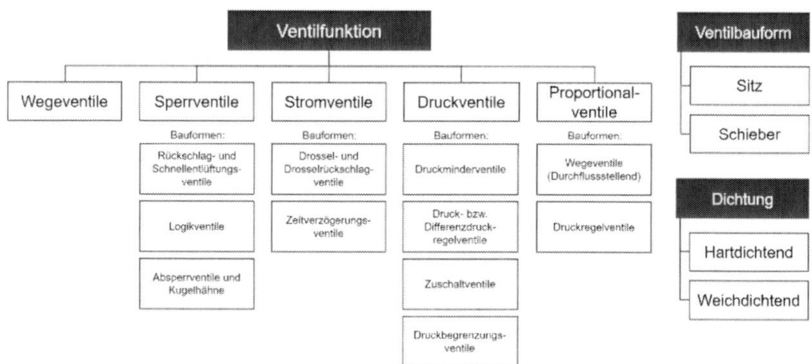

Bild 10.3-4: Übersicht der Pneumatikventile

Analog zur Hydraulik können Pneumatikventile in Sitz- oder Schieberbauweise ausgeführt werden. Auch die Betätigung ist ähnlich der von hydraulischen Ventilen und kann manuell, mechanisch, elektromechanisch oder pneumatisch erfolgen. Deutlich häufiger als in der Hydraulik werden in der Pneumatik Schaltventile mit zwei definierten Schaltstellungen eingesetzt. Aufgrund des sehr niedrigviskosen Mediums Luft müssen Pneumatikventile besonders dicht ausgeführt werden. Zwei verschiedene Konstruktionsvarianten stehen dabei zur Verfügung, hartdichtende Ventile und weichdichtende Ventile. Bei Ventilen mit weicher Dichtung werden zusätzliche Elastomere eingesetzt um eine möglichst gute Dichtwirkung zwischen den verschiedenen Strömungskanälen sicherzustellen. Dies wird sowohl bei Sitz- als auch Schieberventilen realisiert. Nachteilig an den weichgedichteten Schieberventilen sind die größeren Reibkräfte bei der Schieberbewegung und die damit einhergehenden größeren Betätigungskräfte der Ventile.

10.3.2 Bewegung eines Zylinders im pneumatischen System

Pneumatische Aktoren dienen der Wandlung pneumatischer Leistung in mechanische Leistung zur Verrichtung einer Antriebsaufgabe, siehe Bild 10.1-3. Häufig werden pneumatische Zylinder für Linearaufgaben verwendet. Die einfachste Verschaltung eines pneumatischen Zylinders in einem System zeigt sich bei der Verwendung eines einfachwirkenden Zylinders mit Federrückstellung, siehe Bild 10.3-5 links. Für den Betrieb ist ein einfaches 3/2-Wegeschaltventil, welches an das Drucknetz angeschlossen und zur Umgebung entlüftet wird, notwendig.

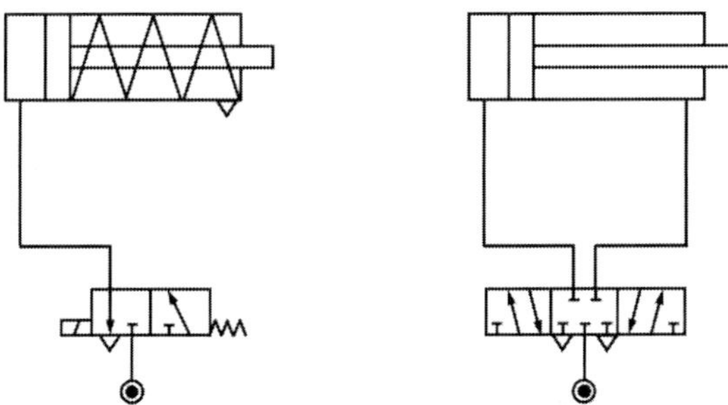

Bild 10.3-5: Zylinderschaltung mit einfachwirkendem Zylinder (links) und doppeltwirkendem Zylinder (rechts)

Soll ein doppeltwirkender Zylinder bewegt werden, ist mindestens ein 4/2-Wegeschaltventil notwendig. Dies wird aus fertigungstechnischen Gesichtspunkten in der Regel jedoch als 5/2-Wegeventil realisiert, da auf eine Zusammenführung der beiden Abluftkanäle im Ventil verzichtet wird. Sollen die Anschlüsse des Zylinders in Ruhestellung geschlossen werden, beispielsweise zur Optimierung der Steifigkeit oder aus sicherheitstechnischen Gesichtspunkten, wird ein 5/3-Wegeventil eingesetzt, siehe Bild 10.3-5 rechts. Die Kraft des doppeltwirkenden Differentialzylinders berechnet sich zu

$$F = A_K(p_A - p_U) - A_{St}(p_B - p_U) \tag{10.3-9}$$

mit der Kolbenfläche A_K, der stangenseitigen Fläche A_{St}, dem Druck in der Kolbenkammer p_A, dem Druck in der stangenseitigen Kammer p_B und dem Umgebungsdruck p_U.

Durch den Einsatz von einfachen Schaltventilen kann die Geschwindigkeit des Zylinders nicht variiert werden, sondern die Geschwinidgkeit richtet sich maßgeblich nach der Gegenkraft des Zylinders, dem Druckniveau in der Druckleitung, sowie Strömungs- und Reibungsverlusten des Systems. Für einen energetisch sinnvollen Betrieb ist eine richtige Zylinderdimensionierung unter Berücksichtigung des Druckniveaus und der vom Zylinder zu leistenden Kraft entscheident.

Soll die Geschwindigkeit begrenzt, eingestellt oder lastunabhängig konstant sein, können Drosseln in den Zu- oder Ablauf eingesetzt werden. Es wird von Zuluftdrosselung bzw. Abluftdrosselung gesprochen, siehe Bild 10.3-6 links und rechts. Entscheident ist die Orientierung der verbauten Rückschlagventile, die die Strömungsführung beeinflussen. Beide Schaltungen weisen unterschiedliche Vor- und Nachteile auf.

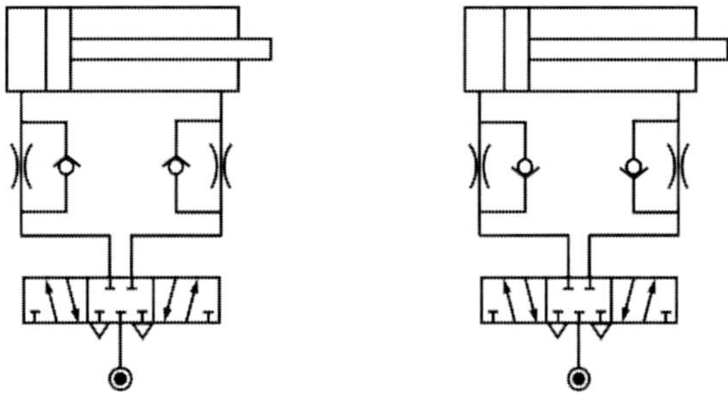

Bild 10.3-6: Zuluftdrosselung (links) und Abluftdrosselung (rechts)

Soll der zuluftgedrosselte Zylinder, im Bild 10.3 6 links, ausgefahren werden, so muss das Wegeventil geschaltet werden und Druckluft strömt aus dem Druckluftnetz durch das Schaltventil Richtung Zylinder. Der direkte Stromkanal ist jedoch versperrt und die Luft muss durch die Drossel zum Zylinder strömen. Für eine Bewegung des Zylinders muss gleichzeitig die Luft aus der stangenseitigen Kammer abgelassen werden. Diese Luft kann nahezu ungehindert durch das verbaute Rückschlagventil abströmen. Das heißt, die einströmende Druckluft wird gedrosselt, die ausströmende Luft entweichte drucklos über das Rückschlagventil. Vorteilhaft ist, dass der Strömungswiderstand der Drossel sofort wirksam wird. Nachteilig ist, dass häufig ruckgleiten, sogenannter Stick-Slip-Effekt, zu Beginn der Bewegung auftreten kann. Zudem bietet die Zuluftdrosselung nur eine lastabhängige Verfahrgeschwindigkeit. Je nach Last stellen sich unterschiedliche Geschwindigkeiten am Zylinder ein.

Beim abluftgedrosselten Zylinder werden die Orientierungen der Rückschlagventile gedreht. Das heißt, die ausströmende Luft wird gedrosselt und die zuströmende Druckluft kann ungehindert über das Rückschlagventil in den Zylinder einströmen. Vorteil hierbei ist, das eine stationäre, lastunabhängige Verfahrgeschwindigkeit erreicht werden kann. Bei entsprechender Dimensionierung der Drossel stellt sich eine überkritische Strömung in der Drossel ein und der Volumenstrom durch die Drossel und damit die Geschwindigkeit sind lastunabgängig. Nachteilhaft ist allerdings der Anfahrsprung und die unkontrollierte Beschleunigung des Zylinders zu Beginn der Bewegung bei vertikaler Zylinderanordnung nach dem Schalten des Schaltventils und der maximale Druckluftverbrauch, da der Zylinder immer vollständig mit maximalem Druck gefüllt werden muss. Bei der Zuluftdrosselung kann dies effizienter gestaltet werden, da bei Abschaltung der Zuluft in der Endlage mittels eines 5/3-Wegeventils nur eine lastabhängige Teilfüllung der Zylinderkammer resultiert.

Zum energieeffizienten Betrieb eines pneumatischen Zylinders ist die sinnvolle Dimensionierung maßgeblich. Der Druckluftverbruch von Zylindern ist bei gegebenem Betriebsdruck proportional zum Zylindervolumen, zzgl. Totvolumen. Das heißt eine möglichst genaue Zylinderauslegung ohne unnötige Sicherheiten sowie eine Reduktion der Totvolumina in Schläuchen etc. führt zu einer direkten Verringerung der benötigten Druckluft und folglich zu energieeffizienteren Systemen. Eine weitere Maßnahme zur Verringerung von Energieverlusten in pneumatischen Systemen ist, neben der unbedingten Vermeidung von Leckagen durch undichte Leitungen oder ähnliches eine Anpassung des Drucks im Druckluftnetz. Viele bestehende Anlagen arbeiten traditionell bei zu hohen Drücken und eine Reduktion des Druckes im kompletten Druckluftnetz mit teilweise lokaler Druckerhöhung bietet weiteres Energieeinsparpotential.

Endlagendämpfung am pneumatischen Zylinder

Aufgrund der weiten Verbreitung der Schaltventiltechnik in pneumatischen Systemen und des geringen Einsatzes von servopneumatischen Systemen mit proportionaler Ventiltechnik, ist der Einsatz von Endlagendämpfungen in pneumatischen Zylindern dringend erforderlich. Andernfalls fährt der Zylinder immer ungedämpft mit großer Geschwindigkeit und Last in den Endanschlag. Dies kann zum einen zu erheblichen mechanischen Belastungen der Bauteile führen, zum anderen stellt es eine maßgebliche Quelle von vermeidbaren Schallemissionen durch Anregung des gesamten Maschinengestells dar.

Endlagendämpfungen können auf zwei Arten ausgeführt werden, mittels elastischen Dämpfungselementen, siehe Bild 10.3-7 oder als einstellbare pneumatische Endlagendämpfung, siehe Bild 10.3-8.

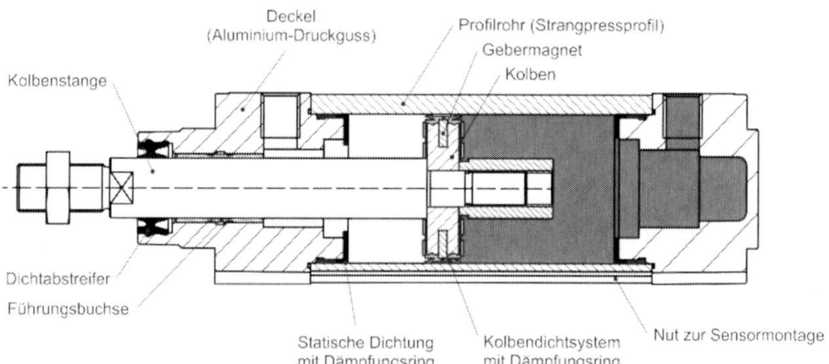

Bild 10.3-7: Zylinder mit elastischen Dämpfungselementen

Die pneumatische Endlagendämpfung funktioniert analog zur hydraulischen Endlagendämpfung, siehe Kapitel 4.4.1. Der Zylinder fährt nach links in die

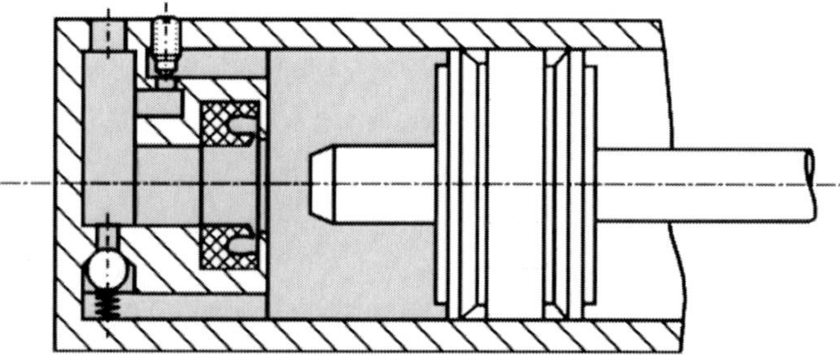

Endlage ein. Dabei taucht zunächst der Dämpfungszapfen durch die Weichdichtung durch und versperrt der im Zylinderraum verbleibenden Luft den direkten Weg aus dem Zylinder. In diesem Luftpolster baut sich ein Druck auf, der die Bewegung des Zylinders dämpft und den Zylinder abbremst. Die Luft entweicht einstellbar über das im Bild oben angeorndete Drosselventil. Durch Einstellung dieses Ventils kann die Bremswirkung der Endlagendämpfung eingstellt werden. Damit der Zylinder anschließend wieder ausgefahren werden kann, dient das Rückschlagventil (im Bild unten angeordnet) zum differenzdruckfreien Einströmen der Luft in den Zylinderraum.

Bild 10.3-8: Zylinder mit einstellbarer pneumatischer Endlagendämpfung

Es existieren ebenfalls Varianten mit einer speziellen Endlagendämpfungs-Dichtung, welche die Funktionalität des Rückschlagventils durch Abheben der Dichtlippe realisiert, sodass kein zusätzliches Rückschlagventil erforderlich ist.

11 Anhang

11.1 Umrechnungsfaktoren

Druck		bar	Pa [N/m²]	at [kp/cm²]	atm	psi
1 bar	=	1	$1{,}000 \cdot 10^{5}$	1,020	0,9872	14,504
1 Pa	=	$1{,}000 \cdot 10^{-5}$	1	$1{,}020 \cdot 10^{-5}$	$0{,}9872 \cdot 10^{-5}$	$1{,}4504 \cdot 10^{-4}$
1 at	=	0,9806	$0{,}9806 \cdot 10^{5}$	1	0,9680	14,22
1 atm	=	1,013	$1{,}013 \cdot 10^{5}$	1,033	1	14,69
1 psi	=	$0{,}6895 \cdot 10^{-1}$	$0{,}6895 \cdot 10^{4}$	$0{,}7031 \cdot 10^{-1}$	$0{,}6807 \cdot 10^{-1}$	1

Volumen		m³	l	cm³	gal (US)	gal (UK)
1 m³	=	1	$1{,}000 \cdot 10^{3}$	$1{,}000 \cdot 10^{6}$	$0{,}2641 \cdot 10^{3}$	$0{,}2200 \cdot 10^{3}$
1 l	=	$1{,}000 \cdot 10^{-3}$	1	$1{,}000 \cdot 10^{3}$	0,2641	0,2200
1 cm³	=	$1{,}000 \cdot 10^{-6}$	$1{,}000 \cdot 10^{-3}$	1	$0{,}2641 \cdot 10^{-3}$	$0{,}2200 \cdot 10^{-3}$
1 gal (US)	=	$3{,}786 \cdot 10^{-3}$	3,786	$3{,}786 \cdot 10^{3}$	1	0,8328
1 gal (UK)	=	$4{,}546 \cdot 10^{-3}$	4,546	$4{,}546 \cdot 10^{3}$	1,201	1

Volumenstrom		m³/s	l/min	cm³/s	gpm (US)	cis
1 m³/s	=	1	$60 \cdot 10^{3}$	$1{,}000 \cdot 10^{6}$	$1{,}5847 \cdot 10^{4}$	$0{,}61013 \cdot 10^{5}$
1 l/min	=	$1{,}6667 \cdot 10^{-5}$	1	16,667	0,2641	1,01688
1 cm³/s	=	$1{,}000 \cdot 10^{-6}$	$60 \cdot 10^{-3}$	1	$1{,}5847 \cdot 10^{-2}$	0,061013
1 gpm (US)	=	$0{,}631 \cdot 10^{-4}$	3,7861	63,102	1	3,85
1 cis	=	$1{,}639 \cdot 10^{-5}$	0,9834	16,39	0,25974	1

11.2 Abkürzungen von US-Maßeinheiten

psi = pounds per square inch

gpm = gallons per minute

cis = cubic inches per second

Weitere Umrechnungsmöglichkeiten, insbesondere zu US-Maßeinheiten, z. B. unter www.convert-me.com.

11.3 Schaltsymbole nach DIN ISO 1219

Auf den folgenden Seiten befinden sich die wichtigsten Schaltzeichen für hydraulische Systeme in Anlehnung an DIN ISO 1219

Grundsymbole	
Zeichen	Bedeutung
▲ △	Allgemein – hydraulisch / pneumatisch
———	Versorgungsleitung, Rücklaufleitung, Bauteilumrahmung & Symbolumrandung
	Schlauchleitung
– – – –	Steuerleitung, Leckölleitung, Spülleitung, Entlüftungsleitung
	Interne Steuerleitung
	Externe Steuerleitung

Grundsymbole	
Zeichen	Bedeutung
═══	Mechanische Verbindung, Welle, Hebel, mechanische Rückführung
	Kreuzung mit / ohne Verbindung
⊥	Verschlossener Druckanschluss
○	Grundsymbol für Pumpen, Motor, etc.
↗	Verstellbarkeit allgemein
↑ ↕ ↓	Weg und Richtung eines Volumenstroms
	Rotationsbewegung

Grundsymbole	
Zeichen	Bedeutung
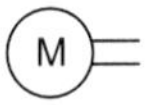	Elektromotor
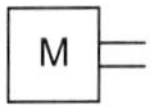	Nicht elektrische Arbeitseinheit
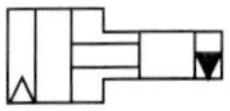	Druckübersetzer einfachwirkend (pneumatisch – hydraulisch)
	Rücklaufleitung

Grundsymbole - Zubehör	
Zeichen	Bedeutung
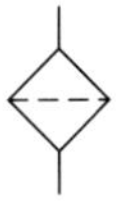	Filter
	Kühler
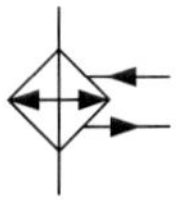	Kühler mit flüssigem Kühlmedium
	Heizung

Grundsymbole - Zubehör	
Zeichen	Bedeutung
	Gasflasche
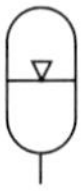	Gasdruckspeicher, Trennung der Medien durch Membran (Membranspeicher)
	Gasdruckspeicher, Trennung der Medien durch Blase (Blasenspeicher)
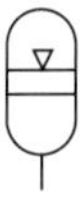	Gasdruckspeicher, Trennung der Medien durch Kolben (Kolbenspeicher)

Pumpen & Motoren	
Zeichen	Bedeutung
konstant verstellbar	
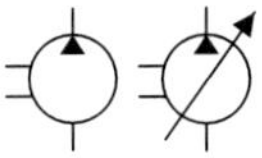	Pumpe mit einer Volumenstromrichtung
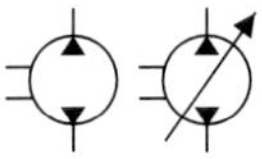	Pumpe mit zwei Volumenstromrichtungen
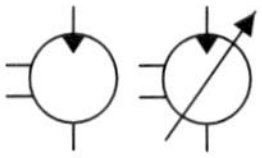	Hydromotor mit einer Volumenstromrichtung
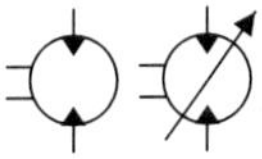	Hydromotor mit zwei Volumenstromrichtungen

Pumpen & Motoren	
Zeichen	**Bedeutung**
konstant / verstellbar	
	Pumpe / Motor mit einer Volumenstromrichtung
	Pumpe / Motor mit zwei Volumenstromrichtungen
	Hydro – Schwenkmotor mit zwei Volumenstromrichtungen

Zylinder	
Zeichen	**Bedeutung**
	Zylinder – einfachwirkend, nicht definierte Rückhubart
	Zylinder – einfachwirkend, mit Federrückstellung
	Gleichgangzylinder – doppeltwirkend
	doppeltwirkender Zylinder – mit einfacher und nicht verstellbarer Dämpfung
	doppeltwirkender Zylinder – mit doppelter und verstellbarer Dämpfung

Zylinder	
Zeichen	**Bedeutung**
	Teleskopzylinder – einfachwirkend
	Teleskopzylinder – doppeltwirkend
	Doppeltwirkender Membranzylinder mit Hubbegrenzung

Wegeventile	
Zeichen	**Bedeutung**
	Grundsymbol für zwei / drei Schaltstellungen (schaltend)
	Grundsymbol für zwei / drei Schaltstellungen (stetig)
	Schaltstellungen für ein Ventil mit
	- zwei Anschlüssen
	- drei Anschlüssen
	- vier Anschlüssen

Ventilbetätigung

Zeichen	Bedeutung
	Feder
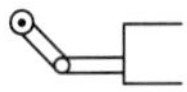	Rollenhebel für Betätigung in einer Verfahrrichtung
	Betätigung mit abnehmbarem Griff & Raste
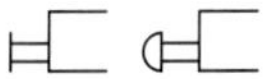	Handbetätigung / Druckknopf
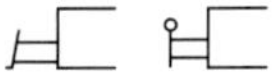	Pedal / Hebel
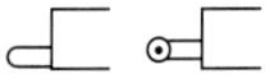	Stößel / Rollenstößel

Ventilbetätigung

Zeichen (schaltend / stetig)	Bedeutung
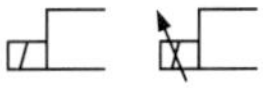	Magnetspule mit einer Wicklung, Wirkrichtung zum Verstellelement hin
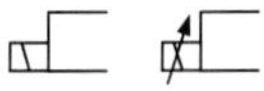	Magnetspule mit einer Wicklung, Wirkrichtung vom Verstellelementweg.
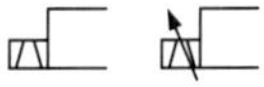	Elektrische Betätigungseinrichtung mit zwei Wicklungen, Wirkrichtung zum Verstellelement hin & vom Verstellelement weg
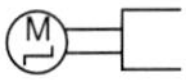	Betätigung durch Schrittmotor
	Direktwirkende Betätigung durch hydraulische Druckbeaufschlagung (für Wegeventile)

Strom-/Sperrventile

Zeichen	Bedeutung
	Blende
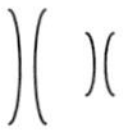	Drosselung (groß/klein)
	Drosselventil, einstellbar
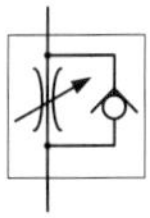	Drossel-Rückschlagventil, einstellbar, freier Durchfluss in einer Richtung
	Rückschlagventil, Durchfluss nur in einer Richtung möglich
	Rückschlagventil mit Feder, Durchfluss nur in einer Richtung möglich, Ruhestellung geschlossen

Druck-/Sperrventile

Zeichen	Bedeutung
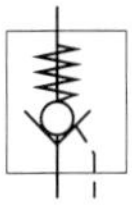	Entsperrbares Rückschlagventil mit Feder, durch Steuerdruck Durchfluss in beide Richtungen möglich
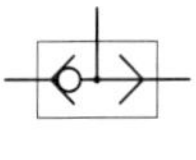	Wechselventil (ODER-Funktion), der Eingang, an dem der höhere Druck anliegt, wird automatisch mit dem Ausgang verbunden
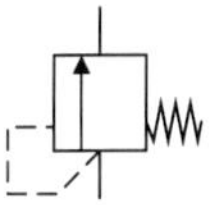	Direktgesteuertes Druckbegrenzungsventil
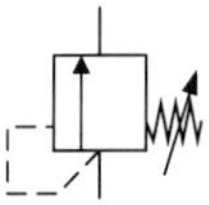	Direktgesteuertes Druckbegrenzungsventil, der Öffnungsdruck ist über eine Feder einstellbar
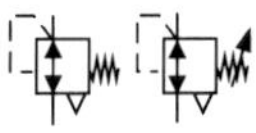	Druckreduzierventil mit internem reversiblem Volumenstrom (konstant/veränderbar)

11.4 Stichwortverzeichnis

Z